# 大東地志

# 대동지지 1

경도·경기도

초판 1쇄 인쇄 2023년 7월 17일
초판 1쇄 발행 2023년 7월 27일

지 은 이 이상태 고혜령 김용곤 이영춘 김현영 박한남 고성훈 류주희
발 행 인 한정희
발 행 처 경인문화사
편 집 유지혜 김지선 한주연 이다빈 김윤진
마 케 팅 전병관 하재일 유인순
출판번호 제406-1973-000003호
주 소 경기도 파주시 회동길 445-1 경인빌딩 B동 4층
전 화 031-955-9300 팩 스 031-955-9310
홈페이지 www.kyunginp.co.kr
이 메 일 kyungin@kyunginp.co.kr

ISBN 978-89-499-6731-8 94980
978-89-499-6740-0 (세트)
값 33,000원



영인본의 출처는 서울대학교 규장각한국학연구원(古4790-37-v.1-15/국립중앙도서관)에 있습니다.

大 東 地 志

# 대동지지

## 경도 · 경기도

이상태 · 고혜령 · 김용곤 · 이영춘
김현영 · 박한남 · 고성훈 · 류주희

경인문화사

# 서문 序文

고산자 김정호와 그의 대표적 작품인 『청구도(靑邱圖)』·『대동여지도(大東輿地圖)』·『대동지지(大東地志)』는 누구에게나 잘 알려져 있다. 그러나 그의 생몰 연대조차 제대로 알 수 없어서 이 저작물들이 어떤 과정으로 제작되었고 어느 정도의 역사적 의의가 있는지를 밝히는 것은 매우 어려운 실정이었다.

역자는 오래 전부터 김정호에 대해서 관심을 기울인 결과 국립중앙도서관에서 『여도비지(輿圖備志)』를 찾아내어 『대동여지도』 제작과정의 일부를 밝히게 되었으며, 오랜 수소문 끝에 영남대에 소장되어 있는 『동여도지(東輿圖志)』(일명 『대동여지통고』)를 접하게 되어 비로소 김정호가 어떤 과정을 거쳐 『대동여지도』란 불후의 명작을 남기게 되었는가를 알 수 있게 되었다. 최근에는 이기봉(2012)이 밝혀낸 『동여편고』도 김정호가 쓴 지리지임을 알게 되었다.

김정호는 거의 평생 동안 『동여도지』 1을 편찬하였는데 책의 크기는 가로 11.3cm이고, 세로 16cm인 작은 책이다. 후에는 『동여도지』 2를 편찬하는데 가로가 19.0cm이고 세로는 29.3cm으로 보통 책 크기와 같다. 이 책은 영국 국립도서관에 보관되어 있는데 2018년에 중앙도서관에서 복사해 왔다. 『동여도지』 2는 경기도, 강원도와 황해도만 남아 있다. 『동여도지』 2를 기초로 하여 최성환(崔瑆煥)과 함께 『여도비지』를 편찬하였다. 이 세 가지 지지(地志)를 종합하여 『대동지지』를 편찬하다가 마치지 못하고 죽었다.

『동여도지』는 22책으로 편찬된 지지(地志)로서 김정호가 거의 평생을 걸쳐 보완시킨 지지이며 현존본은 모두 그의 육필본(肉筆本)이다. 김정호가 『동여도지』를 편찬한 목적은 '나라를 다스리는 도(爲邦之道)'에 보탬이 되도록 하는 데 있었다.

『동여도지』 2가 『동여도지』 1을 정리하여 편찬한 지리지이고 이 『동여도지』 2를 거의 그대로 정리 편찬한 지리지가 『여도비지』이다. 『여도비지』가 1851년부터 편찬되기 시작하여 1856년경에 편찬이 끝난 점으로 미루어 『동여도지』 2는 1851년경에 편찬되었을 것이다.

현재 발견된 『동여도지』 2는 경기도와 황해도, 강원도 3개도의 지리지뿐이다. 편찬을 하다가 중지하고 『여도비지』를 편찬하였는지 아니면 전국의 지리지를 모두 편찬했는데 현재 3도의 지리지만 남아 있는지는 알 수 없다. 하지만 여러 가지 정황으로 미루어 보면 3개도만 편찬하다 중지하고 바로 『여도비지』를 편찬하였을 가능성이 크다.

『여도비지』는 경도(京都) 및 팔도에 관한 지리지인데 최성환이 휘집(彙集)하고 김정호가 도편(圖編)하였다. 이 책은 총 20책으로 구성되어 있는데 5책이 결본이고 현재는 15책만 국립중앙도서관에 필사본으로 전해 온다.

현재 고려대학교 도서관에 보관되어 있는 『대동지지』는 영남대학교에 소장되어 있는 『동여도지』와 마찬가지로 고산자 김정호의 육필본(肉筆本)이다. 그런데 『동여도지』에도 평안도편이 결본인 것처럼 『대동지지』에도 평안도편의 일부가 결본이며 또 편찬된 평안도의 일부도 고산자 김정호의 친필본이 아니고 누군가에 의해서 깨끗이 정서된 지지이다. 언제 누구에 의해 첨부되었는지는 알 수가 없다.

이 『대동지지』의 편찬 완료연대는 지금까지 고종 원년(1864)으로 와전되어 있다. 그러나 『대동지지』에는 고종이 민비를 왕비로 맞아들인 기사가 있다. 고종이 민씨를 왕비로 간택한 것은 고종 3년(1866) 3월이다. 『고종실록』에 의하면 고종 3년(1866) 3월 초6일에 대왕비가 빈청에 하교하여 첨정 민치록(閔致祿)의 여식과 대혼하기로 정하고 민치록에게 의정부 영의정과 여성부원군의 봉작을 내렸다. 3월 20일에 책비례(冊妃禮)를 행하고 3월 21일에 친영례(親迎禮), 3월 22일에 대왕대비가 왕비 민씨의 조현례(朝見禮)를 받았다. 이와 같이 『고종실록』과 『대동지지』의 국조기년 고종조의 기사를 고려해 보면 김정호는 적어도 고종 3년(1866) 3월까지 『대동지지』의 편찬을 계속했다고 볼 수 있다.

그런데 경기도 삭녕군의 연혁조의 세주(細注)를 보면 "당저(當宁) 5년에 정기덕(鄭基德)이 역모로 주살되어 현으로 강등되었다."라는 기록이 있다. 여기서 당저(當宁)는 고종을 가리키며 고종5년은 1868년으로 적어도 김정호는 고종5년 1868년까지 생존하였고 그 때까지 대동지지를 편찬하였음을 알 수 있다.

이병도는 김정호가 『대동지지』를 완성하고 죽었다고 해제하면서 유재건이 『이향견문록』에서 김정호가 『대동지지』를 완성하지 못하고 죽었다고 한 것은 잘못이라고 말하였다. 이것은 이병도가 고려대학교에 소장되어 있는 고산자의 『대동지지』 원본은 보지 못하고 국립중앙도서관에 소장된 필사본만 보았기 때문에 발생한 오류였다.

고려대학교에 소장된 원본에는 제22권까지는 "고산자 편(古山子 編)"이라고 편찬자를 밝히고 있지만 제23권과 제24권의 평안도편에는 편찬자의 표시가 없다. 제23권은 평안도의 의주·영변·운산·희천·박천·태천·정주·가산·곽산·구성 등 10군현들이고 제24권은 평안도의 강계·삭주·선천·용천·위원·창성·초산·철산·벽동 등의 9개 군현이다. 평안도의 19개 군현은 고산자가 편찬하지 못한 군현들이다.

『대동지지』는 『신증동국여지승람』의 내용을 기본으로 편찬하였는데, 내용 중에 특이한 것은 전국의 장날을 모두 기록한 것이다. 이는 당시의 상공업의 발달과정을 반영한 것이다. 『대동지지』는 『동여도지』, 『여도비지』를 거쳐 김정호가 죽을 때까지 편찬한 지리지이고 19세기 조선 전국의 군현 사항을 자세히 알아볼 수 있는 귀중한 지리서이다.

『대동지지』는 방대한 저서이기 때문에 혼자 번역할 수 없었고 국사편찬위원회에서 같이 근무하였던 8명이 한 팀이 되어 번역하였다. 여러 명이 번역하였기 때문에 원고가 난삽했는데 이 원고를 깔끔하게 편집하여 출판해 주신 한정희 경인문화사 사장님과 김지선 실장님에게 감사의 뜻을 표한다.

2023년 5월 학고서재에서 이상태 씀.

목차
目次

## 제1권 경도 • 11



## 제1권 경기도 4도 • 93



## 제2권 경기도 13읍 • 155

## 제3권 경기도 20읍 · 223



## 부록 · 295



## 원문 · 305

# 경도

본래 백제의 위례성(慰禮城)이었는데 백제 시조인 온조가 14년(BC 5)에 이곳에서 도읍을 한산(漢山)으로 옮겼으며, 그 곳에서 375년이 지난 후 다시 이곳으로 도읍을 옮겨 105년 동안 지냈다. 고구려 시절에는 남평양(南平壤)으로 76년간 불렸다. 신라 때에는 중요한 진(鎭)으로 200년간 설치되어 있었으며, 한양군(漢陽郡)이 설치되어 180년간 지속하였다. 고려 시대에는 양주(楊州)의 큰 진이 되어 150년간 있었으며, 남경(南京)으로 바뀌어서 320년간 계속되다가 충렬왕(忠烈王) 때 양주를 고쳐 한양부(漢陽府)로 바꾸었다.〈자세한 것은 한성부 연혁에 있다〉

조선 태조 원년(1392)에 중추원사 조반(趙胖)을 명나라에 보내어 즉위를 고하고, 다음해에는 예문관 학사 한상질(韓尙質)을 파견하여 국호 정하는 문제를 상의하였다. 명나라 황제가 "조선(朝鮮)이란 명칭은 아름답고 또 오래 전부터 쓰던 명칭이니 그 이름을 기본으로 하여 정하는 것이 좋겠다"고 하므로, 드디어 국호를 조선으로 정하였다.

태조 3년(1394)에 한양으로 도읍을 정하고 성과 궁궐을 지었으며, 태조 5년(1396)에 송경(松京: 개성/역자주)에서 이곳으로 도읍을 옮겼다. 정종 원년(1399)에 다시 송경으로 도읍을 옮겼다가 태종 5년(1405)에 또다시 한양으로 천도하였다.

제1권

# 경도

# 1. 국조기년(國朝紀年)

조선왕조의 이씨(李氏) 족보는 완산(完山: 전주(全州)/역자주) 이씨에서 나왔는데 신라의 사공(司空)이었던 이한(李翰)의 후예이다. 태조 이성계가 즉위한 후에 4대를 왕으로 추존하였다.

목조 인문대왕(穆祖仁文大王) 추숭(追崇)되었으며, 묻힌 곳은 덕릉(德陵)〈함흥(咸興)에 있다〉이다.

효공왕후(孝恭王后) 이씨〈본관은 평창(平昌)이다. ○천우위 장사(天牛衛長史) 이공숙(李公肅)의 딸이다〉 묻힌 곳은 안릉(安陵)〈덕릉과 함께 있다〉이다.

익조 강혜대왕(翼祖康惠大王) 추숭되었으며, 묻힌 곳은 지릉(智陵)〈안변(安邊)에 있다〉이다.

정숙왕후(貞淑王后) 최씨〈본관은 등주(登州)이다. ○호장(戶長) 최기열(崔基烈)의 딸이다〉 묻힌 곳은 숙릉(淑陵)〈문천(文川)에 있다〉이다.

도조 공의대왕(度祖恭毅大王) 추숭되었으며, 묻힌 곳은 의릉(義陵)〈함흥에 있다〉이다.

경순왕후(敬順王后) 박씨〈본관은 문천이다. ○안변부원군(安邊府院君)에 추증된 박광(朴光)의 딸이다〉 묻힌 곳은 순릉(純陵)〈함흥에 있다〉이다.

환조 연무대왕(桓祖淵武大王) 추숭되었으며, 묻힌 곳은 정릉(定陵)〈함흥에 있다〉이다.

의혜왕후(懿惠王后) 최씨〈본관은 영흥(永興)이다. ○영흥백에 추증된 최한기(崔閑奇)의 딸이다〉 묻힌 곳은 화릉(和陵)〈함흥에 있다〉이다.

태조 강헌대왕(太祖康獻大王) 7년간 재위하였다.〈원년은 임신년(1392)이다〉 묻힌 곳은 건원릉(健元陵)〈양주(楊州)에 있다〉이다.【상왕(上王)으로 10년간 있었다】

신의왕후(神懿王后) 한씨〈본관은 안변이다. ○안천부원군(安川府院君)에 추증된 한경(韓卿)의 딸이다〉 묻힌 곳은 제릉(齊陵)〈풍덕(豊德)에 있다〉이다.

신덕왕후(神德王后) 강씨〈본관은 곡산(谷山)이다. ○상산부원군(象山府院君)에 추증된 강윤성(康允成)의 딸이다〉 묻힌 곳은 정릉(貞陵)〈양주(楊州)에 있다〉이다.

정종 공정대왕(定宗恭靖大王) 2년간 재위하였다.〈원년은 기묘년(1399)이다〉 묻힌 곳은 후릉(厚陵)〈풍덕에 있다〉이다.【상왕으로 19년간 있었다】

정안왕후(定安王后) 김씨〈본관은 경주(慶州)이다. ○계림부원군(鷄林府院君)에 추증된 김천서(金天瑞)의 딸이다〉 묻힌 곳은 후릉(厚陵)〈정종이 묻힌 후릉과 같이 있다〉이다.

태종 공정대왕(太宗恭定大王) 18년간 재위하였다.〈원년은 신사년(1401)이다〉 묻힌 곳은 헌릉(獻陵)〈광주(廣州)에 있다〉이다.【상왕으로 4년간 있었다】

원경왕후(元敬王后) 민씨〈본관은 여흥(驪興)이다. ○여흥부원군 민제(閔霽)의 딸이다〉 묻힌 곳은 헌릉(獻陵)〈태종이 묻힌 헌릉과 같이 있다〉이다.

세종 장헌대왕(世宗莊憲大王) 32년간 재위하였다.〈원년은 기해년(1419)이다〉 묻힌 곳은 영릉(英陵)〈여주(驪州)에 있다〉이다.

소헌왕후(昭憲王后) 심씨〈본관은 청송(青松)이다. ○청천부원군(青川府院君) 심온(沈溫)의 딸이다〉 묻힌 곳은 영릉(英陵)〈세종이 묻힌 영릉과 같이 있다〉이다.

문종 공순대왕(文宗恭順大王) 2년간 재위하였다.〈원년은 신미년(1451)이다〉 묻힌 곳은 현릉(顯陵)〈양주에 있다〉이다.

현덕왕후(顯德王后) 권씨〈본관은 안동(安東)이다. ○화산부원군(花山府院君) 권전(權專)의 딸이다〉 묻힌 곳은 현릉(顯陵)〈문종이 묻힌 현릉의 왼편에 있다〉이다.

단종 공의대왕(端宗恭懿大王) 3년간 재위하였다.〈원년은 계유년(1453)이다〉 묻힌 곳은 장릉(莊陵)〈영월(寧越)에 있다〉이다.【상왕으로 2년간 있었다】

정순왕후(定順王后) 송씨〈본관은 여산(礪山)이다. ○여양부원군(礪良府院君) 송현수(宋玹壽)의 딸이다〉 묻힌 곳은 사릉(思陵)〈양주에 있다〉이다.

세조 혜장대왕(世祖惠莊大王) 13년간 재위하였다.〈원년은 병자년(1456)이다〉 묻힌 곳은 광릉(光陵)〈양주에 있다〉이다.

정희왕후(貞熹王后) 윤씨〈본관은 파평(坡平)이다. ○파평부원군 윤번(尹璠)의 딸이다〉 묻힌 곳은 광릉(光陵)〈세조가 묻힌 곳에서 동쪽으로 있다〉이다.

덕종 회간대왕(德宗懷簡大王) 추숭되었으며, 묻힌 곳은 경릉(敬陵)〈고양(高陽)에 있다〉이다.

소혜왕후(昭惠王后) 한씨〈본관은 청주(淸州)이다. ○서원부원군(西原府院君) 한확(韓確)의 딸이다〉 묻힌 곳은 경릉(敬陵)〈덕종이 묻힌 곳에서 오른편에 있다〉이다.

예종 양도대왕(睿宗襄悼大王) 1년간 재위하였다.〈원년은 기축년(1469)이다〉 묻힌 곳은 창릉(昌陵)〈고양에 있다〉이다.

장순왕후(章順王后) 한씨〈본관은 청주이다. ○상당부원군(上黨府院君) 한명회(韓明澮)의 딸이다〉 묻힌 곳은 공릉(恭陵)〈파주에 있다〉이다.

안순왕후(安順王后) 한씨〈본관은 청주이다. ○청천부원군 한백륜(韓伯倫)의 딸이다〉 묻힌 곳은 창릉(昌陵)〈예종이 묻힌 곳에서 왼편으로 있다〉이다.

성종 강정대왕(成宗康靖大王) 25년간 재위하였다.〈원년은 경인년(1470)이다〉 묻힌 곳은 선릉(宣陵)〈광주에 있다〉이다.

공혜왕후(恭惠王后) 한씨〈본관은 청주이다. ○상당부원군 한명회(韓明澮)의 딸이다〉 묻힌 곳은 순릉(順陵)〈파주에 있다〉이다.

정현왕후(貞顯王后) 윤씨〈본관은 파평이다. ○영원부원군(鈴原府院君) 윤호(尹壕)의 딸이다〉 묻힌 곳은 선릉(宣陵)〈성종이 묻힌 곳에서 왼편으로 있다〉이다.

폐주 연산군(廢主燕山君) 11년간 재위하였다. 묘는 양주 해등면(海等面)에 있다. ○연산군의 어머니인 폐비 윤씨는 판사(判事) 윤기무(尹起畝)의 딸로, 연산군 때 왕후로 추존되어 그 묘를 회릉(懷陵)이라고 하였는데 중종 원년(1506)에 다시 회묘(懷墓)로 강등되었다. ○폐비 신씨는 영의정 신승선(愼承善)의 딸로, 무덤은 회묘가 있는 산에 있다. ○폐세자는 황(䪏)이다〉〈원년은 을묘년(1495)이다〉

중종 공희대왕(中宗恭僖大王) 39년간 재위하였다.〈원년은 병인년(1506)이다〉 묻힌 곳은 정릉(靖陵)〈광주에 있다〉이다.

단경왕후(端敬王后) 신씨〈본관은 거창(居昌)이다. ○익창부원군(益昌府院君) 신수근(愼守勤)의 딸이다〉 묻힌 곳은 온릉(溫陵)〈양주에 있다〉이다.

장경왕후(章敬王后) 윤씨〈본관은 파평이다. ○파원부원군(坡原府院君) 윤여필(尹汝弼)의 딸이다〉 묻힌 곳은 희릉(禧陵)〈고양에 있다〉이다.

문정왕후(文定王后) 윤씨〈본관은 파평이다. ○파산부원군(坡山府院君) 윤지임(尹之任)의 딸이다〉 묻힌 곳은 태릉(泰陵)〈양주에 있다〉이다.

인종 영정대왕(仁宗榮靖大王) 1년간 재위하였다.〈원년은 을사년(1545)이다〉 묻힌 곳은 효릉(孝陵)〈고양에 있다〉이다.

인성왕후(仁聖王后) 박씨〈본관은 나주(羅州)이다. ○금성부원군(錦城府院君)에 추증된 박용(朴墉)의 딸이다〉 묻힌 곳은 효릉(孝陵)〈인종이 묻힌 효릉과 같이 있다〉이다.

명종 공헌대왕(明宗恭憲大王) 22년간 재위하였다.〈원년은 병오년(1546)이다〉 묻힌 곳은 강릉(康陵)〈양주에 있다〉이다.

인순왕후(仁順王后) 심씨〈본관은 청송(青松)이다. ○청릉부원군(青陵府院君) 심강(沈鋼)의 딸이다〉 묻힌 곳은 강릉(康陵)〈명종이 묻힌 강릉과 같이 있다〉이다.

선조 소경대왕(宣祖昭敬大王) 41년간 재위하였다.〈원년은 무진년(1568)이다〉 묻힌 곳은 목릉(穆陵)〈양주에 있다〉이다.

의인왕후(懿仁王后) 박씨〈본관은 나주이다. ○반성부원군(潘城府院君) 박응순(朴應順)의 딸이다〉 묻힌 곳은 목릉(穆陵)〈선조가 묻힌 목릉에서 왼편으로 있다〉이다.

인목왕후(仁穆王后) 김씨〈본관은 연안(延安)이다. ○연흥부원군(延興府院君) 김제남(金悌男)의 딸이다〉 묻힌 곳은 목릉(穆陵)〈선조가 묻힌 목릉에서 왼편으로 있다〉이다.

폐주 광해군(廢主光海君) 14년간 재위하였다.〈무덤은 양주 진관면(眞官面)에 있다. ○광해군의 어머니 공빈(恭嬪) 김씨는 광해군 때 공성왕후(恭聖王后)로 추존되고, 그 무덤을 성릉(成陵)이라고 하였는데, 인조 원년(1623)에 다시 묘로 강등되었다. ○폐비 유씨는 판윤(判尹) 유자신(柳自新)의 딸이다. ○폐세자는 지(祬)이다〉〈원년은 기유년(1609)이다〉

원종 공량대왕(元宗恭良大王) 추숭되었으며, 묻힌 곳은 장릉(章陵)〈김포(金浦)에 있다〉이다.

인헌왕후(仁獻王后) 구씨〈본관은 능주(綾州)이다. ○능안부원군(綾安府院君) 구사맹(具思孟)의 딸이다〉 묻힌 곳은 장릉(章陵)〈원종이 묻힌 장릉과 같이 있다〉이다.

인조 순효대왕(仁祖純孝大王) 27년간 재위하였다.〈원년은 계해년(1623)이다〉 묻힌 곳은 장릉(長陵)〈교하(交河)에 있다〉이다.

인렬왕후(仁烈王后) 한씨〈본관은 청주이다. ○서평부원군(西平府院君) 한준겸(韓浚謙)의 딸이다〉 묻힌 곳은 장릉(長陵)〈인조가 묻혀 있는 장릉과 같이 있다〉이다.

장렬왕후(莊烈王后) 조씨〈본관은 양주이다. ○한원부원군(漢原府院君) 조창원(趙昌遠)의 딸이다〉 묻힌 곳은 휘릉(徽陵)〈양주에 있다〉이다.

효종 선문대왕(孝宗宣文大王) 10년간 재위하였다.〈원년은 경인년(1650)이다〉 묻힌 곳은 영릉(寧陵)〈여주에 있다〉이다.

인선왕후(仁宣王后) 장씨〈본관은 덕수(德水)이다. ○신풍부원군(新豐府院君) 장유(張維)의 딸이다〉 묻힌 곳은 영릉(寧陵)〈효종이 묻힌 영릉과 같이 있다〉이다.

현종 창효대왕(顯宗彰孝大王) 15년간 재위하였다.〈원년은 경자년(1660)이다〉 묻힌 곳은 숭릉(崇陵)〈양주에 있다〉이다.

명성왕후(明聖王后) 김씨〈본관은 청풍(淸風)이다. ○청풍부원군 김우명(金佑明)의 딸이다〉 묻힌 곳은 숭릉(崇陵)〈현종이 묻힌 숭릉과 같이 있다〉이다.

숙종 원효대왕(肅宗元孝大王) 46년간 재위하였다.〈원년은 을묘년(1675)이다〉 묻힌 곳은 명릉(明陵)〈고양에 있다〉이다.

인경왕후(仁敬王后) 김씨〈본관은 광산(光山)이다. ○광성부원군(光城府院君) 김만기(金萬基)의 딸이다〉 묻힌 곳은 익릉(翼陵)〈고양에 있다〉이다.

인현왕후(仁顯王后) 민씨〈본관은 여주이다. ○여양부원군(驪陽府院君) 민유중(閔維重)의 딸이다〉 묻힌 곳은 명릉(明陵)〈숙종이 묻힌 명릉과 같이 있다〉이다.

인원왕후(仁元王后) 김씨〈본관은 경주이다. ○경은부원군(慶恩府院君) 김주신(金柱臣)의 딸이다〉 묻힌 곳은 명릉(明陵)〈숙종이 묻힌 명릉에서 오른편으로 있다〉이다.

경종 선효대왕(景宗宣孝大王) 4년간 재위하였다.〈원년은 신축년(1721)이다〉 묻힌 곳은 의릉(懿陵)〈양주에 있다〉이다.

단의왕후(端懿王后) 심씨〈본관은 청송이다. ○청은부원군(青恩府院君)에 추증된 심호(沈浩)의 딸이다〉 묻힌 곳은 혜릉(惠陵)〈양주에 있다〉이다.

선의왕후(宣懿王后) 어씨〈본관은 함종(咸從)이다. ○함원부원군(咸原府院君) 어유구(魚有龜)의 딸이다〉 묻힌 곳은 의릉(懿陵)〈경종이 묻힌 의릉과 같이 있다〉이다.

영조 현효대왕(英祖顯孝大王) 52년간 재위하였다.〈원년은 을사년(1725)이다〉 묻힌 곳은 원릉(元陵)〈양주에 있다〉이다.

정성왕후(貞聖王后) 서씨〈본관은 달성(達城)이다. ○달성부원군에 추증된 서종제(徐宗悌)의 딸이다〉 묻힌 곳은 홍릉(弘陵)〈고양에 있다〉이다.

정순왕후(貞純王后) 김씨〈본관은 경주이다. ○오흥부원군(鰲興府院君) 김한구(金漢耉)의 딸이다〉 묻힌 곳은 원릉(元陵)〈영조가 묻힌 원릉과 같이 있다〉이다.

진종 효장대왕(眞宗孝章大王) 추숭되었으며 묻힌 곳은 영릉(永陵)〈파주에 있다〉이다.

효순왕후(孝純王后) 조씨〈본관은 풍양(豐壤)이다. ○풍릉부원군(豐陵府院君) 조문명(趙文命)의 딸이다〉 묻힌 곳은 영릉(永陵)〈진종이 묻힌 영릉과 같이 있다〉이다.

정조 장효대왕(正祖莊孝大王) 24년간 재위하였다.〈원년은 정유년(1777)이다〉 묻힌 곳은 건릉(健陵)〈수원(水原)에 있다〉이다.

효의왕후(孝懿王后) 김씨〈본관은 청풍이다. ○청원부원군(淸原府院君) 김시묵(金時默)의 딸이다〉 묻힌 곳은 건릉(健陵)〈정조가 묻힌 건릉과 같이 있다〉이다.

순조 성효대왕(純祖成孝大王) 34년간 재위하였다.〈원년은 신유년(1801)이다〉 묻힌 곳은 인릉(仁陵)〈광주에 있다〉이다.

순원왕후(純元王后) 김씨〈본관은 안동이다. ○영안부원군(永安府院君) 김조순(金祖淳)의 딸이다〉 묻힌 곳은 인릉(仁陵)〈순조가 묻힌 인릉과 같이 있다〉이다.

익종 효명대왕(翼宗孝明大王) 추숭되었으며 묻힌 곳은 수릉(綏陵)〈양주에 있다〉이다.

대왕대비전하 조씨〈본관은 풍양이다. ○풍은부원군(豊恩府院君) 조만영(趙萬永)의 딸이다〉

헌종 철효대왕(憲宗哲孝大王) 15년간 재위하였다.〈원년은 을미년(1835)이다〉 묻힌 곳은 경릉(景陵)〈양주에 있다〉이다.

효현왕후(孝顯王后) 김씨〈본관은 안동이다. ○영흥부원군(永興府院君) 김조근(金祖根)의 딸이다〉 묻힌 곳은 경릉(景陵)〈헌종이 묻힌 경릉과 같이 있다〉이다.

왕대비전하 홍씨〈본관은 남양(南陽)이다. ○익풍부원군(益豊府院君) 홍재룡(洪在龍)의 딸이다〉

철종 영효대왕(哲宗英孝大王) 14년간 재위하였다.〈원년은 경술년(1850)이다〉 묻힌 곳은 예릉(睿陵)〈고양에 있다〉이다.

대비전하 김씨〈본관은 안동이다. ○영은부원군(永恩府院君) 김문근(金汶根)의 딸이다〉

주상전하[主上殿下: 고종(高宗)/역자주]〈원년은 갑자년(1864)이다〉

중궁전하(中宮殿下) 민씨〈본관은 여주이다. ○부원군 민치록(閔致祿)의 딸이다〉

## 2. 도성(都城)

태조(太祖) 5년(1396)에 도성을 쌓았다.〈서북면 안주(安州) 이남의 장정 119,000명을 소집하였다. 정월에 쌓기 시작하여 2월에 정지하였다. 가을이 되어 다시 강원·경상·전라 3도에서 장정 79,000명을 소집하였다. 8월에 시작하여 9월에 마쳤다. 평양백(平壤伯) 조준(趙浚) 등으로 하여금 축성하는 일을 감독하게 하였다. 사방 둘레는 9,975보(步)이다〉

11월에 도읍을 옮겼다. 세종 3년(1421)에 도성을 고쳐 쌓았다.〈여러 도(道)의 장정 300,000명을 뽑아 돌로 쌓았다. 사방 둘레가 14,935보(步)이다. 주척(周尺)으로 재면 89,610자[척(尺)]이고, 이(里)로써 계산하면 41리 175보가 된다. 높이는 40자 2치[촌(寸)]이고 여첩(女堞: 성 위에 쌓은 낮은 담/역자주)은 4,664개이고 치성(雉城: 적을 공격하기 위해 망루를 겸한 성/역자주)은 6곳이며, 곡성(曲城)은 1곳이다. 성랑[城廊: 성루(城樓)를 말함/역자주]은 75개

이다〉

성문(城門)은 모두 8개이다. 동쪽에 있는 문은 흥인문(興仁門)이다.〈세상에서는 동대문(東大門)이라고 일컫는다. 누각이 2층으로 되어 있고, 밖으로 곡성(曲城: 성문을 밖으로 둘러 가려서 곡선으로 쌓은 성벽/역자주)이 있다〉

남쪽에 있는 문은 숭례문(崇禮門)이다.〈세상에서는 남대문(南大門)이라고 일컫는다. 누각이 2층으로 되어 있다〉

서쪽에 있는 문은 돈의문(敦義門)이다.〈세상에서는 신문(新門)이라고 일컫는다. 초루[譙樓: 망루(望樓)/역자주]가 있다〉

북쪽에 있는 문은 숙정문(肅靖門)이다.〈세상에서는 북청문(北淸門)이라고 일컫는다. 초루가 없고 항상 문이 닫혀 있다〉

동북쪽에 있는 문은 혜화문(惠化門)이다.〈세상에서는 동소문(東小門)이라고 일컫는다. 처음에는 홍화문(弘化門)이라고 불렀는데. 중종 6년(1511)에 창경궁의 동쪽 문을 홍화문이라고 부르면서 이를 피하여 혜화문으로 이름을 바꾸었다〉

동남쪽에 있는 문은 광희문(光熙門)이다.〈세상에서는 수구문(水口門)이라고 일컫는다〉

서남쪽에 있는 문은 소의문(昭義門)이다.〈세상에서는 서소문(西小門)이라고 일컫는다. 처음에는 소덕문(昭德門)이라고 불렀는데, 장순왕후[章順王后: 제8대 예종의 비(妃)/역자주]가 "소덕"이라는 시호를 받은 후 소의문으로 이름을 바꾸었다. 위의 두 문(門: 광희문과 소의문/역자주)은 도성 안에 살던 사람이 죽으면 그 크고 작은 상여를 내보내는 문이다〉

서북쪽에 있는 문은 창의문(彰義門)이다.〈일반적으로 자하문(紫河門)이라고 일컫는다. 영조 19년(1743) 도성 문 가운데 초루가 없는 곳에는 모두 문루(門樓)를 세우도록 하였다〉

여덟 개의 성문에는 각각 부장[部將: 5위(五衛)의 종6품 무관/역자주] 2명을 두어〈금군(禁軍: 궁궐 수비와 임금의 호위를 맡은 군사/역자주) 가운데 봉록(俸祿: 월급/역자주)을 많이 받는 자로 임명하였다〉 각기 군사 10명을 거느리고 번갈아 지키도록 하였다.〈정문에는 호군[護軍: 5위(五衛)의 정4품 벼슬/역자주] 2명, 부장(部將) 1명, 1간문(一間門)에는 부장 2명, 5간 수문(五間水門)에는 금군 1명을 두었다〉 영조 45년(1769) 도성을 측량하는 일을 각 군문에서 관리하게 하고 무너진 곳을 수축하였다.〈숙정문 동쪽 끝에서부터 돈의문 북쪽 끝까지는 4,850보인데, 여첩 1,514개, 성랑 24개가 있다. 훈련도감(訓練都監)에서 관할한다. ○돈의문 북쪽 끝에서부터 광희문 남쪽 끝까지는 5,042보 3자[척(尺)]인데, 여첩 1,542개, 성랑 24개가 있다. 금위영(禁衛營)에서 관할한다. ○광희문 남쪽 끝에서부터 숙정문 동쪽 끝까지는 5,042보 3자인데, 여첩 1,598개, 성랑 27개, 치성 6개가 있다. 어영청(御營廳)에서 관할한다. ○창의문 밖은 전부 총융청(摠戎廳: 서울 외곽을 경비하는 군영/역자주) 관할에 속한다〉

## 3. 궁궐(宮闕)

### 『경복궁』(景福宮)

〈백악(白岳)의 남쪽에 있다〉

태조 3년(1394)에 정도전(鄭道傳) 등에게 명하여 궁궐을 쌓도록 하였다.〈고려 숙종 때 이곳에 궁궐을 지어 연흥전(延興殿)이 있다. 충숙왕이 또 궁전을 지었고, 우왕과 공양왕이 남경(南京: 지금의 서울/역자주)으로 수도를 옮길 때 모두 이곳에 머물렀다. 충숙왕 때 지은 옛 궁궐터가 협소하여 다시 그 남쪽을 개척한 것이다〉

12월에 궁궐 짓는 역사를 시작하여 다음해 가을 9월에 완성하고, 정도전에게 명하여 이름을 짓게 하였다.〈궁성의 둘레는 1,813보이다〉 대궐 문은 모두 4개인데 정남향으로 있는 문은 광화문(光化門)이다.〈광화문 밖의 동쪽과 서쪽으로 양부(兩府: 의정부와 중추부/역자주)와 6조(六曹: 이조·호조·예조·병조·형조·공조/역자주)와 대(臺)·원(院)을 설치하였다〉 정북향으로 있는 문은 신무문(神武門)이라 하고, 정동향으로 있는 문은 건춘문(建春門)이라 하고, 정서향으로 있는 문은 영추문(迎秋門)이라 하였다.

근정전(勤政殿)〈조하(朝賀: 조정에 나가 임금에게 하례하는 일/역자주)를 받는 정전(正殿)이다. 근정전의 남쪽에 있는 문은 근정문이라 하고, 또 그 남쪽에 있는 문은 홍례문(弘禮門)이고, 또 그 남쪽에 있는 문이 광화문이다. 근정전의 동쪽에 있는 문은 일화문(日華門)이고 서쪽에 있는 문은 월화문(月華門)이다. 홍례문 안에는 명당수가 흐르는 어구(御溝)가 있고, 돌 다리가 있는데 금천교[錦川橋: 영제교(永濟橋)를 말함/역자주]라 한다〉가 있었는데, 선조 25년(1592)에 화재로 인하여 없어졌다.

### 『창덕궁』(昌德宮)

〈북부 광화방(廣化坊)에 있다〉

태조 때에 건축하였다. 대궐 문은 모두 8개이다. 정남향으로 있는 문은 돈화문(敦化門), 북쪽 문은 광지문(廣智門), 동쪽 문은 건양문(建陽門), 서쪽 문은 금호문(金虎門)이라 한다. 돈화문의 동쪽 문은 단봉문(丹鳳門)이라 한다. 금호문의 위쪽으로 있는 문은 경추문(景秋門)이라 하고, 그 위쪽으로 있는 문은 요금문(曜金門)이라 하고, 또 그 위쪽으로 있는 문은 공북문(拱北門)이라 한다.

인정전(仁政殿)〈조하를 받는 정전이다. 인정전 남쪽에 있는 문은 인정문(仁政門)이라 하고, 그 서남쪽에 있는 문은 진선문(進善門)이라 하고, 또 그 남쪽에 있는 문은 돈화문이라 한다. ○창덕궁의 건양문이 창경궁(昌慶宮)으로 통한다〉이 있는데, 선조 25년(1592)에 화재로 인하여 없어졌다가 광해군 원년(1609)에 중건하였다.

## 『창경궁』(昌慶宮)

〈창덕궁의 동쪽에 있다〉

성종 5년(1474)에 세웠다.〈수강궁(壽康宮: 세종 즉위 후 상왕인 태종을 위해 지은 궁궐/역자주)의 옛터에 지었다〉

대궐 문은 모두 5개이다. 동쪽 문은 홍화문(弘化門)이고, 서쪽 문은 건양문(建陽門)〈창덕궁 편에 보인다〉이다. 홍화문의 아래쪽에 있는 문은 선인문(宣仁門)이고, 홍화문의 위쪽에 있는 문은 통화문(通化門)이다. 통화문 위쪽에 있는 문이 월근문(月覲門)이고, 월근문 위쪽에 있는 문이 집춘문(集春門)이며, 또 그 서쪽에 있는 문이 광지문(廣智門)〈창덕궁 편에 보인다〉이다.

명정전(明政殿)〈조하를 받는 정전이다. 명정전의 동쪽에 있는 문은 명정문(明政門)이고, 명정문 동쪽으로 홍화문이 있다. 홍화문 안쪽에 명당수가 흐르는 어구가 있고, 돌다리가 있는데 옥천교(玉川橋)라 한다〉이 있는데, 선조 25년(1592)에 화재로 인하여 없어졌다가 광해군 8년(1616)에 중건되었다.

## 『경희궁』(慶熙宮)

〈서부 인달방(仁達坊)에 있다〉

광해군 9년(1617)에 건립하였다. 문은 모두 5곳인데 정동향에 있는 문은 흥화문(興化門), 남쪽에 있는 문은 개양문(開陽門), 서쪽에 있는 문은 숭의문(崇義門) 북쪽에 있는 문은 무덕문

(武德門)이라고 한다. 홍화문의 북쪽에 있는 문은 흥원문(興元門)이라 한다. 숭정전(崇政殿)〈조하를 받는 정전이다. 숭전전의 동쪽에 있는 문은 숭정문(崇政門)이라고 하며, 숭정문의 동쪽으로 홍화문이 있다〉이 있다.

## 4. 제궁(諸宮)

**『명례궁』(明禮宮)**

〈서부 황화방(皇華坊)에 있다. 본래 월산대군(月山大君)의 집이었다. 선조 계사년(1593)에 의주(義州)에서 서울로 돌아와 시어소(時御所)로 삼았다. 광해군 7년(1615) 경운궁(慶運宮)으로 이름을 고쳤다. 후에 인목대비(仁穆大妃: 선조의 두 번째 왕비)가 이곳에 머물게 되면서 서궁(西宮)이라 불렀다. 인조가 계해년(1623)에 이 궁에서 즉위하였다〉

**『인경궁』(仁慶宮)**

〈인왕산의 동쪽에 있다. 본래 원종대왕(元宗大王: 인조의 아버지로서 인조가 즉위한 후 추존됨/역자주)의 개인집이었다. 광해군 9년(1617)에 건립하였다. 흠명전(欽明殿)이 있었는데 인조 때 철거하였다〉

**『어의궁』(於義宮)**

〈중부 경행방(慶幸坊)에 있다. 인조가 즉위하기 전에 살던 집이었다. 효종이 이곳에서 출생하였다〉

**『용흥궁』(龍興宮)**

〈동부 숭교방(崇教坊) 어의동(於義洞)에 있는데, 본궁(本宮)이라고 일컬으며, 효종이 즉위하기 전에 살던 집이다. 효종 신묘년(1651) 이후에는 국왕과 왕세자의 가례(嘉禮)를 이곳에서 행하였다. ○'문헌비고(文獻備考)'에는 용흥궁은 동부 숭교방에 있는데 일반적으로 하어의궁(下於義宮)이라고 한다고 되어 있다〉

『창의궁』(彰義宮)

〈북부 의통방(義通坊)에 있다. 영조가 즉위하기 전에 살던 집이다. 진종(眞宗: 영조의 맏아들로 정조 즉위 후에 진종으로 추존됨/역자주)이 이곳에서 출생하였다〉

『용동궁』(龍洞宮)

〈서부 황화방(皇華坊)에 있다. 세상에는 순회세자(順懷世子: 명종의 맏아들/역자주)가 살던 옛 궁궐이라고 전하지만 상세하지는 않다〉

『이현궁』(梨峴宮)

〈동부 연화방(蓮花坊)에 있다. 세상에는 광해군이 살던 옛 궁궐이라고 전한다. 정조 때 장용영(壯勇營)이 되었고 지금은 훈련도감의 동영(東營)이다〉

『연희궁』(衍喜宮)

〈무악산(毋岳山)의 서쪽 기슭에 있는데 서울과 거리가 10리이다. 정종이 왕위를 물려준 후에 이 궁을 시어소로 삼았으며, 연산군 때 연회를 베푸는 장소가 되었다. 지금은 옛터만 남아 있다〉

## 5. 단유(壇壝)

『사직단』(社稷壇)

〈서부 인달방에 있다〉 태조 3년(1394)에 세웠다.

사(社)는 토지의 신으로 동쪽에 있고,〈국사(國社)는 후토씨(后土氏)가 배위(配位)가 된다〉 직(稷)은 곡식의 신으로 서쪽에 있다.〈국직(國稷)은 후직씨(后稷氏)가 배위가 된다〉

『대보단』(大報壇)

〈창덕궁 후원 공북문(拱北門) 안에 있다. 숙종 31년(1705)에 세웠다〉

명(明)나라 태조 고황제(太祖高皇帝)〈무령왕(武寧王) 서달(徐達)을 배위로 한다〉·명나라 신종 현황제(神宗顯皇帝)〈충렬공(忠烈公) 이여송(李如松)을 배위로 한다〉 명나라 의종 열황제(毅宗烈皇帝)〈대학사(大學士) 범경문(范景文)을 배위로 한다〉를 제사지낸다.

## 6. 묘전(廟殿)

**『태묘』(太廟)**

〈동부 연화방에 있다〉 태조 3년(1394)에 건립하였으며, 세실(世室)을 봉안하였다.

태조 태종 세종 세조 성종

중종 선조 인조 효종 현종

숙종 영조 정조 순조 익종

헌종

**『영녕전』(永寧殿)**

〈태묘의 서쪽에 있다〉

태종 10년(1410)에 건립하였으며, 조주(祧主: 승하 후에 종묘 정전에 봉안하였다가 영녕전으로 옮겨진 국왕의 위패/역자주)를 봉안하였다.

목조 익조 도조 환조 정종

문종 단종 덕종 예종 인종

명종 원종 경종 진종

## 7. 묘정배향제신(廟庭配享諸臣)

**『태조 묘정』(太祖廟庭)**

조준(趙浚)〈자는 자명(子明)이고 호는 송당(松堂)이며 본관은 평양(平壤)이다. 벼슬은 영의정 평양부원군(平壤府院君)을 지냈으며, 시호는 문충(文忠)이다〉

이화(李和)〈호는 이락정(二樂亭)이고 태조의 서제(庶弟: 어머니가 다른 아우/역자주)이다.

의안대군(義安大君)에 봉해졌으며 시호는 양소(襄昭)이다〉

남재(南在)〈자는 경지(敬之)이고 호는 구정(龜亭)이며 본관은 의령이다. 벼슬은 영의정 의령부원군(宜寧府院君)을 지냈으며, 시호는 충경(忠景)이다〉

이제(李濟)〈본관은 성주(星州)이며 태조의 부마(駙馬)이다. 흥안군(興安君)에 봉해졌으며, 시호는 경무(景武)이다〉

이지란(李之蘭)〈본래의 성은 동(佟)이고 이름은 두란(豆蘭)이다. 조선에서 성과 이름을 내려주었다. 자는 식형(式馨)이고 본관은 청해(靑海)이다. 벼슬은 문하시랑 청해백에 지냈으며, 시호는 양렬(襄烈)이다〉

남은(南誾)〈남재(南在)의 동생이다. 벼슬은 이조판서 의성군(宜城君)을 지냈으며, 시호는 강무(剛武)이다〉

조인옥(趙仁沃)〈자는 군계(君啓)이며 본관은 한양이다. 벼슬은 이조판서 한산군(漢山君)을 지냈으며, 시호는 충정(忠靖)이다〉

**『정종 묘정』(正宗廟庭)**

이방의(李芳毅)〈태조의 셋째 아들로 익안대군(益安大君)에 봉해졌다. 관계(官階)는 대광보국(大匡輔國)에 올랐고, 마한공(馬韓公)에 추증되었다. 시호는 안양(安襄)이다〉

**『태종 묘정』(太宗廟庭)**

하륜(河崙)〈자는 대림(大臨)이고 호는 호정(浩亭)이며 본관은 진주이다. 벼슬은 영의정 진산부원군(晉山府院君)에 올라 치사(致仕: 나이가 많아 벼슬에서 물러나는 것/역자주)하였다. 시호는 문충(文忠)이다〉

조영무(趙英茂)〈본관은 한양이다. 벼슬은 우의정 한산부원군(漢山府院君)에 이르렀다. 시호는 충무(忠武)이다〉

정탁(鄭擢)〈자는 여괴(汝魁)이고 호는 춘곡(春谷)이며, 본관은 청주이다. 벼슬은 우의정 청성부원군(淸城府院君)에 올랐다. 시호는 익경(翼景)이다〉

이천우(李天祐)〈태조의 조카이다. 벼슬은 병조판서 완산부원군(完山府院君)에 올랐다. 시호는 양도(襄度)이다〉

이래(李來)〈자는 낙보(樂甫)이며 본관은 경주이다. 벼슬은 참찬(參贊) 대제학(大提學) 계

림군(鷄林君)에 올랐으며, 시호는 경절(景節)이다〉

**『세종 묘정』(世宗廟庭)**

황희(黃喜)〈자는 구부(懼夫)이고 호는 방촌(厖村)이며, 본관은 장수(長水)이다. 벼슬은 영의정에 올라 치사하였다. 시호는 익성(翼成)이다〉

최윤덕(崔潤德)〈자는 여화(汝和)이며 본관은 통천(通川)이다. 무과에 급제하였으며 벼슬은 영의정에 올랐다. 시호는 문경(文敬)이다〉

허조(許稠)〈자는 중통(仲通)이고 호는 경암(敬庵)이며 본관은 하양(河陽)이다. 벼슬은 좌의정에 올랐으며 시호는 문경(文景)이다〉

신개(申槩)〈자는 자격(子格)이고 호는 인재(仁齋)이며 본관은 평산(平山)이다. 벼슬은 좌의정에 올랐으며 시호는 문희(文僖)이다〉

이수(李隨)〈본관이 봉산(鳳山)이다. 벼슬은 이조판서, 예문관대제학을 지냈다. 시호는 문정(文靖)이다〉

**『문종 묘정』(文宗廟庭)**

하연(河演)〈자는 연량(淵亮)이고 호는 경재(警齋)이며 본관은 진주이다. 벼슬은 영의정에 올라 치사하였으며 시호는 문효(文孝)이다〉

**『세조 묘정』(世祖廟庭)**

권람(權擥)〈자는 정경(正卿)이고 호는 소한당(素閑堂)이며 본관은 안동이다. 벼슬은 좌의정 길창부원군(吉昌府院君)에 올랐으며 시호는 익평(翼平)이다〉

한확(韓確)〈자는 자유(子柔)이며 본관은 청주이다. 벼슬은 좌의정 서원부원군(西原府院君)에 올랐으며 시호는 양절(襄節)이다〉

한명회(韓明澮)〈자는 자준(子濬)이고 호는 압구정(狎鷗亭)이며 본관은 청주이다. 벼슬은 영의정 상당부원군(上黨府院君)에 올랐으며, 시호는 충성(忠成)이다〉

**『예종 묘정』(睿宗廟庭)**

박원형(朴元亨)〈자는 지구(之衢)이고 호는 만절당(晩節堂)이며 본관은 죽산(竹山)이다.

벼슬은 좌의정 연성부원군(延城府院君)에 올랐으며, 시호는 문헌(文憲)이다〉

『성종 묘정』(成宗廟庭)

신숙주(申叔舟)〈자는 범옹(泛翁)이고 호는 보한재(保閒齋)이며 본관은 고령(高靈)이다. 벼슬은 영의정 고령부원군에 올라 문형(文衡)을 주관하였다. 시호는 문충(文忠)이다〉

정창손(鄭昌孫)〈자는 효중(孝仲)이고 본관은 동래(東萊)이다. 벼슬은 영의정 봉원부원군(蓬原府院君)에 올랐고 시호는 충정(忠貞)이다〉

홍응(洪應)〈자는 응지(應之)이고 호는 휴휴당(休休堂)이며 본관은 남양(南陽)이다. 벼슬은 좌의정 익성부원군(益城府院君)에 올랐으며, 시호는 충정(忠貞)이다〉

『중종 묘정』(中宗廟庭)

박원종(朴元宗)〈자는 백윤(伯胤)이고 본관은 순천(順天)이다. 벼슬은 영의정 평성부원군(平城府院君)에 올랐고, 시호는 무열(武烈)이다〉

성희안(成希顔)〈자는 우옹(愚翁)이고 본관은 창녕(昌寧)이다. 벼슬은 영의정 창녕부원군에 올랐고, 시호는 충정(忠定)이다〉

유순정(柳順汀)〈자는 지원(智源)이고 본관은 진주(晉州)이다. 벼슬은 영의정 청천부원군(菁川府院君)에 올랐고, 시호는 문성(文成)이다〉

정광필(鄭光弼)〈자는 사훈(士勛)이고 호는 취부(醉夫)이며 본관은 동래이다. 벼슬은 영의정에 올랐고 시호는 문익(文翼)이다〉

『인종 묘정』(仁宗廟庭)

홍언필(洪彦弼)〈자는 자미(子美)이고 호는 묵재(默齋)이며 본관은 남양(南陽)이다. 벼슬은 영의정에 올랐고, 시호는 문희(文僖)이다〉

김안국(金安國)〈자는 국경(國卿)이고 호는 모재(慕齋)이며 본관은 의성(義城)이다. 벼슬은 좌찬성에 올라 문형(文衡)을 주관하였다. 시호는 문경(文景)이다〉

『명종 묘정』(明宗廟庭)

심연원(沈連源)〈자는 맹용(孟容)이고 호는 보암(保庵)이며 본관은 청송(青松)이다. 벼슬

은 영의정에 올랐고, 시호는 충혜(忠惠)이다〉

이언적(李彦迪)〈자는 복고(復古)이고 호는 회재(晦齋)이며 본관은 여흥(驪興)이다. 벼슬은 우찬성에 올랐으며, 영의정에 추증되었다. 시호는 문원(文元)이다〉

**『선조 묘정』(宣祖廟庭)**

이준경(李浚慶)〈자는 원길(元吉)이고 호는 동고(東皐)이며 본관은 광주(廣州)이다. 벼슬은 영의정에 올랐고 시호는 충정(忠貞)이다〉

이황(李滉)〈자는 경호(景浩)이고 호는 퇴계(退溪)이며 본관은 진보(眞寶)이다. 벼슬은 좌찬성을 지냈으며, 영의정에 추증되었다. 시호는 문순(文純)이다〉

**『인조 묘정』(仁祖廟庭)**

이원익(李元翼)〈자는 공려(公勵)이고 호는 오리(梧里)이며 본관은 전주(全州)이다. 벼슬은 영의정 완평부원군(完平府院君)에 올랐고, 시호는 문충(文忠)이다〉

신흠(申欽)〈자는 경숙(敬叔)이고 호는 상촌(象村)이며 본관은 평산(平山)이다. 벼슬은 영의정에 올라 문형을 주관하였다. 시호는 문정(文貞)이다〉

김류(金瑬)〈자는 관옥(冠玉)이고 호는 북저(北渚)이며 본관은 순천(順天)이다. 벼슬은 영의정 승평부원군(昇平府院君)에 올라 문형을 주관하였다. 시호는 문충(文忠)이다〉

이귀(李貴)〈자는 옥여(玉汝)이고 호는 묵재(默齋)이며 본관은 연안(延安)이다. 벼슬은 좌찬성 연평부원군(延平府院君)에 올랐으며 영의정에 추증되었다. 시호는 충정(忠定)이다〉

신경진(申景禛)〈자는 군수(君受)이고 신개(申槩)의 6세손이다. 벼슬은 영의정 평성부원군(平城府院君)에 올랐고, 시호는 충익(忠翼)이다〉

이서(李曙)〈자는 인숙(寅叔)이고 본관은 전주이다. 벼슬은 병조판서 완풍부원군(完豊府院君)에 올랐고 영의정에 추증되었다. 시호는 충정(忠定)이다〉

**『효종 묘정』(孝宗廟庭)**

김상헌(金尙憲)〈자는 숙도(叔度)이고 호는 청음(淸陰)이며 본관은 안동(安東)이다. 벼슬은 좌의정에 올라 문형을 주관하였으며, 영의정에 추증되었다. 시호는 문정(文正)이다〉

김집(金集)〈자는 사강(士剛)이고 호는 신독재(愼獨齋)이며 본관은 광주(光州)이다. 벼슬

은 판중추(判中樞)에 올랐으며 시호는 문경(文敬)이다〉

송시열(宋時烈)〈자는 영보(英甫)이고 호는 우암(尤庵)이며 본관은 은진(恩津)이다. 벼슬은 좌의정에 올랐고 영의정에 추증되었다. 시호는 문정(文正)이다〉

**『현종 묘정』(顯宗廟庭)**

정태화(鄭太和)〈자는 유춘(囿春)이고 호는 양파(陽坡)이며 정광필(鄭光弼)의 5세손이다. 벼슬은 영의정에 올랐으며 시호는 익경(翼景)이다〉

김좌명(金佐明)〈자는 일정(一正)이고 호는 귀은(歸隱)이며 본관은 청풍(淸風)이다. 벼슬은 겸병조판서(兼兵曹判書)에 올랐고, 영의정 청릉부원군(淸陵府院君)에 추증되었다. 시호는 충숙(忠肅)이다〉

**『숙종 묘정』(肅宗廟庭)**

남구만(南九萬)〈자는 운로(雲路)이고 호는 약천(藥泉)이며 남재(南在)의 10세손이다. 벼슬은 영의정에 올라 문형을 주관하다가 치사(致仕)하였다. 시호는 문충(文忠)이다〉

박세채(朴世采)〈자는 화숙(和叔)이고 호는 남계(南溪) 또는 현석(玄石)이며, 본관은 반남(潘南)이다. 벼슬은 좌의정에 올랐고 시호는 문순(文純)이다〉

윤지완(尹趾完)〈자는 숙린(叔麟)이고 호는 동산(東山)이며 본관은 파평(坡平)이다. 벼슬은 우의정에 올랐으며 시호는 문정(文正)이다〉

최석정(崔錫鼎)〈자는 여화(汝和)이고 호는 명곡(明谷)이며 본관은 전주이다. 벼슬은 영의정에 올라 문형을 주관하였다. 시호는 문정(文貞)이다〉

**『경종 묘정』(景宗廟庭)**

이유(李濡)〈자는 자우(子雨)이고 호는 녹천(鹿川)이며 본관은 전주이다. 벼슬은 영의정에 올랐으며 시호는 혜정(惠定)이다〉

민진후(閔鎭厚)〈자는 정능(靜能)이고 호는 지재(趾齋)이며 본관은 여흥(驪興)이다. 벼슬은 예조판서와 제학(提學)에 올랐다. 시호는 충문(忠文)이다〉

『영조 묘정』(英祖廟庭)

김창집(金昌集)〈자는 여성(汝成)이고 호는 몽와(夢窩)이며 김상헌(金尙憲)의 증손이다. 벼슬은 영의정에 올랐으며, 시호는 충헌(忠獻)이다〉

최규서(崔奎瑞)〈자는 문숙(文叔)이고 호는 간재(艮齋)이며 본관은 해주(海州)이다. 벼슬은 영의정에 올라 치사하였다. 시호는 충정(忠貞)이다〉

민진원(閔鎭遠)〈자는 성유(聖猷)이고 호는 단암(丹岩)이며 본관은 여흥(驪興)이다. 벼슬은 좌의정에 올랐으며, 시호는 문충(文忠)이다〉

조문명(趙文命)〈자는 숙장(叔章)이고 호는 학암(鶴岩)이며 본관은 풍양(豊陽)이다. 벼슬은 좌의정 풍릉부원군(豊陵府院君)에 올라 문형을 주관하였다. 시호는 문충(文忠)이다〉

김재로(金在魯)〈자는 중례(仲禮)이고 호는 청사(晴沙)이며 본관은 청풍(淸風)이다. 벼슬은 영의정에 올랐으며, 시호는 충정(忠靖)이다〉

『정조 묘정』(正祖廟庭)

유언호(兪彦鎬)〈자는 사경(士京)이고 호는 칙지(則止)이며 본관은 기계(杞溪)이다. 벼슬은 우의정에 올랐으며, 시호는 충문(忠文)이다〉

김조순(金祖淳)〈자는 사원(士元)이고 호는 풍고(楓皐)이며 김창집(金昌集)의 현손(玄孫: 손자의 손자, 곧 4대손/역자주)이다. 벼슬은 영돈녕 영안부원군(永安府院君)에 올라 문형을 주관하였다. 영의정에 추증되었으며, 시호는 충문(忠文)이다〉

『순조 묘정』(純祖廟庭)

이시수(李時秀)〈자는 치가(稚可)이고 호는 급건재(及健齋)이며 본관은 연안(延安)이다. 벼슬은 영의정에 올랐으며 시호는 충정(忠貞)이다〉

김재찬(金載瓚)〈자는 국보(國寶)이고 호는 해석(海石)이며 본관은 연안이다. 벼슬은 영의정에 올랐으며 시호는 문충(文忠)이다〉

김이교(金履喬)〈자는 공세(公世)이고 호는 죽리(竹里)이며 본관은 안동이다. 벼슬은 우의정에 올라 문형을 주관하였다. 시호는 문정(文貞)이다〉

조득영(趙得永)〈자는 [원전에 내용 없음: 덕여(德汝)/역자주]이고 호는 [원전에 내용 없음: 일곡(日谷)/역자주]이며 본관은 풍양이다. 벼슬은 이조판서에 올랐고 영의정에 추증되었

다. 시호는 문충(文忠)이다〉

**『헌종 묘정』(憲宗廟庭)**

이상황(李相璜)〈자는 각옥(閣玉)이고 호는 동어(桐魚)이며 본관은 전주이다. 벼슬은 영의정에 올랐고 시호는 문익(文翼)이다〉

조인영(趙寅永)〈자는 희경(羲卿)이고 호는 운석(雲石)이며 본관은 풍양이다. 벼슬은 영의정에 올랐으며 시호는 문충(文忠)이다〉

**『철종 묘정』(哲宗廟庭)**

(원전에 내용 없음)

## 8. 진전(眞殿)

**『영희전』(永禧殿)**

〈남부 훈도방(薰陶坊)에 있으며 본래는 의숙공주(懿淑公主: 세조의 딸/역자주)의 집이었다. 중종 원년(1506)에 단경왕후(端敬王后) 신씨(愼氏)가 이곳에서 죽었다. 광해군 2년(1610)에 공빈묘(恭嬪廟)가 되어 봉자전(奉慈殿)이라 불렸다. 광해군 11년(1619)에 남별전(南別殿)으로 이름을 고쳤다가 숙종 5년(1679)에 영희전으로 이름을 고쳤다〉

태조·세조·원종·숙종·영조·순조를 봉안하였다.

**『선원전』(璿源殿)**

〈창덕궁 안에 있다〉

숙종·영조·정조·순조·익종·헌종을 봉안하였다.

【외방 진전(外方眞殿)으로는 전주의 경기전(慶基殿), 영흥의 선원전(璿源殿), 강화의 장녕전(長寧殿), 수원의 화령전(華寧殿)이 있다】

『태녕전』(泰寧殿)

〈경희궁 안에 있다〉

영조를 봉안하였다.

창의궁(彰義宮)의 장보각(藏譜閣)에는 영조를 봉안하였다.

육상궁(毓祥宮)의 냉천정(冷泉亭)에는 영조를 봉안하였다.

경모궁(景慕宮)의 망묘루(望廟樓)에는 정조·순조·익종을 봉안하였다.

규장각의 주합루(宙合樓)〈창덕궁에 있다〉에는 정조·순조를 봉안하였다.

규장각의 서향각(書香閣)에는 헌종을 봉안하였다.

경우궁(景祐宮)의 성일헌(誠一軒)에는 순조·익종을 봉안하였다.

## 9. 궁묘(宮廟)

『경모궁』(景慕宮)

〈동부 숭교방(崇教坊)에 있다. 옛날에는 수은묘(垂恩廟)라 불렀는데, 정조 즉위년(1777)에 지금의 이름으로 바꿨다〉

장헌세자(莊獻世子)〈영조의 둘째 아들이다〉와 헌경혜빈 홍씨(獻敬惠嬪洪氏)〈정조를 낳았다. ○혜빈의 본관은 풍산(豊山)이며, 영의정 홍봉한(洪鳳漢)의 딸이다〉

○현륭원(顯隆園)〈수원(水原)에 있다. 장헌세자와 헌경혜빈 홍씨를 합장하였다〉

『저경궁』(儲慶宮)

〈서부 양생방(養生坊)에 있다. 옛날에는 송현궁(松峴宮)이라 불렀다. 본래는 인조가 즉위하기 전에 살던 집인데, 영조 31년(1755)에 지금의 이름으로 바꿨다〉

경혜인빈 김씨(敬惠仁嬪金氏)〈원종을 낳았다. ○인빈의 본관은 수원(水原)이며, 벼슬은 감찰(監察)을 지내고 영의정에 추증된 김한우(金漢佑)의 딸이다〉

○순강원(順康園)〈양주(楊州) 풍양(豊壤)에 있다〉

『육상궁』(毓祥宮)

〈북부 순화방(順化坊)에 있으며 영조 원년(1725)에 건립하였다〉

화경숙빈 최씨(和敬淑嬪崔氏)〈영조를 낳았다. ○숙빈의 본관은 해주(海州)이며 영의정에 추증된 최효원(崔孝元)의 딸이다〉

○소녕원(昭寧園)〈양주 고령산(高嶺山)에 있다〉

『연우궁』(延祐宮)

〈육상궁의 동쪽에 있으며, 정조 2년(1778)에 건립하였다〉

온희정빈 이씨(溫僖靖嬪李氏)〈진종을 낳았다. ○정빈의 본관은 함양(咸陽)이며 영의정에 추증된 이후철(李後哲)의 딸이다〉

○수길원(綏吉園)〈소녕원 안에 있다〉

『경우궁』(景祐宮)

〈북부 양덕방(陽德坊)에 있으며 순조 26년(1826)에 건립하였다〉

현목수빈 박씨(顯穆綏嬪朴氏)〈순조를 낳았다. ○수빈의 본관은 나주(羅州)이며 벼슬은 판돈녕(判敦寧)을 지내고 영의정에 추증된 충헌공(忠獻公) 박준원(朴準源)의 딸이다〉

○휘경원(徽慶園)〈철종 계해년(1863)에 풍양에서 양주 달마동(達摩洞)으로 옮겼다〉

『선희궁』(宣禧宮)

〈북부 순화방에 있으며 옛날에는 의열궁(義烈宮)이라 불렀다〉

영빈 이씨(暎嬪李氏)〈장헌세자를 낳았다. ○영빈의 본관은 전의(全義)이며 좌찬성에 추증된 이유번(李有蕃)의 딸이다〉

○선희묘(宣禧墓)〈북부 무악산 서쪽 기슭에 있다〉

『순회묘』(順懷廟)

〈북부 순화방에 있으며 선조 신축년(1601)에 건립하였다. 곧이어 영경전(永慶殿)으로 불려졌다〉

순회세자(順懷世子)〈명종의 세자이다〉와 공회빈 윤씨(恭懷嬪尹氏)〈본관은 무송(茂松)이

며 병조참판을 지낸 윤옥(尹玉)의 딸이다〉

○순회묘〈경릉(敬陵: 덕종의 능/역자주)의 왼쪽 언덕에 있다〉

**『소현묘』(昭顯廟)**

〈인조 정해년(1647)에 순회묘에 아울러 제향되었다〉

소현세자(昭顯世子)〈인조의 세자이다〉

○소현묘〈효릉(孝陵: 인종의 능/역자주)의 오른쪽 언덕에 있다〉

민회빈 강씨(愍懷嬪姜氏)〈본관은 금천(衿川)이며 영의정을 지낸 강석기(姜碩期)의 딸이다〉

○민회묘〈시흥(始興) 아왕봉(阿王峯)에 있다〉

**『의소묘』(懿昭廟)**

〈창의궁(彰義宮)에서 북쪽으로 있으며 영조 30년(1754)에 건립하였다〉

의소세손(懿昭世孫)〈장헌세자의 큰아들이다〉

○의소묘〈양주 무악산의 남쪽에 있으니, 곧 서울의 북부에 해당한다〉

**『문희묘』(文禧廟)**

〈북부 안국방(安國坊)에 있으며 정조 12년(1788)에 건립하였다〉

문효세자(文孝世子)〈정조의 큰아들이며 의빈 성씨(宜嬪成氏)가 낳았다〉

○효창묘(孝昌墓)〈고양 부원면(富原面) 만리현(萬里峴)에 있으니, 곧 서울의 서부에 해당한다. ○의빈묘는 효창묘의 왼쪽 언덕에 있다〉

**『대빈묘』(大嬪廟)**

〈중부 경행방(慶幸坊)에 있으며 경종 2년(1722)에 건립하였다〉

옥산부대빈 장씨(玉山府大嬪張氏: 희빈 장씨/역자주)〈경종을 낳았다. ○희빈의 본관은 옥산(玉山)이며, 영의정에 추증된 장형(張炯)의 딸이다〉

○대빈묘〈광주(廣州) 오포면(五浦面)에 있다〉

**『수진궁』(壽進宮)**

〈중부 수진방에 있으며 원래는 제안대군(齊安大君)의 집이다〉

임금의 후궁 및 봉작을 받지 못하고 죽은 대군과 왕자·군 또는 시집가기 전에 죽은 공주·옹주를 제사한다.

**『덕흥대원군사』(德興大院君祠)**

〈서부 인달방에 있다〉

덕흥대원군〈중종의 일곱째 아들이며, 부인은 창빈 안씨(昌嬪安氏)이다〉과 하동부대부인 정씨(河東府大夫人鄭氏)〈선조를 낳았다. ○본관은 하동이며 판중추를 지낸 정세호(鄭世虎)의 딸이다〉의 사당이다.

○묘소(墓所)〈양주 수락산의 동쪽에 있다〉

**『전계대원군사』(全溪大院君祠)**

〈북부 안국방에 있다〉

전계대원군〈장헌세자의 큰아들인 은언군(恩彦君)의 셋째 아들이다. 부인은 전산군부인 이씨(全山郡夫人李氏)이다〉과 용성부대부인 염씨(龍城府大夫人廉氏)〈철종을 낳았다. ○본관은 용담(龍潭)이며 영의정에 추증된 염성화(廉星華)의 딸이다〉의 사당이다.

○묘소〈전계대원군의 묘는 포천 왕방산(王方山)에 있고, 부대부인의 묘는 북부 답동(沓洞)에 있다〉

**『연은전』(延恩殿)**

〈세조 때 건립하여 의경세자(懿敬世子: 덕종/역자주)를 제향하였다. 성종 원년(1470)에 연은전으로 이름을 고치고, 제조(提調)와 참봉(參奉)을 두었다. 의경세자를 덕종으로 추숭한 후에 철거하였다〉

**『효장묘』(孝章廟)**

〈영조 때 건립하여 효장세자(孝章世子: 진종/역자주)와 효순현빈 조씨(孝純賢嬪趙氏)를 제향하였다. 정조 즉위년(1777)에 효장세자를 진종으로 추숭한 후에 철거하였다〉

『문호묘』(文祜廟)

〈순조 때 건립하여 효명세자(孝明世子: 익종/역자주)를 제향하였다. 헌종 즉위년(1835)에 효명세자를 익종으로 추숭한 후에 철거하였다〉

『문소전』(文昭殿)

〈경복궁 궁성 안의 동쪽에 있다. 조선왕조 초기에 건립하여 4속절(설날·한식·단오·추석/역자주) 및 매월 초하루와 그믐날에 돌아가신 왕과 왕후의 기신제(忌辰祭)를 베풀었다. 처음에는 전직(殿直)을 두었다가 뒤에 제조(提調)와 참봉(參奉)을 두었다. 선조 25년(1592)에 화재로 인하여 철거하였다. 후에는 옮겨 4속절과 동짓날에 능침(陵寢)에서 기신제를 지냈다. 제사 때에는 소물(素物: 음식에 고기나 생선을 넣지 않는 것/역자주)을 사용하였다. 신주를 옮긴 능침은 단지 한식날에만 제사를 지냈다. 영조 48년(1772)에 옛 터에 옛터에 전각을 건립하였다〉

## 10. 동반부서(東班府署)

『기로소』(耆老所)

〈중부 징청방(澄淸坊)에 있다〉

당상(堂上)〈정해진 인원이 없다〉·수직관(守直官)을 두었다.

○영수각(靈壽閣)에는 태조·숙종·영조 세 임금의 어진(御眞)을 봉안하였다.

『종친부』(宗親府)

〈북부 관광방(觀光坊)에 있다〉

유사당상(有司堂上)·전첨(典籤)〈대군(大君)이 있으면 차출한다〉·전부(典簿)〈주부(主簿)·봉사(奉事)·직장(直長)·낭청(郎廳)〉를 두었다.

『의정부』(議政府)

〈경복궁 광화문 밖의 동쪽에 있다〉

의정(議政)〈영의정·좌의정·우의정〉·찬성(贊成)〈좌찬성·우찬성〉·참찬(參贊)〈좌참찬·우참찬〉·사인(舍人)·검상(檢詳)·사록(司錄)〈녹사(錄事·의원(醫員)〉을 두었다.

**『충훈부』(忠勳府)**

〈북부 관인방(寬仁坊)에 있다〉

유사당상·도사(都事)·충의위(忠義衛)〈의원(醫員)〉를 두었다.

**『돈녕부』(敦寧府)**

〈중부 정선방(貞善坊)에 있다〉

영사(領事)·판사(判事)·지사(知事)·동지사(同知事)·도정(都正)·판관(判官)·주부·직장·참봉〈족친위(族親衛)〉을 두었다.

**『의빈부』(儀賓府)**

〈북부 광화방(廣化坊)에 있다〉

도사를 두었다.

**『비변사』(備邊司)**

〈하나는 돈화문(敦化門) 밖에 있고, 하나는 흥화문(興化門) 밖에 있다〉

도제조(都提調)·제조·부제조·낭청을 두었다.

【빈청(賓廳: 대신들의 대궐 안 출장소/역자주)은 대궐 안에 있다】

**『선혜청』(宣惠廳)**

도제조·제조·낭청을 두었다.

○소속 관청으로는 상평청(常平廳)·경기청(京畿廳)·강원청(江原廳)·호서청(湖西廳)·호남청(湖南廳)·진휼청(賑恤廳)·영남청(嶺南廳)·해서청(海西廳)·균역청(均役廳)이 있다.

○창고는 모두 9개 장소에 있다.

**『제언사』(堤堰司)**

〈사(司)의 이름은 있지만 아문(衙門)은 없다〉

도제조·제조·낭청을 두었다.

**『준천사』(濬川司)**

〈중부 장통방(長通坊)에 있다〉

도제조·제조·도청(都廳)·낭청을 두었다.

**『주교사』(舟橋司)**

〈노량도(露梁渡) 남쪽 해안에 있다〉

도제조·제조·도청〈도감관(都監官)·부감관(副監官)·영장(領將)〉을 두었다.

**『의금부』(義禁府)**

〈중부 견평방(堅平坊)에 있다〉

판사·지사·동지사·도사〈검상(檢詳)·의원(醫員)〉를 두었다.

【관할 부서로 당직청[當直廳: 신문고(申聞鼓) 관리와 그에 따른 소송 사무를 담당한 의금부 소속의 특수부서/역자주]이 있다】

**『이조』(吏曹)**

〈의정부의 남쪽에 있다〉

판서·참판·참의·정랑·좌랑을 두었다.

**『호조』(戶曹)**

〈한성부의 남쪽에 있다〉

판서·참판·참의·정랑·좌랑·낭관(郎官)〈계사(計士)〉을 두었다.

【관할 부서로 별영창(別營倉: 훈련도감 군사의 급료 관리처/역자주)과 별고[別庫: 각 관서의 원공(元貢)에 부족한 물종과 외국과의 별무(別貿) 물종 등을 보관하는 곳/역자주]가 있다】

**『예조』(禮曹)**

〈광화문 밖 서쪽에 있다〉

판서·참판·참의·정랑·좌랑〈의원(醫員)〉을 두었다.

**『병조』(兵曹)**

〈사헌부의 남쪽에 있다〉

판서·참판·참의·참지·정랑·좌랑을 두었다.

【관할 부서로 내병조(內兵曹: 궁궐 안에 설치하였던 병조 소속 관부/역자주)가 있다】

**『형조』(刑曹)**

〈병조의 남쪽에 있다〉

판서·참판·참의·정랑·좌랑〈율학(律學)〉을 두었다.

**『공조』(工曹)**

〈형조의 남쪽에 있다〉

판서·참판·참의·정랑·좌랑을 두었다.

**『한성부』(漢城府)**

〈이조의 남쪽에 있다〉

판윤(判尹)·좌윤·우윤·서윤(庶尹)·판관(判官)·주부를 두었다.

**『사헌부』(司憲府)**

〈중추부(中樞府)의 남쪽에 있다〉

대사헌·집의·장령·지평·감찰을 두었다.

**『승정원』(承政院)**

〈대궐 안에 있다〉

도승지·좌승지·우승지·좌부승지·우부승지·동부승지·주서(注書)·사변가주서(事變假注書)〈검율(檢律)〉를 두었다.

**『사간원』(司諫院)**

〈북부 관광방에 있다〉

대사간·사간·헌납·정언을 두었다.

**『규장각』(奎章閣)**

〈대궐 안에 있다〉

제학·직제학·직각(直閣)·대교(待敎)〈검서관(檢書官)·각감(閣監)·사권(司卷)·영첨(領籤)·감서(監書)·사자관(寫字官)〉를 두었다.

【외규장각(外奎章閣)이 강화(江華)에 있다】

**『경연청』(經筵廳)**

〈곧 대궐 안에 있다〉

영사(領事)·지사·동지사·참찬관·시강관(侍講官)·시독관(侍讀官)·검토관·사경(司經)·설서(設書)·전경(典經)·특진관·경연관을 두었다.

**『홍문관』(弘文館)**

〈대궐 안에 있다〉

영사·대제학·제학·부제학·직제학·전한(典翰)·응교·부응교·교리·부교리·수찬·부수찬·박사·저작(著作)·정자(正字)를 두었다.

【소속 관할로 독서당(讀書堂: 과거 급제 후 벼슬길에 나선 젊고 유능한 문신들을 위한 전문 독서 연구 기구/역자주)이 있다】

**『예문관』(藝文館)**

〈대궐 안에 있다〉

영사·대제학·제학·직제학·응교·봉교(奉敎)·대교(待敎)·검열(檢閱)을 두었다.

【실록각(實錄閣)을 두었다】

### 『춘추관』(春秋館)

〈대궐 안에 있다〉

영사·감사·지사·동지사·수찬관·편수관(編修官)·기주관(記注官)·기사관(記事官)을 두었다.

【실록청[實錄廳: 실록 편찬을 위해 설치한 임시 기구로 정식 명칭은 실록찬수청(實錄纂修廳)/역자주]과 사고(史庫: 실록을 보관하기 위하여 설치한 창고/역자주)를 두었다】

### 『성균관』(成均館)

〈동부 숭교방(崇教坊)에 있다〉

지사·동지사·대사성·좨주(祭酒)·사성(司成)·사예(司藝)·사업(司業)·직강(直講)·전적(典籍)·박사·학정(學正)·학록(學錄)·학유(學諭)·생원·진사·학생을 두었다.

【동재(東齋)와 서재(西齋: 성균관 유생의 기숙사/역자주)를 두었다】

### 『교서관』(校書館)

〈중부 정선방(貞善坊)에 있다〉

제조·부제조·판교(判校)·교리·겸교리·박사·저작·정자(正字)·부정자를 두었다.

【외고(外庫)를 두었다】

○향실(香室)〈대궐 안에 있다〉이 있는데, 본관참외랑(本館參外郎)〈이틀에 한번 숙직한다〉과 월령충의위(月令忠義衛)를 두었다.

### 『승문원』(承文院)

〈중부 정선방에 있다〉

도제조·제조·부제조·판교·검교(檢校)·박사·저작·정자·부정자〈제술관(製述官)·이문학관(吏文學官)·이문습독(吏文習讀)·사자관(寫字官)〉를 두었다.

【경봉각(敬奉閣)·흠봉각(欽奉閣)을 두었다】

### 『사옹원』(司饔院)

〈대궐 안에 있다〉

도제조·제조·부제조·정(正)〈가례(嘉禮) 때에 차출한다〉·제거·제검(提檢)〈모두 칙사(勅使) 연향 때에 차출한다〉·첨정(僉正)·주부·직장·봉사〈반감(飯監)〉를 두었다.

【사기소(沙器所)·위어소(葦魚所)·소어소(蘇魚所)를 두었다】

**『상의원』(尙衣院)**

〈대궐 안에 있다〉

제조·부제조·정〈세자 관례 때에 차출한다〉·첨정·주부·별제(別提)·직장〈침선비(針線婢)〉을 두었다.

**『상서원』(尙瑞院)**

〈대궐 안에 있다〉

정·직장·부직장을 두었다.

**『내의원』(內醫院)**

〈대궐 안에 있다〉

도제조·제조·부제조·정〈이하 의관(醫官)〉·첨정·판관·주부·직장·봉사·부봉사·참봉·침의(鍼醫)·의약동참(醫藥同參)·본청내의(本廳內醫)·어의(御醫)〈대령의녀(待令醫女)·내의녀(內醫女)〉를 두었다.

**『장악원』(掌樂院)**

〈남부 명례방(明禮坊)에 있다〉

제조·정·첨정·주부〈좌방악사(左坊藥師)·우방악사(右坊藥師)〉를 두었다.

**『사역원』(司譯院)**

〈서부 적선방(積善坊)에 있다〉

도제조·제조·정〈이하는 역관(譯官)이다〉·첨정·판관·주부·교수·겸교수〈문관(文官)이다〉·봉사·부봉사·훈도·참봉을 두었다.

『통례원』(通禮院)

〈중부 정선방에 있다〉

통례〈좌통례·우통례〉·상례(相禮)·익례(翊禮)·봉례(奉禮)·찬의(贊儀)·인의(引儀)·겸인의·가인의(假引儀)를 두었다.

『세자시강원』(世子侍講院)

〈대궐 안에 있다〉

사(師)·부(傅)·이사(貳師)·빈객(賓客)〈좌빈객·우빈객〉·부빈객〈좌부빈객·우부빈객〉·찬선(贊善)·보덕(輔德)·겸보덕·진선(進善)·필선(弼善)·겸필선·문학(文學)·겸문학·사서(司書)·겸사서·설서(說書)·겸설서·자의(諮議)를 두었다.

『종부시』(宗簿寺)

〈북부 관광방에 있다〉

제조·정·주부·직장〈낭청〉을 두었다.

『봉상시』(奉常寺)

〈서부 인달방(仁達坊)에 있다〉

도제조·제조·정·첨정·판관·주부·직장·봉사·부봉사·참봉을 두었다.

【분봉상시(分奉常寺)는 개성(開城)에 있다】

『사복시』(司僕寺)

〈중부 수진방(壽進坊)에 있다〉

제조·정·첨정·판관·주부〈이마(理馬)〉를 두었다.

『내사복시』(內司僕寺)

〈대궐 안에 있다〉

내승(內乘)〈가내승(假內乘)〉을 두었다.

【덕응방(德應房: 궁중의 여인들이 타는 가마와 말을 관장함/역자주)을 두었다】

### 『내자시』(內資寺)

〈서부 인달방에 있다〉

제조·주부·직장·봉사를 두었다.

### 『내섬시』(內贍寺)

〈서부 인달방에 있다〉

제조·주부·직장·봉사를 두었다.

### 『예빈시』(禮賓寺)

〈남부 회현방(會賢坊) 남별궁(南別宮) 안에 있다〉

제조·주부·참봉을 두었다.

### 『사도시』(司䆃寺)

〈창덕궁 금호문 밖에 있다〉

제조·첨정·주부·직장을 두었다.

### 『군기시』(軍器寺)

〈서부 황화방(皇華坊)에 있다〉

도제조·제조·첨정·판관·주부·직장·봉사·부봉사·참봉을 두었다.

### 『관상감』(觀象監)

〈하나는 북부 광화방에 있고, 하나는 대궐 안에 있다〉

영사·감사·제조·정〈이하 일관(日官)〉·첨정·판관·주부·교수·겸교수〈하나는 문관이다〉·직장·봉사·훈도·참봉·삼역관(三曆官)·대통추주관(大統推籌官)·금루관(禁漏官)을 두었다.

### 『군자감』(軍資監)

〈서부 용산방(龍山坊)에 있다〉

도제조·제조·정·판관·주부·직장·봉사를 두었다.

**『제용감』(濟用監)**

〈중부 수진방에 있다〉

제조·판관·주부·직장·봉사·부봉사를 두었다.

**『선공감』(繕工監)**

〈서부 여경방(餘慶坊)에 있다〉

제조·부정·주부·봉사·부봉사·감역관·가감역관(仮監役官)을 두었다.

○자문감(紫門監)〈창덕궁 금호문 밖에 있다〉

**『사재감』(司宰監)**

〈북부 순화방(順化坊)에 있다〉

제조·첨정·주부·직장·봉사를 두었다.

**『전의감』(典醫監)**

〈중부 견평방에 있다〉

제조·정〈이하 의관(醫官)〉·첨정·판관·주부·교수·직장·봉사·부봉사·훈도·참봉을 두었다.

**『광흥창』(廣興倉)**

〈서부 강서방(江西坊)에 있다〉

수(守)·영(令)·주부·직장·봉사를 두었다.

**『보민사』(保民司)**

〈공조 남쪽에 있다〉

제조·낭청을 두었다.

**『전설사』(典設司)**

〈대궐 안에 있다〉

제조·별제(別提)·별검(別檢)을 두었다.

【배설방(排設房)을 두었다】

**『내수사』(內需司)**

〈서부 인달방에 있다〉

별좌(別坐)·별제·전회(典會)·전곡(典穀)·전화(典貨)·서제(書題)를 두었다.

**『사직서』(社稷署)**

〈서부 인달방에 있다〉

도제조·제조·영을 두었다.

**『종묘서』(宗廟署)**

〈동부 연화방(蓮花坊)에 있다〉

도제조·제조·영·직장·부봉사를 두었다.

**『영희전』(永禧殿)**

〈남부 훈도방(薰陶坊)에 있다〉

영·참봉〈전감(典監)〉을 두었다.

**『경모궁』(景慕宮)**

〈동부 숭교방에 있다〉

도제조·제조·영을 두었다.

**『의영고』(義盈庫)**

〈서부 적선방(積善坊)에 있다〉

주부(主簿)·직장(直長)·봉사(奉事)를 두었다.

**『장흥고』(長興庫)**

〈서부 인달방(仁達坊)에 있다〉

제조·주부·직장·봉사를 두었다.

**『양현고』(養賢庫)**

〈성균관 북쪽에 있다〉

주부·직장·봉사를 두었다.

**『빙고』(氷庫)**

〈서부 서강방(西江坊)에 있다〉

제조(提調)·별제(別提)·별검(別檢)을 두었다.

**『장원서』(掌苑署)**

〈북부 진장방(鎭長坊)에 있다〉

제조·별제·봉사를 두었다.

**『사포서』(司圃署)**

〈중부 수진방(壽進坊)에 있다〉

제조·별제·봉사를 두었다.

**『전생서』(典牲署)**

〈목멱산(木覓山) 남쪽에 있다〉

제조·판관(判官)·직장을 두었다.

【외서(外署)가 있다】

**『평시서』(平市署)**

〈중부 경봉방(慶奉坊)에 있다〉

제조·영(令)·주부·직장을 두었다.

**『조지서』(造紙署)**

〈창의문(彰義門) 밖 탕춘대(蕩春臺)에 있다〉

제조·별제를 두었다.

**『혜민서』(惠民署)**

〈남부 태평방(太平坊)에 있다〉

제조·주부·교수(教授)·직장(直長)·봉사·훈도(訓導)·참봉(參奉)을 두었다.〈주부 이하는 의관(醫官)이다. ○생도(生徒)와 의녀(醫女)가 있다〉

**『도화서』(圖畵署)**

〈남부 태평방(太平坊)에 있다〉

제조·교수를 두었다.〈실직(實職)을 갖는 관원이 30명이며, 전자관(篆字官)을 두었다〉

**『전옥서』(典獄署)**

〈중부 서린방(瑞麟坊)에 있다〉

제조·주부·참봉을 두었다.

**『활인서』(活人署)**

〈동서(東署)는 동부 연희방(燕喜坊)에 있고, 서서(西署)는 서부 용산방(龍山坊)에 있다〉

제조·별제《동서(東署)와 서서(西署)에 있다〉를 두었다.

**『와서』(瓦署)**

〈남부 둔지방(屯之坊)에 있다〉

제조·별제를 두었다.

**『4학』(四學)**

〈중학(中學)은 북부 관광방(觀光坊)에 있고, 남학(南學)은 남부 성명방(誠明坊)에 있으며, 서학(西學)은 서부 여경방(餘慶坊)에 있고, 동학(東學)은 동부 창선방(彰善坊)에 있다〉

교수·훈도·유학을 두었다.〈각 학교마다 있다〉

**『5부』(五部)**

〈중부는 징청방(澄淸坊)에 있고, 동부는 연화방(蓮花坊)에 있으며, 남부는 명례방(明禮坊)에 있고, 서부는 양생방(養生坊)에 있으며, 북부는 관광방(觀光坊)에 있다〉

영·도사(都事)〈각 부에 있다〉를 두었다.

**『내시부』(內侍府)**

〈아문(衙門)이 없다. ○내반원(內班院)은 대궐 안에 있다〉

각 전(殿)과 궁(宮)에 장번(長番)·출입번(出入番)·각처 상직차비(各處上直差備)가 있다.〈각각 맡은 직무에 따른 이름이 있다〉

**『액정서』(掖庭署)**

〈아문(衙門)이 없다〉

궐내각차비(闕內各差批)가 있다.〈각각 맡은 직무에 따른 이름이 있다〉

**『세손강서원』(世孫講書院)**

〈대궐 안에 임시로 두었다〉

사부(師傅)·유선(諭善)〈좌유선·우유선〉·익선(翊善)(좌익선·우익선〉·권독(勸讀)〈좌권독·우권독〉·찬독(贊讀)〈좌찬독·우찬독〉을 두었다.

아문(衙門)이 없는 관직과 임시로 세웠다가 혁파된 부서는 기록하지 않는다.

## 11. 서반부서(西班府署)

**『중추부』(中樞府)**

〈예조 남쪽에 있다〉

영사(領事)·판사(判事)·지사(知事)·동지사(同知事)·첨지사(僉知事)·경력(經歷)·도사

(都事)를 두었다.

**『오위도총부』(五衛都摠府)**

〈대궐 안에 있다〉

도총관(都摠管)·부총관(副摠管)·경력(經歷)·도사(都事)를 두었다.

**『오위청』(五衛廳)**

〈오위 각 소재는 대궐 안에 있다〉 장(將)·상호군(上護軍)·대호군(大護軍)·호군(護軍)·부호군(副護軍)·사직(司直)·부사직(副司直)·사과(司果)·부장(部將)·부사과(副司果)·사정(司正)·부사정(副司正)·사맹(司猛)·부사맹(副司猛)·사용(司勇)·부사용(副司勇)을 두었다.〈의흥위(義興衛)는 5위 가운데 중위(中衛)이고, 용양위(龍驤衛)는 좌위(左衛)이며, 호분위(虎賁衛)는 우위(右衛)이고, 충좌위(忠佐衛)는 전위(前衛)이며, 충무위(忠武衛)는 후위(後衛)이다〉

【소속 관할 부서로 오위장청(五衛將廳)·위장소(衛將所)·부장청(部將廳)·군직청(軍職廳)·당하군직청(堂下軍職廳)이 있다】

**『훈련원』(訓鍊院)**

〈남부 명철방(明哲坊)에 있다〉

지사(知事)·도정(都正)·부정(副正)·첨정(僉正)·판관(判官)·주부(主簿)·참군(參軍)·봉사(奉事)·습독관(習讀官)을 두었다.

○《능마아청》(能麽兒廳)

당상(堂上)과 낭청(郎廳)을 두었다.

**『훈련도감』(訓鍊都監)**

〈서부 여경방(餘慶坊)에 있다〉

도제조(都提調)·제조·대장(大將)·중군(中軍)·별장(別將)·천총(千摠)·국별장(局別將)·파총(把摠)·종사관(從事官)·초관(哨官)·금송참군(禁松參軍)을 두었다.

○동영(東營)〈이현(梨峴)에 있다〉·남영(南營)〈돈화문 밖에 있다〉·서영(西營)〈숭의문 밖에 있다〉·북영(北營)〈공북문 밖에 있다〉·북일영(北一營)〈무덕문(武德門) 밖에 있다〉·신

영(新營)〈홍화문 밖에 있다〉·광지영(廣知營)〈창경궁 북쪽에 있는 응봉(鷹峰) 아래에 있다〉이 있다.

○한강진(漢江鎭)〈한강변에 있는데, 별장(別將)을 두었다〉·용진진(龍津鎭)〈양근(楊根)에 있는데, 별장을 두었다〉·철현진(鐵峴鎭)〈재령(載寧)에 있는데, 별장을 두었다〉·양향청(粮餉廳)〈남부 훈도방(薰陶坊)에 있다〉·염초청(焰硝廳)〈태평교(太平橋) 부근에 있다〉·하도감(下都監)〈훈련원 동쪽에 있다〉이 있으며, 창고 5곳, 둔전(屯田) 15곳, 유황소(硫黃所) 3곳을 관할한다.

### 『금위영』(禁衛營)

〈중부 정선방(貞善坊)에 있다〉

도제조·제조·대장·중군·기사·별장·천총·기사장(騎士將)·파총·종사관·초관·금송참군을 두었다.

○본영(本營)〈금호문(金虎門) 밖에 있다〉·신영(新營)〈돈화문 밖에 있다〉·서영(西營)〈경추문 밖에 있다〉·남영(南營)〈개양문(開陽門) 밖에 있다〉·남별영(南別營)〈남산 아래 묵동(墨洞)에 있다〉이 있다.

○노량진(鷺梁鎭)〈노량나루[鷺梁渡: 지금의 노량진(鷺梁津)/역자주]의 남쪽 기슭에 있다. 별장(別將)을 두었다〉이 있으며, 창고 4곳, 둔전은 11곳을 관할한다.

### 『어영청』(御營廳)

〈동부 연화방(蓮花坊)에 있다〉

도제조·제조·대장·중군·기사·별장·천총·기사장·파총·종사관·초관·금송참군을 두었다. ○신영(新營)〈이현(梨峴)에 있다〉·동영(東營)〈하나는 선인문(宣仁門) 아래에 있고, 하나는 개양문(開陽門) 아래에 있다〉·북이영(北二營)〈무덕문(武德門) 밖에 있다〉·집춘영(集春營)〈집춘문(集春門) 밖에 있다〉·남소영(南小營)〈남소문동(南小門洞)에 있다〉이 있다.

양화진(楊花鎭)〈양화나루[楊花渡: 지금의 양화진(楊花津)/역자주] 동쪽 언덕에 있으며, 별장을 두었다〉이 있으며, 창고 3곳, 둔전 7곳을 관할한다.

**『호위청』(扈衛廳)**

〈대궐 안에 있다〉

대장·별장·종사관을 두었다.

**『용호영』(龍虎營)**

〈북부 양덕방(陽德坊)에 있다〉

별장·내금위장·겸사복장·우림위장·종사관을 두었다.

**『총융청』(摠戎廳)**

〈창의문(彰義門) 밖 연융대(鍊戎臺)에 있다〉

사(使)·중군·천총·파총·초관·금송참군을 두었다.

○전영(前營)〈남양(南陽)에 있다〉·중영(中營)〈파주(坡州)에 있다〉·후영(後營)〈장단(長湍)에 있다〉이 있다.

○임진진(臨津鎭)〈임진나루 남쪽 기슭에 있으며 별장을 두었다〉·장산진(長山鎭)〈임진진에서 서쪽으로 3리에 있으며, 별장을 두었다〉이 있으며, 창고 4곳, 둔전 26곳을 관할한다.

**『양향청』(粮餉廳)**

〈남부 훈도방(薰陶坊)에 있다〉

도제조·제조·종사관을 두었다.

**『포도청』(捕盜廳)**

〈좌청(左廳)은 파자교(把子橋) 동쪽에 있고, 우청(右廳)은 혜정교(惠政橋) 남쪽에 있다〉

대장·종사관을 두었다.〈대장·종사관 모두 각각 좌·우가 있다〉

**『세자익위사』(世子翊衛司)**

〈대궐 안에 있다〉

익위(翊衛)〈좌익위·우익위〉·사어(司禦)〈좌사어·우사어〉·익찬(翊贊)〈좌익찬·우익찬〉·위솔(衛率)〈좌위솔·우위솔〉·부솔(副率)〈좌부솔·우부솔〉·시직(侍直)〈좌시직·우시직〉·세마(洗

馬)〈좌세마·우세마〉를 두었다.

**『선전관청』(宣傳官廳)**

〈대궐 안에 있다〉

선전관〈4명으로 당상관(堂上官)이다〉을 두었는데, 문신도 겸할 수 있고, 무신도 겸할 수 있다.

【소속 관할 부서로 무겸청(武兼廳)이 있다】

**『별군직청』(別軍職廳)**

〈대궐 안에 있다〉

당상관으로부터 9품에 이르기까지 될 수 있으며, 정해진 인원이 없다.

**『수문장청』(守門將廳)**

〈대궐 안에 있다〉

수문장(守門將)〈선전관청과 별군직청 및 부장청(部將廳)을 합하여 내삼청(內三廳)이라 일컫는다〉을 두었다.

**『순청』(巡廳)**

〈좌청은 중부 정선방(貞善坊)에 있고, 우청은 중부 징청방(澄淸坊)에 있다〉

장(將)과 감군(監軍)을 두었다.〈관패(官牌: 관에서 발행하는 체포 영장/역자주)를 관할한다〉

**『충익위청』(忠翊衛廳)**

〈대궐 안에 있다〉

장(將)을 두었다.

**『충장위청』(忠壯衛廳)**

〈대궐 안에 있다〉

장(將)을 두었다.

**『공궐위』(空闕衛)**

〈비어 있는 대궐 안에 있다〉

장(將)을 두었다.

**『의장고』(儀仗庫)**

〈중부 정선방(貞善坊)에 있다〉

낭장(郎將)을 두었다.

**『세손위종사』(世孫衛從司)**

〈대궐 안에 있다〉

장사(長史)〈좌장사·우장사〉·종사(從史)〈좌종사·우종사〉를 두었다.

동반부서(東班府署) 가운데 혁파된 곳〈경복궁제거사(景福宮提擧司)·경흥부(敬興府)·경승부(敬承府)·예의상정소(禮儀詳定所)·인수방(仁壽府)·인순부(仁順府)·수녕부(壽寧府)·공안부(恭安府)·승녕부(承寧府)·연은전(延恩殿)·사평부(司平府)·충익부(忠翊府)·장예부(掌隷府)·제생원(濟生院)·사섬시(司贍寺)·내부시(內府寺)·풍저창(豊儲倉)·의염창(義鹽倉)·가각고(架閣庫)·해전고(解典庫)·사온서(司醞署)·사축서(司畜署)·귀후서(歸厚署)·소격서(昭格署)·도렴서(都染署)·열무서(閱巫署)·수성금화사(修城禁火司)·전함사(典艦사)·전연사(典涓司)·종학(宗學)·북학(北學)·야종청(冶腫廳)·경리청(經理廳)〉

서반부서(西班府署)로 혁파된 곳〈비융사(備戎司)·장용영(壯勇營)·총위영(摠衛營)·응방(鷹坊)·능마아청(能麽兒廳)〉

# 12. 한성부(漢城府)

**『연혁』(沿革)**

백제 시조인 온조왕 원년(BC 18)〈한 성제(漢成帝) 홍가(鴻嘉) 3년으로 계묘년이다〉에 이곳에 도읍을 정하고, 위례성(慰禮城)이라 일컬었다.〈옛 터가 혜화문(惠化門) 밖에 남아 있는데,

광주(廣州) 편에 상세하다〉 온조왕 14년(BC 5)에 한산(漢山)으로 도읍을 옮겼다.〈지금의 광주(廣州) 고읍(古邑)이다〉 근초고왕 26년(371)에 이곳으로 도읍을 옮기고 북한산(北漢山)이라 일컬었는데,〈광주(廣州)를 남한산(南漢山)이라고도 일컬었는데, 이것은 남한산을 남경(南京)이라 일컫고 북한산을 북경(北京)이라 말하는 것과 같다〉 9대 105년 동안 이어졌다. 문주왕 원년(475)에 도읍을 웅진(熊津)으로 옮겼다.〈지금의 공주(公州)이다. 고구려의 공격을 받아 도읍을 옮긴 것이다〉

고구려 장수왕 63년(475)〈백제 문주왕이 남쪽으로 도읍을 옮긴 해이다〉에 남평양(南平壤)이라 일컬었다.〈76년간 이어졌다〉 신라 진흥왕 12년(551)에 이곳을 공격해 취하였다. 진흥왕 18년(557)에 북한산주 군주(北漢山州軍主)를 설치하였다가 29년(568)에 폐지하였다.

진평왕 26년(604)에 한성 총관(漢城摠管)을 두었다.〈후에 도독(都督)이라고 이름을 바꾸었다〉

경덕왕 16년(757)에 한양군(漢陽郡)으로 이름을 고쳐〈태수(太守)와 소수(少守)를 두었다. ○영현[領縣: 관할하는 현(縣)/역자주]으로는 황양(荒壤)·우왕(遇王)이 있다〉 한주(漢州)〈지금의 광주(廣州)이다〉에 예속시켰다.

고려 태조 23년(940)에 양주(楊州)로 고쳤다.〈읍치(邑治)는 지금의 중부 경행방(慶幸坊) 한양동(漢陽洞)이다〉 고려 성종 2년(983)에 목(牧)을 두었으며,〈12목 가운데 하나이다〉 성종 14년(995)에 좌신책군절도사(左神策軍節度使)를 설치하여〈12절도사 가운데 하나이다. 해주(海州)와 함께 좌·우 2보(左右二輔)라 하였다〉 관내도(關內道)에 예속시켰다.

고려 현종 3년(1011)에 절도사를 바꾸어 안무사(安撫使)를 설치하고, 현종 9년(1018)에는 강등하여 지주사(知州事)로 삼았다.〈속군(屬郡)으로는 교하(交河)·견주(見州)·포주(抱州)가 있고, 속현(屬縣)으로는 행주(幸州)·봉성(峰城)·고봉(高峰)·심악(深岳)·풍양(豊壤)·사천(沙川)이 있다〉 고려 문종 22년(1068)에 새로 궁궐을 짓고, 남경(南京)으로 승격시켜〈유수(留守)와 부유수(副留守)를 두었다〉 부근의 군민(郡民)을 이주시켜 채웠다. 고려 숙종 6년(1101)에 궁궐을 크게 지었다.〈역대 왕들이 순행(巡幸)하는 곳으로 삼았다〉 충렬왕 34년(1308)에 한양부(漢陽府)로 고쳤다.〈윤(尹)과 소윤(少尹)을 두었다〉

조선 태조 3년(1394)에 이곳으로 도읍을 옮기고, 한성부(漢城府)로 고쳤다.〈이하의 내용은 양주(楊州) 편에 자세하다〉

『부호』(府號)

경조(京兆)

『관원』(官員)

판윤·좌윤·우윤·서윤(庶尹)·판관 각 1명, 주부 2명을 두었다.〈옛날에는 참군(參軍)을 두었다〉

『고읍』(古邑)

부원(富原)〈서울에서 서남쪽으로 10리 떨어져 있는데, 본래 과천(果川) 관할의 용산처(龍山處)였다. 고려 충렬왕 11년(1285)에 부원현(富原縣)으로 승격하였다. 조선 태조 3년(1394)에 행주(幸州)에 속하였다가 후에 한성부의 서부(西部)에 속하였다. 지금의 용산방(龍山坊)·서강방(西江坊)이 이곳이다〉

『방리』(坊里)

중부(中部)〈8방(八坊)이 소속되어 있다〉에는 징청방(澄淸坊)·서린방(瑞麟坊)·수진방(壽進坊)·견평방(堅平坊)·관인방(寬仁坊)·경행방(慶幸坊)·정선방(貞善坊)·장통방(長通坊)의 8방이 있다.

○동부(東部)〈12방이 소속되어 있다〉에는 연화방(蓮花坊)·서운방(瑞雲坊)·덕성방(德成坊)·숭교방(崇敎坊)·연희방(燕喜坊)·관덕방(觀德坊)·천달방(泉達坊)·흥성방(興盛坊)·창선방(彰善坊)·건덕방(建德坊)·숭신방(崇信坊)·인창방(仁昌坊)〈숭신방과 인창방은 성 밖에 있다〉이 있다.

○서부(西部)〈10방이 소속되어 있다〉에는 인달방(仁達坊)·적선방(積善坊)·여경방(餘慶坊)·양생방(養生坊)·신화방(神化坊)·황화방(皇華坊)·반송방(盤松坊)·반석방(盤石坊)〈반송방과 반석방은 성 밖에 있다〉·용산방(龍山坊)·서강방(西江坊)〈용산방과 서강방을 합하여 3강(三江)이라 한다〉이 있다.

○남부(南部)〈14방이 소속되어 있다〉에는 광통방(廣通坊)·회현방(會賢坊)·명례방(明禮坊)·태평방(太平坊)·훈도방(薰陶坊)·성명방(誠明坊)·낙선방(樂善坊)·정심방(貞心坊)·명철방(明哲坊)·성신방(誠身坊)·예성방(禮成坊)·둔지방(屯之坊)·두모방(豆毛坊)·한강방(漢江

坊)〈둔지방·두모방·한강방의 위쪽으로 한강이 있다〉이 있다.

○북부(北部)〈10방이 소속되어 있다〉에는 관광방(觀光坊)·명통방(明通坊)·광화방(廣化坊)·양덕방(陽德坊)·가회방(嘉會坊)·안국방(安國坊)·준수방(俊秀坊)·순화방(順化坊)·의통방(義通坊)·진장방(鎭長坊)이 있다.

### 『호구』(戶口)

가호(家戶: 가구 수/역자주)는 45,700호, 인구(人口)는 283,200인이다.〈순조 신묘년(1831)의 통계이다. ○매번 자(子)·오(午)·묘(卯)·유(酉)의 글자가 들어가는 해에 호적(戶籍)을 고쳐 해당 도(道)와 해당 고을 및 한성부와 강화부(江華府)에 보관한다〉

### 『산수』(山水)

삼각산(三角山)〈한성부에서 북쪽으로 15리 떨어져 있다. 백제 때 부아악(負兒岳)이라 일컬어졌고, 또는 횡악(橫岳)이라고도 하고 화산(華山)이라고도 했다. 산이 맑고 수려하며 험하고 높다. 또 산의 기운이 명랑하고 삼림이 무성하고 깨끗하다. 북쪽에 세 개의 봉우리가 있어서 활처럼 둥근 모양으로 하늘을 꿰뚫는 것 같은데, 백운봉(白雲峯)·만경봉(萬景峯)·인수봉(仁壽峯)이라고 한다. 남쪽에는 두 개의 봉우리가 있어서 웅장하면서 높고 험준한데, 보현봉(普賢峯)·문수봉(文殊峯)이라고 하는 것이 이것이다. 보현봉은 서울의 정간(正幹: 백두대간에서 내려오는 산맥/역자주)이다. 서쪽에는 비봉(碑峰)이 있는데 신라 진흥왕 16년(555)에 북쪽 지역을 순행할 때 세운 정계비가 있다. ○'삼국사기(三國史記)'에는 동명왕(東明王)의 아들 비류(沸流)와 온조(溫祚)가 남쪽으로 내려와 부아악에 올라 거주할 만한 땅을 살폈다고 적혀 있다. 고려 예종 2년(1107)에 국망봉(國望峰)이 붕괴되었는데, 국망봉은 곧 백운봉(白雲峰)이다. 우왕 원년(1375)에 국망봉이 붕괴되었으며, 6년(1380)에는 묵령(墨嶺)이 무너졌다 ○승가사(僧伽寺)가 비봉 동쪽에 있다. 신라의 승려인 수길(秀吉)이 창건하였는데, 고려왕조에서 대대로 순행하는 곳이었다. ○장의사(壯義寺)가 있었는데, 신라 태종(太宗) 6년(659)에 창건한 절이다. 지금은 총융청의 신영(新營)으로 되었다. ○신혈사(神穴寺)가 삼각산의 서쪽에 있다. 고려 현종이 일찍이 승려가 되었을 때 이 절에 거주했다. 또한 삼천사(三川寺)·인수사(仁壽寺)·향림사(香林寺)·청량사(淸凉寺)·적석사(積石寺)·재림사(梓林寺) 등 여러 절들이 있었는데 모두 없어졌다. 조선 숙종 때 북한산성(北漢山城)을 쌓았다. 성 안에 11개의 절이 있고, 또 성 밖에도 10여 개의 절이 있다. 성 안에 중흥동(重興洞)이 있는데 산과 물이 매우 빼어나고 기묘하며 봉우리가 사방으로 에워싸고 있다〉

백악(白岳)〈고려 때 면악(面岳)이라 불렀다. 남쪽에 삼청동(三淸洞)과 대은암(大隱岩)이 있다〉

인경산(引慶山)〈일설에는 목멱산(木覓山)이라고도 한다. 고구려 때 평양(平壤)에 위치한 목멱의 호칭을 옮겨 부른 것이다. 일반적으로 남산(南山)이라고 일컫는다. 인경산 남쪽으로 한강이 띠처럼 둘러 흐른다. 천 길이나 되는 절벽이 층층이 서 있는데, 잠두(蠶頭: 누에머리/역자주)처럼 되었다. 산 북쪽에는 예전에 청학동(靑鶴洞)이 있었다〉

타락산(駝駱山)〈고려 때 대봉(大峰)으로 불렀다. 동쪽에 안암동(安岩洞)이 있다〉

인왕산(仁王山)〈고려 때 기봉(岐峰)으로 불렀다. 모두 돌로 된 봉우리와 층층의 낭떠러지로 이루어져 있다. 백운동(白雲洞)·옥류동(玉流洞)·무계동(茂溪洞)와 필운대(弼雲臺)·세심대(洗心臺)가 있다. 예전에는 인왕사(仁王寺)·금강사(金剛寺)·복세암(福世庵)이 있고, 자수원(慈壽院)·인수원(仁壽院)의 두 비구니 절이 있었다〉

응봉(鷹峯)·휴암(鵂岩)〈응봉과 휴암 모두 백악 동쪽 줄기이다. 이상의 6곳은 도성이 그 가운데 자리 잡고 있다〉

무악(毋岳)〈일설에는 안현(鞍峴)이라 하는데, 인왕산과 마주 보고 있다. 남쪽에는 승전봉(勝戰峯)이 있다. 인조 2년(1624)에 도원수(都元帥) 장만(張晩)이 이곳에서 이괄(李适)의 군사를 크게 격파하였다. 무악의 남쪽은 원현(圓峴)이다〉

잠두봉(蠶頭峯)〈양화나루 동쪽 기슭에 있다. 한강에 연해 있으며 위험하다〉

와우산(臥牛山)〈서강(西江)에 있다. 도성에서 서쪽으로 10리 떨어져 있으며, 한강에 연해 있다. 농암(籠岩)이 있다〉

노고산(老古山)〈와우산의 동쪽에 있다〉

백련산(白蓮山)〈도성에서 서북쪽으로 12리 떨어져 있다〉

전곶평(箭串坪)〈도성에서 동남쪽으로 12리 떨어져 있다. 남쪽으로 저자도(楮子島)와 한강을 사이에 두고 접해 있다〉

**「영로」(嶺路)**

무악현(毋岳峴)〈인왕산의 서쪽에 있는데, 길이 매우 험하다〉

녹번현(綠礬峴)〈서울에서 11리 떨어져 있다. 크고 작은 두 개의 고개가 있다〉

박석현(礴石峴)〈서울에서 서북쪽으로 20리 떨어져 있으며, 양주(楊州)와의 경계에 있다. 이상의 3곳은 양서(兩西: 황해도와 평안도/역자주)로 가는 대로(大路: 큰 길/역자주)이다〉

아현(阿峴)〈소의문(昭義門) 밖에 있는데, 양화나루로 가는 길이다〉

만리현(萬里峴)〈숭례문 밖 서쪽에 있는데, 마포진(麻浦津)으로 가는 길이다〉

차현(車峴)〈흥인문의 동남쪽에 있는데, 살곶이다리[전곶교(箭串橋)]로 통하는 길이다〉

수유현(水踰峴)〈서울에서 동북쪽으로 10리 떨어져 있는데, 대궐 북쪽의 큰 길이다〉

적유현(狄踰峴)〈혜화문 밖에 있는데, 누원(樓院)으로 통하는 사잇길이다〉

당현(堂峴)〈숭례문 밖 5리에 있는데, 노량진(鷺梁津)으로 가는 길이다〉

와요현(瓦窯峴)〈숭례문 밖 6리에 있는데, 동작진(洞雀津)으로 가는 길이다〉

○한강(漢江)〈우리나라 방언에 '큰[대(大)]' 것을 가리켜 '한(漢)'이라 하므로, 큰 강이라는 말과 같다. 도성에서 남쪽으로 10리 떨어져 있다. 백제 때에는 한산하(漢山河)라 했다. 강원도 14읍, 충청도 12읍, 경기 16읍이 만나는 물로, 경도(京都: 서울/역자주)를 둘러싸면서 서쪽으로 흘러 바다로 들어간다〉

개천(開川: 청계천/역자주)〈물의 근원이 인왕산 동쪽에서 발원하여 도성 가운데를 흐르는 물 및 남북에 있는 여러 산과 여러 골짜기의 물과 합류하여 동쪽으로 흘러 중량포(中梁浦)로 들어간다〉

만초천(蔓草川)〈물의 근원이 무악에서 발원하여 남쪽으로 흘러 혁교(革橋)·경영교(京營橋)·신교(新橋)·비교(圮橋)·염초청교(焰硝廳橋)·청파(青坡)의 배다리[주교(舟橋)]를 지나 서남쪽으로 흘러 한강으로 들어간다〉

마포천(麻浦川)〈물의 근원이 무악 남쪽에서 발원하여 남쪽으로 흘러 서활인서(西活人署)를 지나고 공덕리(孔德里) 앞을 경유하여 서쪽으로 흘러 한강으로 들어간다〉

창천(倉川)〈물의 근원이 무악 서남쪽에서 발원하여 남쪽으로 흘러 와우산(臥牛山)과 광흥창(廣興倉) 앞을 경유하여 한강으로 들어간다〉

사천(沙川)〈물의 근원이 문수봉(文殊峯)에서 발원하여 서남쪽으로 흘러 탕춘대(蕩春臺)를 지나 한북문(漢北門) 수구(水口)로 흘러 나와 무악의 북쪽을 빙 두르고 또 서쪽으로 흘러 한강으로 들어간다〉

안암천(安岩川)〈흥인문 밖 4리에 있다. 물의 근원이 안암동에서 발원하여 남쪽으로 흘러 전농리(典農里)를 경유하여 개천(開川) 하류로 들어간다〉

석곶천(石串川)〈홍인문에서 동쪽으로 10리에 있다. 삼각산 동남쪽에 있는 여러 골짜기의 물이 만나 흘러 청량리(淸涼里)를 지나 개천 하류로 들어간다〉

동련지(東蓮池)〈연화방(蓮花坊)에 있다〉

서련지(西蓮池)〈반송방(盤松坊)에 있다〉

남련지(南蓮池)〈숭례문 밖에 있다〉

**「도서」(島嶼)**

저자도(楮子島)〈일설에는 뚝섬[둑도(纛島)]이라고도 한다. 도성에서 동남쪽으로 15리에 있다. 한강이 나뉘어 갈래가 되어서는 그 원래의 물줄기는 삼전도(三田渡)로 흘러가고, 갈라진 물줄기는 신천(新川)이 된다. 가물면 건널 수 있을 정도로 얄팍한데, 물이 넘치면 물줄기가 둘로 나뉜다. 두 물줄기 사이에 저자도가 있고, 저자도 아래에 이르러 합쳐져 다시 하나의 물줄기로 된다. 신천과 삼전도 사이에는 뽕나무밭이 펼쳐져 있다〉

율도(栗島)〈서강(西江)의 남쪽에 있다. 섬 전체에 온통 맑은 모래가 수십 리나 펼쳐져 있다. 이곳에 거주하는 사람들이 부유하고 많다〉

여의도(汝矣島)〈율도의 서쪽에 있는데, 맑은 모래가 육지에 잇닿아 있다. 전생서(典牲署)에서 관할하는 외고(外庫)가 있어서 양(羊)을 기른다〉

**『강역』(疆域)**

동쪽은 양주(楊州) 경계까지 15리, 동남쪽은 광주(廣州) 경계까지 20리, 남쪽은 10리, 또 과천(果川) 경계까지 10리, 서남쪽은 시흥(始興) 경계까지 15리, 서쪽은 양천(陽川) 경계까지 15리, 서북쪽은 고양(高陽) 경계까지 20리, 북쪽은 양주 경계까지 20리, 동북쪽은 15리이다.

**『형승』(形勝)**

북쪽에 우뚝 솟아 있는 삼각산은 험하기가 용이 서리고 호랑이가 웅크린 형세이다. 남쪽으로는 한강이 옷의 띠처럼 둘러 흐르고 있다. 왼쪽으로는 험준한 산봉우리들을 제어하고 오른쪽으로는 발해[渤海: 서해(西海)를 말함/역자주]를 두르고 있다. 그 형승이 동방에서 으뜸이며, 참으로 산천이 천연의 요새지이다.

【둔전(屯田)이 4개 있다】

『성지』(城池)

북한산성(北漢山城)〈경도(京都)에서 북쪽으로 20리 떨어져 있다. 숙종 37년(1711)에 쌓았다. 둘레는 7,620보이다. 동·서·남 3문(門)이 있고, 암문(暗門)은 10개이다. 중흥동(重興洞) 아래에 또 중성(中城)을 쌓고, 관(關: 출입문/역자주)을 설치했다. 이듬해 경리청(經理廳)을 설치했다. 영조 23년(1747)에 고쳐 총융청(摠戎廳)에 소속시켰다. ○행궁(行宮)은 상원봉(上元峯) 아래에 있다. 관성소(管城所: 북한산성을 총괄하는 곳)는 행궁 앞에 있다. ○관성장(管城將)은 총융청 별아병(別牙兵)과 천총(千摠)을 겸한다. ○총섭소(總攝所)는 중흥사에 있다. 11곳의 사찰과 2곳의 암자가 있고, 창고 8곳이 있다. ○봉우리가 잇따라 깎아지른 듯 솟아 있어 외면은 험절하다. 성 안도 산등성이와 산기슭이 높고 가파르며, 골짜기가 깊고 그윽하다. 남북으로 10여 리나 되는 긴 계곡이 있는데, 병풍을 둘러 친 것처럼 빙 둘러 있다. ○태고사(太古寺)에 승려 보우(普愚)의 탑비(塔碑)가 있다. 태조(太祖)가 임금이 되기 전의 이름이 기록되어 있기 때문에 보호하는 비각(碑閣)을 세웠다. ○용암사(龍岩寺)에 매탄(埋炭) 2,120석이 있다〉

서성(西城)〈인왕산 북쪽 기슭에서 시작하여 탕춘대천(蕩春臺川)을 가로질러 산등성이를 끼고 삼각산 서쪽 가지가 끝나는 곳까지 걸쳐 있다. 한북문(漢北門)을 세웠는데, 그 옆으로 오간수문(五間水門)이 있다 홍제원(弘濟院)에서 창의문(彰義門)으로 들어가는 지름길이며, 또 양철평(梁鐵坪)에서 암문(暗門)으로 들어가 총영(摠營)에 이른다〉

『영아』(營衙)

경기순영(京畿巡營)〈돈의문(敦義門) 밖에 있다. 광해군 10년(1618) 영평(永平)에 영을 설치했다. 관찰사는 경영(京營)에 있기도 하고, 혹은 신영(新營)에 있기도 하였다. 인조 원년(1623)에 혁파하였다〉

「관원」(官員)

관찰사(觀察使)〈병마수군절도사(兵馬水軍節度使) 순찰사(巡察使) 사도유수(四都留守)를 겸한다〉

도사(都事)와 중군(中軍)을 각 1명씩 두었다.

○고마청(雇馬廳)〈순영(巡營)의 남쪽에 있다. 경기 5도 찰방(察訪)이 입직한다〉

## 『봉수』(烽燧)

목멱산(木覓山)〈동쪽에서 서쪽에 이르기까지 모두 5소(所)가 있다. ○제1소는 병조(兵曹)에 직접 보고한다. ○범례의 봉수조에 자세히 나와 있다〉

무악동소(毋岳東所)〈양서(兩西: 황해도와 평안도/역자주)와 연결되는 육로이다〉

무악서소(毋岳西所)〈황해도와 평안도와 연결되는 수로(水路)이다〉

## 『역참』(驛站)

청파역(靑坡驛)〈숭례문 밖 2리에 있다〉

노원역(蘆原驛)〈흥인문 밖 10리에 있다. 청파역·노원역 모두 병조에 속해 있고, 3등마(等馬)가 각 50필씩 있다〉

## 『진도』(津渡)

한강나루[한강도(漢江渡)]〈옛날에는 사리진(沙里津)이라 불렀고, 고려 때는 사평도(沙平渡)라 하였다. 충청도와 경상도로 가는 대로와 통한다〉

서빙고진(西氷庫津)〈한강도의 다음에 있다. 충청도와 경상도로 가는 대로와 통한다〉

노량나루[노량도(鷺梁渡)]〈옛날의 흑석진(黑石津)이다. 충청도와 전라도로 가는 대로와 통한다〉

동작나루[동작진(洞雀津)]〈서빙고진의 다음에 있다. 과천(果川)·수원(水原)과 통한다〉

마포나루[마포진(麻浦津)]〈시흥(始興)으로 가는 사잇길과 통한다〉

양화나루[양화도(楊花渡)]〈양천(陽川)·강화(江華)로 가는 대로와 통한다〉

서강진(西江津)〈인천(仁川)으로 가는 사잇길과 통한다. 이상은 범례의 정리고(程里考)에 자세하다〉

## 『교량』(橋梁)

파자교(杷子橋)〈돈화문 남쪽에 있다〉

신교(新橋)〈선희궁 동쪽에 있다〉

자수궁교(慈壽宮橋)〈신교의 남쪽에 있다〉

금청교(禁淸橋)〈창의궁의 서쪽에 있으며, 자수교(慈壽橋) 아래에 있다〉

종침교(琮沉橋)〈금청교 남쪽에 있다〉

송첨교(松簷橋)〈종침교의 아래에 있다〉

송기교(松杞橋)〈송첨교 아래에 있다〉

모전교(毛廛橋)〈생선전(生鮮廛)의 남쪽에 있으며, 송기교 아래에 있다〉

대광통교(大廣通橋)〈종각(鐘閣)의 남쪽에 있으며, 모전교 아래에 있다〉

장통교(長通橋)〈광통교 아래에 있다〉

수표교(水標橋)〈장통교 아래에 있다. 수표석(水標石)을 세웠다〉

하랑교(河浪橋)〈수표교 아래에 있다〉

영풍교(永豊橋)〈하랑교 아래에 있다. 효경교(孝經橋)라고 일컫는다〉

태평교(太平橋)〈영풍교 아래에 있다. 마전교(馬廛橋)라고 일컫는다〉

장생전전교(長生殿前橋)〈경복궁의 동쪽에 있다〉

십자각교(十字閣橋)〈장생전전교의 아래에 있다〉

중학교(中學橋)〈십자교 아래에 있다〉

수각교(水閣橋)〈숭례문 안에 있다〉

혜정교(惠政橋)〈우포청(右捕廳) 앞에 있다〉

통운교(通雲橋)〈종각의 동쪽에 있다. 철물교(鐵物橋)라고 일컫는다〉

연지동교(蓮池洞橋)〈이현(梨峴) 동쪽에 있다. 이교(二橋)라고 일컫는다〉

연지동동교(蓮池洞東橋)〈홍인문 안에 있다. 초교(初橋)라고 일컫는다〉

방목교(方木橋)〈홍화문의 동쪽에 있다〉

소광통교(小廣通橋)〈대광통교의 남쪽에 있다〉

곡교(曲橋)〈소광통교 아래에 있다〉

종묘전교(宗廟前橋)〈종묘 앞에 있다〉

승전색교(承傳色橋)〈사직 앞에 있다〉

군기시전교(軍器寺前橋)〈무교(武橋)라 일컫는다〉

황참의교(黃參議橋)〈이현 북쪽에 있다〉

무침교(無沉橋)〈황참의교와 무침교 두 다리는 ○○(원문에 결락됨/역자주)방에 있다〉

청녕교(淸寧橋)〈무침교 아래에 있다〉

석교(石橋)〈무침교의 동쪽에 있으며, 광희문(光熙門) 안에 있다〉

어청교(於靑橋)〈석교의 서쪽에 있다〉

관기교(觀旂橋)〈성균관의 앞에 있다〉

사락교(思樂橋)〈관기교의 남쪽에 있다〉

광례교(廣禮橋)〈사락교의 남쪽에 있다〉

응란교(凝鸞橋)〈광례교의 남쪽에 있다〉

장경교(長慶橋)〈응란교의 남쪽에 있다〉

신교(新橋)〈장경교의 남쪽에 있다〉

북어교(北御橋)〈광화문의 서쪽에 있다〉

주자동교(鑄字洞橋)〈주동(鑄洞)에 있다〉

부동교(部洞橋)〈부동(部洞)에 있다〉

전도감교(錢都監橋)〈광희문의 밖에 있다〉

전도감교(錢都監橋)〈수각교의 아래에 있으며, 소의문 안에 있다〉

미장동교(美墻洞橋)〈전도감교의 아래에 있다〉

동현교(銅峴橋)〈동현(銅峴)에 있다〉

혁교(革橋)〈모화관(慕華館)의 남쪽에 있다〉

경영교(京營橋)〈돈의문 밖에 있으며, 혁교의 다음에 있다〉

신교(新橋)〈경영교의 아래에 있다〉

비교(圮橋)〈신교의 아래에 있으며, 소의문 밖에 있다〉

염초청교(焰硝廳橋)〈숭례문 밖 서쪽에 있다〉

배다리[주교(舟橋)]〈청파(靑坡)에 있으며, 염초청교의 아래에 있다〉

영도교(永渡橋)〈흥인문 밖에 있다〉

제반교(濟盤橋)〈흥인문에서 10리 떨어져 있다. 살곶이다리[전곶교(前串橋)]라고 일컫는다〉

홍제교(弘濟橋)〈사천(沙川)에 있다. 지금은 떠내려 온 모래더미에 묻혀 있다〉

**『토산』(土産)**

능금[임금(林禽)]·산앵도[내도(柰桃)]·오얏[이(李)]·토란[우(芋)]·잉어[이어(鯉魚)]·숭어[수어(秀魚)]·뱅어[백어(白魚)]·메기[점어(鮎魚)]·쏘가리[궐어(鱖魚)] 등이 있다.

『시전』(市廛)

3대시(三大市)〈곧 종가(鐘街: 지금의 종로/역자주)·이현(梨峴)·남문(南門: 남대문/역자주)을 말한다. 정종 원년(1399)에 처음으로 시전을 두었다. 혜정교에서 창덕궁 동구에 이르기까지 좌우에 행랑 800여 칸을 설치하고, 외방의 승려들을 모아 양식을 주고 역을 부과했는데 개천도감(開川都監)에서 관할케 하였다. 선조 임진년(1592) 후에 훈련도감(訓鍊都監)의 군병 가운데 서울에 거주하며 시장 업무에 종사하게 된 사람들은 시역(市役)을 모두 감해주도록 하였다. 효종 때에 군병으로 시장 업무에 종사하는 사람들에게 시패(市牌)를 발급해 주고, 시역을 5분의 1만 부담하도록 하였다. 영조 17년(1741) 경조(京兆: 한성부윤/역자주)에 명하여 각 전포의 이름을 구별하고, 난전(亂廛)과 도고(都賈)를 엄중히 금하도록 하였다.

선전(線廛) 면포전(綿布廛) 면주전(綿紬廛) 청포전(靑布廛) 저포전(苧布廛) 지전(紙廛) 어물전(魚物廛)〈내어물전(內魚物廛)과 외어물전(外魚物廛)이 있다〉 포전(布廛) 연초전(煙草廛) 상전(床廛)〈13곳이 있다〉 생선전(生鮮廛) 미전(米廛)〈6곳이 있다〉 잡곡전(雜穀廛)·유기전(鍮器廛) 은전(銀廛) 면자전(綿子廛) 의전(衣廛) 이전(履廛) 화피전(樺皮廛) 인석전(茵席廛) 진사전(眞絲廛) 청밀전(淸蜜廛) 경염전(京鹽廛) 장목전(長木廛)〈내장목전(內長木廛)과 외장목전(外長木廛)이 있다〉 철물전(鐵物廛) 연죽전(煙竹廛) 은국전(銀麴廛) 시저전(匙箸廛)〈내시저전(內匙箸廛)과 외시저전(外匙箸廛)이 있다〉 마전(馬廛) 채소전(菜蔬廛) 모전(毛廛)〈6곳이 있다〉 세물전(貰物廛)〈내세물전과 외세물전이 있다〉 양대전(凉臺廛) 잡철전(雜鐵廛) 염전(鹽廛) 치계전(雉鷄廛) 세기전(貰器廛)〈내세기전과 외세기전이 있다〉 승혜전(繩鞋廛) 목기전(木器廛)〈상목기전(上木器廛)과 하목기전(下木器廛)이 있다〉 등전(鐙廛) 흑립전(黑笠廛) 백립전(白笠廛) 초립전(草笠廛) 좌반전(佐飯廛)〈4곳이 있다〉 망건전(網巾廛) 전립전(氈笠廛)〈2곳이 있다〉 고초전(藁草廛) 이저전(履底廛) 시목전(柴木廛) 파자전(笆子廛) 저전(猪廛) 전족전(箭鏃廛) 도자전(刀子廛) 염수전(鹽水廛) 종자전(種子廛) 체계전(髢髻廛) 잡물전(雜物廛) 백당전(白糖廛) 복마제구전(卜馬諸具廛) 파목기전(破木器廛) 침자전(針子廛) 분전(粉廛) 족두리전(簇頭里廛) 마포염전(麻浦鹽廛) 남문외염전(南門外鹽廛)

『궁실』(宮室)

남별궁(南別宮)〈회현방(會賢坊)에 있다. 본래 소공주(小公主)의 집이다. 선조 임진년(1592) 때 왜장 평수가(平秀家)가 여기에 머물렀다. 후에 이여송(李如松)·양호(楊鎬)가 또한

이곳에 머물렀다. 인조 때 태평관(太平館)을 철폐한 후에 이 궁을 중국 사신이 머무는 건물로 삼았다〉

모화관(慕華館)〈반송방(盤松坊) 동쪽에 있다. 영은문(迎恩門)이 있는데 중국 사신을 맞이하고 전송하는 곳이다〉

홍제원(弘濟院)〈무악의 북쪽에 있다. 중국 사신이 이곳에 이르러 유숙하고 다음날 서울에 도착한다〉

운종가종각(雲從街鐘閣)〈태조 4년(1395)에 큰 종을 주조하여 걸어 놓았는데, 임진왜란 때 불타 버렸다. 세조 13년(1467)에 주조한 흥천사(興天寺) 종을 선조 갑오년(1594)에 숭례문(崇禮門)에 걸었다가 정유년(1597)에 양호가 명례동현(明禮洞峴) 위에 옮겨 걸어 놓았다. 후에 다시 운종가로 옮겨 걸어서 날이 밝고 어두워진 것을 알렸다〉

광화문외종각(光化門外鐘閣)〈세조 2년(1456) 큰 종을 주조하여 경복궁의 사정전(思政殿) 앞 처마에 걸어 놓아 숙위(宿衛: 궁궐 지키는 일/역자주) 때 비상을 알리는 것으로 사용하였다. 후에 이곳으로 옮겼다. 영조 무진년(1748)에 종각을 세웠다〉

흥인문내종각(興仁門內鐘閣)〈세조 7년(1461) 원각사(圓覺寺) 종을 주조하였는데, 중종 때에 흥인문으로 옮겼다. 영조 무진년(1748)에 종각을 세웠다〉

추모동비각(追慕洞碑閣)〈소의문(昭義門) 밖 차동(車洞)은 곧 인현왕후 민씨(仁顯王后閔氏: 숙종의 두 번째 왕비/역자주)가 태어난 옛터이다. 영조 신사년(1761)에 '인현성후탄강구기(仁顯聖后誕降舊基: 인현왕후가 태어난 옛터라는 뜻/역자주)'라는 8자를 임금이 친히 써서 비에 새겨 넣도록 하고 몸소 행차하여 비를 세우고 비각을 지었다〉

정업원비각(淨業院碑閣)〈정업원은 비구니가 거주하는 암자로 흥인문 밖 영미정동(永美亭洞) 동망봉(東望峯)에 있다. 단종이 임금 자리에서 물러난 후에 정순왕후 송씨(定順王后宋氏)가 이곳에 거주했다. 영조 신묘년(1771)에 '정업원구기(淨業院舊基: 정업원의 옛터라는 뜻/역자주)'라는 5자를 임금이 친히 써서 조그마한 비석에 새겨 넣도록 하여 동망봉 아래에 세웠다〉

모화관비각(慕華館碑閣)〈선조 정유년(1597)에 경리(經理) 양호(楊鎬: 명나라 장군으로 임진왜란 때 참전함/역자주)의 공덕비를 세웠다〉

**「혁폐」(革廢)**

탕춘대(蕩春臺)〈창의문(彰義門) 밖에 있으니, 곧 장의사(藏義寺)가 있던 터이다. 연산군 때 건립하여 연회를 베풀던 곳이다. 또 그 남쪽에 수각(水閣)을 세웠는데, 지금은 총융청의 신

영(新營)이 들어서 있다〉

태평관[太平館: 원문에는 대평관(大平館)으로 되어 있으나, 대(大) 자는 태(太) 자와 같이 쓰임/역자주]〈숭례문 안에 있다. 중국 사신이 머무는 건물이다. 문정왕후 윤씨(文定王后尹氏: 중종의 세 번째 왕비/역자주)와 인목왕후 김씨(仁穆王后金氏: 선조의 두 번째 왕비/역자주)가 모두 이곳에서 혼례식을 거행했다. 인조 때에 헐어버리고 홍제원(弘濟院)을 지었다〉

동평관(東平館)〈적선방(積善坊)에 있다. 일본·유구(琉球) 등 여러 나라 사신 및 일본 여러 섬[도(島)]에 거주하는 왜인들을 맞이하는 곳이다. 임진왜란 후에 없앴다〉

북평관(北平館)〈흥성방(興盛坊)에 있다. 우리나라에 와서 조회하는 야인(野人)들을 맞이하는 곳이다. 임진왜란 후에 없앴다〉

○부록. 도성 안의 없어진 절[부성내폐사(附城內廢寺)]

〈흥천사는 황화방(皇華坊)에 있었는데, 옛 정릉(貞陵)의 구역 안이었다. ○흥덕사(興德寺)는 연희방(燕喜坊)에 있었는데, 지금의 홍덕동(興德洞)이다. ○원각사(圓覺寺)는 옛 이름은 흥복사(興福寺)인데, 관인방(寬仁坊) 대사동(大寺洞)에 있었다. 세조 7년(1461)에 창건하였다. 절에는 안평대군(安平大君)이 조성한 흰 탑이 있는데, 새긴 장식이 기이하고 교묘하다. 미처 완성되지 못하였는데 안평대군이 죽었다. 김수온(金守溫)이 글을 지은 비가 있다. 중종 7년(1512)에 이 절을 없앴다. ○내불당(內佛堂)은 세조 때에 건립하였다. 또 인왕사(仁王寺) 금강굴(金剛窟)이 있는데, 세상에서 암연굴(庵演窟)이라고 일컬었다. 성종 6년(1475)에 도성 안팎의 비구니가 거주하는 절 23곳을 철폐했다. 현종 2년(1661)에 자수원(慈壽院)·인수원(仁壽院) 두 비구니 암자를 철폐하고, 그 목재와 기와를 갖다가 비천당(丕闡堂)과 일양재(一兩齋) 및 벽입재(闢入齋)를 건립하였다〉

**『누정』(樓亭)**

연자루(燕子樓)〈훈련원(訓鍊院) 동쪽에 있다〉

읍청루(挹淸樓)〈용산방(龍山坊) 강변의 별영창(別營倉) 안에 있다. 정조가 이곳에 행차하였다〉

옥호루(玉壺樓)〈서빙고(西氷庫) 강변에 있다〉

비파정(琵琶亭)〈인경산(引慶山) 북쪽에 있다〉

유하정(流霞亭)〈두모포(豆毛浦) 북쪽 기슭에 있다. 본래 제안대군(齊安大君)의 집이었는데, 효종이 왕위에 오르기 전에 정자로 사용하였다. 정조 5년(1781)에 규장각(奎章閣)에서 유람하는 장소가 되었다〉

천연정(天然亭)〈반송방(盤松坊)의 연지(蓮池) 옆에 있다〉

세검정(洗劍亭)〈창의문(彰義門) 밖 연융대방(鍊戎臺坊)에 있다〉

산영루(山暎樓)〈중흥동(重興洞)에 있다〉

**「혁폐」(革廢)**

제천정(濟川亭)〈한강(漢江) 북쪽 강변에 있었으며, 중국 사신이 유람하는 장소였다. 명종 13년(1558)에 임금이 이 정자에 행차하여 수전(水戰)을 관람하였다〉

망원정(望遠亭)〈양화나루 동쪽 강변에 있었다. 본래 효령대군(孝寧大君)의 희우정(喜雨亭)이었다. 세조 10년(1464)에 임금이 이곳에 행차하여 수전(水戰)을 관람하였다. 성종 때에도 이곳에 행차하여 수전을 관람하였다. 중종 13년(1518)에 임금이 서쪽 교외에서 벼를 심는 것을 관람하고 이 정자에 행차하여 수전을 관람하였다〉

반송정(盤松亭)〈모화관 북쪽에 있었다. 고려 충숙왕(忠肅王)이 일찍이 이 정자에 행차하여 비를 피하였다〉

낙천정(樂天亭)〈살곶이[전곶(箭串)]에 있었다. 태종이 임금 자리를 물려준 후에 이 정자를 세워 유람하는 곳으로 삼았다〉

칠덕정(七德亭)〈한강 아래 백사정(白沙汀)에 있었다. 세조 때에 이 정자를 세우고 여러 차례 행차하여 무예(武藝)를 사열하였다〉

황화정(皇華亭)〈두모포(豆毛浦)의 북쪽 강변에 있었다. 연산군이 이 정자를 세우고 연회를 베푸는 장소로 삼았다〉

**『단유』(壇壝)**

남단(南壇)〈숭례문(崇禮門) 밖에 있다. ○풍운뇌우(風雲雷雨)가 중간에 위치하고 산천(山川)이 왼편에 위치하고, 성황(城隍)이 오른편에 위치한다〉

선농단(先農壇)〈동쪽 교외에 있다. 신농씨(神農氏)를 제사하고 후직씨(后稷氏)를 배향한다〉

선잠단(先蠶壇)〈혜화문(惠化門) 밖에 있다. 서릉씨(西陵氏)를 제사지낸다〉

잠단(蠶壇)〈경복궁 안에 있다. 영조 때 이 단을 설치하고 친히 누에를 길렀으며, 비를 세우고 비각(碑閣)을 지었다〉

우단(雩壇)〈남쪽 교외에 있다. 사시신[四時神: 네 계절을 주관하는 신(神)/역자주] 및 후토(后土)·후직(后稷)에게 제사를 지낸다〉

삼각산단(三角山壇)〈백악(白岳) 위에 있으니 곧 악단(岳壇)이다. ○신라 때에 명산이라 하여 소사(小祀)에 실려 있다〉

한강단(漢江壇)〈곧 독단(瀆壇)이다. 신라 때에는 북독(北瀆)으로써 중사(中祀)에 실려 있다. ○이상은 모두 중사(中祀)이다〉

목멱산단(木覓山壇)〈목멱산 위에 있다〉

사한단(司寒壇)〈동쪽 교외에 있다. 현명씨(玄冥氏)에게 제사를 지낸다〉

여단〈厲壇)〈북쪽 교외에 있다. 성황(城隍) 및 제사를 지내주는 사람이 없는 귀신(鬼神) 15에게 제사를 지낸다〉

영단(禜壇)〈산천(山川)에게 기청제(祈晴祭)를 지낸다. 오래도록 비가 내리면 도성의 4문에 나아가 제사를 지낸다〉

포단(酺壇)〈황명(蝗螟: 메뚜기. 곡식을 갉아 먹어 흉년이 들게 함/역자주)이 발생하면 마보단(馬步壇)에 나아가 제사를 지낸다〉

칠사(七祀)〈사명(司命)·사호(司戶)·사조(司竈)·중류(中霤)·국문(國門)·공려(公厲)·국행(國行)이다. ○이상은 모두 소사(小祀)이다〉

○원단(圓壇)·영성단(靈星壇)·노인성단(老人星壇)·마조단(馬祖壇)·선목단(先牧壇)·마사단(馬社壇)·마보단(馬步壇)·민충단(愍忠壇) 등이 있다.

**『묘전』(廟殿)**

문묘(文廟)〈숭교방(崇敎坊)의 성균관(成均館) 안에 있다. 조선 태조 7년(1398)에 건립하였다. 정종 2년(1400)에 불에 탄 것을 태종 7년(1407)에 중건하였다. 대제학(大提學) 변계량(卞季良)이 비문을 지었다. 선조 25년(1592) 임진왜란으로 불에 탔는데, 34년(1601)에 중건하였다. 대제학 이정구(李廷龜)가 비문을 지었다〉 대성전(大成殿)에서는 대성지성문선왕[大成至聖文宣王: 공자(孔子)를 가리킴/역자주]을 제사 지낸다.〈성은 공씨(孔氏)이고 이름은 구(丘)이며 자는 중니(仲尼)이다. 노(魯)나라 사람으로서 송(宋)나라 미자(微子)의 후예인 숙량흘(叔梁紇)의 아들이다. 어머니는 안씨(顔氏)로 이름은 징재(徵在)이다〉

「주(周)」

**안자(顔子)**

안자(顔子)〈이름은 회(回)이고 자는 자연(子淵)이다. 노나라의 경사(卿士)인 무요(無繇)의 아들이다. 32세에 세상을 떠났다. 충국복성공(充國復聖公)에 봉해졌으며 당(唐)나라 태종(太宗) 때에 문묘에 배향되었다〉

**증자(曾子)**

증자(曾子)〈이름은 참(參)이고 자는 자여(子輿)이다. 노나라 무성(武城) 사람 점(點)의 아들이다. 제(齊)나라에서 증자를 초빙하여 경(卿)을 삼았으나 가지 않았다. '효경(孝經)'과 '대학(大學)'을 저술하였다. 성국종성공(郕國宗聖公)에 봉해졌다〉

**자사(子思)**

자사(子思)〈이름은 급(伋)이고 자는 자사(子思)이다. 공리(孔鯉)의 아들로 공자의 손자이다. '중용(中庸)'을 저술하였다. 기국술성공(沂國述聖公)에 봉해졌다. 증자와 자사 두 성인은 송(宋)나라 휘종(徽宗) 때에 문묘에 배향되었다〉

**맹자(孟子)**

맹자(孟子)〈이름은 가(軻)이고 자는 자거(子車)이다. 추(鄒)나라 사람인 격공의(激公宜)의 아들이다. 추국아성공(鄒國亞聖公)에 봉해졌다. '맹자(孟子)'를 저술하였다. 송나라 신종(神宗) 때에 문묘에 배향되었다〉

**민손(閔損)**

민손(閔損)〈자는 자건(子騫)이고 노나라 사람이다. 비공(費公)에 봉해졌다〉

**염경(冉耕)**

염경(冉耕)〈자는 백우(伯牛)이고 노나라 사람이다. 단공(鄆公)에 봉해졌다〉

**염옹(冉雍)**

염옹(冉雍)〈자는 중궁(仲弓)이고 노나라 사람이다. 설공(薛公)에 봉해졌다〉

**재여(宰予)**

재여(宰予)〈자는 자아(子我)이고 노나라 사람이다. 제공(齊公)에 봉해졌다〉

**단목사(端木賜)**

단목사(端木賜)〈자는 자공(子貢)이고 위(衛)나라 사람이다. 여공(黎公)에 봉해졌다〉

**염구(冉求)**

염구(冉求)〈자는 자유(子有)이고 노나라 사람이다. 서공(徐公)에 봉해졌다〉

**중유(仲由)**

중유(仲由)〈자는 자로(子路)이고 노나라 사람이다. 위공(衛公)에 봉해졌다〉

**언언(言偃)**

언언(言偃)〈자는 자유(子游)이고 오(吳)나라 사람이다. 오공(吳公)에 봉해졌다〉

**복상(卜商)**

복상(卜商)〈자는 자하(子夏)이고 위(衛)나라 사람이다. 위공(魏公)에 봉해졌다〉

**전손사(顓孫師)**

전손사(顓孫師)〈자는 자장(子張)이고 진(陳)나라 사람이다. 영천후(潁川侯)에 봉해졌다〉

이상은 10철(十哲: 열 사람의 학행이 뛰어난 공자의 제자를 가리킴/역자주)이다.

**「송(宋)」**

**주자(周子)**

주자(周子)〈이름은 돈이(敦頤)이고 자는 무숙(茂叔)이며 호는 염계(濂溪)이다. 도주(道州) 사람이다. 벼슬은 남강군사(南康郡事)를 지냈으며, 시호는 원(元)이다. 여남백(汝南伯)에 봉해졌다〉

**정백자(程伯子)**

정백자(程伯子)〈이름은 호(顥)이고 자는 백순(伯淳)이며 호는 명도(明道)이다. 하남(河南) 사람이다. 벼슬은 종정시승(宗正寺丞)을 지냈으며, 시호는 순(純)이다. 하남백(河南伯)에 봉해졌다〉

**정숙자(程叔子)**

정숙자(程叔子)〈이름은 이(頤)이고 자는 정숙(正叔)이며 호는 이천(伊川)이다. 벼슬은 직비각(直秘閣)에 올라 치사하였다. 시호는 정(正)이다. 이천백(伊川伯)에 봉해졌다〉

**소자(邵子)**

소자(邵子)〈이름은 옹(雍)이고 자는 요부(堯夫)이며 호는 안락(安樂)이다. 하남(河南) 사람이다. 벼슬은 영천단련추관(潁川團練推官)을 지냈으며, 시호는 강절(康節)이다. 신안백(新安伯)에 봉해졌다〉

**장자(張子)**

장자(張子)〈이름은 재(載)이고 자는 자후(子厚)이며 호는 횡거(橫渠)이다. 봉상(鳳翔) 사람이다. 전중승(殿中丞)을 지낸 장적(張迪)의 아들이다. 벼슬은 동지태상예원(同知太常禮院)을 지냈으며, 미백(郿伯)에 봉해졌다〉

**주자(朱子)**

주자(朱子)〈이름은 희(熹)이고 자는 자회(子晦)이며 호는 회암(晦庵)이다. 무원(婺源) 사람이다. 주송(朱松)의 아들이다. 벼슬은 환장각대제(煥章閣待制)를 지냈으며, 시호는 문(文)이다. 휘국공(徽國公)에 봉해졌다〉

이상은 6현(六賢: 중국 송나라 때 학행이 뛰어난 여섯 사람/역자주)이다. 조선 숙종 갑오년(1714)에 문묘에 배향되었다.

**『동무』(東廡)**

**「주」(周)**

담대멸명(澹臺滅明)〈자는 자우(子羽)이고, 노나라 무성(武城) 사람이다. 금향후(金鄕侯)에 봉해졌다〉

원헌(原憲)〈자는 자사(子思)이고, 노나라 사람이다. 임성후(任城侯)에 봉해졌다〉

남궁괄(南宮适)〈자는 자객(子客)이고, 노나라 사람이다. 희자(僖子)의 아들이다. 여양후(汝陽侯)에 봉해졌다〉

상구(商瞿)〈자는 자목(子木)이고, 노나라 사람이다. 수창후(須昌侯)에 봉해졌다〉

칠조개(漆雕開)〈자는 자개(子開)이고, 노나라 사람이다. 평여후(平輿侯)에 봉해졌다〉

번수(樊須)〈자는 자지(子遲)이고, 노나라 사람이다. 익도후(益都侯)에 봉해졌다〉

공서적(公西赤)〈자는 자화(子華)이고, 노나라 사람이다. 거야(鉅野) 사람이다〉

양전(梁鱣)〈자는 숙어(叔魚)이고, 노나라 사람이다. 천승(千乘)에 봉해졌다〉

염유(冉孺)〈자는 자로(子魯)이고, 노나라 사람이다. 임기후(臨沂侯)에 봉해졌다〉

백건(伯虔)〈자는 자석(子析)이다. 목양후(沐陽侯)에 봉해졌다〉

염계(冉季)〈자는 자산(子産)이고, 노나라 사람이다. 제성후(諸城侯)에 봉해졌다〉

칠조치(漆雕哆)〈자는 염노(斂魯)이고, 노나라 사람이다. 복양후(濮陽侯)에 봉해졌다〉

칠조도부(漆雕徒父)〈자는 자문(子文)이다. 고완후(高宛侯)에 봉해졌다〉

상택(商澤)〈자는 자계(子季)이다. 추평후(鄒平侯)에 봉해졌다〉

임불제(任不齊)〈자는 자선(子選)이고, 초(楚)나라 사람이다. 당양후(當陽侯)에 봉해졌다〉

공양유(公良孺)〈자는 자정(子正)이고, 진(陳)나라 사람이다. 모평후(牟平侯)에 봉해졌다〉

진염(秦冉)〈자는 자개(子開)이다. 신식후(新息侯)에 봉해졌다〉

공견정(公肩定)〈자는 자중(子中)이고, 노나라 사람이다. 양부후(梁父侯)에 봉해졌다〉

교단(鄡單)〈자는 자가(子家)이다. 요성후(聊城侯)에 봉해졌다〉

한부흑(罕父黑)〈자는 자가(子家)이다. 기양후(祈陽侯)에 봉해졌다〉

공조구자(公祖句玆)〈자는 자지(子之)이고, 노나라 사람이다. 즉묵후(卽墨侯)에 봉해졌다〉

현성(縣成)〈자는 자기(子祺)이고, 노나라 사람이다. 무성후(武城侯)에 봉해졌다〉

연급(燕伋)〈자는 자사(子思)이다. 견원후(汧源侯)에 봉해졌다.)

안지복(顔之僕)〈자는 자숙(子叔)이고, 노나라 사람이다. 완구후(宛句侯)에 봉해졌다〉

낙해(樂欬)〈자는 자성(子聲)이고, 노나라 사람이다. 건성후(建成侯)에 봉해졌다〉

안하(顔何)〈자는 자염(子冉)이고, 노나라 사람이다. 당읍후(堂邑侯)에 봉해졌다〉

적흑(狄黑)〈자는 자석(子晳)이다. 임려후(林慮侯)에 봉해졌다〉

공충(孔忠)〈자는 자멸(子蔑)이고, 공자(孔子) 형의 아들이다. 운성후(鄆城侯)에 봉해졌다〉

공서장(公西藏)〈자는 자상(子上)이고, 노나라 사람이다. 서성후(徐城侯)에 봉해졌다〉

시지상(施之常)〈자는 자항(子恒)이다. 임복후(臨濮侯)에 봉해졌다〉

진비(秦非)〈자는 자지(子之)이고, 노나라 사람이다. 화정후(華亭侯)에 봉해졌다〉

신정(申棖)〈자는 자속(子續)이고, 노나라 사람이다. 문등후(文登侯)에 봉해졌다〉

안쾌(顔噲)〈자는 자성(子聲)이고, 노나라 사람이다. 제음후(濟陰侯)에 봉해졌다〉

좌구명(左丘明)〈노나라 중도(中都)사람이다. 중도백(中都伯)에 봉해졌다〉

곡량적(穀梁赤)〈수양(睢陽) 사람이다. 자하(子夏)의 제자이다. 수양후(睢陽侯)에 봉해졌다〉

**「한」(漢)**

고당생(高堂生)〈내무(萊蕪) 사람이다. 한나라 초에 '예기(禮記)'를 깊이 익혀서 박사(博士)가 되었다. 내무후(萊蕪侯)에 봉해졌다〉

모장(毛萇)〈조(趙)나라 사람이다. 시를 공부하여 하간박사(河間博士)가 되었다. 낙수백(樂壽伯)에 봉해졌다〉

유향(劉向)〈자는 자정(子政)이다. 초(楚)나라 원왕(元王) 교(交)의 현손이다. 광록대부(光

祿大夫)에 올랐으며 팽성백(彭城伯)에 봉해졌다〉

정중(鄭衆)〈자는 중사(仲師)이고, 동한(東漢)의 개봉(開封) 사람이다. 정흥(鄭興)의 아들이다. 대사농(大司農)에 올랐으며 중모백(中牟伯)에 봉해졌다〉

노식(盧植)〈자는 사간(士幹)이고, 탁군(涿郡) 사람이다. 상서(尙書)에 올랐으며 양향후(良鄕侯)에 봉해졌다〉

복건(服虔)〈자는 자신(子愼)이고, 영양(滎陽) 사람이다. 구강태수(九江太守)에 올랐으며 영양백(滎陽伯)에 봉해졌다〉

**「당」(唐)**

한유(韓愈)〈자는 퇴지(退之)이고, 등주(鄧州) 사람이다. 이부시랑(吏部侍郎)에 올랐다. 시호는 문창(文昌)이며 여백(黎伯)에 봉해졌다〉

**「송」(宋)**

양시(楊時)〈자는 중립(中立)이고 호는 구산(龜山)이다. 검주(劍州) 장락(將樂) 사람이다. 용도각 직학사(龍圖閣直學士)로 치사(致仕)하였다. 시호는 문정(文靖)이고 장락백(將樂伯)에 봉해졌다〉

호안국(胡安國)〈자는 강후(康侯)이고, 수안(壽安) 사람이다. 보문각 직학사(寶文閣直學士)에 올랐으며, 시호는 문정(文定)이고 건영백(建寧伯)에 봉해졌다〉

장식(張栻)〈자는 경부(敬夫)이고 호는 남헌(南軒)이다. 화양(華陽) 사람이다. 우문전 수찬(右文殿修撰)에 올랐으며 시호는 의(宜)이고 화양백(華陽伯)에 봉해졌다〉

황간(黃幹)〈자는 직경(直卿)이고 호는 면재(勉齋)이다. 복주(福州) 민현(閩縣) 사람이다. 박주(亳州) 명도궁(明道宮)을 주관하다가 치사하였다. 시호는 문보(文甫)이다〉

진덕수(眞德秀)〈자는 희원(希元)이고 호는 서산(西山)이다. 포성(浦城) 사람이다. 자정전 학사(資政殿學士) 겸 시독(侍讀)에 올랐다. 시호는 문충(文忠)이고 포성백(浦城伯)에 봉해졌다〉

**「신라」(新羅)**

설총(薛聰)〈자는 총지(聰智)이다. 신라의 방언[方言: 이두(吏讀)를 말함/역자주]으로 구경[九經: 유교의 아홉 가지 경전인 '주역(周易)', '시경(詩經)', '서경(書經)', '예기(禮記)', '춘추(春秋)', '효경(孝經)', '논어(論語)', '맹자(孟子)', '주례(周禮)'임/역자주]을 해석하였다. 고려 때에 홍유후(弘儒侯)에 추봉하였다〉

「고려」(高麗)

안유(安裕)〈호는 회헌(晦軒)이다. 수문전 대학사(修文殿大學士) 첨의중찬(僉議中贊)에 올랐다. 시호는 문성(文成)이다〉

「조선」(朝鮮)

김굉필(金宏弼)〈자는 대유(大猷)이고 호는 한훤당(寒暄堂)이다. 본관은 서흥(瑞興)이다. 형조좌랑(刑曹佐郎)에 올랐으며, 영의정에 추증되었다. 시호는 문경(文敬)이다〉

조광조(趙光祖)〈자는 효직(孝直)이고 호는 정암(靜庵)이다. 본관은 한양(漢陽)이다. 대사헌(大司憲)에 올랐으며, 영의정에 추증되었다. 시호는 문정(文正)이다〉

이황(李滉)〈묘정 배향(廟廷配享) 편에 보인다〉

이이(李珥)〈자는 숙헌(叔獻)이고 호는 율곡(栗谷)이다. 본관은 덕수(德水)이다. 우찬성(右贊成)에 올랐으며, 영의정에 추증되었다. 시호는 문성(文成)이다〉

김장생(金長生)〈자는 희원(希元)이고 호는 사계(沙溪)이다. 본관은 광주(光州)이다. 형조참판(刑曹參判)에 올랐으며, 영의정에 추증되었다. 시호는 문원(文元)이다〉

송준길(宋浚吉)〈자는 명보(明甫)이고 호는 동춘당(同春堂)이다. 본관은 은진(恩津)이다. 이조판서(吏曹判書)에 올랐으며, 영의정에 추증되었다. 시호는 문정(文正)이다〉

『서무』(西廡)

「주」(周)

복불제(宓不齊)〈자는 자천(子賤)이고, 노(魯)나라 사람이다. 단부후(單父侯)에 봉해졌다〉

공야장(公冶長)〈자는 자장(子長)이고, 제(齊)나라 사람이다. 고밀후(高密侯)에 봉해졌다〉

공철곤(公哲哀)〈자는 계차(季次)이고, 제나라 사람이다. 북해후(北海侯)에 봉해졌다〉

고시(高柴)〈자는 자고(子羔)이고, 위(衛)나라 사람이다. 공성후(共城侯)에 봉해졌다〉

사마경(司馬耕)〈자는 자우(子牛)이고, 송(宋)나라 사람이다. 수양후(睢陽侯)에 봉해졌다〉

유약(有若)〈자는 자유(子有)이고, 노나라 사람이다. 평음후(平陰侯)에 봉해졌다〉

무마시(巫馬施)〈자는 자기(子期)이고, 노나라 사람이다. 동아후(東阿侯)에 봉해졌다〉

안신(顏辛)〈자는 자류(子柳)이고, 노나라 사람이다. 양곡후(陽穀侯)에 봉해졌다〉

조휼(曺卹)〈자는 자순(子循)이다. 상다후(上茶侯)에 봉해졌다〉

공손룡(公孫龍)〈자는 자석(子石)이고, 위나라 사람이다. 지강후(枝江侯)에 봉해졌다〉

진상(秦商)〈자는 자비(子丕)이고, 초(楚)나라 사람이다. 풍익후(馮翊侯)에 봉해졌다〉

안고(顏高)〈자는 자교(子驕)이다. 뇌택후(雷澤侯)에 봉해졌다〉

양사적(壤駟赤)〈자는 자도(子徒)이고, 진(秦)나라 사람이다. 상규후(上邽侯)에 봉해졌다〉

석작촉(石作蜀)〈자는 자명(子明)이다. 성기후(成紀侯)에 봉해졌다〉

공하수(公夏首)〈자는 자승(子乘)이고, 노나라 사람이다. 거평후(鉅平侯)에 봉해졌다〉

후처(后處)〈자는 자리(子里)이고, 제나라 사람이다. 교동후(膠東侯)에 봉해졌다〉

해용장(奚容藏)〈자는 자철(子哲)이고, 위나라 사람이다. 제양후(濟陽侯)에 봉해졌다〉

안조(顏祖)〈자는 자양(子襄)이다. 부평후(富平侯)에 봉해졌다〉

구정강(句井彊)〈위나라 사람이다. 융양후(隆陽侯)에 봉해졌다〉

진조(秦祖)〈자는 자남(子南)이고, 진(秦)나라 사람이다. 견성후(甄城侯)에 봉해졌다〉

영기(榮旂)〈자는 자기(子祺)이다. 염차후(厭次侯)에 봉해졌다〉

좌인영(左人郢)〈자는 자행(子行)이다. 남화후(南華侯)에 봉해졌다〉

정국(鄭國)〈자는 자도(子徒)이다. 구산후(朐山侯)에 봉해졌다〉

원항(原亢)〈자는 자적(子籍)이다. 낙평후(樂平侯)에 봉해졌다〉

염결(廉潔)〈자는 자용(子庸)이고, 위나라 사람이다. 작성후(昨城侯)에 봉해졌다〉

숙중회(叔仲會)〈자는 자기(子期)이고, 위나라 사람이다. 박평후(博平侯)에 봉해졌다〉

규손(邽巽)〈자는 자흠(子欽)이다. 고당후(高唐侯)에 봉해졌다〉

공서여여(公西輿如)〈자는 자상(子上)이다. 임조후(臨照侯)에 봉해졌다〉

거원(蘧瑗)〈자는 백옥(伯玉)이고, 위나라 대부에 올랐다. 내황후(內黃侯)에 봉해졌다〉

임방(林放)〈자는 자기(子企)이고, 노나라 사람이다. 장산후(長山侯)에 봉해졌다〉

진항(陳亢)〈자는 자금(子禽)이고, 진(陳)나라 사람이다. 자공(子貢) 동생의 아들이라고도 한다. 남돈후(南頓侯)에 봉해졌다〉

금장(琴張)〈자는 자개(子開)이다. 양평후(陽平侯)에 봉해졌다〉

보숙승(步叔乘)〈자는 자거(子車)이다. 박창후(博昌侯)에 봉해졌다〉

공양고(公羊高)〈임치(臨淄) 사람이다. 자공(子貢)의 제자이다. '춘추(春秋)'를 저술했다. 임치백(臨淄伯)에 봉해졌다〉

**「한」(漢)**

복승(伏勝)〈제남(濟南) 사람이다. 박사(博士)에 올랐다. 나이 90여 세에 '상서(尚書)'를 입

으로 전승하였다. 승씨백(乘氏伯)에 봉해졌다〉

대성(戴聖)〈고성(考城) 사람이다. 의례(儀禮)를 익히고 '예기(禮記)'를 기록하였다. 고성백(考城伯)에 봉해졌다〉

동중서(董仲舒)〈광주(廣州) 사람이다. 강도상(江都相)에 봉해졌다〉

공안국(孔安國)〈자는 자국(子國)이다. 공자 12세손으로서 간대부(諫大夫)에 올랐다. 벽 속에 소장되었던 '상서(尙書)'를 찾아내어 '전(傳)'을 저술하였다. 곡부백(曲阜伯)에 봉해졌다〉

두사춘(杜士春)〈동한(東漢) 사람이다. 예학(禮學)에 뛰어났으며 주례(周禮)를 전하였다. 구씨백(緱氏伯)에 봉해졌다〉

정현(鄭玄)〈자는 강성(康成)이다. 북해(北海) 고밀(高密) 사람이다. 대사농(大司農)에 올랐으며 고밀백(高密伯)에 봉해졌다〉

진범녕(晉范寧)〈자는 자무(子武)이다. 관직은 예장태수(豫章太守)에 올랐다. 신야백(新野伯)에 봉해졌다〉

**「송」(宋)**

사마광(司馬光)〈자는 군실(君實)이고 호는 속수(涑水)이다. 합주(陜州) 사람이다. 문하시랑(門下侍郎)에 올랐으며 온국공(溫國公)에 봉해졌다. 시호는 문정(文正)이다〉

나종언(羅從彦)〈자는 중소(仲素)이고 호는 예장(豫章)이다. 남검(南劒)의 장락(將樂) 사람이다. 혜주(惠州) 박라 주부(博羅主簿)에 올랐으며 시호는 문질(文質)이다〉

이동(李侗)〈자는 원중(愿中)이고 호는 연평(延平)이다. 남검(南劒) 사람이다. 시호는 문정(文正)이다. ○나도언과 이동 2현(賢)은 조선 숙종 임술년(1682)에 문묘에 종향하였다〉

여조겸(呂祖謙)〈자는 백공(伯恭)이고 호는 동래(東萊)이다. 개봉(開封) 사람이다. 저작랑(著作郎) 겸 국사원 편수(兼國史院編修)에 올랐다. 시호는 성(成)이다〉

채침(蔡沈)〈자는 중묵(仲默)이고 호는 구봉(九峯)이다. 건양(建陽) 사람이다. 주자(朱子)의 제자이다〉

**「원」(元)**

허형(許衡)〈자는 중평(仲平)이고 호는 노재(魯齋)이다. 하남(河南) 사람이다. 집현전 대학사(集賢殿大學士)에 올랐다. 시호는 문정(文正)이다〉

**「신라」(新羅)**

최치원(崔致遠)〈자는 해부(海夫)이고 호는 고운(孤雲)이다. 본관은 경주(慶州)이다. 당나라에 들어가 과거에 합격하고 관직은 시어사(侍御史)에 올랐다. 신라의 집사성 시랑(執事省侍郎)을 역임하였다. 고려 때 문창후(文昌侯)에 추봉되었다〉

**「고려」(高麗)**

정몽주(鄭夢周)〈자는 달가(達可)이고 호는 포은(圃隱)이다. 본관은 연일(延日)이다. 시중(侍中)에 올랐으며 익양군(益陽君), 충의백(忠義伯)에 봉해졌다. 조선 때에 영의정에 추증되었으며, 시호는 문충(文忠)이다〉

**「조선」(朝鮮)**

정여창(鄭汝昌)〈자는 백욱(伯勗)이고 호는 일두(一蠹)이다. 본관은 하동(河東)이다. 안음현감(安陰縣監)을 지냈으며, 영의정에 추증되었다. 시호는 문헌(文獻)이다〉

이언적(李彦迪)〈묘정 배향 편에 보인다〉

김인후(金麟厚)〈자는 후지(厚之)이고 호는 하서(河西)이다. 본관은 울산(蔚山)이다. 교리(校理)를 지냈으며, 영의정에 추증되었다. 시호는 문정(文正)이다〉

성혼(成渾)〈자는 호원(浩源)이고 호는 우계(牛溪)이다. 본관은 창녕(昌寧)이다. 우참찬(右參贊)을 지냈으며, 영의정에 추증되었다. 시호는 문간(文簡)이다〉

송시열(宋時烈)〈묘정 배향 편에 보인다〉

박세채(朴世采)〈묘정 배향 편에 보인다〉

**『독묘』(纛廟)**

〈예조 옆에 있다. ○검은 소[이우(犛牛)]의 꼬리로 만드는데, 치우(蚩尤)의 머리를 상징한다. 무릇 군대가 출정할 일이 있으면 독묘에서 마제(禡祭)를 지낸다〉

**『동묘』(東廟)**

〈흥인문(興仁門) 밖에 있다. 선조 35년(1602)에 명나라에서 4,000금(金)으로써 무신(撫臣) 만세덕(萬世德)에게 주어 조선에 조서(詔書)를 내려 사당을 세우게 하였는데, 사당의 이름은 현령소덕관공지묘(顯靈昭德關公之廟)로 하도록 하였다. 편액(扁額: 현판/역자주)에는 동묘라 하였는데, 동상(銅像)이 있다〉

관우(關羽)〈자는 운장(雲長)이다. 한(漢)나라 하동(河東) 해양(解良) 사람이다. 관직은 전장군(前將軍)에 올랐다. 한나라 때에 수정후(壽亭侯)에 봉해졌으며 시호는 무안(武安)이다〉를 제사지낸다.

【관묘(關廟)는 안동(安東), 성주(星州), 남원(南原), 강진(康津)에도 있다】

○남묘(南廟)

〈숭례문(崇禮門) 밖에 있다. 선조 31년(1598)에 명나라 장수 진인(陳寅)이 세웠으며 편액을 남묘라 하였다. 소상(塑像)이 있다〉

관우〈동묘 편의 내용과 같다〉를 제사지낸다.

**『침묘』(寢廟)**

의소묘(懿昭墓)〈무악(毋岳) 남쪽 가지에 있다. 의소세손(懿昭世孫: 사도세자의 장남으로 정조의 형/역자주)을 묻은 장지이다. 제삿날은 3월 4일이다. ○수위관(守衛官)이 2명이다〉

효창묘(孝昌墓)〈만리현(萬里峴) 남쪽 가지에 있다. 문효세자(文孝世子: 정조의 장남/역자주)를 묻은 장지이다. 제삿날은 5월 11일이다. ○수위관이 2명이다〉

선희묘(宣禧墓)〈무악 서쪽 지류 대야동(大野洞)에 있다. 영빈 이씨(暎嬪李氏: 사도세자의 생모/역자주)를 묻은 장지이다. 제삿날은 7월 26일이다. ○전감(典監)이 2명이다〉

**『사우』(祠宇)**

계성사(啓聖祠)〈문묘 북쪽에 있다. 숙종 신사년(1701)에 건립하였다. 제사일은 문묘와 동일하다〉

【계성사는 사도[四都: 수원(水原), 개성(開城), 광주(廣州), 강화(江華)의 4도/역자주]와 팔도(八道)의 순영(巡營)에 있다】

숙량흘(叔梁紇)〈노나라 추읍대부(鄹邑大夫)에 올랐으며 제국공(齊國公)에 봉해졌다. 공자를 낳았다〉

안무요(顔無繇)〈자는 노주(路邾)이고, 무공백(武公伯)에 봉해졌다. 안무요의 후손이 공자의 제자가 되어 노나라의 경사(卿士)가 되었으며 곡부후(曲阜侯)에 봉해졌다. 안자(顔子)를 낳았다〉

증점(曾點)〈자는 석노(晳魯)이고, 남무성(南武城) 사람이다. 증(鄫)나라의 세자 무(巫)가 후에 공씨(孔氏)에게 공부하고 성문고제(聖門高弟)라 칭하였다. 내무후(萊蕪侯)에 봉해졌으며, 증자(曾子)를 낳았다〉

공리(孔鯉)〈자는 백어(伯魚)이고 공자의 아들이다. 사수후(泗水侯)에 봉해졌으며 자사(子思)를 낳았다〉

맹격(孟激)〈이름은 격공의(激公宜)이다. 노나라 맹손(孟孫)씨의 후손이다. 주국공(邾國公)에 봉해졌으며, 맹자를 낳았다〉

○숭절사(崇節祠)

〈문묘 동쪽에 있다. 경종 임인년(1722)에 건축하였다. 영조 경진년(1760)에 어필(御筆)로 쓴 편액을 걸었다〉

동양(董養)〈진(晋)나라 사람이다. 자는 중도(仲道)이다. 진류(陳留) 준의(浚儀) 사람이다. 김용(金墉)의 변을 당하여서는 태학(太學) 밖에서 탄식하여 이르기를 "이 건물을 세운 것은 무엇을 하고자 함이었던가?" 하고는 태학의 위판을 짊어지고 촉(蜀)나라에 들어갔다. 그 뒤 최후의 종적을 알지 못한다〉

하번(何蕃)〈당나라 회남(淮南) 화주(和州) 사람이다. 주차(朱泚)의 난에 태학의 여러 학생들이 장차 따르고자 하여 하번에게 일어날 것을 요청하였다. 하번이 정색하고 태학의 여러 학생들을 질책하니 육관(六館)의 선비들이 주차의 난을 따르지 않았다〉

진간(陳東)〈자는 소양(少陽)이다. 송(宋)나라 진강(鎭江) 단양(丹陽) 사람이다. 태학에 들어가서 대궐 앞에 엎드려 황제에게 상서하여 채경(蔡京)을 목 벨 것을 요청하였다. 또한 이강(李綱)을 유임하고 황잠(黃潛)을 파직할 것을 애걸하였다. 선왕백(善汪伯) 언회(彦會), 구양철(歐陽澈)이 또한 진간과 함께 글을 올려 일을 논의하였는데, 같이 살해당하였다〉

구양철(歐陽澈)〈자는 덕명(德明)이다. 무주(撫州) 숭인(崇仁) 사람이다. 진간과 함께 황제에게 상서하였다가 같이 살해당하였다〉

【윤지술(尹志述)은 자가 노팽(老彭)이고 호는 북정(北亭)이다. 집의(執義)에 추증되었다】

○선무사(宣武祠)

〈양생방(養生坊)에 있다. 선조 무술년(1598)에 건축하였다. 선조가 친히 쓴 어필로 "재조번방(再造藩邦)"이라는 4글자가 있다〉

형개(邢玠)〈명나라 병부상서(兵部尙書)로서 왜적을 정벌한 공이 있었다〉

양호(楊鎬)〈상구(商邱) 사람이다. 만력(萬曆) 정유년(1597)에 경리(經理)로서 조선에 와서 왜적을 정벌한 공이 있다. 숭정(崇禎) 2년(1629)에 요동에서 벌어진 여진족 누루하치와의 전쟁에서 패배하여 죽음을 당하였다. 화상(畵像)이 있는데 사우(祠宇) 안에 안치하였다〉

『전고』(典故)

백제 비류왕(比流王) 24년(327)에 내신좌평(內臣佐平) 우복(優福)이 북한성을 근거지로 하여 반란을 일으키니 왕이 군대를 동원하여 토벌하였다. 근초고왕(近肖古王) 26년(371)에 고구려가 군사를 일으켜 침범하여 오자, 왕이 패하(浿河)〈평산(平山)의 저탄(猪灘)이다〉에 군사를 매복하였다가 적군이 오는 것을 기다려 격퇴하였다. 고구려 군사가 패배하니 왕이 태자와 함께 정예 군사 3만 명을 거느리고 고구려의 평양성(平壤城)을 공격하였다. 고구려 왕 쇠(釗)〈고국원왕(故國原王)이다〉가 직접 군사를 지휘하여 항거하다가 화살에 맞아 죽었다. 왕이 군사를 이끌고 물러나 한산(漢山)으로 도읍을 옮겼다. 침류왕(枕流王) 2년(385)에 불교 사원을 한산(漢山)에 창건하였다.

【다루왕(多婁王) 4년(31)에 임금이 횡악(橫岳) 아래에서 사냥하였다. 기루왕(己婁王) 17년(93)에 횡악의 큰 바위 다섯 개가 일시에 무너져 버렸다】

진사왕(辰斯王) 7년(391)에 횡악(橫岳)〈삼각산(三角山)이다〉의 서편에 사냥을 하였다. 아신왕(阿莘王) 7년(398)에 왕이 고구려를 치려고 한산의 북쪽 요새[북책(北柵)]에 이르렀다가 그만두었다. 비유왕(毘有王) 28년(454)에 고구려가 백제를 공격하니 신라가 군사를 보내어 구원하였다. 개로왕(蓋鹵王) 21년(475)에 고구려왕〈이때는 장수왕(長壽王) 63년이다〉이 군사 3만을 이끌고 한성(漢城)을 포위하자 왕이 성문을 닫아 걸고는 나가 싸우지 못하였다. 고구려 사람들이 군사를 사방으로 나누어 공격하고, 그 장수 걸루(桀婁)와 만년(萬年)〈두 사람은 본래 백제 사람이었으나 죄를 짓고 고구려로 달아났던 자들이다〉 등이 북성(北城)을 공격하여 7일 만에 함락하고 남성(南城)을 공격하였다. 바람을 타고 불을 질러 성문을 불태우니 성안의 사람들이 공포에 질렸다. 왕이 수십 기의 기병을 거느리고 성문을 나가 서쪽으로 달아나니 걸루 등이 왕을 보고 그 죄를 따지면서 결박하여 아단성(阿旦城)으로 압송하여 아단성 아래에서 죽였다. 남녀 8천 명을 포로로 잡아 돌아갔다.〈이보다 먼저 고구려 승려 도림(道琳)이 거짓으로 죄를 입은 것처럼 하고 도망하여 백제에 들어와 왕을 달래어 벽돌을 구워 성을 쌓고 성 안에 누각과 관청 및 정자 등을 지었는데, 웅장하고 화려하지 않은 것이 없었다. 또 욱리하(郁里河)에서 큰 돌을 가져와 석곽을 만들어 그 아버지의 유골을 연하(緣河)에 매장하였다. 사성(蛇城)의 동쪽에서 숭산(崇山)의 북쪽에 이르기까지 제방을 쌓았다. 이 때문에 재물 창고가 텅 비게 되고 백성들이 궁핍하게 되었다〉 동성왕(東城王) 5년(483)에 왕이 한산성에 이르러 군사와 백성들을 위로하였다. 무녕왕(武寧王) 7년(507)에 고구려 장수 고노(高老)가 말갈(靺鞨)과 함께 음모를 꾸미고 한성을 치려고 하여 횡악(橫岳) 아래로 진군하여 주둔하니, 왕이 출전하여 격퇴하였다.【무녕왕 7년은 백제가 남쪽으로 도읍을 옮긴 지 33년째 되는 해이다】무녕왕 23년(523)에 한성에 행차하여 한강 북쪽 주군(州郡)의 백성들을 징발하여 쌍현성(雙峴城)을 쌓았다.

○신라 진흥왕 12년(551)에 왕이 거칠부(居漆夫)와 구진(仇珍) 등 8명의 장수에게 명하여 백제 군대와 함께 고구려를 침공하였다. 백제가 먼저 평양〈지금의 경도(京都: 서울/역자주)이다〉을 공격하여 격파하니, 거칠부 등이 승세를 타고 죽령(竹嶺) 이북 고현(高峴) 이남의 10개 군을 차지하였다. 진흥왕 16년(555)에 왕이 북한산에 행차하여 영토를 확정하고 삼각산에 순수비(巡狩碑)를 세웠다.〈현재 비봉(碑峯)이라고 부른다. ○왕이 북쪽으로 순행하여 함흥 초원방(草院坊)에 이르렀는데, 그곳에도 순수비가 있다〉 진평왕 25년(603)에 고구려가 장군 고승(高勝)을 보내어 말갈족과 연합하여 칠중성(七重城)〈적성(積城)에 있다〉을 공격하였으나 이기지 못하자, 이동하여 북한산성을 공격하였다. 왕이 친히 군사 1만을 거느리고 대항하였는데, 한강을 건너자 성 안에서 북을 치며 소리를 지르며 호응하였다. 고구려 군대가 이기지 못하고 물러갔다. 진평왕 30년(608)에 고구려가 예(濊)의 군사 6천을 동원하여 한강 이북에 있는 백제의 독산성(獨山城)을 공격하였다. 신라 장군 주진(朱珍)이 정예 군사 3천을 거느리고 와서 도와주어 고구려 군사와 전투를 벌여 크게 격파하였다. 무열왕(武烈王) 8년(661)에 고구려 장군 치음신(淄音信)과 말갈 장수 생해(生偕)가 합동으로 술천성(述川城)을 공격하였으나 이기지 못하자, 이동하여 북한산성을 공격하였다. 온갖 방법으로 성을 공격하였으나 북한산성 성주(城主) 동타천(冬陁川)이 요소요소에 설비를 해두고 굳게 지켰으므로 적이 포위를 풀고 돌아갔다. 문무왕 원년(661) 봄에 고구려가 치음신을 보내어 말갈 군사를 지휘하게 하였는데, 신라의 정예 군사는 모두 백제 땅에 있으므로, 성이 텅 비어 있어 공격하여 이길 수 있을 것이라고 생각하고 군사를 일으켜 수륙 양면으로 진격하여 북한산성을 포위하였다. 고구려는 북한산성의 서쪽에 진을 치고, 말갈 군사들은 북한산성의 동쪽에 주둔하여 수십일 동안 포위를 풀지 않았다. 신라는 보급로가 끊겨 성 안이 두려움에 떨었는데 갑자기 천둥이 치고 폭우가 퍼붓자 적군이 놀라서 물러갔다. 헌덕왕(憲德王) 17년(825)에 김헌창(金憲昌)〈명주군왕(溟州郡王) 김주원(金周元)의 아들이다〉의 아들 범문(梵文)이 고달산(高達山)의 도적 수신(壽神) 등 100여 명과 함께 반역을 꾀하여 한양(漢陽)의 평양에 도읍을 정하려고 북한산주(北韓山州)를 공격하였으나 도독(都督) 총명(聰明)이 그를 사로잡아 죽였다.

○고려 정종(靖宗) 2년(1036) 5월에 왕이 삼각산에 행차하였다. 문종 22년(1068)에 남경

(南京)에 새 궁궐을 창건하였다. 선종(宣宗) 7년(1090)에 왕이 태후(太后)【문종비인 인예태후 이씨(仁睿太后李氏)를 말한다】를 모시고 삼각산 승가굴(僧伽窟)에 행차하였다.〈장의사(藏義寺)·인수사(仁壽寺)·신혈사(神穴寺)에 행차하여 오백나한재(五百羅漢齋)를 베풀었다〉 숙종(肅宗) 원년(1096)에 김위제(金謂磾)가 도선(道詵)의 밀기(密記)에 근거하여 양주(楊州)의 목멱양(木覓壤)은 도성을 세울 만한 곳이라고 주장하면서 남경으로 천도할 것을 건의하였다. 숙종 4년(1099)에 왕이 왕비, 원자(元子)와 양부[兩府: 문하부(門下府)와 밀직사(密直司)/역자주]의 여러 신료들을 데리고 삼각산 승가굴에 행차하였다. 이어서 양주(楊州)에 행차하여 도읍을 정할 땅의 풍수를 보았다.〈또한 인수사와 신혈사에도 행차하였다〉 숙종 6년(1101)에 남경개창도감(南京開敞都監)을 설치하고 평장사(平章事) 최사추(崔思諏)와 지주사(知奏事) 윤관(尹瓘)에게 명하여 땅의 풍수를 보게 하였다. 그들이 돌아와 보고하기를 "신 등이 노원역(蘆原驛)·해촌(海村)·용산(龍山) 등의 땅을 세심하게 살펴보았으나, 산수가 도읍을 정하기에 적당하지 않았습니다. 오직 삼각산 면악(面岳)의 남쪽은 산수의 형세가 옛 풍수설에 부합합니다. 산맥의 주요 줄기에서 중심이 되는 큰 산맥에 임좌 병향[壬坐丙向: 북북서(北北西)쪽에 앉아 남남동(南南東)을 바라보는 것/역자주]에 형세에 맞추어 도읍을 정하기를 청합니다" 하므로 그 의견을 따랐다. 평장사 최사추, 어사대부(御史大夫) 임의(任懿)와 지주사 윤관에게 명하여 그 역사를 감독하게 하였다. 면악의 남쪽에 도성을 건설하여 5년 만에 완성하였다. 숙종 7년(1102)에 남경의 경계를 정하였다. 동쪽은 대봉(大峯)〈지금의 낙타산이다〉에 이르고, 남쪽은 사리(沙里)〈사평나루[사평도(沙平渡)]까지로 한정한다〉에 이르고, 서쪽은 기봉(岐峯)〈지금의 인왕산이다〉에 이르고, 북쪽은 면악〈지금의 백악(白岳)이다〉에 이르는 지역을 경계를 정하여 궁궐을 건설하게 하였다. 숙종 9년(1104)에 남경의 궁궐이 이루어지니 왕이 남경에 행차하였다. 시어사(侍御史)를 보내어 삼각산 승가굴에서 기우제를 지내게 하였다. 남경에 이르러 연흥전(延興殿)에 거둥하여 하례를 받았다. 승가굴에 행차하였다가 개경으로 돌아왔다. 예종(睿宗) 3년(1108)에 왕이 태후【숙종비인 명의태후 유씨(明懿太后柳氏)이다】를 모시고 여러 왕들[제왕(諸王)]과 공주들을 데리고 남경에 행차하였다. 또 승가굴에도 행차하였다.〈재림사(梓林寺)와 인수사에도 행차하였다〉 예종 5년(1110)에 왕이 태후를 모시고 여러 왕들과 공주들을 데리고 남경에 행차하였다.〈이어 장의사 승가굴 문수굴(文殊窟) 신혈사에도 행차하였다〉 예종 12년(1117)에 남경에 행차하였다.〈연흥전에 거둥하여 하례를 받고 또 승가굴과 장의사에도 행차하였다〉 인종(仁宗) 4년(1126)에 남경에 행차하였다.〈장의사에도 행차

하였다〉 인종 6년(1128)에 남경의 궁궐에 불이 났다. 의종(毅宗) 21년(1167)에 남경에 행차하였다.〈또 승가굴·문수사·장의사에도 행차하고, 연흥전에 거둥하였다〉 고종(高宗) 23년(1236)에 몽고 군사가 남경에 주둔하였다. 고종 44년(1257)에 몽고 군사가 남경에 이르렀다. 충렬왕(忠烈王) 9년(1283)에 왕이 공주[公主: 제국 대장공주(齊國大長公主)/역자주]〈원나라 세조(世祖)의 딸이다〉와 함께 남경에서 수렵하였다.〈이후에도 여러 차례 행차하였다〉 충숙왕(忠肅王) 12년(1325)에 왕이 공주〈원나라 조국공주(曹國公主)이다〉와 함께 한양에 행차하여 용산(龍山)의 높은 언덕 바다가 보이는 곳에 장막을 치고 거둥하였다. 공주가 용산에서 아들을 낳다가〈'고려사'에는 용산원자(龍山元子)라고 하였다〉 난산 끝에 용산 행궁에서 사망하였다. 충혜왕(忠惠王)이 즉위 초에 견주(見州)에 가서 덕비(德妃)〈왕의 생모인 명덕왕후 홍씨(明德王后洪氏)이다〉를 알현하고 이어서 남경을 둘러보고 돌아왔다. 공민왕(恭愍王) 5년(1356)에 진영서(陳永緖)에게 명하여 남경 땅의 풍수를 보게 하였다. 공민왕 6년(1357)에 이제현(李齊賢)에게 명하여 한양 땅의 풍수를 보게 하고 궁궐을 지었다.〈승려 보덕(普德)의 도참설을 따른 것이다〉 공민왕 22년(1373)에 왜구가 한양부에 난입하여 불태우고 노략질하였다. 우왕(禑王) 8년(1382)에 왕이 백악의 새 서울에서 수렵하고, 한양에 이르렀다. 8월에 한양으로 도읍을 옮겼다. 우왕 9년(1383) 2월에 개경으로 돌아왔다. 우왕 14년(1388)에 한양의 중흥산성(重興山城)을 수리하고〈옛 터가 지금의 북한산성 안에 있다. 최영(崔瑩)이 중흥산성 수리하는 일을 감독하였다〉 세자 창(昌)과 정비(定妃)〈공민왕비인 안씨(安氏)이다〉 및 근비(謹妃)〈세자 창의 어머니로 이림(李琳)의 딸이다〉 이하 여러 후궁들을 한양산성에 이주하도록 하였다.〈왜구를 피하기 위해서였다. 얼마 안 있어 개경으로 돌아갔다〉 공양왕(恭讓王) 2년(1390)에 배극렴(裵克廉)으로 하여금 한양의 궁궐 수리를 감독하게 하였다. 7월에 한양에 천도하고 안종원(安宗源)·윤호(尹虎)로 하여금 개경에 남아 지키도록 하였다. 공양왕 3년(1391) 2월에 왕이 남경으로 행차하였다.〈회암사(檜岩寺)에 행차하여 크게 불사(佛事)를 열었다. 왕의 순비 노씨(順妃盧氏) 또한 따라갔다. 또 왕비 및 세자와 함께 철야로 예불하고 개경으로 돌아갔다〉

○조선 태종 8년(1408)에 모화루(慕華樓) 남쪽에 못을 팠다. 세조 3년(1457)에 살곶이들[전곶평(箭串坪)]에 행차하여 대규모로 군사들을 사열하였다. 성종 6년(1475)에 도성 안팎의 비구니가 거주하는 절 23개소를 철폐하였다. 연산군 10년(1504)에 내도성(內都城)을 건축하고 도성 밖 100리 안의 민가를 철폐하였다. 선조 25년(1592) 4월에 왜병이 대거 쳐들어오자, 우의정 이양원(李陽元)을 수성대장(守城大將)으로, 상산군(商山君) 박충간(朴忠侃)을 경성순

검사(京城巡檢使)로 삼아 도성을 수리하도록 하였다. 경림군(慶林君) 김명원(金命元)을 도원수(都元帥)로 삼아 한강 상류에서 진을 치게 하고, 경기·강원도·황해도·평안도·함경도 5도의 군사를 징발하여 원조하게 하였다. 5월에 왜병의 선봉대가 달려와 한강에 이르자, 도원수 김명원·부원수 신각(申恪)이 군사 천여 명을 이끌고 제천정(濟川亭)에 주둔하면서 적이 기세등등한 것을 바라보고 감히 적에 대항하지 못하였다. 그리하여 무기를 모두 한강에 가라앉히고는 모두 말 타고 도망가 버리니, 임진강의 여러 군사도 무너졌다. 이양원도 또한 양주로 도망하니, 세 갈래로 나누어 진격하던 왜군이 모두 경성에 이르렀다.〈그 때 궁궐이 모두 불타고 종묘만 남아 있었다〉 왜장 평수가(平秀家)와 행장(行長)이 종묘에 주둔하다가 마침내 종묘도 불태우고 남별궁(南別宮)으로 옮겨 거처하면서 여러 도의 왜군들을 지휘하였다. 왜군이 당초 동래(東萊)에서부터 세 갈래 길로 진격하였는데, 1군은 중로(中路)인 양산(梁山)·밀양(密陽)·청도(淸道)·대구(大邱)·인동(仁同)·선산(善山)을 거쳐 상주(尙州)에 이르러 이일(李鎰)〈순변사(巡邊使)이다〉이 이끄는 조선 군대를 격파하였다. 1군은 좌로(左路: 동쪽 길/역자주)인 기장(機張)·울산(蔚山)을 경유하여 좌병영(左兵營)을 함락하고 경주(慶州)·영천(永川)·신녕(新寧)·의흥(義興)·군위(軍威)·비안(比安) 지역을 유린하였다. 다시 용궁(龍宮)의 하풍진(河豊津)을 건너 문경(聞慶)으로 나와 중로의 군사와 합쳐서 조령(鳥嶺)〈조방장(助防將) 유극량(劉克良)이 조령을 지키고 있었다〉을 넘어 충주(忠州)에 들어가 신립(申砬)〈순변사이다〉의 군사를 격파하였다. 왜병은 다시 충주에서 두 길로 나누어 한 갈래는 여주(驪州)로 달려가 한강을 건너고 양근(楊根)을 경유하여 용진(龍津)을 건너 서울의 동쪽으로 진격하였다. 또 한 갈래는 죽산(竹山)·용인(龍仁)을 거쳐 한강의 남쪽에 이르렀다. 1군은 우로(右路: 서쪽 길/역자주)인 김해(金海)를 경유하여 무계진(茂溪津)을 건너 성주(星州)·지례(知禮)·금산(金山)을 지나 추풍령(秋風嶺)을 넘어 황간(黃澗)·영동(永同)·옥천(沃川)·문의(文義)로 나와 진격하여 청주(淸州)를 함락시키고 진천(鎭川)을 경유하여 경기(京畿) 지역으로 향하였다. 깃발과 창검이 천리에 계속 잇달아 왜군이 지나가는 곳은 모두 전멸하다시피 하였다. 한편 왜군은 동래에서 서울에 이르기까지 10리 혹은 30~40리마다 험한 곳에 진을 치고 군사를 남겨 지키게 하였는데, 밤에는 횃불로 서로 소식을 알리고, 낮에는 북과 꽹과리로 신호하였다. 선조 26년(1593) 4월 평수가(平秀家)와 행장(行長) 등이 철병하여 남하하면서 도성 안의 백성들을 도륙하여 살아있는 자가 거의 없다시피 하였다. 이여송(李如松)이 개성에서 서울에 들어와 진을 치자 강원도·황해도·함경도·평안도·경기도·충청도의 여러 왜병들이 일시에 물러갔다. 이여송이 소공주(小公主) 저택〈곧 남별궁(南別宮)이다〉에 숙소를 정하였다. 5월에 왜병이 연해 지방에 나누어 진을 치니, 울산 서생포(西生浦)에서 동래·김해·웅천(熊川)·거제(巨濟)에 이르기까지 계속 왜군의 진이 이어져 16개나 되었는데, 모두 산을 등지고 바다에 임하도록 성을 쌓고 해자를 파서 오래 머무를 계책을 하고 있었다. 이여송이 이에 여러 장수들에게 분부하여 유정(劉綎)을 성주(星州)와 팔거(八莒)〈지금의 칠곡(漆谷)이다〉에 주둔시키고, 오유충(吳惟忠)은 선산(善山)에 주둔시키고, 이영(李寧)와 조승훈(祖承訓) 등은 거창(居昌)에 주둔시키고, 낙상지(駱尙志)·왕필적(王必迪) 등은 경주에 주둔시켰다. 이들이 각기 군사 4,000명 혹은 5,000명을 거느리고 왜군의 진을 사방으로 에워싸고 대치하였으나 감히 진격하지는 않았다. 10월에 임금이 서울에 돌아오고 중궁(中宮)은 그대로 해주(海州)에 남았다. 이 때 궁궐이 모두 불타고 가시나무만 도성 안에 무성하니, 모든 관리들이 담장 벽에 의지하여 거처를 마련하였고, 임금은 월산대군의 옛 저택을 임시 행궁으로 삼았다.〈지금의 명례궁(明禮宮)이다〉 양천도정(陽川都正) 저택과 계림군(桂林君) 저택을 임금이 거처하는 곳으로 삼고, 심의겸(沈義謙)의 집을 동궁(東宮)으로 삼고, 영의정 심연원(沈連源)의 집을 종묘로 삼고, 부근의 크고 작은 집들을 대궐의 각 관아로 삼았다. 이를 시어소(時御所)라고 일컫는다. '통감집람(通鑑輯覽)'에는 "이여송이 여러 장수들에게 명하여 요해처에 진을 치도록 하였다. 왜적의 군량미 수십만 석이 용산〈조선의 서울 서남쪽에 있다는 것을 듣고 몰래 결사대를 보내어 불태워버렸다. 4월에 왜병이 양식이 떨어져 서울을 포기하였다. 이여송과 송응창(松應昌)이 서울에 입성하여 군사를 보내어 추격하려고 하였으나 왜군이 가는 곳마다 진을 치고 있어 관군이 감히 공격하지 못하였다. 왜군이 부산에 성을 쌓고 오래 머무를 계책을 하였다. 그때 병부상서 석성(石星)이 강화(講和)를 힘써 주장하여 유정만 남겨 놓아 지키도록 하니, 이여송은 군사를 철수하였다"고 하였다. 선조 30년(1597)에 왜군이 다시 대거 쳐들어왔다. 중국 조정에서는 우첨도어사(右僉都御史) 양호(楊鎬)를 경리조선군무(經理朝鮮軍務)로 삼고, 병부상서 형개(邢玠)를 총독(總督)으로 삼았다. 한편 군문 총병(軍門總兵) 마귀(麻貴)로 하여금 군사를 이끌고 압록강을 건너게 하고, 먼저 절강 유격(浙江游擊) 섭상(葉鏳)을 보내어 서울에 이르게 하였다. 중국 조정에서는 남원(南原)에서 왜군에 패한 소식을 듣고 동일원(董一元)과 유정, 수군 도독 진린(陳璘)에게 명하여 수군을 원조케 하였다. 형개가 서울에 도착하였다. 선조 31년(1598) 정월에 유정 등이 대군을 이끌고 압록강을 건넜으며, 수군 제독 진린이 절강 군사 500여 척을 이끌고 바다를 건너 강진(康津)에 정박하였다. 7월에 총독 형개가 다시 서울에 왕래하고, 도독 유정은 군사를 이끌고 남쪽 지역으로 내려갔다. 임금이 동작 강나루에 행차하여 전송하였다. 양호가 무고를 당하여 파면되자, 도어사(都御史) 만세덕(萬世德)이 후임이 되었다. 8월에 양호가 명나라로 돌아가자, 임금이 홍제원(弘濟院)에서 송별연을 열고 모화관(慕華館)에서 작별하면서 그 덕을 칭송하였다.〈비를 세우고 비각을 지었다〉 경리 만세덕이 서울에 들어왔다. 중국 조정에서 양원(楊元)〈남원(南原) 편에 보인다〉과 진우충(陳愚忠)〈전주(全州) 편에 보인다〉을 참수하여 그 머리를 우리나라에 전달하였다. 선조 32년(1599) 봄에 명나라 장수들이 철병하고 돌아갔다. 유정은 용두산(龍頭山)〈순천(順天) 남쪽에 있다〉에서, 진린은 고금도(古今島)〈강진(康津) 남쪽에 있다〉에서, 동일원은 성주에서, 마귀(麻貴)는 경주에서, 오광(吳廣)은 남원에서 각기 군사를 이끌고 서울로 향하였다. 임금이 강가에 나가 환영하고 위로연을 베풀었다. 2월에 형개가 4로(四路)의 군사를 이끌고 먼저 중국을 향하여 출발하였다. 황제가 만세덕에게 명하여 4만의 군사를 서울에 주둔시켜 후일을 위해 잘 대비하도록 하였다. 형개가 중국으로 돌아가므로 임금이 홍제원에서 전송하였다. 선조 33년(1600) 5월에 만세덕 등이 왜군과의 전쟁이 끝났기 때문에 돌아갔다. 인조 계해년(1623)에 인조반정을 일으킬 때 임금이 친히 군사 행동에 참가하여 영서역(迎曙驛)에서 모이기로 기약하였다.〈개성유수 이귀(李貴), 장단부사 이서(李曙), 이천부사 이중노(李重老)가 군사를 이끌고 들어와 창의문(彰義門)으로 진격하였다. 숙종 을해년(1695)에 인조가 거둥하였던 곳에 비를 세우고 친히 글을 지어 기록하였다〉 인조 2년(1624) 정월에 이괄(李适)〈평안병사(平安兵使)이다〉이 한명련(韓明璉)〈구성부사(龜城府使)이다〉과 더불어 군사를 일으켜 반란하였는데, 무리 수만 명이 항왜(降倭: 임진왜란과 정유재란 때 우리나라에 투항한 왜인들/역자주)를 앞세우고 곧장 서울로 향하였다. 이원익(李元翼)을 도체찰사(都體察使)로 삼고, 완풍군(完豊君) 이서를 개성에 주둔시키고, 어영사(御營使) 이귀에게 임진강을 지켜 적의 진격을 막게 하였다. 또 8도의 군사를 징발하여 와서 돕도록 하였다.〈이서는 수천 명의 군사를 이끌고 청석동(靑石洞)에 진을 치고, 이흥립(李興立)은 수원(水原) 지역의 군사 3천 명을 이끌고 임진강을 지키고, 충청도와 전라도 군사는 숭례문 밖에서 진을 쳤다〉 임금이 대비〈선조비인 인목대비(仁穆大妃)를 말한다〉를 모시고 공주(公州)로 피신하였다. 적군이 곧장 임진강을 건너자 이귀와 박효립(朴孝立)이 모두 달아나 서울로 돌아왔다. 2월에 이괄이 서울에 들어와 경복궁(景福宮)에 진을 치고 잠시 흥안군(興安君) 제(瑅)〈선조의 아들이다〉를 추대하여 왕으로 삼았다. 경기방어사 이흥립이 이괄에게 항복하였다. 도원수 장만(張晩)이 정충신(鄭忠信)을 전부대장(前部大將)으로 삼아 이괄을 추격하게 하여 곧장 서울에 다달아 안현(鞍峴)에 주둔하고, 이서는 낙산(駱山)에, 신경원(申景瑗)은 남산을 지켰다. 이괄이 먼저 안현을 공격하니 관군이 힘을 다해 싸워 한명련이 화살을 맞고 이괄의 반란군은 대패하여 겨우 50~60기를 거느리고 광주(廣州) 경안(慶安)으로 달아났다. 정충신이 27명의 기병을 이끌고 추격하니 적군이 무너져 흩어졌다. 이괄과 한명련은 이천(利川)으로 도망하였으나 그 휘하인 이수백(李守白) 등이 두 사람의 머리를 베어 행재소(行在所: 선조가 있는 임시 궁궐/역자주)에 바쳤다.〈흥안군 제는 광주(廣州)로 도망하였으나, 전 현감 안사계(安士誡) 등이 사로잡아 원수부(元帥府)에 압송하여 목 졸라 죽였다〉 임금이 서울로 돌아왔다. 인조 5년(1627) 정월에 후금의 군대가 국경을 넘어 침범하였다. 김상용(金尙容)을 유도대장(留都大將)으로 삼았으나 적병이 점차 가까이 오자 성 안의 군사가 무너져 흩어졌다. 임금이 이미 강화도로 행차하자, 김상용이 급히 명하여 어고(御庫)와 병조·호조·선혜청의 태창(太倉)과 5군영의 여러 창고들을 불태우게 하였다. 4월에 임금이 서울로 돌아왔다. 인조 14년(1636) 12월에 청나라 황제〈태종(太宗)이다〉가 직접 십만 명의 군사를 이끌고 원정하여 침입하였다. 심기원(沈器遠)을 유도대장으로 삼고, 이어 임금은 남한산성으로 피신하였다.〈청나라 군대가 급속도로 쳐들어 오자 의주(義州) 지역은 백마산성(白馬山城)으로, 평양 지역은 자모산성(慈母山城)으로, 황주(黃州) 지역은 정방산성(正方山城)으로, 평산(平山) 지역은 장수산성(長壽山城)으로 들어가게 하여 관서와 해서의 대로가 무인지경이 되었다. ○심기원이 호조의 재물들을 삼각산 속으로 옮겨놓았는데, 모두 청나라 군대의 소유가 되었다. 심기원은 걸어서 양근(楊根)의 미원(迷原)으로 도망가 끝내 왕에게 오지 않았다〉 청나라 군사가 서울에 들어왔다.〈모화관으로부터 남관왕묘에 이르기까지 청나라 군사가 주둔하고, 또 홍인문에도 주둔하니 성 안의 백성들이 노략질을 할 수 없었다〉 다음날 남한산성으로 진격하여 포위하였다. 인조 15년(1637) 정월에 강화도가 함락되었고, 여러 도의 근왕병들이 차례로 패배하였다. 마침내 사신을 보내어 강화를 청하니 청나라 군대가 철수하여 물러가고 임금은 서울로 돌아왔다. 영조 4년(1728)에 이인좌(李麟佐) 등이 청주(淸州)에서 반란을 일으켜 병사 이봉상(李鳳祥)을 죽이고 군사를 나누어 서울로 향하였다.〈장붕익(張鵬翼)에게 북한산성 서쪽에 진을 치게 하고, 이정제(李廷濟)에게 한강을 지키게 하고, 김동필(金東弼)에게 남한산성을 지키게 하고, 유척기(兪拓基)에게 고암(鼓岩)을 지키게 하고, 정도원(鄭道元)에게 누원(樓院)에 진을 치게 하고, 이여적(李汝迪)에게 동작나루에 진을 치게 하고, 권성중(權聖重)에게 노량나루를 지키게 하고, 김재로(金在魯)에게 조령(鳥嶺)을 막게 하고, 김시혁(金時赫)에게 동선령(洞仙嶺)을 지키게 하고, 원백규(元百揆)에게 청석동(靑石洞)

을 지키게 하고, 박동추(朴東樞)를 계원장(繼援將)으로 삼고, 윤순(尹淳)을 감호제군사(監護諸軍使)로 임명하여 병사들을 독려하여 전장에 나아가게 하였다〉 순무사(巡撫使) 오명항(吳命恒)이 적군을 안성(安城)과 죽산(竹山) 사이에서 토벌하고 승전보를 알렸다. 그리고 영남·호남·호서 지방을 돌면서 여러 반란군들을 차례로 토벌하고 개선하여 돌아왔다. 임금이 숭례문에 나아가 역적의 머리를 받는 의식을 행하였다.

# 경기도

〈기보(畿輔)로 부른다〉

원래 마한(馬韓)의 지역으로 중국 한(漢)나라 성제(成帝) 홍가(鴻嘉) 계묘년에 백제(百濟)〈마한 여러나라의 하나였다〉시조가 이곳에서 나라를 열었다. 아신왕(阿莘王)때 임진강이북지역이 고구려로 들어갔고 문주왕(文周王)이 남쪽으로 수도를 옮긴 후에는 고구려가 한강 남북지역을 다 장악하였다. 신라(新羅) 진흥왕(眞興王) 12년(551)에는 공격해서 이 지역을 취하여 삼각산(三角山)의 덕수천(德水川)으로 신라와 고구려의 영토를 나누는 경계로 삼았다.〈고봉(高峯)·행주(幸州)·교하(交河)·서원(瑞原)·파평(坡平)이 고구려지역이다〉 신라 문무왕(文武王) 8년(668)에 고구려와 백제가 멸망되어 그 지역이 당나라에 들어갔다.〈한강 남북지역은 신라에 속하였고 임진강이북지역은 당나라에 속하였다〉 개원(開元) 을해년(735)에 당나라가 칙서로 패강(浿江)〈지금의 대동강이다〉이남 지역을 신라에 주었다.〈당나라 땅이 된지 무릇 76년이었다〉 신라 경덕왕(景德王) 16년(757)에 본도 군현의 칭호를 고치고 한주도독부(漢州都督府)에 예속시켰다.〈지금의 광주(廣州)이다〉 신라 효공왕(孝恭王)때에 태봉(泰封)국에 뺏기는 바가 되었고, 경명왕(景明王)때에 고려국에 귀속되었다. 고려 태조 23년(914)에 군현의 칭호를 고쳤고, 성종 14년(995)에 10도를 두어 양광(楊光)·황해(黃海) 등의 주와 현으로 관내도(關內道)를 삼았다. 고려 현종(顯宗) 9년(1018)에는 적현(赤縣) 6곳과 기현(畿縣) 7곳으로 별도로 경기라고 칭하였다.〈상세한 것은 개성(開城)조에 있다〉 고려 예종(睿宗) 원년(1106)에 양주와 광주가 거느리는 군현에 중원(中原)과 하남(河南)의 2개도를 합하여 양광충청주도(楊光忠淸州道)로 삼았다. 고려 명종(明宗) 2년(1172)에 2개도로〈중원과 하남을 충청도로 삼았고 관내를 양광도로 삼았다〉 나누었고, 충숙왕(忠肅王) 1년(1314)에 1개도로 합하여 양광도라 칭하였다. 고려 공민왕(恭愍王) 5년(1366)에 별도로 충청도(忠淸道)를 두었고, 공양왕(恭讓王) 3년(1391)에 양광(楊廣)·교주(交州)·서해(西海) 3개도의 땅을 쪼개 경기도에 편입하여 경기좌우도(京畿左右道)로 삼았다.〈각각 관찰출척사(觀察黜陟使)·경력(經歷)·도사(都事)를 두었다. ○처음 장단(長湍)·임강(臨江)·토산(兎山)·임진(臨津)·송림(松林)·마전(麻田)·적성(積城)·파평(坡平)으로 경기좌도(京畿左道)로 삼았고, 개성(開城)·강음(江陰)·해풍(海豐)·덕수(德水)·우봉(牛峯)으로 경기우도(京畿右道)로 삼았다. 공양왕 3년에 양광도의 한양(漢陽)·남양(南陽)·인주(仁州)·안산(安山)·교하(交河)·양천(陽川)·금주(衿州)·과주(果州)·포주(抱

州)·서원(瑞原)·고봉(高峯)과 교주도(交州道)의 철원(鐵原)·수평(水平)·이천(伊川)·안협(安峽)·연천(漣川)·삭령(朔寧)을 경기좌도에 예속시켰고, 양광도의 부평(富平)·강화(江華)·교동(喬桐)·김포(金浦)·통진(通津)과 서해도(西海道)의 연안(延安)·백주(白州)·평주(平州)·곡주(谷州)·수안(遂安)·재령(載寧)·서흥(瑞興)·신은(新恩)·협계(俠溪)를 경기우도에 예속시켰다〉 조선 태조 4년(1395)에 다시 좌우도를 정하였다.〈평주·수안·곡주·재령·서흥·신은·협계를 다시 서해도에 예속시켰고, 광주(廣州)·수원·양근(楊根)·쌍부(雙阜)·용구(龍駒)·처인(處仁)·이천(利川)·천령(川寧)과 충청도의 진위(振威)를 경기좌도로 삼았고, 부평·철원·연안과 양주가 거느린 군현을 경기우도로 삼았다〉 태종 2년(1402)에는 양광도와 경기도를 합하여 경기좌우도로 칭하였다.〈각각 관찰사(觀察使)·경력·도사를 두었다〉 태종 13년(1413)에 경기좌우도를 합하여 경기도라 칭하였다.〈연안·백주·우봉·강음·토산을 다시 풍해도(豊海道)에 예속시켰고, 이천(伊川)을 다시 강원도(江原道)에 예속시켰다. 충청도의 여흥(驪興)·안성(安城)·양지(陽智)·양성(陽城)·음죽(陰竹)과 강원도의 가평(加平)을 분할하여 예속시켰다. 세종 16년(1434)에 안협·철원을 다시 강원도에 예속시켰고, 연산군 11년(1505)에 진천(鎭川)·직산(稷山)·평택(平澤)·아산(牙山)을 나누어 경기도에 예속시켰다가 중종 원년(1506)에 다시 환원하였다〉 무릇 37읍이다.

순영(巡營) 한성부(漢城府)에 있다.

총리영(摠理營)〈수원부(水原府)에 있다〉

수어영(守禦營)〈광주부(廣州府)에 있다〉

관리영(管理營)〈개성부(開城府)에 있다〉

진무영(鎭撫營)〈강화부(江華府)에 있다〉

통어영(統禦營)〈교동부(喬桐府)에 있다〉

병마방영(兵馬防營)〈파주목(坡州牧)에 있다〉

수군방영(水軍防營)〈영종진(永宗鎭)에 있다〉

토포영(討捕營)〈총융전영(摠戎前營)은 남양(南陽)에 있고, 총융후영(摠戎後營)은 장단(長湍)에 있다. 수어중영(守禦中營)은 양주(楊州)에 있고, 수어후영(守禦後營)은 죽산(竹山)에 있다〉【토포사(討捕使)는 기영(畿營)과 사도(四都)의 중군(中軍)이 통상 겸한다】

양주진관(楊州鎭管)〈고양(高陽)·교하(交河)·가평(加平)·영평(永平)·포천(抱川)·적성(積城)·파주(坡州)가 속한다. ○파주는 지금은 속하지 않는다〉

장단진관(長湍鎭管)〈삭령(朔寧)·마전(麻田)·연천(漣川)·강화(江華)·교동(喬洞)이 속한다. ○강화와 교동은 지금은 속하지 않는다〉

여주진관(驪州鎭管)〈죽산(竹山)·이천(利川)·양근(楊根)·지평(砥平)·음죽(陰竹)·양지(陽智)가 속한다〉

남양진관(南陽鎭管)〈인천(仁川)·통진(通津)·부평(富平)·안산(安山)·안성(安城)·진위(振威)·김포(金浦)·용인(龍仁)·양천(陽川)·과천(果川)·양성(陽城)·시흥(始興)이 속한다〉

제1권

# 경기도 4도

# 1. 수원부(水原府)

『연혁』(沿革)

원래는 백제국의 매홀(買忽)이었는데 신라 경덕왕 16년(757)에 수성군(水城郡)으로 고쳤고〈거느리는 현은 4개가 있는데 진위현(振威縣)·거성현(車城縣)·영풍현(永豊縣)·광덕현(廣德縣)이다〉 한주(漢州)에 예속되었다. 신라 헌덕왕(憲德王) 14년(819)에 당은현(唐恩縣)을 병합하였고, 흥덕왕(興德王) 4년(829)에는 다시 나누었다. 고려 태조가 수주(水州)로 올렸다.〈남쪽으로 견훤을 정벌할 때 군민(郡民) 김칠(金七)과 최승규(崔承珪) 등이 왕건에게 귀순하여 힘을 다하였다. 그 공으로 승격되어 지군사(知郡事)가 되었다〉 고려 성종 14년(995)에 고쳐서 도단련사(都團練使)를 두었고, 목종(穆宗) 8년(1005)에 이를 파하였다. 고려 현종(顯宗) 9년(1018)에 다시 수주가 되었고, 지군사(知郡事)를 두었다.〈속현은 8곳인데 진위현·안산현·용성현(龍城縣)·정송현(貞松縣)·쌍부현(雙阜縣)·양성현(陽城縣)·영신현(永新縣)·광덕현(廣德縣)이다〉 고려 원종(元宗) 12년(1271)에 수원도호부(水原都護府)로 승격되었고〈착량(搾梁)을 방어할 때 몽고 군사들이 대부도(大部島)에 들어가 거주하는 주민들을 쳐들어가 노략하였다. 주민들이 원망하고 분하게 여겨 몽고 군사들을 죽이고 반란을 일으키니 부사(副使) 안열(安悅)이 토벌하여 평정하였고 그 공으로 승격되었다. ○착량은 지금의 강화 손량항(孫梁項)이다〉 뒤에 수주목(水州牧)으로 승격되었다. 고려 충선왕(忠宣王) 2년(1310)에〈여러 목(牧)들을 없앴다〉 수원부로 강등하였다. 공민왕 11년(1362)에 수원군으로 강등되었고〈홍건적(紅巾賊)이 선봉을 보내 양광도의 주(州)와 군(郡)에 항복을 권유하였다. 수원부민들이 가장 먼저 맞아들여 항복하니 적의 형세가 더욱 커졌고 드디어 군이 항복하였다〉 곧 다시 부로 되었다.〈군민이 재신(宰臣) 김용(金鏞)에게 크게 뇌물을 바쳤다〉 조선 태종 13년(1413)에 도호부로 고쳤다.〈태종 18년(1418)에 인천(仁川)의 양우처(楊于處)와 양성(陽城)의 종덕장(宗德莊)이 예속되었다〉 세조 12년(1466)에 진(鎭)을 두었다.〈12읍을 관할하였다. 남양(南陽)조에 상세하다〉 중종 21년(1526)에 군으로 강등되었다.〈부민이 부모를 죽였기 때문이었다. ○인천으로 진을 옮겼다〉 30년에 옛날로 돌아갔다.〈선조 35년(1602)에 방어사(防禦使)를 겸하였고, 현종 9년(1668)에 별중영장(別中營將)을 겸하였다. 숙종 13년(1687)에 총융좌영장(摠戎左營將)을 겸하였는 것으로 고쳤다. 정조 16년(1792)에 남양으로 진을 옮겼다〉 정조 13년(1789)에 현융원(顯隆園)을 수원부의 화산(花山)으로〈즉 옛 치소이다〉 옮기자 치소를 팔달산(八達山)의 동쪽으로 옮겼다.〈광주(廣州) 일용면(日用面)과 송동면(松洞面)이 예속되었기 때문이었다〉 정조 17년(1793)에 유수부(留守府)로 승격되었다.〈4도(都)의 하나이다〉

**「읍호」(邑號)**

한남(漢南)〈고려 성종때 정해졌다〉, 수성(隋城), 화성(華城)〈정조 갑인년(1794)에 정해졌다〉이다.

**「관원」(官員)**

유수〈계축년에 장용외사(壯勇外使)를 겸하였고, 임술년에 총리사(總理使)를 겸하였는 것으로 고쳤다〉, 판관(判官)〈화녕전령(華寧殿令)을 겸하였고, 성장(城將)과 총리영종사관(摠理營從事官)을 거느렸다〉, 검률(檢律), 의학(醫學) 각 한사람을 두었다.

**『고읍』(古邑)**

용성(龍城)〈읍치로부터 남쪽 80리에 있다. 원래 백제 상홀(上忽)이였다. 혹은 거홀(車忽)로도 불린다. 신라 경덕왕 16년(757)에 거성(車城)으로 고쳤고 수성군(水城郡)의 영현(領縣)이 되었다. 고려 태조 23년(940)에 용성으로 고쳤다〉

광덕(廣德)〈남쪽 90리에 있다. 백제때의 옛 호칭은 알 수 없다. 신라 경덕왕때 광덕으로 고쳤고 수성군(水城郡)의 영현이 되었다〉

쌍부(雙阜)〈서남쪽 60리에 있다. 원래 백제 육포(六浦)였다. 신라 경덕왕때 쌍부로 고쳤고 당성군(唐城郡)의 영현이 되었다〉

정송(貞松)〈서남쪽 35리에 있다. 원래 백제 송산(松山)이였다. 신라 경덕왕때 정송으로 고쳤고 당성군의 영현이 되었다. 앞의 4현은 고려 현종 9년(1018)에 예속되었다〉이 있다.

**『방면』(坊面)**

남부면(南部面)·북부면(北部面)〈부성(府城)의 안밖을 아우른다〉

일용면(日用面)·형석면(荊石面)〈모두 읍치로부터 북쪽 10리에 있다〉

송동면(松洞面)·삼봉면(三峯面)〈원래 삼봉처(三峯處)였다. 모두 서쪽 30리에 있다〉

초주면(草洲面)〈동쪽 10리에 있다〉

안녕면(安寧面)·용복면(龍伏面)〈모두 남쪽 15리에 있다〉

태촌면(台村面)〈동남쪽 20리에 있다〉

문시면(文市面)·남곡면(南谷面)·산성면(山城面)·어탄면(漁灘面)〈모두 남쪽 30리에 있다〉

갈담면(葛潭面)〈서쪽 35리에 있다〉

동북면(東北面)〈동쪽 14리에 있다〉

매곡면(梅谷面)〈서쪽 20리에 있다〉

우정면(雨井面)〈서쪽 80리에 있다〉

청호면(晴湖面)·초평면(楚坪面)〈모두 남쪽 40리에 있다〉

정림면(正林面)·상홀면(床笏面)〈옛 쟁홀부곡(爭笏部曲)이었다〉

남면(南面)·팔탄면(八灘面)〈모두 남쪽 30리에 있다〉

양간면(楊澗面)〈원래 양간처(楊干處)였다〉

종덕면(宗德面)〈원래 종덕장(宗德壯)이었다〉

공향면(貢鄉面)〈원래 공이향(工二鄉)이었다〉

장안면(長安面)〈모두 남쪽 60리에 있다〉

초장면(草長面)·수북면(水北面)·오타면(五朶面)·청룡면(青龍面)〈모두 남쪽 70리에 있다〉

숙성면(宿城面)·오정면(梧井面)·포내면(浦內面)〈원래 포내미부곡(浦內彌部曲)이었다〉

현암면(玄岩面)·압정면(鴨汀面)〈모두 남쪽 80리에 있다〉

광덕면(廣德面)〈남쪽 90리에 있다〉

토진면(土津面)〈남쪽 75리에 있다〉

가사면(佳士面)〈남쪽 100리에 있다〉

○계석향(桂石鄉)·분촌향(盆村鄉)·육내미부곡(陸內彌部曲)·제촌부곡(堤村部曲)·청구부곡(青邱部曲)·사량부곡(沙梁部曲)·공촌부곡(公村部曲)·신영장(新永壯)·금음촌처(今音村處)·심곡처(深谷處)·유제처(楡梯處)·고등촌처(古等村處)·사정처(沙井處)가 있다〉

**『산수』(山水)**

팔달산(八達山)〈수원부의 서쪽 작은 산으로 들가운데 우뚝 솟았고 성곽이 그 위에 둘러있다. 그 아래로 병암(屛岩) 약수물이 있다〉

화산(花山)〈남쪽 20리에 있다. 옛 치소(治所)의 진산(鎭山)이다. ○용주사(龍珠寺)가 있다〉

광교산(光敎山)〈북쪽 10리에 있다. 용인과 광주의 경계에 관어동(觀魚洞)이 있고 동가운데 폭포가 있다〉

무봉산(舞鳳山)〈혹은 만의산(萬義山)으로 부른다. 동쪽 40리에 있다〉

치악산(雉岳山)〈서쪽 20리에 있다. 화산(花山)의 중심 줄기이다〉

광덕산(廣德山)〈남쪽 100리에 있다. 망운대(望雲臺)가 있고 그 앞에 큰 바다가 있다〉

쌍부산(雙阜山)〈서쪽 80리에 있다. 확트여 서남쪽 바다를 바라볼 수 있다〉

총수산(總水山)〈남쪽 80리에 있다. 용성현(龍城縣) 남쪽에 있다〉

형제산(兄弟山)〈남쪽 80리 숙성면(宿城面)에 있다〉

마니산(摩尼山)〈서남쪽 100리에 있다〉

망월산(望月山)〈남쪽 80리 압정면(鴨汀面)에 있다〉

계두산(鷄頭山)〈남쪽 80리 가사면(佳士面)에 있다〉

응봉산(鷹峯山)〈서남쪽 30리에 있다〉

명봉산(鳴鳳山)〈서남쪽 60리에 있다〉

증악(增岳)〈서쪽 13리에 있다〉

앵봉(鶯峯)〈서쪽 5리에 있다〉

금당암(金堂岩)〈서남쪽 30리 삼봉면(三峯面)에 있다. 바위 위에 수십명이 앉을 수 있다〉【홍범산(洪範山)과 서봉산(栖鳳山)은 모두 건능(健陵) 구역 안에 있다】

**「영로」(嶺路)**

지지대현(遲遲臺峴)〈읍치로부터 북쪽 15리 광주(廣州) 경계에 있다. 국왕이 행차할 때 머물다 가자는 명령으로 이름붙여졌다. 순조(純祖) 정묘년(1807)에 비각을 건립하였다〉

중미현(中彌峴)〈남쪽 30리에 있고 남쪽 대로에 통해 있다〉

노유령(老留嶺)〈서쪽 10리에 있다〉

밀양령(密陽嶺)〈서쪽 50리에 있다〉

비파현(琵琶峴)〈마니산(摩尼山 동쪽에 있다〉【제언(堤堰)은 20곳이 있다】

○해(海)〈읍치로부터 서쪽 80리에 있다〉

항곶천(亢串川)〈남쪽 60리에 있다. 물의 근원이 광교산(光敎山)에서 나와 남쪽으로 흐른다. 남쪽과 북쪽의 수문을 관통하여 나와서 상유천(上柳川)과 하유천(下柳川)이 된다. 대황교(大皇橋)와 독성(禿城)의 서쪽을 지나 왼쪽으로 조산천(烏山川)을 지나 남쪽을 흐르고 오른쪽으로 진위(振威) 장호천(長好川)을 지나 계두진(鷄頭津) 상류로 들어간다〉

오목천(梧木川)〈남쪽 20리에 있다〉

오산천(烏山川)〈남쪽 40리에 있다. 용인(龍仁) 갈천(葛川) 아래로 흐른다〉

후평천(後坪川)〈서남쪽 15리에 있다〉

진목천(眞木川)〈북쪽 10리에 있다〉

사근천(沙斤川)〈북쪽 15리에 있다〉

옹포(瓮浦)〈서남쪽 80리에 있다. 양성(陽城)땅에 넘어들어간(越入) 곳과 더불어 경계가 이어졌다. 물의 근원은 건달산(建達山)에서 나와 서쪽으로 흘러 바다로 들어가며 어염(魚鹽)이 만나는 곳이다〉

구이포(仇二浦)·진목포(眞木浦)·적진포(赤津浦)·팔나곶(八羅串)·올미곶(兀未串)〈모두 쌍부(雙阜)에 있다〉

옥포(玉浦)〈서남쪽 90리에 있다〉

걸매곶(乞梅串)〈서남쪽 220리에 있다. 그 너머는 아산(牙山) 서북 경계이다〉이 있다.

**「도서」(島嶼)**

풍도(楓島)〈둘레가 20리이고 수로는 50리이다〉

구화도(仇火島)·응도(鷹島)·저지도(楮只島)〈크고 작은 2섬이 모두 쌍부의 바다 가운데 있다〉

삼도(三島)〈대진(大津)의 북쪽에 있고 두 섬은 물속에 잠겨있다〉

우도(又島)·씨도(氏島)〈혹은 종도(種島)라고 부른다〉

**『형승』(形勝)**

왼쪽으로 한주(漢州)에 접해 있고 오른쪽에 큰 바다가 둘러 있다. 수도를 방어하며 호서와 호남을 잡아당기는 형세이다. 땅은 넓고 주민과 물산은 풍성하여 경기도의 울타리가 되고 남쪽과 북쪽의 균형을 잡아준다.

**『성지』(城池)**

부성(府城)〈정조 18년(1794)에 둘레 4,600보와 치성(雉城) 8개를 쌓았다. 남쪽문은 팔달문(八達門) 북쪽문은 장안문(長安門) 동쪽문은 창룡문(蒼龍門) 서쪽문은 서화문(西華門)이라 한다. 동서남북에는 암문(暗門)이 있다. 남과 북에는 수문이 있고 성곽을 빙 둘러싸고 있다. 각종 누대(樓臺)와 돈대(墩舖)가 25개가 있다〉【성루(城樓)에는 방화수류정(訪花隨柳亭)과 화양루

(華陽樓)가 있다】

독성산성(禿城山城)〈읍치로부터 남쪽 30리에 있다. 선조 25년(1592)에 옛 성을 수축했고 정조 20년(1796)에 둘레 1,800보와 문 4개를 개축했다. ○중군겸독성파총(中軍兼禿城把摠) 명, 별장(別將) 1명, 유진장(留鎭將) 1명이 있다. ○선조 35년(1602)에 부사 변응성(邊應星)이 수축하였다〉

구읍성(舊邑城)〈흙으로 둘레 4,035척을 쌓았는데 지금은 건능(健陵)구역 안에 있다〉

**『영아』(營衙)**

총리영(摠理營)〈정조 17년(1793)에 설치되었다〉

**「관원」(官員)**

사(使)〈유수가 겸한다〉, 중군(中軍)〈화령전위장(華寧殿衛將), 토포사(討捕使), 독성별장(禿城別將)을 겸한다〉, 종사관(從事官)〈판관이 겸한다〉, 별효사별장(別驍士別將)〈좌열과 우열이 있다〉, 오사파총(五司把摠)〈각각 1명이다〉, 별오사파총(別五司把摠)〈별전사(別前司)는 진위위장(振威尉將)이, 별좌사(別左司)는 용인위장(龍仁尉將)이, 별우사(別右司)는 안산위장(安山尉將)이, 별후사(別後司)는 과천위장(果川尉將)이, 별중사(別中司)는 신풍위장(新豊尉將)이 맡는다〉, 협수겸파총(協守兼把摠)〈시흥에 있다〉, 둔아병파총(屯牙兵把摠)〈평신(平薪)에 있다〉, 척후장(斥候將)〈영화(迎華)에 있다〉【주둔하는 곳이 30곳이 있다】

**『봉수』(烽燧)**

흥천산(興天山)〈읍치로부터 서남쪽 80리에 있다〉

건달산(建達山)〈서남쪽 30리에 있다〉

안산(案山)〈부 동쪽 성에 있다〉

**『창고』(倉庫)**

창(倉)은 4개가 있고, 고(庫)는 23개가 있다.〈성안에 있다〉

삼창(三倉)〈용주사(龍珠寺)에 있다〉

사창(四倉)·오창(五倉)〈산성에 있다〉

칠창(七倉)〈청룡(青龍)에 있다〉

육창(六倉)〈상홀(床笏)에 있다〉

팔창(八倉)〈공향(貢鄕)에 있다〉

구창(九倉)〈우정(雨井)에 있다〉

### 『역참』(驛站)

영화도(迎華道)〈장안문 밖에 있다. ○찰방 1사람이 총리척후장(摠理斥堠將)을 겸한다. ○거느리는 역이 11개가 있다〉

**「혁폐」(革廢)**

장족역(長足驛)〈읍치로부터 동쪽 30리에 있다〉

동화역(同化驛)〈서쪽 25리에 있다〉

청호역(菁好驛)〈남쪽 40리에 있다〉

### 『진도』(津渡)

계두진(鷄頭津)〈읍치로부터 남쪽 80리에 있으며 아산으로 통한다〉

리포진(里浦津)〈남쪽 70리에 있으며 평택으로 통한다〉

당포진(堂浦津)〈남쪽 90리에 있으며 아산으로 통한다〉

대진(大津)〈서남쪽 100리에 있다. 폭이 10여 리에 달하며 조류의 형세가 힘차고 빠르다. 중간쯤에 령옹암(令翁岩), 참암(巉岩)이 우뚝 서있고 높이는 백척이나 되어 조류가 찰 때는 배를 사용하여 건널 수 있다. 홍천(洪川)과 면천(沔川) 등 여러 읍으로 통하는 빠른 길이다〉

### 『교량』(橋梁)

대황교(大皇橋)〈읍치로부터 남쪽 15리에 있으며 건능(健陵) 구역안에 있다〉

오목천교(梧木川橋)〈대황교 동쪽에 있으며 남쪽 큰길과 통한다〉

### 『목장』(牧場)

홍원곶장(洪原串場)〈읍치로부터 서남쪽 90리에 있다. ○감목관(監牧官)이 있다〉

양야곶장(陽也串場)〈서남쪽 70리에 있다〉

**『토산』(土産)**

물고기, 게, 새우, 조개 등 25종과 소금, 쑥, 감 등이 난다.〈솜, 마, 닥나무, 옻나무는 하나도 없다〉

**『장시』(場市)**

남문밖은 4일과 9일에, 안중(安中)은 2일과 7일에, 토진(土津)은 1일과 6일에, 도산(島山)은 3일과 8일에, 사사곶(沙士串)은 4일과 9일에, 팔탄(八灘)은 5일과 10일에, 세남(細藍)은 1일과 6일에 장이 선다.

**『궁실』(宮室)**

행궁(行宮)〈성안에 있다〉

**『누정』(樓亭)**

영화정(迎華亭)〈장안문(長安門) 북쪽 3리에 있다. 유수가 임무를 교대한다〉

항미정(杭眉亭)〈서둔제(西屯堤) 서쪽 언덕에 있다〉

**『묘전』(廟殿)**

화녕전(華寧殿)은 정조대왕의 어진(御眞)을 봉안하고 있다.〈흠향하는 의례는 영희전(永禧殿)과 같다. 생일과 납일(臘日)에 제향을 올린다〉

**「관원」(官員)**

영(令)이 2명〈1명은 판관이 겸한다〉, 위장(衛將) 2명〈1명은 중군이 겸한다〉, 수문장(守門將) 2명〈본부가 아뢰어 충원한다〉이 있다.【제조(提調)는 유수가 겸한다】

**『능원』(陵園)**

건능(健陵)〈화산(花山)의 남쪽에 있다. 정조대왕의 기일은 6월 28일이고 효의왕후(孝懿王后) 김씨가 부장되어 있는데 기일은 3월 9일이다. ○령과 참봉이 각각 1명이다〉

현융원(顯隆園)〈영조 38년(1762)에 양주 배봉(拜峯)에 장사지냈는데 수운묘(垂恩墓)라 부른다. 정조 병신년(1776)에 영우원(永祐園)로 호칭을 올렸고 기유년(1789)에 이곳으로 옮기고 지금의 호칭을 올렸다. 장헌세자 원(莊獻世子 園)의 기일은 5월 21일이고 혜빈(惠嬪) 홍씨가 부장되었으며 기일은 12월 23일이다. ○령과 참봉이 각각 1명이다〉【건능 동쪽 언덕에 있다】

「사원」(祠院)

궐리사(闕里祠)〈초평(楚坪)에 있다. 정조 계축년(1793)에 옮겨세운다. 임금이 쓴 현판이 걸려있다〉 공자(孔子)〈영정(影幀)이 있다〉【성황사(城隍祠)가 있다】

○매곡서원(梅谷書院)〈조선 숙종 갑술년(1694)에 건립되었고 을해년(1695)에 사액되었다〉 송시열(宋時烈)〈경도 문묘조항을 보라〉

○명고서원(明皐書院)〈읍치로부터 서쪽 20리 송동(松洞)에 있다. 현종 신축년(1661)에 건립되었고 기유년(1669)에 사액되었다〉, 조익(趙翼)〈자는 비경(飛卿)이고, 호는 포저(浦渚)이며 풍양 사람이다. 관직은 좌의정에 올랐고 시호는 문효(文孝)이다〉, 조복양(趙復陽)〈자는 중초(仲初)이고 호는 송곡(松谷)이고 조익의 아들이다. 관직은 이조판서에 올랐고 문형을 맡았으며 시호는 문간(文簡)이다〉, 조지겸(趙持謙)〈자는 광보(光甫)이고 호는 우재(迂齋)이며 조복양의 아들이다. 관직은 부제학에 올랐고 이조판서에 증직되었다〉

「전고」(典故)

고려 충정왕 3년(1351)에 왜가 쌍부(雙阜)를 불태웠다. 고려 공민왕 7년(1358)에 왜가 용성(龍城)에 침입하였고, 공민왕 9년(1360)에는 왜가 용성 등 10여 개 현을 불태웠다. 공민왕 21년(1372)에 양광도 순문사 조천보(趙天輔)가 왜와 더불어 용성에서 싸워 패하여 죽었다. 고려 우왕 3년(1377)에 왜가 수원을 침구하였는데 원수 양백연(楊伯淵)과 나세(羅世)가 전함 50척으로 공격하여 패주시켰다. 우왕 4년(1378)에 왜가 수원을 불태우자 원수 왕빈(王賓)이 싸워 패배하였다. 왜가 또 수원을 침구하였다. 우왕 10년(1384)에 왜가 수원 공이향(工二鄕)〈즉 공향(工鄕)이다〉을 침구하자, 부사 허조(許操)가 적의 첩자 3인을 잡았다. ○조선 선조 26년(1593) 6월 삼도(三道)의 군사가 용인에서 궤멸된 후부터 경기도 전역이 피살되고 약탈을 입어 적에게 붙은 백성이 많았다. 적이 서울에 들어오자 호남의병장 김천일(金千鎰)이 수천명의 의병을 규합하여 군사를 이끌고 북상하였다. 국왕이 김천일에게 창의사(倡義使)를 제수하도록 명령하였다. 김천일의 군대가 수원에 이르러 용인 금령(金嶺)에서 주둔하고 있던 왜적을 기습하여 격파하였고 적에게 붙었던 간사한 백성을 찾아 죽였다. 이에 사민(士民)으로 귀부한 자가 많았다. 선조 26년 7월에 전라감사 권율(權慄)이 근왕병 2만 명을 이끌고 수원에 있는 왜성(倭城)에 나아가 주둔하자, 왜 수만명이 길을 나누어 쳐들어왔다. 권율이 굳게 성벽을 지키고 움직이지 않았다. 때때로 기습병을 내보내 적을 죽이고 군영을 불태우자 왜가 경성으로 다시 들어갔다. 광해군 13년(1621) 12월 충청, 전라, 경상도의 삼도군사 각 3천 명을 발하여 수원에 머물러 주둔시켰다. 영조 4년(1728)에 이인좌(李麟佐) 등이 군사를 일으켜 청주를 함락하자 총융사 김중기(金重器)에게 명하여 먼저 나가 수원을 지키도록 하였다.〈난리가 평정된 후 김중기를 죽였다〉

## 2. 광주부(廣州府)

### 『연혁』(沿革)

백제 시조 13년(B.C.6) 가을 7월에 한산(漢山)으로 나아가〈즉 검단산(黔丹山)이다. 방언에 큰 것을 한이라 칭하니 마치 대산(大山)이라 말하는 것과 같다〉 성책을 세우고 위례성(慰禮城)의 백성을 옮겼다. 9월에 성과 대궐을 세웠다. 시조 14년(B.C.5) 봄 정월에 도읍을 한강의 남쪽으로 옮기고〈광주부의 북쪽 5리인데 즉 광주부의 옛읍이다〉 하남위례성(河南慰禮城)이라 칭하였다.〈백제 시조가 낙랑과 말갈의 처들어오는 걱정을 피하여 도읍을 한강 남쪽으로 옮기니 분명히 이는 북쪽으로부터 남쪽으로 옮긴 것이다. 대개 위례라는 칭호는 한강 북쪽에 있을 때 시작하였는데 한강 남쪽으로 옮기고 또 옛 칭호를 인하여 썼으니 이것이 이른바 하남위례성이다. 위례란 당시의 방언으로 무릇 사방을 둘러싼 것을 위리(圍哩)라 말한다. 위리와 위례는 소리가 서로 가깝다. 성책을 세운다는 것은 흙을 쌓아 성곽을 만들기 때문에 위례라 말한 것이다. 『동사』(東史)에 직산현(稷山縣)을 위례라고 한 것은 잘못이다. 지금 한양 동북 지역이 바로 처음 도읍한 곳이다〉 13 임금을 지나〈375년간이다〉 백제 근초고왕 26년(371)에 이르러 도읍을 한강 북쪽으로 옮기고 북한산(北漢山)이라 칭하였다.〈광주부의 별칭을 남한(南漢)이라 말하니 남경 북경이라 칭하는 것과 같다〉 신라 진흥왕 14년(553)에 백제 동북 변두리 지역을 취하여〈당시 백제의 수도는 부여였다〉 신흥주(新興州)를 두었다.〈아찬 김무력(金武力)으로 군주(軍主)를 삼았다〉 진흥왕 18년(557)에 폐지하고 곧바로 다시 신주정(新州停)을 두었다.〈신라 사람들은 군영을 정(停)이라 말한다〉 진흥왕 29년(568)에 혁파하였고, 진평왕 26년(604)에 다시 한산정(漢山停)을 두었다.〈장군이하의 관원으로 17군호(軍號)를 두었다〉 신라 문무왕 4년(664)에 한산주(漢山州)로 고치고〈또 남한산주(南漢山州)로 칭한다〉 총관(摠管)을 두었다. 신라 원성왕 때에 도독으로 고쳤고, 성덕왕 3년(704)에 대도독을 두었다. 신라 경덕왕 16년(757)에 한주도독부(漢州都督府)로 고쳤다.〈9주의 하나이다. ○영주(領州)가 1개, 소경(小京)이 1개, 군이 31개, 현이 71개였다.○도독부의 영현은 2개가 있는데 황무현(黃武縣)와 거서현(巨黍縣)이다〉 뒤에 태봉국(泰封國)에 함락되었다. 고려 태조 23년(940)에 광주(廣州)로 고쳤고, 성종 2년(983)에 목(牧)을 두었다.〈12목의 하나이다. ○목사, 판관, 사록(司錄), 참군사(參軍事) 각 1명을 두었다〉 고려 성종 14년(995)에 봉국군절도사(奉國軍節度使)〈12절도사의 하나이다〉를 두어 관내도(關內道)에 예속시켰다. 고려 현종 3년(1012)에 안무사(安撫使)로 고쳤고, 현종 9년(1018)에는 목을 두었다.〈8목의 하나이다. ○거느린 군이 4개인데 천령군(川寧郡), 죽주군(竹州郡), 과천군(果川郡), 이천군(利川郡)이다. 거느린 현은 3개인데 지평현(砥平縣), 용구현(龍駒縣), 양근현(楊根縣)이다〉 고려 충선왕 3년(1311)에 지주사(知州事)〈여러 목을 없앴다〉로 강등되었고, 공민왕 5년(1356)에는 다시 목으로 회복되었다. 조선왕조에 들어와 그대로 이어졌다.〈세종대에 판관(判官)과 교수(教授)를 더 두었다〉 세조 원년(1459)에 주로서 좌보(左輔)로 삼았다.〈고려왕조의 좌우전후보의 예에 따라 광주부로 좌보(左輔)로 삼고 수원부로 전보(前輔), 양주로 후보(後輔), 원주로 우보(右輔)로 삼았다〉 세조 12년(1466)에 진을 두었고〈8읍을 관할하였다. 상세한 것은 여주조에 있다〉 연산군 11년(1505)에 광주를 혁파하였다.〈광주 사람으로 난언(亂言)을 하는 자가 있었기 때문이었다〉 중종 원년(1506)에 옛날로 돌아갔다.〈판관을 감하였다. 명종 21년(1566)에 방어사를 겸하였다. 선조 6년(1573)에 토포사를 겸하였다. 선조 10년(1577)에 부윤으로 승격되었고, 선조 25년(1592)에는 수어부사(守禦副使)를 겸하였다〉 인조 원년(1623)에 유수로 승격되었고〈수어사를 겸하였다〉 인조 4년(1626)에는 남한산성을 쌓고 성안으로 치소를 옮겼다.〈수어사를 두어 광주(廣州) 등의 진의 군사에 관한 일을 다스리도록 하고 목사가 방어사를 겸하도록 하였다. 인조 11년(1633)에 토포사를 겸하도록 하고 인조 15년(1637)에는 부윤으로 고쳤다. 효종 3년(1652)에는 수어사를 겸하였고, 효종 6년(1655)에는 이를 파하였다. 숙종 6년(1680)에 다시 겸하도록 하였으나 곧 파하였다. 숙종 9년(1683)에 유수로 승격하였고 수어사를 겸하도록 하였다. 또 경력(經歷)을 두어 전영(前營)을 여주부로 옮기도록 하였고, 숙종 16년(1690)에는 다시 부윤을 두어 방어사·토포사·전영장을 겸하고 경력을 없앴다. 숙종 17년(1691)에는 다시 수어부사를 겸하도록 하였다. 숙종 21년(1695)에 부사를 없앴고, 영조 26년(1750)에는 수어사를 혁파하고 유수 겸 수어사를 두었다. 경력을 두고 전영(前營)을 이천으로 옮겼다. 영조 35년(1759)에 유수와 경력을 없애고 수어사(守禦使)를 두고, 경청(京廳)을 옛과 같이 설치하였으며 부윤으로 방어사·전영장(前營將)·수성장(守城將)을 겸하도록 하였다. 정조 19년(1795)에 유수로 승격시키고 수어사를 겸하도록 하고 본성에서 출진토록 하였다. 그리고 곧바로 경청(京廳)을 없애고 진을 여주로 옮겼다〉

**「읍호」(邑號)**

회안(淮安)〈고려 성종때 정해졌다〉

**「관원」(官員)**

유수〈수어사를 겸한다〉, 판관〈전영장(前營將)과 수어종사관(守禦從事官)을 겸한다〉, 검율(檢律), 의학 각 1명씩 둔다.

**『방면』(坊面)**

성내이동면(城內二洞面)〈남쪽과 북쪽에 있다〉

경안면(慶安面)〈읍치로부터 남쪽 10리에서 시작하여 40리에서 끝난다〉

오포면(五浦面)〈남쪽 30리에서 시작하여 50리에서 끝난다〉

세촌면(細村面)〈남쪽 5리에서 시작하여 20리에서 끝난다〉

낙생면(樂生面)〈남쪽 20리에서 시작하여 40리에서 끝난다〉

돌마면(突馬面)〈남쪽 20리에서 시작하여 30에서 끝난다〉

동부면(東部面)〈동북쪽 10리에서 시작하여 30리에서 끝난다〉

서부면(西部面)〈서북쪽 10리에서 시작하여 20리에서 끝난다〉

퇴촌면(退村面)〈동쪽 20리에서 시작하여 40리에서 끝난다〉

초부면(草阜面)〈동쪽 30리에서 시작하여 60리에서 끝난다〉

도척면(都尺面)〈동남쪽 40리에서 시작하여 70리에서 끝난다〉

실촌면(實村面)〈동남쪽 50리에서 시작하여 70리에서 끝난다〉

초월면(草月面)〈동남쪽 30리에서 시작하여 40리에서 끝난다〉

중대면(中垈面)〈서쪽 10리에서 시작하여 20리에서 끝난다〉

언주면(彦州面)〈서쪽 20리에서 시작하여 40리에서 끝난다〉

귀천면(龜川面)〈서북쪽 20리에서 시작하여 30리에서 끝난다〉

육왕면(六旺面)〈서남쪽 15리에서 시작하여 30리에서 끝난다〉

의곡면(義谷面)〈서남쪽 40리에서 시작하여 60리에서 끝난다〉

왕륜면(旺倫面)〈서남쪽 60리에서 시작하여 70리에서 끝난다〉

북방면(北方面)〈서남쪽 70리에서 시작하여 90리에서 끝난다〉

월곡면(月谷面)〈서남쪽 70리에서 시작하여 80리에서 끝난다〉

성곶면(聲串面)〈서남쪽 80리에서 시작하여 100리 해변에서 끝난다〉【일용면(日用面)과 송동면(松洞面)은 정조 13년(1789)에 수원으로 이속되었다】

『산수』(山水)

일장산(日長山)〈지금의 부치(府治)이다. 혹은 남한산(南漢山)이라고도 부르고 또는 청량산(淸凉山)으로 부른다. 서쪽으로 응봉(鷹峰)이 있고 동쪽으로 망월봉(望月峰)이 있다〉

검단산(黔丹山)〈읍치로부터 북쪽 10리에 있다〉

청계산(淸溪山)〈서쪽 30리에 있다. 봉우리가 빼어나다. ○청룡사(靑龍寺)가 있다〉

조곡산(早谷山)〈혹은 초동산(草洞山)으로 부른다. 동쪽으로 30리 한강의 북쪽에 있다. ○수종사(水鍾寺)가 있다〉

운길산(雲吉山)〈동쪽으로 25리에 있다. 양주 천마산 남쪽 갈래에 있다〉

군일산(軍日山)〈동남쪽으로 15리에 있고 전좌봉(殿座峯)이 있다〉

무갑산(武甲山)〈동남쪽으로 45리에 있다. 동쪽으로 이천의 원적산(圓寂山)과 접하고 있다. 또 산의 남쪽 갈래를 정광산(淨光山)이라 하고 북쪽 갈래를 영적산(靈積山)이라고 한다〉

문현산(門懸山)〈남쪽으로 40리에 있다〉

영장산(靈長山)〈남쪽으로 15리에 있다.○법륜사(法輪寺)와 봉국사(奉國寺)가 있다〉

대모산(大母山)〈서쪽으로 30리에 있다. 북쪽 갈래는 광수산(光秀山)이다〉

도양산(道養山)〈서쪽으로 55리에 있다. 동쪽으로 광교산(光敎山)에 접해 있다〉

대해산(大海山)〈남쪽으로 50리 양지(陽智) 경계에 있다〉

오봉산(五峯山)〈사근평(沙斤坪) 서쪽에 있다〉

백운산(白雲山)〈서쪽으로 55리에 있다〉

수도산(修道山)〈서쪽으로 30리에 있다〉

수리산(修理山)〈서쪽으로 60리 안산의 경계에 있다〉

광악산(廣岳山)〈북쪽으로 검단산과 접하고 있다〉

마명산(馬鳴山)〈대해산의 북쪽 갈래에 있다〉

정개산(鼎蓋山)〈동쪽으로 10리에 있다. 산의 모습이 높고 빼어나 솥뚜껑과 흡사하다〉

양자산(養子山)〈동남쪽으로 10리에 있다〉

예봉산(禮奉山)〈조곡산의 서쪽에 있다. 정상에 바위가 있는데 바둑판과 흡사하고 그 아래에 우물이 있다〉

앵자산(鶯子山)〈혹은 우산(牛山)이라 부르며 퇴촌(退村)에 있다〉

객산(客山)〈옛 읍의 동쪽 즉 청량산 동쪽 갈래에 있다. 산 아래에 폭포가 있다〉

금암산(金岩山)〈즉 청량산 북쪽 갈래에 있다. 중간에 용호동(龍虎洞)이 있다. 금암(金岩) 북쪽 갈래에 원덕산(元德山)이 있고 또 이성산(二聖山)이 있으며 백제의 성터가 있다. 또 승상산(丞相山)이 있어 삼봉(三峯)과 병치(並峙)하고 있다〉

송파평(松坡平)〈서쪽으로 20리에 있다. 청나라 군사들이 진을 친 곳에 승첩비가 있는데 속칭 화노비(和虜碑)이다〉【광수산(光秀山)은 서쪽으로 20리에 있다】

**「영로」(嶺路)**

추령(秋嶺)〈남쪽으로 40리 용인가는 길에 있다〉

쌍령(雙嶺)〈동남쪽으로 40리에 있다. 크고 작은 2개의 고개가 있는데 서로 떨어진 거리가 5리이다. 동쪽으로 부담(釜潭)이 있다. 작은 쌍령으로부터 광현(光峴)에 이르기까지 30리인데 이천대로에 이른다〉

이보현(利保峴)〈서남쪽으로 10리 옛 대로에 있다. 북쪽으로 송파진(松坡津)과 거리가 30리 떨어져 있고 동남쪽으로 초현(草峴)에까지 10리에 이른다〉

갈마치(渴馬峙)〈북쪽으로 삼전도(三田渡)가 30리에 있고 용인과 양지(陽智)로 통한다〉

월천현(月川峴)〈옛날에는 천천현(穿川峴)이라 불렀고 서쪽으로 30리에 있다〉

신현(新峴)〈동쪽으로 10리에 있다. 서북쪽으로 이보치(利保峙)에서 10리, 동남쪽으로 대쌍령(大雙嶺)에서 20리에 있다〉

학현(鶴峴)〈판교점(板橋店) 서쪽 10리에 있고 인덕원(仁德院)으로 통한다〉

도마치(倒馬峙)〈동쪽으로 10리 양근가는 길에 있다〉

초현(草峴)〈동쪽으로 15리 남쪽으로 경안(慶安)이 10리에 있다〉

엄현(奄峴)〈동쪽으로 10리에 있으며 두미천(斗迷遷)으로 통한다〉

두미천(斗迷遷)〈북쪽으로 20리에 있다〉

【조포평(助浦坪)은 서쪽으로 20리에 있는데 옛날에는 목장이 있었다】

○한강(漢江)〈분원(分院)의 북쪽으로부터 서쪽으로 흘러 왼쪽으로 소천(昭川)을 지나 검단산의 북쪽을 지난다. 미음(渼陰) 나루를 지나면 광진(廣津)·송파(松波), 삼전도, 학탄(鶴灘)에 이른다. 왼쪽으로 탄천(炭川), 양재천(良才川)을 지나고 오른쪽으로 왕산천(王山川)을 지나 저자도(楮子島)를 거쳐 서쪽으로 흐른다〉

초탄(椒灘)·필탄(筆灘)·마탄(馬灘)·명대탄(明大灘)·소탄(所灘)·전탄(箭灘)·이탄(梨灘)〈앞의 7개의 개울은 요해처이다〉

탄천(炭川)〈남쪽으로 25리에 있다. 수원은 용인 석성산(石城山)에서 나와 서쪽으로 흘러 용인현을 빙둘러 흘러 서쪽으로 장장천(莊莊川)을 이루고 왼쪽으로 광교산의 물(水)을 지나 북쪽으로 흘러 험천(險川)을 이루고, 낙생면(樂生面)을 지나 천호천(穿呼川)을 이룬다. 대모산(大母山)의 동쪽을 지나 작천(鵲川)을 이루고 삼전도로 들어간다〉【험천은 원우천이라 부르기도 하고 천호천은 지금은 월천이라 부른다】

소천(昭川)〈혹은 우천(牛川)으로 부른다. 동쪽으로 27리에 있다. 수원은 양지(陽智) 곡돈현(曲頓峴)과 대해산(大海山) 그리고 용인의 성륜산(聖倫山)에서 나와 북쪽으로 흘러 금령천(金嶺川)을 이룬다. 경안역(慶安驛)에 이르러 광현천(廣峴川)을 지나 퇴촌(退村)에 이른다. 신현천(新峴川)을 지나 두미(斗迷) 동쪽으로 들어간다〉

양재천(良才川)〈서쪽으로 30리에 있다. 수원은 관악산과 청계산에서 나와 합하여 동북쪽으로 흐른다. 양재역을 지나 저자도(楮子島) 동쪽으로 들어간다〉

쌍령천(雙嶺川)·경안천(慶安川)·세피천(細皮川)·곤지암천(崑池岩川)·여기천(女妓川)〈모두 소천(昭川) 상류이다〉

해천(蟹川)〈낙생면에 있다〉

동계(東溪)〈광주부성 가운데에 있다. 여러 계곡의 물과 합해져 동으로 흘러 소천(昭川)으로 들어간다〉

태호(太湖)〈혹은 둔지(芚池)라고 부른다. 북쪽으로 19리에 있다. 길이는 10리이고 폭은 100여 보이다. 서쪽에 소산미치(小山彌峙)가 있고 구산(龜山)이라 부른다〉

이포(梨浦)〈서쪽으로 90리 성곶면(聲串面)에 있다. 바다에 접하여 물고기와 소금이 모인다〉

구포(鳩浦)〈이포의 남쪽 경계에 있다〉

미음포(美音浦)〈북쪽으로 20리에 있다. 두미(斗迷)의 하류이다〉

세고탄(洗姑灘)〈서쪽으로 27리 광진(廣津) 아래쪽에 있다〉

온정(溫井)〈동쪽 교외 덕풍리(德豐里)에 있다〉

초정(椒井)〈북쪽으로 19리 귀천면(龜川面)에 있다〉

【제언은 10곳이 있다】

**「도서」(島嶼)**

저자도(楮子島)〈언주강(彦州江) 가운데 있다. 북쪽으로 전곶평(箭串坪)에 접해 있다. 섬 남쪽에 조그만 바위가 있는데 동자와 같아 무동도(舞童島)라 칭한다. 섬의 남쪽 언덕에 봉은사(奉恩寺)가 있다〉

**『형승』(形勝)**

백제의 옛 서울로 천년동안 큰 진(鎭)이었다. 만길이나 되는 구름 담장으로 둘러싸여 있고 백리나 되는 긴 강을 띠고 있다. 안으로 경기지역을 울타리처럼 지키고 밖으로 호남과 영남지역을 제압한다. 언덕과 산이 서로 잇대어 있고 사이에 평야가 많다. 토양은 비옥하고 백성과 물산이 풍부하다.

**『성지』(城池)**

남한산성(南漢山城)〈신라 문무왕 13년(673)에 세워졌고 주장성(晝長城)으로 불렸다. 조선 인조 4년(1626)에 완풍부원군(完豐府院君) 이서(李曙)에게 명하여 다시 쌓도록 하였는데 둘레가 6,297보였다. 남문밖에 옹성(瓮城)이 2개, 남옹성(南瓮城)이 3개가 있다. 처장대(處將坮)는 동서남북 4곳이 있다. ○연주봉옹성(連珠峯瓮城)과 장경사옹성(長慶寺瓮城)이 있다. ○본성의 성문은 4개, 암문(暗門)은 16개, 우물은 80개, 연못은 45개가 있다. ○봉암성(蜂岩城)은 광주부 동쪽 5리에 있다. 둘레가 962보이고 포루가 5곳, 암문이 4개가 있다. ○한봉성(汗峯城)은 동문밖에 있다. 둘레가 895보이고 암문이 1개 있다. ○신남성(新南城)은 혹은 남격대(南格臺)라고 부른다. 광주부의 남쪽 5리에 있는데 둘레가 743보이다. ○돈대(墩臺) 2곳은 남격대의 동쪽과 서쪽에 있다. ○남한산성은 안은 평평하고 낮으나 밖은 매우 험준하다. 안은 고밀(固密)한데 형세는 웅건하다. 성의 높은 곳과 산꼭대기는 우뚝솟아 평평함을 포용하고 있다. 우물과 샘이 매우 많다. 성밖에는 언덕과 계곡이 엇갈려 있고 구불구불한 길이 수없이 꺾어 있다. 4면의 산세가 푹 꺼져 오를 수가 없다. 오직 동남쪽 모퉁이 산아래가 조금 평평하여 포루를 설치할 수 있다. 3면에 오직 작은 봉우리가 있어 성안을 내려다 볼 수 있다. 길을 쌓아 본성에 속하게 하였다. 개원사(開元寺) 등 9사를 세웠다〉

금암산고성(金岩山古城)〈백제 때에 쌓았다〉

평고성(坪古城)〈광진(廣津) 윗들 가운데에 있다. 양주 양진성(楊津城)과 강을 격하고 서로 마주 대하고 있다〉

**『영아』(營衙)**

수어영(守禦營)〈연혁을 보라〉

**「관원」(官員)**

사〈유수가 겸한다〉, 중군〈수성장(守城將)과 토포사(討捕使)를 겸한다〉, 종사관〈판관을 겸한다〉, 오영(五營)〈전영(前營)은 광주부, 중영(中營)은 양주, 후영(後營)은 죽산, 좌부(左部)는 여주, 우부(右部)는 이천에 있다〉, 수어전영(守禦前營)〈전영장은 광주부 판관이 겸한다. ○속읍(屬邑)은 광주, 이천, 지평이다〉, 의승총섭(義僧摠攝)〈승군을 거느린다〉, 송파진(松坡鎭)〈별장 1원이 나루를 관장한다〉

【주둔하는 곳은 24곳이다】

**『봉수』(烽燧)**

천림산(天臨山)〈혹은 단천현(丹川峴)으로 부른다. 서쪽으로 30리에 있다〉

**『창고』(倉庫)**

창(倉)이 13곳이고 고(庫)가 9개이다〉

**『역참』(驛站)**

경안도(慶安道)〈동남쪽으로 30리에 있다. ○거느리는 역이 7개이다〉

양재역〈서쪽으로 30리에 있다〉

봉안역(奉安驛)〈동쪽으로 30리에 있다〉

덕풍역(德豊驛)〈북쪽으로 15리에 있다〉

낙생역〈남쪽으로 30리에 있다〉【찰방은 1원이 있다】

**「혁폐」(革廢)**

장가역(長嘉驛), 안업역(安業驛), 남산역(南山驛), 요탄역(饒呑驛)

**「보발」(步撥)**

신천(新川), 율목(栗木), 금북(黔北), 경안(慶安), 쌍교(雙橋)

**『진도』(津渡)**

송파진(松坡津)〈서북쪽으로 20리에 있다. 삼전도와 무동도(舞童島)를 관할한다. ○별장이 1사람 있다〉

삼전도(三田渡)〈서북쪽으로 25리에 있다. 옛날에는 도승(渡丞)이 있었는데 송파로 옮겼다〉

광진(廣津)〈북쪽으로 20리에 있다〉

마점진(麻岾津)〈봉안(奉安)으로 통한다. 동쪽으로 25리에 있다〉

신천진(新川津)〈삼전도 북쪽 5리에 있다〉

두미진(斗迷津)〈동쪽으로 20리에 있다. 그 북쪽 언덕이 두미천(斗迷遷)인데 돌길이 강을 따라 구불구불 7-8리가 이어지고 동쪽으로 봉안으로 이어진다〉

미음진(渼音津)〈북쪽으로 30리에 있다. 양주를 보라〉

한강도(漢江渡)〈서쪽으로 40리에 있다. 서울 훈영(訓營)을 보라〉

**『교량』(橋梁)**

판교(板橋)〈남쪽으로 30리에 있고 서울로부터 50리 떨어져 있다〉

쌍교(雙橋)〈동남쪽으로 40리에 있다〉

**『토산』(土産)**

밤·앵두·복숭아·능금·옻나무·자초(紫草)·수철(水鐵)·석회·실·명주·마·자기·도기·은어[은구어(銀口魚)]·잉어·붕어·궐어(鱖魚)·누치[눌어(訥魚)]·쏘가리[금린어(錦鱗魚)]·밀어(密魚)〈압구정(狎鷗亭)의 앞강에서 나온다〉

**『장시』(場市)**

성내(城內)는 2일과 7일에, 경안(慶安)은 3일과 8일에, 세피천(細皮川)은 1일과 6일에, 송파는 5일과 10일에, 사평(沙坪)은 2일과 7일에, 낙생은 3일과 8일에, 곤지애(昆地厓)는 4일과 9일에, 팔곡(八谷)은 5일과 10일에 각각 장이 선다.

**『궁실』(宮室)**

행궁(行宮)〈상궐(上闕), 하궐(下闕), 좌전(左殿), 우전(右殿)이 있다〉

재덕당행궁(在德堂行宮)·한남루행궁(漢南樓行宮)·인화관행궁(人和館行宮)·사근평행궁(肆覲坪行宮)이 있다.

**「관해」(官廨)**

좌승당(坐勝堂)·일장각(日長閣)·수어영(守禦營)·제승헌(制勝軒)이 있다.

**『누정』(樓亭)**

차산루(此山樓)·무망루(無忘樓)〈서장대(西將臺)가 있다〉

타운루(唾雲樓)〈남장대(南將臺)가 있다〉

완대정(緩帶亭)·우희정(又喜亭)·이위정(以威亭)·옥천정(玉泉亭)·관어정(觀魚亭)·침과정(枕戈亭)·압구정(押鷗亭)〈서쪽 40리 두모포(豆毛浦) 남쪽 언덕에 있다〉【이명전(以明亭), 구송정(九松亭), 지수정(地水亭)이 있다】

**『묘전』(廟殿)**

숭렬전(崇烈殿)〈성안에 있다. 세조 10년(1464)에 직산현(稷山縣)에 온왕묘(溫王廟)를 세웠고 인조 16년(1638)에 이곳으로 옮겼다. 정조 19년(1795)에 지금의 호칭으로 바꾸어 걸었다〉, 백제시조왕묘전, 이서(李曙)묘전〈서울 태묘를 보라〉

**『능침』(陵寢)**

헌능(獻陵)〈대모산 남쪽에 있다. 주(州)와의 거리가 서쪽으로 20리 떨어져 있다. 태종대왕 능이다. 기일은 5월 10일이고 원경왕후(元敬王后) 민씨(閔氏)가 부장되어 있는데 기일은 7월 10일이다. ○령(令)과 참봉이 각각 1명이 있다〉

선능(宣陵)〈서쪽 30리 학당동(學堂洞)에 있다. 성종대왕능이다. 기일은 12월 24일이다. 정현왕후(貞顯王后) 윤씨(尹氏)가 부장되어 있는데 기일은 8월 22일이다. ○직장과 참봉 각 1명이 있다〉

정능(靖陵)〈선능 동쪽 언덕에 있다. 중종대왕능이다. 기일은 11월 15일이다. ○직장과 참봉은 각각 1명이다〉

인능(仁陵)〈헌능 오른쪽 언덕에 있다. 순조대왕능이다. 기일은 11월 13일이다. 처음 교하(交河) 장능(長陵) 구역 안에 장사지냈으나 철종 6년(1855)에 이곳으로 옮겼다. 순원왕후(純元王后) 김씨(金氏)가 부장되었는데 기일은 8월 4일이다. ○령과 참봉이 각각 1명이다〉

**『사원』(祠院)**

구암서원(龜岩書院)〈북쪽으로 30리에 있다. 현종 정미년(1667)에 세워졌고 숙종 정축년(1697)에 사액되었다〉, 이집(李集)〈자는 호연(浩然)이고 호는 둔촌(遁村)으로 광주(廣州)사람이다. 관직은 판전교시사(判典校寺事)에 올랐다〉, 이양중(李養中)〈자는 자정(子精)이고 호는 석탄(石灘)으로 광주(廣州)사람이다. 고려말에 관직이 형조 우참의(右參議)였다. 조선 태종이 즉위하고 부르자 평복으로 와서 알현하니 특별히 한성좌윤으로 승진시켰으나 받지 않았다〉, 정성근(鄭誠謹)〈자는 이신(而信)이고 진주사람이다. 연산군 갑자사화로 화를 입었다. 관직은 승지에 올랐고 이조판서에 증직되었다〉, 정엽(鄭曄)〈자는 시회(時晦)이고 호는 수몽(守夢)으로 초계(草溪)사람이다. 관직은 좌참찬에 올랐고 우의정에 증직되었으며 시호는 문제(文齊)이다〉, 오윤겸(吳允謙)〈자는 여익(汝益)이고 호는 추탄(楸灘)으로 해주사람이다. 관직은 영의정에 올랐고 시호는 충정(忠貞)이다〉, 임숙영(任叔英)〈자는 무숙(茂叔)이고 호는 소암(踈庵)이며 풍천(豊川)사람이다. 관직은 수찬에 올랐으며 부제학에 증직되었다〉 ○수곡서원(秀谷書院)〈서쪽으로 20리에 있다. 숙종 을축년(1685)에 세워졌고 을해년(1695)에 사액되었다〉, 이의건(李義健)〈자는 의중(宜中)이고 호는 동은(峒隱)이며 전주사람이다. 관직은 공조정랑에 올랐으며 집의에 증직되었다〉, 조속(趙涑)〈자는 계온(季溫)이고 호는 창강(滄江)이며 풍양사람이다. 관직은 진선(進善)에 올랐으며 이조참판에 증직되었다〉, 이후원(李厚源)〈자는 사심(士深)이고 호는 우재(迂齋)이며 완산(完山) 사람이다. 관직은 우의정 완남부원군(完南府院君)에 올랐으며 시호는 충정(忠貞)이다〉 ○현절사(顯節祠)〈광주부 성안에 있다. 숙종 무진년(1688)에 세워졌고 계유년(1693)에 사액되었다〉, 김상헌(金尙憲)〈서울 태묘를 보라〉, 정온(鄭蘊)〈자는 휘원(輝遠)이고 호는 동계(桐溪)이며 초계(草溪) 사람이다. 관직은 이조참판에 올랐으며 영의정에 증직되었으며 시호는 문간(文簡)이다〉, 홍익한(洪翼漢), 윤집(尹集)〈앞 2사람은 강화부를 보라〉, 오달제(吳達濟)〈자는 계휘(季輝)이고 호는 추담(秋潭)이며 해주(海州) 사람이다. 관직은 교리에 올랐으며 영의정에 증직되었으며 시호는 충렬(忠烈)이다〉

『전고』(典故)

백제 시조 31년(13)에 나라안의 민호(民戶)를 나누어 남부(南部)와 북부(北部)를 두었다. 시조 33년(15)에 동부(東部)와 서부(西部)를 더 두었다. 시조 43년(25)에 동옥저(東沃沮)의 구파해(仇頗解)등 20여 집이 부양(斧壤)에 이르러 귀순할 뜻을 아뢰니 국왕이 받아들이고 한산(寒山)의 서쪽에 안치하였다.〈동옥저는 지금의 함흥이고 부양은 지금의 평강(平康)이다〉 백제 책계왕(責稽王) 13년에 한나라와 맥인(貊人)이 쳐들어오자 국왕이 나가 막았으나 적의 군사에 해를 입었다. 백제 분서왕(汾西王) 7년에 몰래 군사를 보내 낙랑서현(樂浪西縣)을 기습하여 취하였다. 낙랑태수가 자객을 보내 국왕을 찔러 죽였다. 백제 근초고왕(近肖古王) 23년(368)에 한강 남쪽에서 크게 열병하였다. 백제 동성왕(東城王) 4년(482)에 말갈이 기습하여 한산성(漢山城)을 부수고 3백여호를 포로로 잡아 돌아갔다. 동성왕 5년(483)에 국왕이 사냥하러 나가 한산성에 이르러 군사와 백성을 위로하고 열흘만에 돌아왔다.【동성왕 5년에 백제가 남쪽으로 도읍을 옮겨 9년간 있었다】 ○신라 문무왕 7년(667)에 당나라 황제〈고종(高宗)이다〉가 국왕에게 군사를 거느리고 평양에서 만나자고 칙령을 내리자 국왕이 김유신(金庾信) 등 30명의 장군을 거느리고 한성정(漢城停)에 이르러 이적(李勣)을 기다렸다. 이적이 평양성 북쪽 3백리에 이르러 군사를 독촉하자 국왕이 따랐다. 신라 정강왕(定康王) 2년에 한산주도독(漢山州都督) 이찬 김요(金蕘)가 반란을 일으키자 군사를 보내 죽였다. 신라 효공왕(孝恭王) 4년(900)에 태봉(泰封)의 궁예(弓裔)가 왕건(王建)〈고려의 태조이다〉에게 광주(廣州), 충주, 청주 3주와 당성(唐城), 괴양(槐壤)등의 군현을 칠 것을 명하여 모두 이를 평정하였다. ○고려 현종 원년(1010)에 거란의 왕이 크게 군사를 일으켜 경성에 쳐들어오자 국왕이 남쪽으로 달아나 광주(廣州)에 머물렀다. 현종 2년(1011) 정월에 국왕이 2 왕후의 간 바를 잃어 지채문(智蔡文)에게 명령하여 가서 찾아보도록 하였는데 요탄역(饒呑驛)에 이르러 만나 모시고 돌아오니 국왕이 기뻐하여 3일간 머물렀다. 고려 고종 18년(1231)에 몽고 군사가 광주(廣州), 충주, 청주로 향했는데 지나간 곳은 남아있는 것이 없었다. 고종 22년(1235) 5월에 조칙을 내려 광주(廣州)는 신묘년과 임진년에 몽고군사가 포위하여 공격하였는데 굳게 지켜 항복하지 않았으므로 요역과 잡역을 면제하도록 하였다. 이에 앞서 오랑캐의 침구로 인하여 장차 도읍을 중간의 큰 진(鎭)으로 옮기고자 이세화(李世華)를 보내 살피도록 하였다. 몽고의 대군이 와서 포위하고 백방으로 공격하였으나 이세화가 밤낮으로 지키고 임기응변으로 대처하니 드디어 오랑캐가 포위를 풀고 갔다. 고종 40년(1253)에 몽고 군사가 고주(高州)·화주(和州)〈지금의 고원(高原)과 영흥(永興)이다〉 2주의 경계에 주둔하고 척후병 3백여기가 광주(廣州)에 이르러 집을 불태우고 약탈하였다. 고종 41년(1254)에 몽고 군사가 서북 경계에 침입하고 척후병이 광주(廣州)에 이르렀다.

○조선 선조 임진년(1592) 7월에 왜가 광주(廣州)를 함락하자 섭주사(攝州事) 박선(朴宣)이 소천(昭川)으로부터 두미진(斗迷津)으로 달아났다. 선조 임진년 9월에 섭주사 어득해(魚得海)가 왜와 더불어 용진(龍津)에서 전투를 벌려 추격하여 두미진에 이르러 군사가 패하여 죽었다. 인조 2년(1624)에 이괄(李适)이 군사가 패하자 광주(廣州)로 도망갔다. 광주목사 임회(林檜)가 경안역(慶安驛)에서 만나 잡았으나 항복하지 않아 죽였다. 인조 5년(1627)에 후금(後金)의 군사가 의주(義州)를 함락하자 총융사 이서(李曙)로 하여금 남한산성을 지키도록 하였다. 인조 14년(1636) 12월에 청나라 군사가 갑자기 이르니 국왕이 장차 강도(江都)로 행차하고자 숭례문(崇禮門)으로 나갔는데 청나라 장수 마복탑(瑪福塔)이 수백명의 철기(鐵騎)를 거느리고 홍제원(弘濟院)에 이르러 일단의 군사로 양천강(陽川江)을 막아 강도(江都)로 가는 길이 이미 끊어졌다. 국왕이 되돌아 성안으로 들어와 해가 지자 남한산성에 들어갔다. 다음날 청나라 군사가 크게 이르러 드디어 성의 동쪽과 남쪽을 포위하였다. 여러 도의 근왕병(勤王兵)이 잇달아 무너졌다. 원주영장(原州營將) 권정길(權正吉)이 먼저 홀로 검단산에 들어갔으나 끝내 패하여 물러났고 강원감사 조정호(趙廷虎)는 군사를 진격시키지 못하였다. 충청감사 정세규(鄭世規)는 군사를 거느리고 험천(險川)에서 주둔하였는데 적의 군사가 높은 봉우리에서 공격하여 모든 군사가 패하여 죽었다. 공주영장(公州營將) 최진립(崔震立)과 중군(中軍) 황박(黃珀), 천총(千摠) 김문부(金文孚)와 이건(李楗), 연산현감(連山縣監) 김홍익(金弘翼), 남포현감(藍浦縣監) 이경선(李慶善), 금정찰방(金井察訪) 이상재(李尙載)가 모두 죽었다. 전라병사 김준룡(金俊龍)이 정예군사를 뽑아 진격하여 광교산(光敎山)에 주둔하여 여러차례 전투를 벌려 자못 승첩을 올렸고 적의 군사 또한 많이 죽거나 상해를 입었다.〈청나라 장수 양고리(楊古利)가 산에 올라 전투를 독려하였는데 김준룡의 휘하 박의포(朴義砲)가 그를 죽였다〉 어느날 적의 군사가 대규모로 이르자 김준룡이 군사들을 독려하여 힘써 싸우도록 하였으나 군량이 떨어져 드디

어 수원으로 퇴진하여 군사는 무너졌다. 전라감사 이시방(李時昉)은 영암군수(靈岩郡守) 엄황(嚴愰)으로 하여금 양성(陽城)에 주둔하고 군사를 진격시키고자 하였으나 김준룡이 광교산에서 패하여 물러났다는 소식을 듣고 공주에서 주둔하면서 금강교(錦江橋)를 철거하여 적의 길을 차단하였다. 충청병사 이의배(李義培)와 경상좌병사 허완(許完), 우병사 민영(閔栐)이 군사 4만 명을 합하여 쌍령(雙嶺)에 이르러 진을 3곳으로 나누었다. 적의 군사는 바깥쪽 높은 곳에서 아래쪽으로 공격하여 여러 영의 군사들이 크게 궤멸하였고 이의배(李義培), 허완(許完), 민영(閔栐)과 상주영장 윤여임(尹汝任), 안동영장 선세강(宣世綱), 김해영장 백선남(白善男) 등이 모두 죽었다. 경상감사 심연(沈演)이 충주목의 목계(木溪)로 진격하여 주둔하고 앞으로 나가지 못하였다. 여주에 이르러 쌍령의 군사가 패퇴하였다는 소식을 듣고 조령(鳥嶺)에서 주둔하였다. 함경감사 민성휘(閔聖徽)가 군사를 거느리고 미원(迷原)에 이르러 매번 나아가 싸우고자 하였으나 원수 심기원(沈器遠)이 허락하지 않았다. 뒤에 몽고 군사가 말을 돌려 철령(鐵嶺)에 이르러 난을 일으켰다는 것을 듣고〈안변(安邊)에 상세하다〉 단기(單騎)로 가서 타이르니 몽고군사들이 다시 약탈하지 못하였다. 인조 15년(1637) 정월 그믐날에 청나라 군사가 돌아갔다. 영조 4년(1728) 3월에 역적 이인좌(李麟佐) 등이 청주를 함락하고 장차 군사를 일으켜 북상하려 하자 판윤 김동필(金東弼)로 남한순무사(南漢巡撫使)겸 동로경략사(東路經略使)로 삼아 남한산성을 지키도록 하였다.

## 3. 개성부(開城府)

**『연혁』(沿革)**

원래 백제의 동비홀(冬比忽)인데 신라 경덕왕 16년(757)에 개성군(開城郡)으로 고치고〈거느리는 현은 2개인데 덕수현(德水縣)과 임진현(臨津縣)이다〉 한주(漢州)에 예속시켰다. 신라 효공왕 2년(898)에 궁예(弓裔)가 도읍을 세웠고〈후고구려(後高句麗)라 칭하였다〉, 효공왕 7년(903)에는 철원(鐵圓)으로 옮겼다. 고려 태조 2년(919)에 철원에서 도읍을 개성으로 옮기고 송악(松岳)〈개성부의 북쪽 10리 월노동(月老洞)에 있다〉과 개성〈개성부의 서쪽 25리 석숭산(石崇山)의 동쪽에 있다〉 2개군의 땅을 병합하여 개주(開州)로 삼았다. 고려 광종 11년(960)에 황도(皇都)로 고쳤고, 성종 14년(995)에는 개성부로 고쳤다.〈윤(尹)을 두었다〉 고려 현종 9

년(1018)에 개성부를 없애고 현령을 두었다.〈이때 거란이 쳐들어와 궁궐과 백성들의 집이 거의 없어졌고 10도의 작은 현들을 없애고 큰 읍에 예속시켜 5도양계(五道兩界)로 개정하였다〉 고려 현종 13년(1022)에 개성부로 고치고 적현(赤縣) 6곳〈개성현·정주현(貞州縣)·덕수현(德水縣)·강음현(江陰縣)·장단현(長湍縣)·송림현(松林縣)이다〉과 기현(畿縣) 7곳〈임진현(臨津縣)·토산현(兎山縣)·임강현(臨江縣)·적성현(積城縣)·파평현(坡平縣)·마전현(麻田縣)·우봉현(牛峯縣)이다〉을 거느리고 상서도성(尙書都省)에 직속토록 하고 경기라 칭하였다. 고려 문종 16년(1062)에 지개성부사(知開城府事)로 고쳤다. 고려 충렬왕 34년(1308)에 개성에 5부(五部)를 병합하고〈부윤(府尹) 1명, 윤(尹) 2명, 소윤(少尹) 3명, 판관(判官) 2명, 기실참군(記室參軍) 2명을 두었다. ○도성안을 장악하였다〉 별도로 개성현을 두었다.〈현령이 있어 이어서 도성 밖을 장악하였다〉 고려 공민왕 5년(1356)에 관원을 고쳤다.〈판부사(判府事), 윤, 소윤, 판관, 참군(參軍)이다〉 조선 태조 3년(1394)에 도읍을 한양으로 옮기고 도성안에 유후사(留後司)를 두고〈유후(留後), 부유후(副留後), 단사관(斷事官), 경력, 도사이다〉 개성현을 없앴다. 세종 20년(1438)에 개성부유수(開城府留守)로 고쳤다.〈세조 12년(1466)에 고쳐서 윤과 판관을 두었고 예종 원년(1469)에 다시 유수, 경력, 도사를 두었다. 인조 15년(1637)에 도사를 없앴다〉

**「읍호」(邑號)**

중경(中京)〈『도선기』(道詵記)에 있다〉

송도(松都)〈고려 고종때의 칭호였다〉

서경〈『송경지』(松京志)에 있다〉

**「관원」(官員)**

유수(留守)〈관리사(管理使)를 겸한다〉, 경력(經歷)〈관리종사관(管理從事官)을 겸한다〉, 교수〈개성부의 문관으로 한다〉, 분교관(分教官)〈개성부의 생진(生進: 생원과 진사/역자주)이 맡는다〉, 검율, 의학 각 1명씩 둔다.

**『고읍』(古邑)**

송악(松岳)〈원래 백제 부소갑(扶蘇岬)인데 신라 경덕왕때에 송악군으로 고치고 한주(漢州)에 예속시켰다. 거느리는 현은 2개인데 여비현(如羆縣)과 강서현(江西縣)이다. 고려 태조 2년(919)에 병합되었다〉

덕수(德水)〈남쪽 30리에 있다. 원래는 백제의 덕물(德勿)인데 혹은 인물(仁物)로 부른다.

신라 경덕왕때에 덕수로 고쳤고 개성군의 영현(領縣)이 되었다. 고려 문종 10년(1056)에 현의 터에 흥왕사(興王寺)를 세웠고 치소 를 정주(貞州)의 양천(楊川)으로 옮기고 개성부에 직속시켰다. 고려 공양왕 원년(1389)에 감무(監務)를 두었다. 조선 태조 7년(1398)에 혁파하고 해풍군(海豊郡)에 예속시켰다. ○흥왕사 옛터는 덕물산(德物山) 남쪽에 있다〉

풍덕(豊德)〈남쪽 30리에 있다. 원래는 백제땅이었는데 고려 태조가 정주(貞州)로 고치고 개성부에 직속시켰다. 고려 예종 3년(1108)에 지승천부사(知昇天府事)로 고치고, 고려 충선왕 2년(1310)에 지해풍군사(知海豊郡事)로 떨어뜨렸다. 조선 태조 7년(1398)에 덕수현을 병합하였다. 태종 13년(1413)에 혁파하여 개성부에 예속시켰고, 태종 18년(1418)에 다시 두었다. 세종 24년(1442)에 풍덕으로 고쳤다. 효종 기축년(1600)에 중궁(中宮) 장씨의 관향이라 하여 도호부로 올렸고 후에 진무우영장(鎭撫右營將)을 겸하였다. 순조 23년(1823)에 예속시켰다. ○정주(貞州)의 옛터는 부의 남쪽 40리 승천(昇天) 옛성의 서쪽에 있다. ○승천 옛터는 옛성의 북쪽 2리에 있다〉

**『방면』(坊面)**

동부인흥방(東部仁興坊)·남부예안방(南部禮安坊)·서부의흥방(西部義興坊)·북부지안방(北部智安坊)〈세조대에 개정되었다〉

동면(東面)〈읍치로부터 동쪽 10리에 있다〉

청교(青郊)〈동남쪽으로 10리에 있다〉

남면(南面)〈남쪽으로 15리에 있다〉

중면(中面)〈서쪽으로 30리에 있다〉

북면(北面)〈서북쪽으로 30리에 있다〉

북동면(北東面)〈동북쪽으로 20리에 있다〉

대남면(大南面)〈동북쪽으로 70리에 있다〉

소남면(小南面)〈동북쪽으로 50리에 있다. 앞의 2면은 금천(金川)으로부터 래속(來屬)되었다〉【순조 계미년(1823)에 금천(金川) 대남면(大南面)과 소북면(小北面) 그리고 장단 사천(沙川) 서쪽 지역이 내속(來屬)되었다】

중북면(中北面)〈남쪽으로 30리에 있다〉

동남면(東南面)〈남쪽으로 40리에 있다〉

서남면(西南面)〈서남쪽으로 45리에 있다〉

읍북면(邑北面)〈남쪽으로 25리에 있다. 앞의 4면은 원래 풍덕팔면(豊德八面)에 속해 있었다〉

○고려 성종 6년(987)에 다시 5부(五部)의 방리(坊里)를 정했고, 현종 15년(1024)에 또다시 5부방리를 개정하였는데 무릇 35방이었다.

동부(東部)〈안정방(安定坊 · 봉향방(奉香坊) · 영창방(令昌坊) · 철령방(哲令坊) · 양제방(楊堤坊) · 홍인방(弘仁坊) · 창령방(蒼令坊)이다〉

남부(南部)〈덕수방(德水坊) · 덕풍방(德豊坊) · 안갑방(安甲坊) · 안흥방(安興坊) · 덕산방(德山坊)이다〉

서부(西部)〈삼송방(森松坊) · 오정방(五正坊) · 건복방(乾福坊) · 진안방(鎭安坊) · 향천방(香川坊)이다〉

북부(北部)〈정원방(正元坊) · 법왕방(法王坊) · 흥국방(興國坊) · 오관방(五冠坊) · 자운방(慈雲坊) · 왕륜방(王輪坊) · 제상방(提上坊) · 사내방(舍內坊) · 사자암방(獅子岩坊) · 내천왕방(內天王坊)이다〉

중부(中部)〈남계방(南溪坊) · 홍도방(弘道坊) · 앵계방(鸎溪坊) · 유암방(由岩坊) · 흥원방(興元坊) · 변양방(變羊坊) · 광덕방(廣德坊) · 성화방(成化坊)이다〉

### 『산수』(山水)

송악산(松岳山)〈개성부의 북쪽 5리에 있다. 혹은 곡령(鵠嶺)으로 부르고 또는 숭산(崧山)으로도 부른다. 북쪽으로 성거산(聖居山)과 천마산(天磨山)에 이어지고 동쪽으로 오관산(五冠山)과 용암산(湧岩山)에 이어진다. 형세는 마치 만마리의 말이 뛰어오르는 듯하고 천개의 창을 가지런히 세운 듯하다. 웅장한 기반은 높고 크며 맑고 깨끗함은 빼어나다. 골짜기는 그윽하고 깊으며 천석은 뛰어난 경치다. 북쪽으로 큰 관(關)들과 경쟁하며 남으로 이름난 도읍지를 지킨다. ○자하동(紫霞洞)과 광문암(廣文岩)은 산의 남쪽에 있는데 법왕사(法王寺)와 왕륜사(王輪寺) 등의 큰 절의 옛터가 10여가 있다〉

오관산(五冠山)〈동쪽으로 15리에 있다. 산꼭대기에 5개의 작은 봉우리가 있는데 둥근 모습이 관(冠) 같았기 때문에 이름붙여졌다. 형세는 웅건하고 샘과 폭포는 기이했다. 좌우에 골짜기가 많다. ○영통동(靈通洞), 마가갑(摩訶岬), 금세동(錦細洞), 탁타암(橐駝岩), 차일암(遮

日岩), 화담(花潭), 백석담(白石潭), 계봉(鷄峯), 증봉(甑峯) 이 있다〉

천마산(天磨山)〈개성부의 북쪽 30리에 있다. 거듭된 고개와 중첩한 봉우리가 종횡으로 하늘로 솟아있고 보현봉(普賢峯), 문수봉(文殊峯), 백련봉(白蓮峯), 청량봉(淸凉峯), 부아봉(負兒峯), 나월봉(蘿月峯), 응봉(鷹峯), 국사봉(國師峯) 등 여러 봉우리가 있다. 만경대(萬景坮)가 있다. ○지시암(知是庵)은 석벽이 천길이나 되며 사면이 봉우리로 겹쳐있다〉

성거산(聖居山)〈북쪽으로 40리에 있다. 서쪽으로 금천(金川)과 60리 떨어져 있다. 위에는 오봉산(五峯山)과 천마산이 있다. 봉우리가 이어져 있는데 오도령(悟道嶺), 인달암(因達岩), 수정굴(水精窟)이 있다. 천마산과 성거산의 사이에는 절과 암자가 30여 개나 되는데 모두 아찔한 봉우리 꼭대기에 있다〉

용암산(湧岩山)〈오관산 동북쪽에 있다. 오관산과 천마산의 봉우리와 서로 이어져 있고 정병대(正甁臺), 향로봉(香爐峯), 오룡봉(五龍峯), 추암(皺岩), 달령(獺嶺)이 있다〉

영취산(靈鷲山)〈동북쪽으로 40리에 있다. 성거산과 서로 이어져 있고 금신동(金神洞), 별봉(鼈峯), 토령(土嶺), 동현(桐峴)이 있다〉

보봉산(寶鳳山)〈동북쪽으로 30리 장단(長湍) 경계에 있고 연화봉(蓮花峯), 백운봉(白雲峯), 내백운동(內白雲洞), 외백운동(外白雲洞), 주암(舟岩), 귀암(龜岩), 은사대(隱士臺), 반계(蟠溪)가 있다〉

수룡산(首龍山)〈동북쪽으로 80리에 있다. 산의 북쪽은 즉 금천(金川)땅이다. 거듭 깊은데로 나가 백계현(白界峴), 백운동(白雲洞), 상정령(上停嶺), 효경동(孝敬洞), 장좌동(長佐洞)이 있다〉

용주산(龍宙山)〈남쪽으로 2리에 있다. 옛날에는 송림사(松林寺)가 있었다. 공민왕은 진리(陳理: 중국 명나라 때 漢의 황제 陳友諒의 아들 陳理와 夏의 황제 明珍의 아들 明昇을 고려에 안치하였다/역자주)를 송림사에 머무르게 하였다〉

남산(男山)〈동쪽으로 1리에 있다. 천당동(天堂洞)이 있는데 바로 아라비아 세자가 거주한 곳이다. 세자의 성은 문(文)인데 명승(明昇)과 함께 동쪽으로 왔다. 산의 서쪽에는 화원(花園)과 팔각전(八角殿)의 옛터가 있다. 그 동쪽에 고려 태묘와 도평의사사(都評議使司) 옛터가 있다〉

봉명산(鳳鳴山)〈혹은 오봉산(五鳳山)이라 부른다. 서쪽으로 25리에 있다. 남쪽에 만수산(萬壽山)이 있다〉

제석산(帝釋山)〈천마산 서북쪽에 있다. 서쪽으로 금천(金川)과 50리 떨어져 있다〉

백련산(白蓮山)〈남쪽으로 35리에 있다〉

석숭산(石崇山)〈서쪽으로 30리에 있다〉

어화산(漁火山)〈남쪽으로 25리에 있다〉

고운산(孤雲山)〈서북쪽으로 40리에 있다〉

진봉산(進鳳山)〈남쪽으로 7리에 있다〉

대둔산(大芚山)〈동북쪽으로 80리 금천(金川) 경계에 있다〉

도고산(道高山)〈수룡산 서쪽에 있다. 도장동(道藏洞)과 오금대(五琴臺)가 있다. ○도고산의 서쪽에 대개산(大盖山)이 있고 덕산동(德山洞), 천작동(天作洞), 자작동(自作洞), 백치현(白峙峴), 회암(晦岩), 염성(鹽城), 여기당(女妓堂), 와룡대(臥龍臺), 목은정(牧隱亭)이 있다〉

대덕산(大德山)〈보봉산의 북쪽에 만가장(萬家莊)이 있고 대덕산의 북쪽에 발월산(發越山)이 있다. 산에는 유덕동(遺德洞), 연암(燕岩)이 있다〉

횡혈산(橫穴山)〈용암산의 남쪽에 있는데 7담(七潭)이 있다〉

백마산(白馬山)〈남쪽 40리에 있다. 고려 고종 37년(1250)에 대장군 이세재(李世材)와 장군 신집평(愼執平) 등을 보내 승천부(昇天府)에 궁궐을 조영하기 시작하였다. 백마산 남쪽 임해궁(臨海宮) 옛터는 승천포(昇天浦) 서쪽 언덕에 있다. ○고려는 삼소(三蘇)를 두었는데 장단(長湍)의 백악(白岳)을 좌소(左蘇), 백마산을 우소(右蘇), 신계(新溪)의 기달산(箕達山)을 북소(北로蘇) 삼았다〉

부소산(扶蘇山)〈남쪽으로 20리에 있다. 옛 경천사(敬天寺)의 13층 석탑이 있다. 화엄경의 12회상(會相)을 새겼는데 그 만든 것이 정교하여 인물이 힘차게 움직이고 형용은 가지런히 엄숙하였다. 또 절의 동쪽 언덕에 기이한 돌이 난다〉

말흘산(末訖山)〈남쪽으로 30리에 있다. 남쪽에 풍덕(豐德) 폐읍이 있다〉

덕물산(德物山)〈동남쪽으로 20리에 있다. 달리 덕적산(德積山)으로 부른다. 남쪽에 덕수(德水) 옛터가 있다. 고려 문종이 읍을 옮기고 흥왕사(興王寺)를 세웠는데 무릇 12년이 걸려 완성하니 즉 문종 21년(1067)이었다. 공히 2,800백간이다. 문종 24년(1070)에 흥왕사가 완성되었는데 지금 절은 폐해졌다. 산위에는 최영(崔瑩)의 사당이 있어 무격(巫覡)들이 모여 거주한다〉

군장산(軍藏山)·광덕산(廣德山)〈모두 남쪽으로 25리에 있다〉

여리산(如利山)·노적산(露積山)·마군산(馬群山)〈모두 남쪽으로 30리에 있다. 옛 명칭은

마제산(馬蹄山)이다. 고려 충렬왕 4년(1278)에 수강궁(壽康宮)을 세웠다〉

삼성산(三聖山)〈남쪽으로 40리에 있다〉

풍능산(楓陵山)〈서남쪽으로 15리에 있다〉

어병산(御屛山)〈서남쪽으로 40리에 있고 군자봉(君子峯)이 있다〉

대흥동(大興洞)〈성거산과 천마산 사이에 있다. 박연(朴淵)으로부터 윗쪽으로 암석이 심히 기준(奇峻)하다. 관음굴 앞에 이르러 구담(龜潭)이 있다. 또 윗쪽으로 몇 리를 흘러 샘이 깊은 못이 된다. 또 위로 몇 리를 가면 보현동(普賢洞)과 마담(馬潭)이 있다. 또 위쪽으로 몇 리를 가면 대흥사(大興寺)가 있다〉

청석동(靑石洞)〈서북쪽으로 30리에 있다. 탑현(塔峴)의 동쪽에 언덕과 고개가 겹겹으로 있고 양쪽 기슭에 벽처럼 둘러있는 긴 계곡이 거의 20리가 되는데 구불구불 빙돌아 큰 시내가 가운데로 흐르고 큰 길이 그 가운데로 나있다〉

두문동(杜門洞)〈서쪽으로 15리에 있다. 조선 임신년(1392)에 임선미(林先味)와 조의생(曺義生) 등 72인이 모여 두문동으로 들어가 변화에 따르지 않아 인하여 이름붙여졌다. 영조 27년(1751)에 왕이 짓고 쓴 비를 동 가운데 세웠다. 또 기적비(記蹟碑)가 있다. ○보봉산(寶鳳山) 북쪽 10리쯤에 또 이른바 두문동이 있는데 세상이 바뀐 후에 고려의 신하들이 숨어들어 간 자가 48명이었다고 한다〉

명담동(鳴潭洞)〈성거산 북쪽에 있다〉

마암(馬岩)〈성균관 향교(香橋) 남쪽에 있는데 고려 공민왕비 노국공주(魯國公主)의 영전(影殿)의 옛터가 있다〉

【오공산(吳公山)은 송악 서남쪽에 있다. 야미산(夜味山)은 서쪽으로 2리에 있다. 비파산(比巴山)은 개성부 서쪽에 있다. 나복산(蘿葍山)은 동쪽으로 2리에 있다. 금산(金山)은 서쪽으로 10리에 있다. 고두산(高頭山)은 동쪽으로 10리에 있다】

**「영로」(嶺路)**

대사현(大蛇峴)〈동쪽으로 10리 장단(長湍) 경계에 있다〉

우이령(牛耳嶺)〈동북쪽으로 50리에 있다. 서쪽으로 금천(金川)에 60리 떨어져 있다〉

상항령(上項嶺)〈동북쪽으로 60리 금천(金川) 경계에 있다〉

나복실령(羅卜實嶺)〈위와 같다〉

부조현(不朝峴)〈남쪽으로 2리에 있다. 조선 태조 임신년(1392)에 몸소 가서 과거를 베풀었다. 고려의 선비들 모두 고개를 넘어 갔기 때문에 이름붙여졌다. 영조 15년(1739) 행차시에 고려충신부조현(高麗忠臣不朝峴)이라는 7자를 비에 새기도록 명하였다. 또 그 북쪽에 괘관현(掛冠峴)이 있는데 고려 선비들이 부조현을 넘은 자가 이곳에서 관을 걸었다〉

탑현〈서북쪽으로 30리에 있다〉

자논현(自論峴)〈청석동(靑石洞) 동쪽에 있다〉

호현(虎峴)〈남쪽으로 19리에 있다〉

용현(龍峴)〈서북쪽으로 20리 요해처(要害處)에 있다〉

갈현(葛峴)〈동북쪽으로 58리 장단 경계에 있다〉

석현(石峴)〈남쪽으로 15리에 있다〉

지장현(地藏峴)〈남쪽으로 7리에 있다〉

주파현(注波峴)〈서쪽으로 10리에 있다〉

마유치(馬踰峙)〈성거산 서쪽 갈래에 있다〉【금현(金峴)은 동쪽으로 2리에 있다. 사현(沙峴)은 북쪽으로 1리에 있다. 주작현(朱雀峴)은 사현 북쪽에 있다. 이현(梨峴)은 동쪽으로 6리에 있다】

○예성강(禮成江)〈서쪽으로 36리에 있다. 송나라 사신을 맞이하고 보내는 곳이기 때문에 예성강이라 불렀다. 강의 서쪽에는 백천리(白川里)이다〉

전포(錢浦)〈서쪽으로 36리에 있다〉

이포(梨浦)〈전포 하류에 있다. 그 아래는 벽란도(碧瀾渡)이고 그 아래는 후서강(後西江)이다〉

후서강(後西江)〈서쪽으로 35리에 있는데 고려때 서강(西江)으로 칭하였다〉

창능포(昌陵浦)〈서남쪽으로 40리에 서강의 아래에 있다〉

동강(東江)〈동남쪽으로 40리에 있다〉

사천(沙川)〈동쪽으로 10리 장단 경계에 있다〉

판적천(板積川)〈사천(沙川) 상류에 있다〉

소사미천(小沙彌川)〈동북쪽으로 50리에 있다. 앞의 3곳은 장단에 있다〉

부내의 물줄기들(府內諸水)〈오천(烏川), 백천(白川), 웅천(熊川)은 모두 사천으로 들어간다〉

화장포(化莊浦)〈동강 남쪽 10리에 있다〉

영정포(領井浦)〈남쪽으로 45리에 있다〉

승천포(昇天浦)〈남쪽으로 40리에 있다〉

망포(芒浦)〈양천(楊川) 하류에 있다〉

당두포(堂頭浦)〈서남쪽으로 45리에 있다. 고려 문종 10년(1056)에 장원정(長源亭)을 서강 병악(餠岳)의 남쪽 바닷가에 세웠다〉

박연(朴淵)〈성거산과 천마산 사이에 있다. 큰 바위가 마치 항아리를 가른 듯하고 깊이는 헤아릴 수 없다. 넓고 편편한 돌에서 물이 솟아나오고 못중의 물은 절벽으로 달려가 노한 폭포가 되어 아래로 떨어지니 마치 흰 무지개가 공중에 비추는 듯하다. 날리는 눈발이 디딤돌 위에 뿌려지고 천둥소리가 일어나고 세차게 흘러 소리가 산악을 진동시킨다. 청심담(淸心潭)·기담(妓潭)·마담(馬潭)·구담(龜潭)이 있는데 모두 이상하고 기이하다〉

【제언은 22곳이 있다】

【고려 문종 21년(1067)과 숙종 5년(1100)에 모두 장원정(長源亭)에 행차하였다】

### 『형승』(形勝)

산천은 웅혼하고 토지는 넓고 비옥하다. 대흥동(大興洞)은 구불구불 효산(崤山)과 함곡관의 험난함이 있고, 청석동(靑石洞)은 마능(馬陵)과 정형(井陘)의 험일함이 있다. 서남쪽에는 큰강으로 막혀 있고 동북쪽에는 백치(白峙)의 험난함이 있다. 산천으로 둘러싸여 있고 토지는 기름지다. 서북쪽은 높이 막혀있고 동남쪽은 평평하고 트여있다.

### 『성지』(城池)

내성(內城)〈즉 발어참성(勃禦塹城)이다. 고려때는 황성(皇城)으로 불렀다. 무릇 2,600간이고 빙둘러 13개의 문이 있다. ○남대문은 조선 태조 2년(1393)에 루각을 세웠다. ○원나라 순제(順帝) 지정(至正) 6년(1346)에 좌장고(左藏庫) 부사 신예(辛裔)를 보내 금강산에서 종을 주조토록 하였다. 고려 충목왕은 신예에게 연복사(演福寺)에 종을 달도록 해달라고 요청하였다. 후에 옮겨 남대문루에 메달았다. ○신라 진성왕 10년(896)에 궁예가 왕건으로 하여금 발어참성을 쌓도록 하였다. ○고려 공민왕 10년(1361)에 서울 사람을 모아 성문을 수축하였다. ○고려 우왕 3년(1377)에 경성(京城)을 수축할 것을 명하였다. ○고려 공양왕 3년(1399)에 5도의 인정(人丁)을 발하여 내성(內城)을 쌓았으나 곧 혁파하였다. ○조선 성종 9년(1478)에 송도의 신하들에게 옛 성을 수축하도록 명하였다〉

외성(外城)〈고려 현종 20년(1029)에 개경에 나성(羅城)을 쌓았다. 이보다 앞서 평장사 강감찬(姜邯贊)이 서울에 성곽이 없다고 성을 쌓기를 청하자 국왕이 참지정사 이가도(李可道)에게 성의 터를 정하도록 명하였다. 둘레는 2만 9천 7백보이고 22개 문을 세웠다. 문의 칭호는 숭인문(崇仁門)·선기문(宣旗門)·보정문(保定門)·광덕문(光德門)·덕산문(德山門)·회빈문(會賓門)·선계문(仙溪門)·태안문(泰安門)·홍인문(弘仁門)·건덕문(乾德門)·보태문(保泰門)·선의문(宣義門)·산예문(狻猊門)·정평문(定平門)·선암문(仙岩門)·자안문(慈安門)·창의문(彰義門)·영양문(迎陽門)·안화문(安和門)·성도문(成道門)·회창문(會昌門)·안정문(安定門)이다. ○인정 30만 4천 4백명을 사용하였다. ○고려 공민왕 7년(1358)에 경도(京都) 외성을 수축하도록 명하였다〉

송악고성(松岳古城)〈옛 현에 있다. 신라 효소왕 3년(694)에 송악성을 축조하였고, 효공왕 2년(898)에 궁예가 송악성을 보수하였다. 고려 현종 2년(1011)에 송악성을 증수하였다〉

개성고성(開成古城)〈서쪽으로 25리에 있다. 둘레가 4,410척인데 속칭 난산고성(卵山古城)이다. ○신라 성덕왕 12년(713)에 개성을 축조하였다〉

승천고성(昇天古城)〈혹은 백마산성(白馬山城)으로 부른다. 남쪽 40리 승천포 주변에 있다. 고려 고종 39년(1252)에 축조하였는데 둘레가 10리이고 우물이 73개가 있다〉

구안성(求安城)〈서남쪽으로 40리 창능포(昌陵浦) 위에 있다. 고려 공민왕 7년(1358)에 서강(西江)에 성을 쌓았는데 바로 이것이다〉

대흥산성(大興山城)〈북쪽으로 30리에 있다. ○조선 숙종 2년(1676)에 대장 유혁연(柳赫然)에게 축조할 것을 명하였다. 둘레는 5,975보이고 성문이 6개가 있다. 처음에 별장(別將)을 두었으나 군영을 설치한 후 관리를 위해 중군(中軍)이 진에 머물도록 하였다. ○성의 북쪽은 밖은 험하고 안은 평평하다. 산세가 사방이 뾰족하게 솟아있고 가파르게 우뚝하여 마치 창과 칼을 배치한 것 같다. 가운데에 한줄기 시내물이 통하여 큰 폭포가 되니 즉 박연이다. ○창(倉)이 4개, 고(庫)가 2개가 있다. 성 안팎으로 절과 암자가 10여 개가 있다. 또 제승당(制勝堂), 영청당(永青堂), 대승당(大乘堂)이 있다. ○수성장(守城將)은 중군이 겸한다〉

**『영아』(營衙)**

관리영(管理營)〈조선 숙종 37년(1711)에 설치하였다〉

「관원」(官員)

사〈유수가 겸한다〉, 중군〈대흥산성 수성장을 겸한다〉, 종사관〈경력이 겸한다〉, 좌열별장 우열별장〈각 1명이 있다〉, 좌부천총 우부천총 중부천총〈각 1명이 있다〉

『진보』(鎭堡)

여현진(礪峴鎭)〈서북쪽으로 25리 용현(龍峴)의 남쪽 1리에 있다. 조선 영조 6년(1730)에 성을 축조하고 진을 두었다. ○창(倉)은 2개가 있다. ○병마동첨절제사 1명이 있다〉

백치진(白峙鎭)〈동북쪽으로 70리 금천(金川) 동쪽으로 50리 수룡산(首龍山) 남쪽에 있다. 옛날 우봉현(牛峯縣)의 백계현(白界峴)인데 옛 성이 있다. 금천(金川)으로부터 성거산(聖居山)을 빙둘러 뒤쪽으로 이 고개를 넘으면 남쪽으로 임진에 통하니 바로 개성부의 동북쪽 요해처이다. 신라, 고구려가 군사를 쓸 때 모두 이 길을 이용하였다. 조선 숙종 2년(1676)에 진을 두었고, 숙종 17년(1691)에 금천에 속하였다가 정조 병진년(1796)에 래속하였다. ○창이 2개가 있다. ○병마동첨절제사 1명이 있다〉

「혁폐」(革廢)

청석진(靑石鎭)〈청석동에 있다. 조선 순조 3년(1803)에 토성(土城)을 축조하였다. 길이가 756보이고 관문(關門)을 설치하고 첨사(僉使)를 두었다. 진은 순조 21년(1821)에 폐해졌다. ○비록 천험(天險)이라고 말하나 청석동 이북으로부터 동쪽으로 점차 토산(兎山)의 경계로 들어가니 대경소로(大徑小路)하여 지킬 수 없다〉

『봉수』(烽燧)

국사당(國師堂)·서낭당(城隍堂)〈앞의 2곳은 송악산 위에 있다〉

덕적산(德積山)〈남쪽으로 20리에 있다〉

『창고』(倉庫)

창이 3개, 고(庫)가 10개 있다.

『역참』(驛站)

청교역(靑郊驛)〈보정문(保定門)밖에 있다〉

**「혁폐」(革廢)**

산예역(狻猊驛)〈서쪽으로 20리에 있다〉

중연역(中連驛)〈남쪽 30리에 있다. 옛날에는 풍덕(豊德)에 걸렸다〉

평리역(平理驛)〈옛날에는 덕수(德水)에 걸렸다〉

**「기발」(騎撥)**

청교참(靑郊站)·청석동참(靑石洞站)

**『진도』(津渡)**

벽란도(碧瀾渡)〈서쪽으로 35리에 있다. 조류(潮流)의 형세가 사납게 흐른다. 옛날에는 도승(渡丞)이 있었다〉

이포진(梨浦津)〈서쪽으로 40리에 있다〉

전포진(錢浦津)〈서쪽으로 36리에 있다. 고려때에는 광정도(匡正渡)라 칭하였다. 앞의 3곳은 백천(白川)으로 통한다〉

조강진(祖江津)〈남쪽으로 50리에 있다. 통진(通津)으로 통한다. ○고려때에는 하원도(河源渡)라 칭하였다. 고려 충렬왕은 일찍이 제국공주(齊國公主)와 함께 이곳에서 조수(潮水)를 보았다〉

해암진(蟹岩津)〈남쪽으로 40리에 있다. 고려때에는 인녕도(引寧渡)라 칭하였다. 옛날에는 덕수(德水)에 걸려있고 통진으로 통한다〉

승천포진(昇天浦津)〈남쪽으로 40리에 있다. 강화로 통한다. ○서쪽 언덕에 임해궁(臨海宮)의 옛터가 있다〉

창능포진(昌陵浦津)〈서남쪽으로 40리에 있다. 백천(白川) 남쪽 경계로 통한다〉

**『교량』(橋梁)**

탁치교(槖駝橋)〈보정문안에 있다. 옛 이름은 만부교(萬夫橋)이며 속칭은 야교(夜橋)이다. 다리 입구에 기적비(記蹟碑)가 있다. ○고려 태조 25년(942)에 거란이 낙타 50필을 보내오자 국왕이 거란이 일찍이 발해와 화친하다가 하루아침에 멸해버리니 이는 도가 없는 것이 심하다고 하고 드디어 외교관계를 끊고 그 사신을 해도로 유배보내고 낙타를 만부교 아래에 메어 두니 모두 굶어 죽었다〉

황교(黃橋)〈선의문(宣義門)밖에 있다〉

수창교(壽昌橋)〈옛날 수창궁(壽昌宮)앞 다리이다. 십수천(十水川)이 그 아래로 흘렀다〉

백금석교(白金石橋)〈남대문밖 시가지에 있다〉

풍우교(楓友橋)〈남대문밖에 있는데 백천(白川)이 그 아래로 흐른다〉

저우교(猪友橋)〈남대문밖에 있는데 오천(烏川)이 그 아래로 흐른다〉

선죽교(善竹橋)〈태묘리(太廟里)에 있다. 문충공 정몽주가 죽은 곳이다. 다리 동쪽에 비가 있다. 정몽주의 후손 정호인(鄭好仁)이 석란교(石欄橋)를 만들고 별도로 조그만 다리를 만들어 행인들이 지나다니도록 하였다. 조선 영조 16년(1740) 국왕이 짓고 쓴 비를 세웠다. 다리 동쪽에는 성인비(成仁碑)가 있고, 또 녹사비(錄事碑)가 있다〉

선인교(仙人橋)〈자하동(紫霞洞)에 있다〉

중상동교(中常洞橋)〈사현(沙峴) 북쪽에 있다〉

영의서교(永義署橋)〈천동(泉洞)에 있다〉

산석교(傘石橋)〈남대문밖 시가지에 있다〉

주천교(酒泉橋)〈서소문(西小門) 안에 있다〉

십수천교(十水川橋)〈오정문(五正門)안 판전동(板廛洞)에 있다〉

옥장교(玉粧橋)〈위와 같다〉

병부교(兵部橋)〈광화문(廣化門) 동쪽에 있다〉

노군교(勞軍橋)〈병부교 동쪽에 있다〉

조은교(助隱橋)〈저우교 남쪽에 있다〉

수륙교(水陸橋)〈남대문밖 서쪽에 있다. 혹은 마전교(馬廛橋)라 부른다〉

주교(舟橋)〈수륙교 남쪽에 있다〉

대평교(大平橋)〈대평관(大平舘) 앞에 있다〉

당상교(堂上橋)〈이정리(梨井里)에 있다〉

피정교(皮井橋)〈당상교 남쪽에 있다〉

죽전교(竹廛橋)〈예빈리(禮賓里)에 있다〉

북진교(北辰橋)〈만월대앞에 있다. 다리 서쪽에는 홍충평관취의비(洪忠平灌取義碑)가 있다〉

사천교(沙川橋)〈동쪽으로 10리에 있다〉

취적교(吹笛橋)〈사천의 동쪽 3리에 있다. 다리 주변에는 취적봉(吹笛峯)과 영송대(迎送

臺)가 있다〉

나복교(羅伏橋)〈취적봉 아래 천수원(天壽院) 동쪽에 있다〉

판적교(板積橋)〈동쪽으로 20리에 있다〉

대교(大橋)〈서쪽으로 25리에 있는데 조수가 이른다〉【개성 양란장(羊欄場)과 정주(貞州)의 좌목장(左牧場)은 모두 혁폐되었다】

### 『토산』(土産)

인삼·구기자·송이[송심(松蕈)]·기이한 돌·석회·백어(白魚)·숭어[수어(秀魚)]·농어[노어(鱸魚)]·게가 난다.

### 『장시』(場市)

구풍덕장(舊豊德場)은 3일과 8일에 장이 서며, 해암장(蟹岩場)은 2일과 7일에 장이 서며, 열매장(悅梅場)은 4일과 9일에 장이 선다.

### 『궁실』(宮室)

수창궁(壽昌宮)〈서소문(西小門)안에 있다. 조선 태조가 수창궁의 영화전(永和殿)에서 선양(禪讓)을 받았다. 정종(定宗), 태종(太宗) 모두 이곳에서 즉위하였으나 지금은 폐해져 창고로 쓴다〉

경덕궁(敬德宮)〈용주산(龍宙山)의 동쪽 추동(楸洞)에 있다. 태조가 선양을 받은 후 추동에 친히 임하여 과거를 베풀었다. 궁은 즉 태조가 왕위에 오르기 전의 옛 저택이다. 증수하여 경덕궁으로 하였고 별제(別提) 2명을 두었다. 선조 임진왜란 후에 없어져 민전(民田)이 되었다. 효종 8년(1657)에 담 주위에 하마비를 세우라고 명하였다. 현종 10년(1659)에 수리하였다. 숙종 19년(1693)에 후능(厚陵)에 행차하여 친히 써서 비를 세웠는데 비액(碑額)은 경덕궁비계영경지비(敬德宮丕啓靈慶之碑)이다〉

인덕궁(仁德宮)〈후능의 구역 안에 있다. 조선 정종이 이곳에서 죽었다〉

### 「공해」(公廨)

성균관(成均館)〈동쪽으로 5리 마암(馬岩)의 북쪽에 있다. ○교수(敎授), 분교관(分敎官) 각 1명이 있다〉

대평관(太平館)〈서소문밖에 있다. 고려 충렬왕때 원나라 세조가 정동성(征東省)을 두었다. 지금은 사신들이 숙박하는 곳이다〉

분봉상시(分奉常寺)〈양성리(兩城里)에 있다. ○주부와 직장 각 1명이 있다〉

훈련청(訓鍊廳)〈곽화리(郭花里)에 있다. 봄가을에 무사도시(武士都試)가 베풀어진다. ○『송경지』(松京志)에 이르기를 흥국사(興國寺)는 지금 훈련청이 되었다. 옛 탑이 여전히 있다. 훈련청 뒤 산아래에는 즉 명승(明昇)이 거주한다〉

○살피건대 고려 궁실로 『고려사』에 실려있거나 혹은 옛터가 있어 증험할 수 있거나 혹은 사적이 없어진 것은 번거로워 기록할 수 없다. 궁호(宮號)는 무릇 28개이고, 전호(殿號)는 무릇 45개이다. 궁문은 34개이고, 누각, 정자, 원원(園苑), 부서(府署) 등 무릇 50여 개이고 폐사(廢寺)는 무릇 40여 개였다〉

### 『누정』(樓亭)

서사정(逝斯亭)〈화담(花潭)위에 있다. 옆에는 암석이 있어 수십명이 앉을 수 있다〉

범사정(泛槎亭)〈박연 주변에 있다〉

### 『묘전』(廟殿)

목청전(穆淸殿)〈숭인문(崇仁門) 안에 있다. 조선 태조의 옛 저택이다. 태종이 목청전을 건축하여 태조어진(太祖御眞)을 봉안할 것을 명하였다. 참봉 2인을 두었다. 선조 임진왜란으로 불탔다. 효종 8년(1657)에 주위에 담을 설치하도록 명하였다. 현종 11년(1670)에 수리하여 문을 설치하고 하마비를 세웠다. 숙종 19년(1693)에 머물고 친히 써서 비를 세웠다. 비액은 목청전비계영경지비(穆淸殿丕啓靈慶之碑)이다〉

대성전(大成殿)〈성균관에 있다. 위패를 봉안한 것이 경도(京都)의 경우와 같다〉

### 『능묘』(陵墓)

제능(齊陵)〈남쪽 15리 율촌(栗村)에 있다. 조선 태조비 신의왕후(神懿王后) 한씨(韓氏) 능이다. 기일은 9월 23일이다. ○령과 참봉 각 1명이 있다〉

후능(厚陵)〈남쪽 30리 흥교동(興敎洞)에 있다. 조선 정종대왕의 능이다. 기일은 9월 26일이다. 정안왕후(定安王后) 김씨(金氏)가 부장되었다. 기일은 6월 25일이다. ○별검(別檢), 참봉

각 1명이 있다〉

창능(昌陵)〈예성강 위쪽 영안성(永安城)에 있다. 고려 세조(世祖)를 장사지냈다〉

현능(顯陵)〈송악산 서쪽 을지동(乙只洞) 남쪽에 있다. 고려 태조와 왕비 신혜왕후(神惠王后) 유씨(柳氏)를 장사지냈다. 고려 현종때 거란족의 난리로 인하여 재궁(梓宮)을 삼각산(三角山) 향림사(香林寺)로 옮겼다. 난리가 평정된후 환장하였는데 이렇게 한 것이 두차례였다. 고려 고종 4년(1217)에 금산병(金山兵: 거란의 유종인 금산왕자가 군대를 일으켜 쳐들어옴/역자주)으로 인하여 봉은사(奉恩寺)로 이안(移安)하였고 후에 환안(還安)하였다. 고종 19년(1232)에 몽고의 난리로 인하여 창능과 현능을 강화 개골동(盖骨洞)으로 옮겼다. 고려 원종때 임시로 니판동(泥板洞)에 안치하였다. 고려 충렬왕 2년(1276)에 환장(還葬)하였다. 조선 성종 24년(1493)에 고려 태조 능을 닦도록 명하였고, 숙종 원년(1675)에 고려 여러 능에 나무를 심도록 하고 나무채취와 목장을 금하였다. 정조 7년(1783)에 여능참봉(麗陵參奉) 1명을 두어 왕씨(王氏)로 차출하였고 해마다 관원을 보내어 살피도록 하였다〉

순능(順陵)〈송악 동쪽 산기슭 탄현(炭峴) 문밖에 있다. 고려 혜종과 왕비 의화왕후(義和王后) 김씨(金氏)를 장사지냈다〉

안능(安陵)〈남소문(南小門) 밖에 있다. 정종과 왕비 문공왕후(文恭王后) 박씨(朴氏)를 장사지냈다〉

헌능(憲陵)〈송악산 북쪽 적유현(狄踰峴)에 있다. 고려 광종(光宗)을 장사지냈다〉

영능(榮陵)〈진봉산(進奉山) 아래에 있다. 고려 경종(景宗)을 장사지냈다〉

태능(泰陵)〈해안사(海安寺) 아래에 있다. 고려 대종(戴宗)을 장사지냈다〉

강능(康陵)〈남쪽 교외에 있다. 고려 성종(成宗)을 장사지냈다〉

의능(義陵)〈성 동쪽에 있다. 고려 목종(穆宗)을 장사지냈다. ○처음 적성(積城)에서 화장하고 공능(恭陵)으로 호칭하였다. 고려 현종 3년(1012)에 개장(改葬)하고 의능이라 호칭하였다〉

건능(乾陵)〈고려 안종(安宗)을 장사지냈다. 고려 현종 8년(1017)에 사천(泗川)으로부터 경도로 옮겼다〉

선능(宣陵)〈송악 서쪽 산기슭에 있다. 고려 현종(顯宗)을 장사지냈다〉

숙능(肅陵)〈북쪽 교외에 있다. 고려 덕종(德宗)을 장사지냈다〉

주능(周陵)〈북쪽 교외에 있다. 고려 정종(靖宗)을 장사지냈다〉

경능(景陵)〈불일사(佛日寺) 남쪽 산기슭에 있다. 고려 문종(文宗)을 장사지냈다〉

성능(成陵)〈진봉산(進奉山) 남쪽 산기슭 양현(陽峴)에 있다. 고려 순종(順宗)을 장사지냈다〉

인능(仁陵)〈성 동쪽에 있다. 고려 선종(宣宗)을 장사지냈다〉

은능(隱陵)〈성 동쪽에 있다. 고려 헌종(獻宗)을 장사지냈다〉

유능(裕陵)〈성 남쪽에 있다. 고려 예종(睿宗)을 장사지냈다〉

장능(長陵)〈성 서쪽 벽곶동(碧串洞)에 있다. 고려 인종(仁宗)을 장사지냈다〉

희능(禧陵)〈성 동쪽에 있다. 고려 의종(毅宗)을 장사지냈다〉

양능(陽陵)〈성 남쪽에 있다. 고려 신종(神宗)을 장사지냈다〉

후능(厚陵)〈00에 있다. 고려 강종(康宗)을 장사지냈다〉

소능(韶陵)〈개성부 북쪽 15리에 있다. 고려 원종(元宗)을 장사지냈다〉

경능(慶陵)〈개성부 서쪽 12리에 있다. 고려 충렬왕(忠烈王)을 장사지냈다〉

덕능(德陵)〈개성부 서쪽 12리에 있다. 고려 충선왕(忠宣王)을 장사지냈다〉

의능(毅陵)〈00에 있다. 고려 충숙왕(忠肅王)을 장사지냈다〉

영능(永陵)〈00에 있다. 고려 충혜왕(忠惠王)을 장사지냈다〉

명능(明陵)〈개성부 서쪽 12리에 있다. 고려 충목왕(忠穆王)을 장사지냈다〉

총능(聰陵)〈성 남쪽에 있다. 고려 충정왕(忠定王)을 장사지냈다〉

현능(玄陵)〈봉명산(鳳鳴山)가운데에 있다. 고려 공민왕(恭愍王)을 장사지냈다〉

정능(正陵)〈현능 동쪽에 있다. 고려 공민왕비 노국공주(魯國公主)를 장사지냈다.

○수능(壽陵)·정능(貞陵)·유능(幽陵)·원능(元陵)·화능(和陵)·명능(明陵)·회능(懷陵)·의능(宜陵)·질능(質陵)·현능(玄陵)·대능(戴陵)·자능(慈陵)·수능(綏陵)·순능(純陵)·진능(眞陵)·소능(紹陵)·고능(高陵)·영능(令陵)·경능(頃陵)·평능(平陵)·선능(善陵)·숙능(淑陵)·심능(深陵)·양능(良陵)·제능(濟陵)·제능(齊陵)·정능(定陵)·풍능(豊陵)·목능(穆陵)·녕능(寧陵)·단능(端陵)·장능(莊陵)·익능(翼陵)·혜능(惠陵)·견능(堅陵)·영능(靈陵)·용능(容陵)·절능(節陵)·도능(悼陵)·신능(信陵)·정능(靖陵)·광능(匡陵)·간능(簡陵)·예능(睿陵)·숭능(崇陵)·정능(靖陵)·연능(衍陵)〈앞의 47개 능은 모두 후비(后妃)의 능인데 소재는 미상이다〉이 있다.

【조선 현종 11년(1670)에 고려 태조능을 수축하였고 수호(守護) 3사람을 두었다. 그 나머지 여러 능에 각각 수호 3사람을 두었다】

【고려 태조·현종·문종·원종·공민왕 5능에 각각 수능군(守陵軍)을 두었다】

【고려 숙종능·명종능은 장단(長湍)에 보이고, 고종능·희종능은 강화에 보인다】

【고려 고종 46년(1259)에 후능과 예능이 도굴되었다】

【의능(懿陵)은 고려 우왕의 어머니 궁인 한씨(韓氏)를 높여 순정왕후(順靖王后)로 삼았고 의능이라 호칭하였다】

**『단유』(壇壝)**

송악산단(松岳山壇)〈고려때에는 중사(中祀)에 올랐다. 조선왕조때는 서악(西岳)으로 중사에 등재하였다〉

오관산단(五冠山壇)〈명산(名山)으로 소사(小祀)에 등재하였다〉

**『사원』(祠院)**

계성사(啓聖祠)〈조선 영조 16년(1740)에 성균관에 행차하여 사당을 건립하였다. 묘정비(廟庭碑)가 있는데 경도에 상세하다〉 ○숭양서원(崧陽書院)〈남산(男山) 동쪽에 있다. 즉 포은(圃隱) 정몽주의 옛터이다. 조선 선조 계유년(1573)에 건립되었고, 을해년(1575)에 사액되었다. 문충공(文忠公) 화상과 묘정비가 있다〉에는 정몽주(鄭夢周)〈경도 문묘를 보라〉, 우현보(禹玄寶)〈자는 원보(原寶)이고 단양(丹陽)사람이다. 관직은 시중 단산백(丹山伯)에 올랐고 시호는 충정(忠靖)이다〉, 서경덕(徐敬德)〈자는 가구(可久)이고 호는 화담(花潭)이며 당성(唐城)사람이다. 관직은 후능참봉에 올랐고 영의정에 증직되었으며 시호는 문강(文康)이다〉, 김상헌(金尙憲)〈경도 태묘(太廟)를 보라〉, 김육(金育)〈자는 백후(伯厚)이고 호는 잠곡(潛谷)이며 청풍(淸風) 사람이다. 관직은 영의정에 올랐고 시호는 문정(文貞)이다〉, 조익(趙翼)〈수원을 보라〉을 모셨다 ○화곡서원(花谷書院)〈화담의 남은 터가 있다. 조선 광해군 기유년(1609)에 건립되었고, 인조 을해년(1635)에 사액되었다〉에는 서경덕(徐敬德)〈위를 보라〉, 박순(朴淳)〈자는 화숙(和叔)이고 호는 은암(恩庵)이며 충주(忠州) 사람이다. 관직은 영의정에 올랐고 시호는 문충(文忠)이다〉, 허엽(許曄)〈자는 태휘(太輝)이고 호는 초당(草堂)이며 양천(陽川) 사람이다. 관직은 부제학에 올랐다〉, 민순(閔純)〈자는 경초(景初)이고 호는 행촌(杏村)이며 여흥(驪興) 사람이다. 관직은 장령에 올랐다〉 ○오관서원(五冠書院)〈송악산 아래에 있으니 즉 고려 오관방(五冠坊)이다. 조선 숙종 임술년(1682)에 건립되었고, 숙종 을축년(1685)에 사액되었다〉에는 박상충(朴尙衷)〈자는 성부(誠夫)이고 호는 반남(潘南)이며 나주(羅州) 사람이다. 고려 우왕 을묘년(1375)에 장을 받고 유배도중 길에서 죽었다. 관직은 판전교시사(判典校寺事)에 올랐고 조선에 들어와 영의정에 증직되었으며 시호는 문정(文正)이다〉, 박세채(朴世采)〈박상충의 14세손이다. 경도 문묘를 보라〉를 모셨다 ○구암서원(龜岩書院)〈남쪽 30리에 있다. 조선 숙종 신유년(1681)에 이건되었고, 숙종 임술년(1682)에 사액되었다〉에는 이이(李珥)〈경도 문묘를 보라〉를 모셨다 ○도산서원(道山書院)〈개성부 북쪽 도리촌(桃李村)에 있다. 조선 숙종 임술년(1682)에 건립되었고, 숙종 을축년(1685)에 사액되었다〉에는 이제현(李齊賢)〈자는 중사(仲思)이고 호는 익재(益齋)이며 경주(慶州) 사람이다. 관직은 시중 계림부원군(鷄林府院君) 김해후(金海侯)에 올랐고 치사(致仕)하였으며 시호는 문충(文忠)이다〉, 이종학(李種學)〈호는 인재(麟齋)이다. 관직은 진현관제학(進賢館提學)에 올랐다. 고려 공양왕 임신년(1392)에 화를 입었다. 목은 이색의 아들이다〉, 조석윤(趙錫胤)〈자는 윤지(胤之)이고 호는 낙정재(樂靜齋)이며 백천(白川) 사람이다. 관직은 이조판서에 올랐고 문형을 맡았으며 좌찬성에 증직되었고 시호는 문효(文孝)이다〉을 모셨다 ○숭절사(崇節祠)〈남산(男山) 남쪽에 있다. 조선 현종 병오년(1666)에 건립되었고, 숙종 갑오년(1714)에 사액되었다〉에는 송상현(宋象賢)〈자는 덕구(德求)이고 호는 천곡(泉谷)이며 여산(礪山) 사람이다. 조선 선조 임진왜란때 순절하였다. 관직은 동래부사에 올랐고 좌찬성에 증직되었으며 시호는 충렬(忠烈)이다〉, 김동광(金鍊光)〈자는 언정(彦精)이고 호는 송암(松岩)이며 김해(金海) 사람이다. 조선 선조 임진왜란때 순절하였다. 관직은 회양부사(淮陽府使)에 올랐고 예조참판에 증직되었다〉, 유극량(劉克良)〈연안(延安) 사람이다. 조선 선조 임진왜란때 조방장(助防將)으로 임진(臨津)에서 순절하였다. 관직은 부원수에 올랐고 예조참판에 증직되었으며 시호는 무의(武毅)이다〉을 모셨다 ○표절사(表節祠)〈성균관 서쪽에 있다. 조선 정조 계묘년(1783)에 건립되었고, 같은해에 사액되었다〉에는 임선미(林先味)〈고려 태학생(太學生)으로 조선에 벼슬하지 않고 두문동(杜門洞)에 들어갔다〉, 조의생(曺義生)〈태학생으로 조선에 벼슬하지 않았다. 맹씨성(孟氏姓)을 가진 사람과 더불어 두문동에 들어갔다〉, 맹성인(孟姓人), 성사제(成思齊)〈관직은 직제학에 올랐다〉, 박문수(朴門壽)〈관직은 찬성사에 올랐다〉, 민안부(閔安富)〈관직은 예의판서(禮儀判書)에 올랐다〉, 김충한(金冲漢)〈관직은 예의판서에 올랐다. ○이상 4현은 추향(追享)하였다〉을 모셨다 ○한천사(寒泉祠)〈용주산(龍宙山)에 북쪽에 있다. 조선 순조 정묘년(1807)에 건립하여 주자(朱子)와 우암(尤庵)의 화상을 협실에 봉안하였다〉에는 주자, 안유(安裕)〈모두 경도 문묘를 보라〉, 이색〈장단을 보라〉, 한수(韓脩)〈호는 유항(柳巷)이고 청주(淸州) 사람이다. 관직은 시중에 올랐으며 시호는 문경(文敬)이다〉, 권부(權溥)〈호는 몽암(夢庵)이고 안동(安東) 사람이다. 관직은 정승에 올랐으며 시호는 문정(文正)이다〉, 송시열〈경도 문묘 서무(西廡)를 보라〉을 모셨다.

『전고』(典故)

신라 진성왕 11년(897)에 인물현(仁物縣)〈즉 덕수(德水)이다〉이 궁예에게 항복하였다. 신라 효공왕 2년(898)에 궁예가 패서도(浿西道)와 한주(漢州) 관내 30여성을 취하고 드디어 송악군(松岳郡)으로 도읍을 옮겼다. ○고려 태조 2년(919)에 법왕사(法王寺), 왕륜사(王輪寺) 등 10사를 수도안에 창건하였다. 태조 18년(935)에 후백제 왕인 견훤(甄萱)이 고려에 항복하였다.〈견훤의 아들 신검(神劒)이 아버지를 금구현(金溝縣)의 금산사(金山寺)에 유폐하고 그 아우 금강(金剛)을 죽이고 자립하자 견훤이 도망하여 나주로 달아나 입조(入朝)할 것을 청하자 왕이 장군 유금필(庾黔弼) 등을 보내 군선 40여 척을 이끌고 가서 맞아왔고 견훤을 상부(尙父)로 칭하고 남궁(南宮)을 숙소로 주었고 관위는 백관의 위에 두었고 양주(楊州)를 식읍으로 내려주었다〉 신라 국왕 김부(金溥)가 고려에 항복하였다.〈신라의 국왕이 입조하자 태조가 천덕전(天德殿)에 가서 알현하는 의례를 받았고 신라왕을 상주국(上柱國)으로 삼고 식읍 1천 호를 주고 지위는 태자위에 두고 장안낙랑공주(長安樂浪公主)를 처로 주었고 신란궁(神鸞宮)을 세워 내려주었다. 신라국을 제(除)하여 경주로 삼았고 이어서 식읍으로 내려주었다〉 고려 현종 원년(1010)에 거란의 왕〈성종(聖宗) 융서(隆緖)이다〉이 크게 군사를 일으켜 처들어오자 국왕은 남쪽 나주로 달아났다. 거란의 군사가 경성에 들어와 태묘와 궁궐을 불태웠고 백성의 가옥이 거의 없어졌다. 현종 9년(1018)에 거란의 군사가 경성을 핍박하자 동북면병마사가 군사 3천3백명을 보내 호위하도록 하였다. 고려 고종 4년(1217)에 거란의 군사〈즉 거란유종 금산병(金山兵)의 난이다〉 5천 명이 금교역(金郊驛)에 이르자 여러 장수들에게 각기 군사를 이끌고 나가 숭인문(崇仁門)과 홍인문(弘仁門) 2문밖에서 막도록 명하였다. 고종 18년(1231)에 몽고 군사가 평주(平州)에서 와서 선의문(宣義門) 밖에서〈포도원수(蒲桃元帥)는 오산(吾山)에서 주둔하였고 당고원수(唐古元帥)는 포리(蒲里)에서 주둔하였다〉 주둔하였다. 선봉대가 예성강에 도착하여 집을 불태웠고 인민을 죽인 것이 수를 헤아릴 수 없었으니 경성이 놀라고 걱정하여 흉흉하였다. 몽고 군사가 경성 4문 밖에서 주둔하고 장차 흥왕사(興王寺)를 공격하고자 하여 어사 민희(閔曦)를 보내 음식을 대접하고 화친을 맺었다. 고종 19년(1232)에 4품이상으로 하여금 몽고를 막을 것을 의논하도록 명령하였는데 모두 성을 지키고 적을 막아야 한다고 말했다. 오직 재추(宰樞) 정무(鄭畝)와 태집성(太集成)만이 의당 수도를 옮기고 란을 피해야 한다고 말했다.〈권신 최우(崔瑀)가 몽고를 구실로 국왕을 협박하여 강화로 옮겨 피하였다〉 개경 어사대의 조예(皂隸) 이통(李通)이 반란을 선동하여 경기의 초적(草賊)과 성안의 노예 그리고 절의 중들을 모아 공사(公私)를 약탈하였다. 국왕이 조렴경(趙廉卿) 등에게 토벌할 것을 명하였다. 적(賊)이 3군이 강화로부터 강을 건넌다는 것을 듣고 강변에서 맞이하였다. 3군이 적을 승천부(昇天府) 동쪽 교외에서 공격하여 크게 물리치고 나머지 일당도 모두 평정되었다. 고종 40년(1253)에 몽고 군사가 압록강을 건너오자 즉시 모든 도에 이첩하여 거주하는 주민들을 거느리고 산성과 해도(海島)로 입보(入保)하도록 하였다. 고종 41년(1254)에 이해 몽고 군사가 포로로 잡아간 남녀가 무려 20만 6천 8백여 명이었고 살륙된 자도 헤아릴 수 없었다. 몽고병이 지나간 주와 군은 모두 불타 없어졌다. 몽고 군사의 난리가 있은이래 이때보다 심한 때는 없었다. 고종 42년(1255)에 몽고 장수 차라대(車羅大)가 옛 서울 보정문(保定門)밖에서 주둔하고 몽고 군사 50여 기가 승천성(昇天城) 밖에 이르렀다. 또 몽고 군사 백여기가 승천성밖에 이르자 대장군 최영(崔瑛)에게 위로하며 타이르도록 명하였다. 최영은 성위에서부터 아래로 술과 음식을 내려 몽고 군사에게 먹이니 몽고군사들이 가버렸다. 고종 44년(1257)에 몽고의 척후병이 개경에 들어오니 장작감(將作監) 이응(李凝)으로 하여금 음식을 보내 위로하게 하였다. 고종 45년(1258)에 차라대가 옛 서울에 주둔하고 기병이 산발적으로 승천부, 교하(交河), 봉성(峯城), 수안(守安), 동성(童城)에 들어와 인민들이 기르는 양과 말을 약탈하였다. 고종 46년(1259)에 성주(成州) 기암성(岐岩城)안이 몽고에 공격받자 사람들이 서로 먹으니 그 백성을 승천부의 신성(新城)으로 옮겼다. 고려 원종 즉위년(1259)〈기미년 12월이다〉에 몽고 군사가 송도에 들어와 강안전(康安殿)을 지키는 자를 약탈하였는데 별장 대금취(大金就)가 공격하여 포로를 탈환하여 돌아왔다. 원종 원년(1260)에 옛 서울에 궁궐과 집을 지었다. 원종 11년(1270)에 옛 서울로 환도하였다. 관청이 모두 불타 백관들이 모두 장막을 치고 거주하였다. 원종 13년(1272)에 삼별초(三別抄)적의 배〈강화에 상세하다〉가 영여도(靈與島)〈남양(南陽)이다〉에 내박(來泊)하자 국왕이 원수 흔도(忻都)〈몽고의 장수이다〉에게 50기병으로써 궁궐을 숙위해 줄 것을 청하였다. 고려 충렬왕 16년(1290)에 합단(哈丹)〈원의 반역한 왕 내안(乃顏)의 나머지 당이다〉의 난을 피하여 강화로 들어갔다. 충렬왕 17년(1291)에 합단의 난리가 평정되자 국왕이 강화로부터 남도(藍島)〈동강(東江)에 있다〉북쪽 교외에서 원나라 군사를 맞이하였다. 충렬왕 18년(1292)에 개경으로 환도하였다. 고려 공민왕 원년(1352)에 왜선이 크게 이르자 포왜사(捕倭使) 김휘남(金暉南)이 전선 25척으로 왜를 막았고 풍도(楓島)〈수원에 있다〉에 이르러 적선 20척을 만났으나 군사가 적어 싸우지 않고 물러났다. 교동(喬桐)에 이르러 또 멀리 적선이 매우 많은 것을 보고 돌아와 서강(西江)에 정박하고 급한 상황을 고하여 여러 거느리는 군사를 발하여 서강, 갑산(甲山)〈즉 연안(延安)의 각산(角山)이다〉, 교동에 나누어 파견하여 대비토록 하니 도성이 크게 놀랐다. 왜가 승천부 홍천사에 들어가 충선왕과 한국공주(韓國公主)〈왕비인 원의 공주이다〉의 진영을 취하여 갔다. 공민왕 7년(1358)과 8년(1359)에 왜가 예성강을 침구하였다. 공민왕 9년(1360)에 왜가 평택현(平澤縣), 아주현(牙州縣), 신평현(新平縣) 등의 현을 침구하였다. 또 용성현(龍城縣) 등 10여 현을 불태웠다. 경성에 경계를 엄히 하고 유탁(柳濯)으로 경기도통사를 삼고 방리인(坊里人)을 모아 군사로 삼아 동강과 서강에 주둔시키고 백악신궁(白岳新宮)으로 거처를 옮겼다. 공민왕 10년(1361)에 개경으로 돌아왔다. 이때 홍건적이 서울에 가까이 이르자 왕과 공주〈왕비인 노국공주이다〉가 태후를 받들고 남쪽으로 행차하여 임진강을 건너 두솔원(兜率院)에 머물렀다. 따르는 자는 오직 시중 홍언박(洪彦博) 등 27명이었다.〈국왕의 수레가 강 언덕에 머물자 산하를 돌아보면서 원송수(元松壽)와 이색(李穡)에게 이와 같은 풍경은 경들이 바로 마땅히 연구(聯句)로 지어야 한다고 말하였다〉 국왕과 공주는 모두 말을 타고 가서 광주(廣州)에 머물렀고 이민(吏民)은 모두 산성에 올랐다. 또 이천(利川)에 이르렀을 때 비와 눈이 어의를 적셔 얼어 땔나무를 태워 따스하게 하였다. 이날 적이 경성을 함락하고 수일동안 머물러 주둔하면서 소와 말을 죽이고 가죽을 펼쳐 성을 만들고 물을 뿌려 얼어붙으니 사람들이 위로 올라갈 수 없었다. 또 사람을 죽여 먹는 등 잔학한 일을 자행하였다. 국왕이 음죽현(陰竹縣)에 머무르자 이민(吏民)이 모두 도망가 숨었다. 또 충주에 머물고 복주(福州)에 이르렀다. 공민왕 11년(1362)에 안우(安祐), 이방실(李芳實), 김득배(金得培), 황상(黃裳), 한방신(韓方信), 이여경(李餘慶), 안우경(安遇慶), 이귀수(李龜壽), 최영(崔瑩) 등이 군사 20만 명을 거느리고 동쪽 교외에 주둔하였다. 총병관 정세운(鄭世雲)이 여러 장수를 독려하여 진격하여 경성을 포위하고 사면에서 공격해 나가니 적의 무리가 놀라고 두려워하였다. 조선 태조(이성계)는 휘하의 병사 2천명으로 분격하여 크게 격파하고 적의 우두머리 사유관(沙劉關)선생 등을 죽였다. 적의 무리들이 서로 밟히고 깔려 죽었고 얼어죽은 시체가 성안에 가득하였으며 목을 벤 것이 20여 만이었다. 원나라 황제의 옥쇄 2개와 금보(金寶), 금인(金印), 동인(銅印)을 획득하였다. 제장들이 적을 다 궁지에 몰수 없다 라고 말하고 숭인문과 탄현문 2개의 문을 열어주었다. 나머지 무리 파두번(破頭潘) 등 10여만 명이 달아나 압록강을 건너 가니 적이 드디어 평정되었다. 국왕이 복주(福州)로부터 상주(尙州)에 머물면서 평장사 이공수(李公遂) 등을 보내 경성을 지키도록 하였다. 이때 경성의 궁궐은 남은 것이 없었고 여항(閭巷)은 폐허가 되었으며 백골이 언덕을 이루었다. 공민왕 12년(1363)에 국왕이 보은현에서 청주에 주둔하여 진주(鎭州)로 진격하였고 또 죽주(竹州)에 머물렀다.〈봉업사(奉業寺)에서 태조의 어진(御眞)에 알현하였다〉 또 진격하여 봉성(峯城)에 머물렀고 유도재추(留都宰樞)가 임진에서 맞이하였다. 다음날 백관이 통제원(通濟院)에서 반열(班列)을 지어 맞이하였고 다음날 어가가 흥왕사에 머물렀다. 찬성사 김용(金鏞)이 그 무리 50여 명을 보내 행궁(行宮)을 침범하고 난을 일으켜 시위한 여러 신하를 죽였다.〈경흥군(慶興君과 홍자번(洪子藩)이 죽었다〉 최영, 우제(禹磾), 안우경(安遇慶), 김장수(金長壽) 등이 경성으로부터 군사를 거느리고 행궁으로 가서 적을 공격하여 평정하였다.〈후에 계림부(鷄林府)에서 김용을 환형(轘刑)에 처하였다〉 공민왕 12년(1363)에 원나라가 덕흥군(德興君)〈충선왕의 얼자(孼子)인 혜(譓)인데 중이 되어 원나라로 들어갔다〉으로 국왕을 삼고 장차 원나라 군사 1만 명으로 압록강을 건너고자 하였다. 국왕이 제장을 나누어 파견하여 안주(安州), 의주(義州), 인주(麟州), 용주(龍州), 강계(江界)에 주둔시켜 서북지방을 대비토록 하고 모두 절제의 직함을 주었다. 또 화주(和州)에 주둔하여 동북지방에 대비하고 14도병마사를 내어 조병(調兵)하게 하였다. 그 때에 덕흥군이 요동에 주둔하여 척후병이 여러차례 압록강에 이르르니 조야가 두려워 하였다. 공민왕 13년(1364)에 왜가 해풍군(海豐郡)을 침구하였다. 공민왕 14년(1365)에 왜가 교동, 강화를 침구하자 최영에게 명하여 나가 동강(東江)을 지키도록 하였다. 왜가 동강과 서강에 이르자 안우경 등에게 막도록 명령하였다. 왜가 창능(昌陵)에 들어가 세조(世祖)의 어진을 빼어가지고 돌아갔다. 공민왕 15년(1366)에 왜가 조선(漕船) 3척을 빼앗았다. 또 교동을 도륙하고 가지 않으니 경성이 크게 떨었다. 국왕이 안우경 등에게 33 병마사를 거느리고 나가 동강과 서강에 주둔하도록 명하였다. 승천부에는 지휘할 군사가 없고 줄 갑옷이 없으니 여러 군사들이 적을 바라볼 뿐 진격하지 못하였다. 공민왕 20년(1371)에 왜가 예성강을 침구하고 병선 40여 척을 불태웠다. 공민왕 21년(1372)에 명나라가 한왕(漢王) 진리(陳理)〈진우량(陳友諒)의 아들이다〉와 하왕(夏王) 명승(明昇)〈명옥진(明玉珍)의 아들이다〉의 가솔 27명을 보내면서 말하기를 군인도 아니고 민도 아니다. 이에 진리와 명승이 바다를 항해하여 왔다. 왜의 선박 27척이 양천(陽川)에 들어오자 우리 군사가 싸웠으나 패하였다. 국왕이 친히 5군을 이끌고 나가 승천부에 머물렀다.〈또 안국사봉(安國寺峯)에 머물렀고 또 인월곶(引月串)에 나가 불화살을 쏘았다. 또 경포봉

(徑浦峯)에 올랐고 또 백마산(白馬山)에 머물렀다. 또 망포봉(芒浦峯)에 올라가 배를 바라보고 드디어 용천사봉(龍泉寺峯)에 머물렀다. 또 증산봉(甑山峯)에 머물러 밤새도록 화산희(火山戲)를 베풀었다〉 공민왕 22년(1373)에 왜선이 동강과 서강에 모여 양천을 침구하고 드디어 한양에 이르러 집을 불태우고 인민을 죽이고 약탈하니 수백리가 시끄러웠고 경성이 크게 진동하였다. 공민왕 23년(1374)에 왜적이 서울 경계에 가까이 이르자 도성에 계엄을 내렸다. 우왕 2년(1376)에 왜적이 서강에 들어오자 최영, 변안렬(邊安烈)이 군사를 출동하여 물리쳤다. 왜장이 도성을 침구하니 밤중에 방리(坊里)의 군사를 발하여 성을 지키도록 하였다. 또 적이 먼저 송악(松岳)에 오르려고 한다는 것을 듣고 중을 징발하여 군사로 삼아 나누어 요해처를 지키게 하였다. 우왕 3년(1377)에 왜가 다시 강화에 침구하니 경성에 경계를 엄히 하고 여러 원수를 보내어 동강과 서강을 나누어 지키도록 하였다. 우왕 4년(1378)에 왜가 착량(窄梁)〈강화이다〉에 크게 모여 승천부에 들어가 큰소리로 장차 경성을 침구하겠다고 말하니 중외가 크게 두려워하여 계엄을 내렸다. 여러 군사들이 나가 동강과 서강에 주둔하고 군사가 대궐 문에서 지키고 서서 적이 이르기를 기다렸다. 판삼사사(判三司事) 최영이 해풍군(海豐郡)에 주둔하며 제군을 독려하니 적이 해풍군으로 추격하여 곧바로 중군(中軍)으로 향하였다. 최영과 양백연(楊伯淵)이 공격하니 최영이 패하여 북으로 나갔고 조선 태조가 정예군사를 거느리고 양백연의 군사와 함께 공격하여 패퇴시켰다. 최영의 군사가 옆에서 좇아 공격하니 적의 태반이 죽었고 나머지 잔당들도 밤에 도망갔다. 우왕 6년(1380)에 영삼사사(領三司事) 최영이 제 원수를 거느리고 동강과 서강에 나가 주둔하여 왜에 대비하였다. 우왕 7년(1381)에 나세(羅世)를 동강도원수(東江都元帥)로 삼고, 황상(黃裳)을 서강도원수를 삼았다. 강에 연한 요충지에는 모두 원수를 두어 왜구에 대비하였는데 무릇 15지역이었다. 우왕 8년(1382) 8월에 한양으로 도읍을 옮겼다. 우왕 8년 12월에 조민수(曺敏修)에게 경성을 지키도록 명령하였다. 우왕 9년(1383) 2월에 송경(松京)으로 돌아왔다. 우왕 14년(1388)에 양광도안렴(楊廣道按廉) 전리(田理)가 치보(馳報)하기를 왜가 40여 개 군을 침구하였는데 마치 사람이 없는 지역을 밟는 것 같았다고 하였다. 이에 제장을 되돌려 보내 막도록 하고 여러 비빈들에게 한양에 있는 자는 모두 개경으로 돌아오라고 명령하였다. 우왕이 장차 요동을 공격하려고 이광보(李光甫)에게 되돌아 개경의 서강에 주둔하여 왜에 대비하도록 명령하였다. 우왕이 의주에 이르르니 군사가 10만〈의주에 상세하다〉이라 하였는데, 좌군과 우군이 압록강을 건너 위화도(威化島)에 주둔하였다. 좌우도통사가 상서하여 반사(班師)를 청하였다. 조선 태조는 우군도통사로서 이어 회군하였다. 우

왕이 듣고 최영〈8도도통사였다〉과 더불어 빨리 달려 개경으로 돌아와 제도에 군사를 징발하여 지원토록 하고 수레를 모으고 항구를 폐쇄하였다. 태조는 숭인문 밖 산대암(山臺岩)에서 주둔하고 유만수(柳曼殊)를 보내 숭인문으로부터 들어가고 좌군은 선의문(宣義門)으로 들어가니 최영이 힘써 싸워 모두 물리쳤다. 태조가 숭인문을 거쳐 성으로 들어가 좌군과 더불어 나아갔으나, 조민수〈좌군도통사이다〉는 검은색의 큰 기를 세우고 영의서교(永義署橋)에 이르러 최영의 군사에게 패하는 바가 되었다. 잠시후에 태조가 황룡대기를 세우고 선죽교를 거쳐 남산(男山)에 오르니 흙먼지가 하늘에 가득찼다. 최영이 휘하로 하여금 먼저 남산을 점거했으나 기를 바라보고 무너져 버리니 최영의 형세가 궁박해져 달아나 화원(花園)〈남산에 있다. 이때 우왕이 거주하고 있었다〉으로 돌아갔다. 태조의 휘하 군사들이 화원을 수백겹 둘러쌓았다. 제군이 담을 무너뜨리고 난입하여 최영을 잡아가지고 고봉현(高峯縣)으로 유배하였다.〈저녁에는 우왕을 강화로 추방하였다〉 공양왕 2년(1390) 7월에 한양으로 도읍을 옮기고 안종원(安宗源), 윤호(尹虎)에게 송경을 남아 지키도록 명하였다. 공양왕 3년(1391) 2월에 개경으로 환도하였다. 조선 성종 5년(1474)에 송경에 행차하였다. 중종 30년(1535)에 송경에 행차하였다.〈과거를 베풀고 선비를 뽑았다〉 선조 25년(1592) 5월에 임금이 서쪽으로 행차하여 개성부의 남문루(南門樓)에 가서 인민들을 모아놓고 위로하였다. 효종이 즉위하기 전에 심양에 들어가다가 개성부를 지나갔다. 숙종 19년(1693)에 송경〈과거를 베풀고 선비를 뽑았다〉에 행차하였다. 영조 16년(1740)에 송경에 행차하였다.〈과거를 베풀고 선비를 뽑았다〉

## 4. 강화부(江華府)

**『연혁』(沿革)**

원래 백제 갑비고차(甲比古次)이다. 신라 경덕왕 16년(757)에 해구군(海口郡)〈거느리는 현은 3개인데 수진현(守鎭縣)·강음현(江陰縣)·교동현(喬洞縣)이다〉으로 고치고 한주(漢州)에 예속시켰다. 신라 원성왕 6년(790)에 혈구진(穴口鎭)으로 고쳤다.〈아찬 계홍(啓弘)으로 진두(鎭頭)로 삼았다〉 고려 태조 23년(940)에 강화로 고쳤고, 현종 9년(1018)에 현령〈속현(屬縣)이 3개인데 진강현(鎭江縣)·하음현(河陰縣)·교동현이다〉으로 고치고 양광도(楊廣道)에 예속시켰다. 고려 고종 19년(1232)에 몽고 군사를 피하여 이곳에 도읍을 두었고 지군사(知郡事)로 올렸다.〈옛 읍의 터가 강화부 북쪽 성밖 당주동(唐州洞)에 있다〉 고려 원종 11년(1270)에 송경으로 다시 돌아갔다.〈수도로 있은지 무릇 38년간이다〉 고려 충렬왕 16년(1290)에 이곳으로 합단병(哈丹兵)을 피하여 18년간 있다가 다시 송경으로 돌아갔고 강화군을 인주(仁州)에 병합하였다가 얼마후 다시 나누었다. 고려 우왕 3년(1377)에 강화부로 올렸다. 조선 태종 13년(1413)에 도호부로 올렸고, 광해군 10년(1618)에 부윤으로 올렸다. 인조 5년(1627) 2월에 후금(後金)의 군사를 피하여 강화로 행차하였고, 인조 5년 4월에 환도하였고 유수부(留守府)로 올렸다.

**「부호」(府號)**

강도(江都)〈고려때 불렀다〉, 심주(沁州)

**「관원」(官員)**

유수(留守)〈진무사(鎭撫使)를 겸한다〉, 경력(經歷)〈장녕전령(長寧殿令)과 진무영종사관(鎭撫營從事官)을 겸한다〉, 분교관(分敎官), 검률(檢律), 의학(醫學) 각 1명을 둔다.

## 『고읍』(古邑)

진강(鎭江)〈남쪽으로 25리에 있다. 원래 백제 수지(首知)이며 혹은 신지(新知)라 부른다. 신라 경덕왕때 수진(首鎭)으로 고치고 해구군(海口郡) 영현(領縣)으로 삼았다. 고려 태조때 진강으로 고쳤다〉

하음(河陰)〈서북쪽으로 20리에 있다. 원래 백제 동음내(冬音奈)인데 혹은 휴음(休陰)으로 불렸고 또는 아음(芽音)으로 불렸다. 신라 경덕왕때 호음(沍音)으로 고치고 해구군 영현으로 삼았다. 고려 태조때 하음으로 고쳤다. 앞의 2현은 고려 현종 9년(1018)에 내속(來屬)하였다〉

## 『방면』(坊面)

부내면(府內面)·장령면(長令面)〈동북쪽으로 10리에 있다〉

선원면(仙源面)〈남쪽으로 10리에 있다〉

길상면(吉祥面)〈남쪽으로 40리에 있다〉

삼해면(三海面)〈서북쪽으로 15리에 있다〉

하음면(河陰面)〈서북쪽으로 20리에 있다〉

간점면(艮岾面)〈서쪽으로 30리에 있다〉

북사면(北寺面)〈서북쪽으로 20리에 있다〉

서사면(西寺面)〈서북쪽으로 30리에 있다〉

인정면(仁政面)〈남쪽으로 20리에 있다〉

불은면(佛恩面)〈남쪽으로 30리에 있다〉

내가면(內可面)〈서쪽으로 35리에 있다〉

외가면(外可面)〈서쪽으로 35리에 있다〉

위량면(位良面)〈서남쪽으로 30리에 있다〉

상도면(上道面)〈서남쪽으로 35리에 있다〉

하도면(下道面)〈서남쪽으로 50리에 있다〉

송정면(松亭面)〈북쪽으로 15리에 있다〉【해녕향(海寧鄕)은 서남쪽으로 30리에 있다】

**『산수』(山水)**

고려산(高麗山)〈서쪽으로 5리에 있다〉

남산(南山)〈강화부 남쪽에 있는데 화산(花山)으로 불렀다. 빙둘러 성을 쌓았는데 그 위에 장대(將臺)가 있다〉

만수산(萬壽山)〈동쪽으로 5리에 있다〉

송악산(松岳山)〈강화부의 북쪽에 있다. 빙둘러 성을 쌓았는데 그 위에 장대가 있다〉

조피산(曺皮山)〈남쪽으로 30리에 있다〉

별립산(別立山)〈서쪽으로 20리에 있다〉

혈구산(穴口山)〈서쪽으로 10리에 있다〉

진강산(鎭江山)〈서남쪽으로 30리에 있다〉

하음산(河陰山)〈서북쪽으로 20리에 있다. 혹은 봉두산(鳳頭山)으로 부른다. 산위에 돌로 쌓은 방형의 대가 있다〉

길상산(吉祥山)〈남쪽으로 35리에 있다. 산세가 사방을 두루 둘러싸고 있다. ○전등사(傳燈寺)는 고려 충렬왕의 원비(元妃)인 정화궁주(貞和宮主) 왕씨(王氏)가 중 인기(印奇)에게 바다를 항해하여 중국에 들어가 대장경을 인쇄하여 와서 절안에 보관할 것을 부탁하였다〉

마니산(摩尼山)〈남쪽으로 40리에 있다. 산세가 웅장하여 우뚝하니 솟았고 앞으로 대해에 임하고 섬들이 별처럼 벌려있다. ○고려 고종 46년(1259)에 산의 남쪽에 흥왕행궁(興王行宮)을 세웠다. ○정수사(淨水寺)는 산의 동남쪽 밖에 있다. 암자에는 부도전(浮屠殿), 극락간(極樂

間)이 있다. 중 함허자(涵虛子) 득통(淂通)이 바다를 항해하여 동쪽으로 와서 이곳에 주석하였다. ○천재암(天齋庵)은 산의 북쪽에 있다. 조선 태종이 우대언(右代言)으로 있을 때 이곳에 묵었다〉

개골동(盖骨洞)〈남쪽으로 10리에 있다. 고려 고종 19년(1232)에 세조(世祖), 태조(太祖)를 이곳으로 이장하였으나 고려 충렬왕 2년(1276)에 옛 능으로 환장(還葬)했다〉【정자산(亭子山)은 강화부성의 동쪽에 있다】

○저천(猪川)〈남쪽 5리에 있다. 수원은 혈구산(穴口山)에서 나와 동쪽으로 흘러 조산포(造山浦)가 되어 바다로 들어간다〉

마장천(馬場川)〈남쪽으로 15리에 있다. 혈구산과 진강산 2산에서 나와 합류하여 대청포(大青浦)가 되어 바다로 들어간다〉

두모천(豆毛川)〈서쪽으로 15리에 있다. 고려산과 혈구산 2산에서 나와 서쪽으로 흘러 말올포(末兀浦)가 되어 바다로 들어간다〉

동낙천(東洛川)〈남쪽으로 1리에 있다. 고려산에서 나와 조산포(造山浦)로 들어간다〉

고려천(高麗川)〈서쪽으로 15리에 있다. 고려산에서 나와 서쪽으로 흘러 간점포(艮岾浦)가 되어 바다로 들어간다〉

오리천(吾里川)〈서쪽으로 10리에 있다. 고려산에서 나와 북쪽으로 흘러 하포(鰕浦)가 되어 바다로 들어간다〉

승천포(昇天浦)〈북쪽으로 15리에 있다. 개성(開城)과 승천포는 강을 사이에 두고 마주 대하고 있다. 포의 좌우는 석벽과 진흙이 사이사이 놓여 있어 조수가 찰 때가 아니면 배를 띄울 수 없다〉

손량항(孫梁項)〈남쪽 35리에 있다. 고려때 착량(窄梁)으로 불렸고 고려 우왕 3년(1377) 왜란때 만호 손광유(孫光裕)가 날아가는 화살에 맞아 죽었고 인하여 손량항으로 불렸다. ○즉 강으로부터 바다로 나가는 입구에 석량(石梁)이 수중에 마치 문벌(門閥)처럼 가로로 뻗쳐있고 중앙에는 조금 움푹 패여 있어 조수가 들어오고 나갈때 물의 형세가 매우 빨라진다. 배들이 여기에 이르러 조수가 가득차기를 기다려 지나간다. 물바닥에는 석각(石角)이 여러 층을 이루고 있고 파도는 급하게 흘러 뱃길이 극히 위험하였다〉【제언은 32곳이 있다】

**「도서」(島嶼)**

매도(煤島)〈고려때는 구음도(仇音島)로 불렀으나 지금은 금음도(今音島)로 부른다. 둘레가 60리이고 토지는 비옥하고 고기와 소금이 자못 풍성하다. 섬 가운데 박석(礴石)이 있어 취하여 묘도(墓道)의 용도로 썼다〉

석모노도(席毛老島)〈『고려사』에는 금음북도(今音北島)로 썼다. 둘레가 40리이고 서쪽으로 미법도(彌法島)와 10리 떨어져 있다. 동쪽으로 삼삼암돈(三三岩墩)과 10리 떨어져 있고 모두 수로를 아우른다〉

소도(少島)·서검도(西檢島)·아차도(阿此島)·어리도(魚里島)·안도(鞍島)〈이상은 서해 가운데에 있다〉

동검도(東檢島)〈조수가 빠질때 육지와 이어진다〉

신도(信島)·거도(居島)〈고려사에는 매잉도(買仍島)로 부른다〉·모도(茅島)〈이상은 남해 가운데에 있다〉【인월도(引月島)는 『고려사』에는 양도(壤島)이다】

**『형승』(形勝)**

동북쪽은 강으로 둘러싸여 있고 서남쪽은 바다로 둘러싸여 있다. 오른쪽은 양서(兩西)에 접해 있고 왼쪽은 삼남을 잡아당기고 있다. 토지는 비옥하고 물고기와 소금은 풍성하다. 섬들이 이어져 있고 안쪽은 고밀(固密)하여 서울의 목구멍이다.

**『성지』(城池)**

내성(內城)〈처음 돌로 쌓았다. 조선 인조 9년(1631)에 다시 쌓았다. 인조 15년(1637)에 병란으로 붕괴되었다. 효종 3년(1652)에 수축하였고, 숙종 3년(1677)에 개축하였다. 숙종 36년(1710)에 개축하였는데 둘레는 15리 343보이다. 장대(將臺)가 3개, 문이 4개인데 동쪽이 망한문(望漢門), 남쪽이 안파루(晏波樓), 서쪽이 첨화문(瞻華門), 북쪽이 진송정(鎭松亭)이다. 암문(暗門)이 4개이다〉 외성(外城)〈조선 숙종 4년(1678)에 병조판서 김석주(金錫胄)가 외성을 축조하기를 청하였다. 다음해 함경도, 강원도, 황해도 승군 8천 명과 어영군 4,300명을 40일 일시켜 축조를 마쳤다. 영조 19년(1743)에 외성을 축조하였다〉

연강수성(緣江水城)〈조선 영조 22년(1746)에 김시혁(金始爀)을 시켜 개축하였다. 월곶(月串) 옥포(玉浦)로부터 초지(草芝)에 이르기까지 무릇 43리 290보이다. 월곶·옥포·진해사(鎭海寺)·갑곶진(甲串津)·광성(廣城)·덕진(德津)에 모두 관(關)을 설치하였다〉

정족산성(鼎足山城)〈길상산(吉祥山)에 있는데 옛성이 있다. 속전(俗傳)에 삼랑성(三郎城)

이다. 고려 고종 46년(1259)에 삼랑성에 임시 궁궐을 조영할 것을 명하였다. 조선 영조 14년(1738) 옛터에 따라 개축하였다. 둘레가 5리인데 가운데에 선원각(璿源閣), 사고(史庫), 훈련도감·금위영·어영청 3곳의 군영 창고와 전등사가 있다〉

문수산성(文殊山城)〈통진(通津)의 문수산의 서쪽 산 갑곶진 가에 임하여 강화를 내려다보고 있다. 조선 숙종 20년(1694) 성을 축조하였다. 둘레가 5,529보인데 서쪽, 남쪽, 북쪽에 3개의 문이 있다. ○별장(別將) 1명이 있다〉

연변돈대(沿邊墩臺)〈강화 주위 280리 107보이다. 조선 숙종 때 김석주(金錫胄) 등을 보내어 도내 포구 주변을 자세히 살피고 숙종 6년(1680)에 제도 승군(僧軍)을 발하여 돈대 52개소를 축조하였다. 돈성(墩城)은 모두 보첩(步堞)이 있는데 서로 떨어진 거리는 미처 기록에 싣지 못하였다〉【돈대의 서로 떨어진 주위가 191리 254보이다】

고려 고종 20년(1233)에 내성(內城)〈지금 터의 자취는 자세하지 않다〉을 축조하였고, 고종 24년(1237)에 외성(外城)을 흙으로 축조하였다.〈지금 부의 남쪽에 옛터가 있다〉

고종 37년(1250)에 중성(中城)〈문이 무릇 17개이다〉과 진강고성(鎭江古城)〈세속에서 대모성(大母城)으로 부른다. 남쪽 30리에 있다〉 하음고성(河陰古城)〈옛 현의 북쪽에 있다〉을 축조했다.

### 『영아』(營衙)

진무영(鎭撫營)〈조선 숙종 4년(1678)에 설치되었다〉

#### 「관원」(官員)

사(使)〈유수가 겸한다〉, 중군(中軍)〈진무(鎭撫)·중영장(中營將)·수성장(修城將)을 겸한다〉, 종사관(從事官)〈경력이 겸한다〉, 오영(五營)〈전영은 부평에, 좌영은 통진에 있고, 속읍은 김포이다. 중영은 본영 중군에, 우영은 인천에, 후영은 연안에 있고 속읍은 백천이다〉, 천총(千摠)은 4곳이 있다.〈전부·좌부·우부·후부가 있다〉

### 『진보』(鎭堡)

월곶진(月串鎭)〈동북쪽으로 10리에 있다. 조선 인조 7년(1629)에 교동으로부터 이곳으로 옮겼다. 효종 7년(1656)에 첨사(僉使)로 올렸다. ○병마첨절제사 1명이 있다〉【월곶진은 초지진·장곶진·제물진·용진진·덕진진·인화진(寅火鎭)을 관할한다】

초지진(草芝鎭)〈남쪽으로 35리에 있다. 북쪽으로 덕진(德津)과 5리 떨어져 있다. 조선 효종 7년(1656)에 안산(安山)으로부터 이곳으로 옮겼다. 영조 39년(1763)에 첨사로 올렸다. ○ 병마동첨절제사겸감목관(兵馬同僉節制使兼監牧官) 1명이 있다〉

장곶진(長串鎭)〈서남쪽으로 50리에 있다. 동쪽으로 선두포(船頭浦)와 30리 떨어져 있다. 조선 숙종 2년(1676)에 별장을 두었다. 철종 4년(1853)에 첨사로 올렸다. ○병마동첨절제사 1명이 있다〉

제물진(濟物鎭)〈동쪽으로 10리에 있다. 북쪽으로 월곶과 10리 떨어져 있다. 조선 효종 7년(1656)에 인천(仁川)으로부터 이곳으로 옮겼다. ○병마만호(兵馬萬戶) 1명이 있다〉

용진진(龍津鎭)〈남쪽으로 15리에 있다. 북쪽으로 제물진과 10리 떨어져 있다. 효종 7년(1656)에 병마만호 1명을 두었다〉

덕진진(德津鎭)〈남쪽으로 30리에 있다. 북쪽으로 광성보와 5리 떨어져 있다. 옛날에는 수군첨사(水軍僉使)가 있었으나 조선 현종 7년(1666)에 별장으로 내렸다. 숙종 3년(1677)에 만호로 올렸다. ○병마만호 1명이 있다〉

인화석진(寅火石鎭)〈서쪽으로 30리에 있다. 남쪽으로 정포보와 30리 떨어져 있다. 효종 7년(1656)에 별장을 두었다. 영조 15년(1739)에 만호로 올렸다. ○병마만호 1명이 있다〉

승천포진(昇天浦鎭)〈북쪽으로 18리에 있다. 동쪽으로 월곶진과 20리 떨어져 있다. 효종 7년(1656)에 별장을 두었다. 철종 4년(1853)에 만호로 올렸다. ○병마만호 1명을 두었다〉

광성보(廣城堡)〈남쪽으로 25리에 있다. 북쪽으로 용진진과 15리 떨어져 있다. 효종 7년(1656)에 설치되었다. ○별장 1명이 있다〉

선두포보(船頭浦堡)〈남쪽으로 35리에 있다. 동남쪽으로 초지진과 20리 떨어져 있다. 조선 숙종 32년(1706)에 설치되었다. ○별장 1명이 있다〉

정포보(井浦堡)〈서남쪽으로 25리에 있다. 남쪽으로 장곶진과 25리 떨어져 있다. 옛날에는 만호가 있었으나 후에 별장으로 강등되었다. 조선 현종 10년(1669)에 다시 만호가 되었다. 숙종 4년(1678)에 별장으로 강등되었다. ○별장 1명이 있다〉

철곶보(鐵串堡)〈북쪽으로 20리에 있다. 서남쪽으로 인화석진과 20리 떨어져 있다. 옛날에는 수군첨사가 있었으나 후에 별장으로 강등되었다가 다시 첨사로 올렸다. 조선 숙종 38년(1712)에 별장으로 강등되었다. ○별장 1명이 있다〉

**『봉수』(烽燧)**

남산(南山)〈강화부의 남쪽에 있다〉

하음산(河陰山)〈서쪽으로 20리에 있다〉

망산(望山)〈서남쪽으로 20리에 있다〉

진강산(鎭江山)〈서남쪽으로 30리에 있다〉

대모산(大母山)〈남쪽으로 30리에 있다〉

**『창고』(倉庫)**

창(倉)은 10곳이 있고, 고(庫)는 7곳이 있다.

**『목장』(牧場)**

신도장(信島場)·거도장(居島場)·동검도장(東檢島場)〈매도(煤島), 모도(茅島), 길상(吉祥), 진강(鎭江)은 모두 폐해졌다〉

**『진도』(津渡)**

갑곶진(甲串津)〈즉 갑비고차진(甲比古次津)이다. 후에 동진(童津)으로 불렀다. 서울과 통진으로 가는 큰 길로 통한다〉

승천포진(昇天浦津)〈북쪽으로 15리에 있다. 개성대로(開城大路)와 통한다〉

인화석진(寅火石津)〈서쪽으로 25리에 있다. 교동과 통한다〉

광성진(廣城津)〈김포와 통진 사이길로 통한다〉

정포진(井浦津)〈매도, 석모노도(席毛老島)로 통한다〉

**『토산』(土産)**

청란석(靑爛石)〈매도에서 산출된다〉·석회·감·쑥·부들·산초·수철·소금·새우·조개·물고기·게 등 무릇 수십여종이 난다.

**『장시』(場市)**

천교장(川橋場)은 2일과 7일에 선다.

**『궁실』(宮室)**

행궁(行宮)〈성안에 있는데 척천정(尺天亭)이 있다. 조선 효종 3년(1652)에 처음 건립되었다〉

선원각(璿源閣)〈정족산성(鼎足山城)에 있고 선원보첩(璿源譜牒)과 어제(御製)를 봉안한다〉

사고(史庫)〈역대 왕조의 실록은 옛날에는 전주(全州)·충주(忠州)·성주(星州)에 있었다. 임진왜란때 오직 전주실록만 온전히 보존되어 이곳에 옮겼다. 선조 계묘년(1603)에 새로 인쇄하여 영변(寧邊), 강능(江陵), 안동(安東)에 나누어 보관하였고 후에 영변에 있는 실록은 무주(茂朱)로 옮겼다. ○참봉(參奉) 2명이 있다〉

외규장각(外奎章閣)〈정조대에 건립되었다〉

**『누정』(樓亭)**

연미정(燕尾亭)〈월곶진 동쪽에 있다. 윗쪽에 조그만 산이 있고 물이 통진으로부터 섬에 머물다 나뉘어 흐르는데 마치 제비꼬리의 형태와 같았다. 두 언덕 사이에 있고 봉우리가 있는데 삼남의 선박들이 지나가고 머무는 곳이다〉

진해루(鎭海樓)〈갑곶진에 있다. 주변에 진해사(鎭海寺)가 있다〉

참경루(斬鯨樓)〈용진진에 있다〉

식파루(息波樓)〈초지진에 있다〉

**『진전』(眞殿)**

장녕전(長寧殿)〈성안에 있다. 조선 광해군 14년(1622)에 북쪽 오랑캐의 침구를 우려하여 태조(太祖), 세조(世祖)의 어진을 이곳에 봉안하였다. 인조 병자호란 후에 서울 영희전(永禧殿)으로 옮겼고, 숙종 21년(1695)에 장녕전을 창건하였다. 경종 1년(1721)에 숙종의 어진을 봉안하였고, 정조 병신년(1776)에 만녕전(萬寧殿)으로부터 영조의 어진을 이곳으로 옮겼다. ○령(令)과 별검(別檢)이 각각 1명이 있다〉

만녕전(萬寧殿)〈조선 숙종 39년(1713)에 건립되었다. 영조 21년(1745)에 영조어진을 봉안하였고, 정조 병신년(1776)에 장녕전으로 옮겼다〉

### 『능묘』(陵墓)

홍능(洪陵)〈홍은 달리 홍(弘)으로도 쓴다. 강화부의 서쪽 6리에 있는데 고려 고종(高宗)을 장사지냈다〉

곤능(坤陵)〈남쪽으로 23리에 있다. 고려 강종비 원덕왕후 유씨(康宗妃元德王后柳氏)를 장사지냈다〉

석능(碩陵)〈남쪽으로 21리에 있다. 고려 희종(熙宗)을 장사지냈다〉

가능(嘉陵)〈남쪽으로 34리에 있다. 고려 원종비 순경왕후(順敬王后) 김씨(金氏)를 장사지냈다〉

### 『단유』(壇壝)

마니산참성단(摩尼山塹城壇)〈옛날부터 있었다. 돌을 올려 쌓았는데 윗쪽은 사각형이고 아래쪽은 둥글다. 조선왕조는 고려의 옛 습속대로 이곳에서 별에 제사드렸다. 조선 인조 19년(1641)에 처음 마니산에서 제사지냈고, 숙종 정유년(1717)에 거듭 수축하였다〉

### 『사원』(祠院)

충렬사(忠烈祠)〈서남쪽으로 4리에 있다. 인조 임오년(1642)에 건립되었고, 효종 무술년(1658)에 사액되었다〉, 김상용(金尙容)〈자는 경택(景擇)이고 호는 선원(仙源)이며 안동(安東) 사람이다. 관직은 우의정에 올랐으며 시호는 문충(文忠)이다〉, 이상길(李尙吉)〈자는 사우(士祐)이고 호는 동천(東川)이며 벽진(碧珍) 사람이다. 관직은 공조판서에 올랐으며 좌의정에 증직되었고 시호는 충숙(忠肅)이다〉, 홍명형(洪命亨)〈자는 계통(季通)이고 호는 무적당(無適堂)이며 남양(南陽) 사람이다. 관직은 좌승지에 올랐고 이조판서에 증직되었으며 시호는 의열(義烈)이다〉, 이시직(李時稷)〈자는 성유(聖兪)이고 호는 죽창(竹窓)이며 연안(延安) 사람이다. 관직은 장령에 올랐으며 이조판서에 증직되었고 시호는 충목(忠穆)이다. ○앞의 4현은 정축년에 강화부에서 순절하였다〉.

윤계(尹棨)〈자는 신백(信伯)이고 남원(南原) 사람이다. 정축년에 남양을 지키면서 적에게 항거하다 죽었다. 이조판서에 증직되었고 시호는 충간(忠簡)이다〉, 윤집(尹集)〈자는 성백(誠伯)이고 호는 임계(林溪)이며 윤계의 아우이다. 정축년에 화의를 배척하고 중국 심양(瀋陽)에서 순절하였다. 관직은 교리에 올랐고 영의정에 증직되었으며 시호는 충정(忠貞)이다〉, 황선신

(黃善身)〈자는 사수(士修)이고 평해(平海) 사람이다. 정축년에 본부의 중군으로서 싸우다 죽었다. 관직은 훈련정(訓練正)이고 병조참의에 증직되었다〉

권순장(權順長)〈자는 효원(孝元)이고 안동 사람이다. 관직은 금부도사에 올랐고 좌찬성에 증직되었으며 시호는 충렬(忠烈)이다〉, 김익겸(金益兼)〈자는 여남(汝南)이고 광주(光州) 사람이다. 진사이며 영의정 광원부원군(光源府院君)에 증직되었으며 시호는 충정(忠正)이다. ○앞의 2현은 정축년에 강화부에서 순절하였다〉

황일호(黃一皓)〈자는 익취(翼就)이고 호는 지소(芝所)이며 창원(昌原) 사람이다. 인조 신사년(1641)에 청나라 사람에게 살해되었다. 관직은 의주 부윤에 올랐으며 좌찬성에 증직되었고 시호는 충렬(忠烈)이다〉, 심현(沈誢)〈자는 사화(士和)이며 청송(靑松) 사람이다. 정축년에 강화부에서 순절하였다. 관직은 돈녕도정(敦寧都正)에 올랐고 이조판서에 증직되었으며 시호는 충렬(忠烈)이다〉, 홍익한(洪翼漢)〈자는 백승(伯升)이고 남양 사람이다. 정축년에 척화로 중국 심양에서 순절하였다. 관직은 장령에 올랐고 영의정에 증직되었으며 시호는 충정(忠正)이다.

윤전(尹烇)〈자는 회숙(晦叔)이고 호는 후촌(後村)이며 파평 사람이다. 관직은 필선에 올랐고 이조판서에 증직되었으며 시호는 충헌(忠憲)이다〉, 이돈오(李惇五)〈자는 우홍(于興)이고 연안 사람이다. 관직은 광흥수(廣興守)에 올랐고 좌찬성에 증직되었으며 시호는 충현(忠顯)이다〉, 송시영(宋時榮)〈자는 무광(茂光)이고 호는 야은(野隱)이며 은진(恩津) 사람이다. 관직은 사복주부에 올랐고 좌찬성에 증직되었으며 시호는 충현(忠顯)이다. ○앞의 3현은 정축년에 강화부에서 순절하였다〉

구원일(具元一)〈자는 여선(汝先)이고 능성(綾城) 사람이다. 강화부 천총이다. 관직은 훈련첨정에 올랐고 병조참의에 증직되었다〉, 강흥업(姜興業)〈자는 위수(渭叟)이고 강화부 천총이다. 관직은 훈련첨정에 올랐고 병조참의에 증직되었다. ○앞의 2현은 정축년에 싸우다 죽었다.

【김수남(金秀南)은 자가 여일(汝一)이고 호는 만치당(萬癡堂)이며 광주(光州) 사람이다. 정축년에 강도에서 순절하였다. 관직은 병조정랑에 올랐고 동부승지에 증직되었다】

○이총병사(李摠兵祠)〈갑곶진에 있다. 총병 이여매(李如梅)의 자손이다. 만수산(萬壽山) 남쪽에 거주하였는데 그 마을을 일컬어 보명(保明)이라 하였다. 영조 을해년(1755)에 사당을 건립하도록 특명을 내렸다〉, 이성량(李成樑)〈자는 여계(汝契)이고 원래 조선인(朝鮮人)이다. 관직은 태부(太傅) 영원백(寧遠伯)에 올랐다〉, 이여매〈자는 자청(子淸)이고 이성량의 아들이다. 관직은 첨서좌부(僉書左府)에 올랐고 선조 임진년에 동래에서 왜를 정벌한 공이 있다〉

『전고』(典故)

신라 진성여왕 11년(897)에 궁예가 혈구(穴口)를 격파하였다. ○고려 명종 27년(1197)에 최충헌(崔忠獻)이 국왕을 폐위하고 태자 도(璹)를 강화로 내쫓았다.〈고려 희종 6년(1210)에 서울로 돌아오니 바로 강종(康宗)이다〉 고려 신종 7년(1204)에 최충헌이 국왕을 폐하고 강화로 옮기고〈곧바로 자연도(紫燕島)로 옮겼다〉 태자 지(祉)를 인주(仁州)로 쫓아냈다.〈후에 국왕이 법천정사(法天精舍)에서 죽었다〉 고려 희종 7년(1211)에 최충헌이 국왕을 폐하고 강화〈곧바로 교동으로 옮겼다〉로 옮겼다. 고려 고종 19년(1232)에 최우〈최충헌의 아들인데 후에 최이(崔怡)로 이름을 고쳤다〉가 세 영군(領軍)을 발하여 궁궐을 강화에 조영하였다. 국왕이 개경을 출발하여 승천부에 머물고 강화 객관으로 들어갔다. 최우가 희종을 자연도(紫烟島)〈전에 교동으로 옮겼는데 또 이곳으로 옮겼다〉에서 맞았다. 고종 21년(1234)에 제도의 민정을 징발하여 궁궐과 온갖 관청을 조영하였다. 최우가 주현군(州縣軍)을 징발하여 강을 따라 제방을 더 축조하였다. 고종 33년(1246)에 선강사(禪江社)로 행차하였다. 고종 40년(1253) 8월에 갑곶강(甲串江)〈몽고 군사 10여 기가 갑곶강 밖에서 약탈하였다〉에서 수전을 훈련하였다. 고종 42년(1255)에 몽고 군사 20여 기가 갑곶강 밖에 이르다. 몽고 군사 20여 기가 승천부에 이르자 경성에 계엄이 내려졌다. 고종 43년(1256)에 몽고 군사가 착량(窄梁) 밖에 이르자 최항(崔沆)〈최우의 아들이다〉이 도방으로 하여금 요해처를 나누어 지키도록 하였다. 고종 45년(1258)에 몽고 군사 300여 기가 갑곶강 밖에 주둔하였다. 몽고 군사가 착량으로부터 갑곶강 밖에 주둔하고부터 산과 들이 농락되었다. 고종 46년(1259)에 몽고 원수 송길(松吉)이 사신을 보내오자 강도 내외성을 부수고 삼랑성(三郎城)과 신니동(神泥洞)에 임시 궁궐을 조영하도록 명하였다. 고려 원종 5년(1264)에 삼랑성에 행차하였고 또 마니산 참성단에 친히 제사를 드렸다. 원종 11년(1270)에 송경으로 환도하였다. 장군 배중손(裵仲孫)과 노영희(盧永禧) 등이 삼별초(三別抄)를 거느리고 강화에서 반란을 일으키고 승화후(承化侯) 온(溫)을 왕으로 삼고 농성하여 성을 굳게 지켰다. 지키는 군사가 많이 죽자 적이 지킬 수 없다고 판단하고 이에 선박 1천여 척을 모아 공사의 재물과 자녀들을 모두 싣고 남쪽으로 내려갔다. 구포(仇浦)〈착량밖에 있다〉로부터 항파강(缸破江)〈즉 통진 항산도(缸山島)이다〉에 이르러 배의 앞뒤가 서로 접하였다. 중서사인(中書舍人) 이숙진(李淑眞)이 노예들을 모아 선미를 공격하였다. 나머지 적들이 구포에서 부락산(浮落山)〈즉 통진 부래도(浮來島)이다〉에 이르러 바다에 임하여 군대를 정렬하니 적들은 오랑캐군사들이 이미 이르렀다 고 생각하고 드디어 달아났다. 몽고 두련가(頭輦哥)와 국왕이 보낸 타자알(朶刺歹)은 군사 2천명을 이끌고 강화에 들어와 재물을 약탈하고 성안의 민가를 불태우니 쌀과 재화가 모두 타버렸다. 고려 충렬왕 16년(1290)에 합단(哈丹)이 침입하여 국사(國史)와 서적 그리고 궁인, 부인, 노약자들을 강화로 옮겼다. 국왕은 병란을 피하여 강화에 들어가 선원사(禪源社)로 갔다. 서경유수 정인경(鄭仁卿) 또한 서경으로부터 도망하여 왔다. 국왕과 공주〈왕의 비인 원나라 공주이다〉는 장봉(長峯)의 신궁에 가서 연회를 베풀었다. 고려 충정왕 3년(1351)에 국왕이 강화로 도망하여 용장사(龍藏寺)〈강화부 서쪽 4리에 있다〉에 머물렀다가 다음해 짐주(鴆酒, 독주)를 마시고 죽었다. 고려 공민왕 9년(1360)에 왜가 강화를 침구하여 선원사와 용장사에 들어가 300여 명을 죽이고 쌀 4만여석을 약탈하였다. 심몽룡(沈夢龍)이란 자가 있어 왜 13명을 참수하고 마침내 적에게 죽었다. 공민왕 10년(1361)에 강화부가 홍건적에게 거짓으로 항복하고 연회를 베풀어 군사를 숨기고 다 죽이니 적이 감히 경계에 들어오지 못했다. 공민왕 11년(1362)에 정당문학 한방신(韓方信)에게 강화에 거주하면서 용장사(龍藏寺)를 수축하도록 명하였는데 장차 이어(移御)하고자 하였기 때문이었다. 공민왕 13년(1364)에 왜가 착량을 침구하니 변안렬(邊安烈)에게 막도록 명하였다. 공민왕 14년(1365)에 왜가 다시 강화를 침구하였다. 우왕 초기에 왜가 강화에 침구하자 나세(羅世), 이원계(李元桂)〈조선 태조의 서형(庶兄)이다〉, 박수년(朴壽年) 등이 공격하여 물리쳤다. 왜 50척이 다시 강화를 침구하여 부사 김인귀(金仁貴)를 죽이고 천여 명을 잡아갔다. 우왕 2년(1376)에 왜가 강화를 침구하여 전선을 불태웠다 우왕 3년(1377)에 왜가 강화를 침구하자 만호 김지서(金之瑞) 등은 마니산으로 도망가자 적이 드디어 크게 약탈하였다. 판개성부사(判開城府事) 나세와 이원계 등이 강화에서 왜를 공격하였고 도통사 최영이 승천부(昇天府)에 머물면서 대비하였다. 왜가 또 강화를 침구하였다. 왜선 20척이 다시 강화를 침구하여 강화부사를 죽였고 지키는 군사로 포로된 자가 천명으로 계산되었다. 왜가 밤에 착량에 들어와 전선 50여 척을 태웠고 죽은자가 천여 명이 되었다. 만호 손광유(孫光裕)가 흐르는 화살에 맞자 경성이 크게 두려워 하였다. 왜가 또 강화를 침구하여 크게 살륙과 약탈을 자행하였다. 우왕 14년(1388)에 왜가 강화를 침구하자 최영이 해풍(海豐)에 주둔하였다. 우왕 14년 6월에 우왕을 강화〈곧바로 여흥(驪興)으로 옮겼다〉로 내쫓았다. 고려 공양왕 원년(1389) 11월에 창왕을 강화로 내쫓았다. 공양왕 원년 12월에 예문대제학 유구(柳珣)를 보내 창왕을 강화에서 죽였다. ○조선 선조 25년(1592)에 임진왜란이 일어나자 전사성(前司成) 우성전(禹性傳)이 의병을 일으키자 경기도내의 사민(士民)이 다수 따랐다. 군사 수천 명이 얼마 후 강화에 들어가 김천일과 군사를 연합하였다. 인조 원년(1623) 3월에 폐주(廢主) 광해군과 폐비(廢妃) 유씨(柳氏)를 강화〈다음해 이괄(李适)의 난이 일어나자 폐주를 태안(泰安)으로 옮기고 적을 평정한 후 다시 강화로 되돌렸다〉로 옮겼다. 인조 5년(1627)에 후금(後金)의 군사들이 국경에 침입하자 임금이 강도로 행차하고 세자에게 남하하여 전라도, 경상도의 군사를 위무하라고 명하였다. 후금의 유해(劉海)와 강홍립(姜弘立), 박란영(朴蘭英) 등이 개성부, 풍덕을 거쳐 들어와 임금의 행재소에서 알현하고 화평을 이루었다. 인조 14년(1636)에 청나라 군사가 국경에 침입하자 원임대신(元任大臣) 윤방(尹昉), 김상용(金尙容)에게 묘사(廟社)와 빈궁(嬪宮), 원손(元孫)들을 받들라고 명하였다. 봉림대군, 인평대군이 강도(江都)에 들어갔고 김경징(金慶徵)을 도첨찰사(都僉察使)로 장신(張紳)을 유수(留守)로 삼았다. 인조 15년(1637) 정월에 청나라 군사들이 강을 건너자 성은 드디어 지킬 수 없게 되었다.〈『개국방략』(開國方畧)에 말하기를 예친왕(睿親王), 다이곤(多爾袞) 등이 강화도(江華渡) 입구에 이르러 배를 타고 강을 건넜다. 조선의 병선 백여 척이 나누어 양날개가 되어 우리 수군들이 가운데를 따라 충돌해 들어갔고 홍이포를 쏘며 공격하였다. 조선의 병선들이 동서로 무너지며 달아났다. 우리 군사들이 언덕에 올라 공격을 계속하였다. 강화에는 조수(鳥手)와 창수(槍手) 천여 명이 언덕에서 항거하며 맞아 싸워 모두 우리 군사들의 공격을 받고 죽었다. 드디어 강화도의 성을 포위하여 이길 수 있었다〉

# 제2권

# 경기도 13읍

# 1. 교동부(喬桐府)

**『연혁』(沿革)**

원래는 백제 고목근(高木根)〈혹은 대운도(戴雲島)라고 부르고 혹은 고림(高林)이라 부르며 또는 달을신(達乙新)이라고 부른다〉인데 신라 경덕왕때 교동으로 고치고 해구군(海口郡)의 영현으로 삼았다. 고려때에는 계속 강화(江華)에 속하였다. 고려 명종 2년(1172)에 감무(監務)를 두었다. 조선 태조 4년(1395)에 만호겸지현사(萬戶兼知縣事)를 두었다. 태종 13년(1413)에 현감으로 고쳤다. 인조 7년(1629)에 도호부로 올렸고, 인조 11년(1633)에 월곶진(月串鎭)으로 치소(治所)를 옮겼다.〈월곶진을 강화로 옮겼다〉

**「관원」(官員)**

도호부사〈경기수군절도사(京畿水軍節度使)와 삼도통어사(三道統禦使)를 겸하였다〉 1명을 둔다.

**『방면』(坊面)**

동면(東面)〈동쪽으로 10리 바다에 있다〉

남면(南面)〈읍내 해변에 있다〉

서면(西面)〈서쪽으로 20리 바다에 있다〉

북면(北面)〈북쪽으로 20리 바다에 있다〉

**『산수』(山水)**

화개산(華盖山)〈북쪽으로 3리에 있는데 절이 있다〉

수정산(修井山)〈서쪽으로 20리에 있다〉

입석산(立石山)〈북쪽으로 15리에 있다〉

○바다〈읍은 섬가운데 있다〉

마포(馬浦)〈서쪽으로 10리에 있다. 여기서부터 서쪽으로 해주(海州) 용매진(龍媒鎭)이 80리 떨어져 있고 물길로 갈 때 선박이 정박하여 바람을 기다리는 곳이다〉

호두포(虎頭浦)〈동북쪽으로 10리에 있다〉

인점포(印岾浦)〈북쪽으로 20리에 있으며 어부(漁戶)가 많이 거주한다〉【제언은 2곳이 있다】

「도서」(島嶼)

송가도(松家島)〈남쪽 바다 가운데에 있다. 둘레가 25리이며 토지는 자못 비옥하다〉

주문도(注文島)〈강화 매도(煤島) 서쪽 7리에 있다. 둘레가 30리이며 동쪽으로 장봉도(長峯島)와는 물길로 25리 떨어져 있다. 물고기와 해초가 매우 많다〉

볼음도(乶音島)〈『고려사』에는 말하기를 팔음도(八音島)·파음도(巴音島)라 했다. 둘레가 15리이며 동쪽으로 서검도(西檢島), 주문도(注文島)와 떨어져 있다〉

말도(末島)〈둘레가 10리이다. 북쪽으로 연안(延安) 경계, 서쪽으로 연평도(延平島)와 30리 떨어져 있으며 동쪽으로 볼음도와 5리 떨어져 있다〉

미법도(彌法島)〈매도(煤島) 북쪽에 있으며 서쪽으로 검도(檢島)와 7리 떨어져 있다〉

장봉도(長峯島)〈둘레가 25리이며 토지가 비옥하다. 또 포곡(浦曲)이 있어 배를 숨길 수 있다〉

서도(黍島)〈서쪽 바다 가운데에 있다〉

응암(鷹岩)〈교동부의 앞 바다 가운데에 있다〉

『형승』(形勝)

삼도(三道)의 요충이며 양경(兩京)의 인후(咽喉)이다. 서쪽으로 옹진(甕津)을 잡아 당기고 있고 동쪽으로 강화와 연해 있어 경기도와 황해도의 울타리이다. 토지는 척박하고 백성들은 뱃일에 종사한다.

『성지』(城池)

읍성(邑城)〈둘레가 1,006척이다. 옹성(甕城)이 3개, 치성(雉城)이 4개가 있고 동문·남문·북문 3개의 문과 소남문(小南門)이 있다〉

화개산성(華蓋山城)〈둘레가 3,534척이다. 못이 1개, 샘이 1개가 있다. 조선 영조때에 개축하였으나 지금은 폐해졌다〉

옛읍성(古邑城)〈북쪽으로 10리에 있고 남은 터가 있다〉

『영아』(營衙)

통어영(統禦營)〈즉 경기수영(京畿水營)으로 읍성 안에 있다. 조선 초기에 남양(南陽)의 화량(花梁)에서 수영을 열었으나 후에 이곳으로 옮겼다. 인조 11년(1633)에 수사(水使)로서 삼도통어사(三道統禦使)와 영경기황해충청삼도주사(領京畿黃海忠淸三道)를 겸하도록 하였다. 정조 3년(1779)에 통어영을 강화로 옮기고 교동 부사로 수군방어사(水軍防禦使)와 우해방장(右海妨將)을 겸하도록 하였다. 정조 12년(1788)에 통어영을 교동에 다시 돌리고 겸수사(兼水使)는 이전과 같이 두었다. 이어서 방어사와 해방사의 호칭은 없앴다〉

**「관원」(官員)**

경기수군절도사겸삼도통어사(京畿水軍節度使兼三道統禦使)〈도호부사가 겸한다〉, 중군(中軍), 수성(守城), 파총(把摠)은 각각 1명을 둔다.

**「속진」(屬鎭)**

〈영종진(永宗鎭)·덕포진(德浦鎭)·덕적진(德積鎭)·화량진(花梁鎭)·주문진(注文鎭)·장봉진(長峯鎭)이다〉 본영과 각진에는 각종 전선 60척이 있다.〈진선(津船)은 115척이 있다〉

**『진보』(鎭堡)**

주문도진(注文島鎭)〈수군동첨절제사(水軍同僉節制使)가 1명 있다〉

장봉도진(長峯島鎭)〈수군만호(水軍萬戶) 겸 감목관(監牧官) 1명이 있다〉 ○요망(瞭望)〈장봉도(長峯島)·말도(末島)·볼음도(乶音島)에 있다〉

**『봉수』(烽燧)**

화개산(華盖山)·수정산(修井山)·장봉도·볼음도·말도에 있다.

**『창고』(倉庫)**

창(倉)이 3개〈2개는 성안에 있고 1개는 송가도(松家島)에 있다〉가 있고, 고(庫)는 2개〈배·군기(軍器)·화약은 성밖에 있다〉가 있다.

**『목장』(牧場)**

장봉도, 말도〈양을 기른다〉 ○폐장(廢場)〈볼음도, 송가도, 미법도는 목장을 없앴다〉

『진도』(津渡)

동진(東津)〈동북쪽으로 10리에 있다. 강화 인화석진(寅火石津)으로 통한다〉

북진(北津)〈북쪽으로 20리 인점포(印岾浦)에 있다. 연안(延安) 각산진(角山鎭)으로 통한다〉

송가진(松家津)〈남문밖에 있다. 배를 출발하면 송가도로 들어간다〉

『토산』(土産)

새우·조개·물고기·게 등 10여 종과 소금과 돗자리가 있다.

『장시』(場市)

읍내장은 5일과 10일에 선다.

『누정』(樓亭)

안해루(晏海樓)·능파루(凌波樓)·해산정(海山亭)이 있다.

『전고』(典故)

고려 고종 2년(1215)에 최충헌(崔忠獻)이 희종(熙宗)을 교동으로 옮겼다.〈고려 고종 6년(1219)에 희종을 교동에서 맞이하였다〉 고종 14년(1227)에 최우(崔瑀)〈최충헌(崔忠獻)의 아들이다〉가 희종을 교동으로 옮겼다.〈후에 인주(仁州)의 자연도(紫燕島)로 옮겼다〉 고려 공민왕 원년(1352)에 왜선이 크게 이르자 포왜사(捕倭使) 김휘남(金暉南)이 군사가 적어 대적할 수 없다하여 물러나 서강(西江)에 머물르니 도성이 크게 놀랐다. 왜가 교동과 갑산(甲山)〈즉 연안의 각산(角山)이다〉 창고를 불태웠다. 전대언(前代言) 최원(崔源)이 싸워서 적선 2척을 얻었다.【공민왕 원년에 왜가 파음도(巴音島)를 도륙하였다】 공민왕 6년(1357)에 왜가 교동을 침구하자 상장군(上將軍) 이운목(李云牧) 등을 보내 왜구를 쫓아가 잡도록 하였으나 1명도 잡지 못하였다. 공민왕 7년(1358)에 왜가 교동을 불태우자 경성에 계엄이 내려졌다. 공민왕 9년(1360)에 왜가 교동을 불태웠다. 공민왕 12년(1363)에 왜선 213척이 교동에 정박하자 경성에 계엄이 내려졌고 안우경(安遇慶)으로 방어사(防禦使)를 삼았다. 공민왕 14년(1365)에 왜가 다시 교동을 침구하였다. 공민왕 15년(1366)에 왜가 교동을 도륙하였다. 고려 우왕 3년(1377)에 교동과 강화가 왜구를 막는 요충지라 하여 교동의 노인과 아이들을 육지로 옮겼다. ○조선 중종 원년(1506) 3월에 폐위된 임금 연산군(燕山君)을 교동으로 옮겼다.〈중종 원년 11월에 죽자 강화에서 정성껏 장사지냈고 후에 양주로 이장하였다〉 인조 원년(1623) 3월에 폐세자 질(祬)〈광해군의 아들이다〉과 폐빈 박씨(朴氏)를 교동에 안치하였다.

## 2. 파주목(坡州牧)

**『연혁』(沿革)**

원래는 백제 술이홀(述爾忽)이다. 백제 문주왕 원년(475)에 고구려에게 탈취된바 되었다가 후에 신라에 넘어갔다. 신라 경덕왕 16년(757)에 봉성(峯城)으로 고치고 교하군(交河郡)의 영현으로 삼았다. 고려 현종 9년(1018)에 양주에 속하였고, 명종 2년(1172)에 감무를 두었다. 고려 명종 13년(1183)에 서원현령(瑞原縣令)으로 고쳤다. 조선 태조 2년(1393)에 군으로 올리고〈향리와 백성들이 소(訴)를 올렸다〉, 태조 7년(1398)에 파평(坡平)을 합쳐 원평군(原平郡)으로 고쳤다. 태종 15년(1417)에 도호부〈태종 14년(1416)에 교하현의 석천향(石淺鄕)이 래속(來屬)하였고, 태종 18년(1418)에 다시 환원되었다〉로 올렸다. 세조 5년(1459)에 중궁〈정희왕후(貞熹王后) 윤씨(尹氏)이다〉의 관향이라 하여 파주목으로 올렸으나 연산군 10년(1504)에 혁파하였다.〈그 땅을 비워 놀러 다니는 장소로 하였고 나머지 땅을 쪼개 주변 읍에 나누어 주었다〉 중종 원년(1506)에 예전대로 복구하였다.

**「읍호」(邑號)**

곡성(曲城)

**「관원」(官員)**

목사〈병마방어사(兵馬防禦使)와 총융중영장(摠戎中營將)을 겸하였다〉 1명이 있다.

**『고읍』(古邑)**

파평(坡平)〈동북쪽으로 30리에 있다. 원래 백제 파해평(坡害平)인데 역사서에는 혹은 액봉(額峯)으로 부른다. 백제 문주왕 원년(475)에 고구려에 탈취되었다가 후에 신라에 귀속되었다. 신라 경덕왕 16년(757)에 파평으로 고치고 래소군(來蘇郡)의 영현으로 삼았다. 고려 현종 9년(1018)에 장단현에 속하였고, 문종 16년(1062)에 개성부에 직속되었다. 고려 예종 원년

(1106)에 감무를 두었고 조선 태조 7년(1398)에 병합되었다. ○읍호는 영평(領平)이다〉

『방면』(坊面)

주내면(州內面)〈10리에서 끝난다〉

광탄면(廣灘面)〈동남쪽으로 10리에서 시작하여 30리에서 끝난다〉

자곡면(紫谷面)〈서남족으로 7리에서 시작하여 17에서 끝난다〉

천점면(泉岾面)〈동쪽으로 5리에서 시작하여 30리에서 끝난다〉

조리동면(助里洞面)〈남쪽으로 13리에서 시작하여 30리에서 끝난다〉

백석면(白石面)〈서쪽으로 5리에서 시작하여 20리에서 끝난다〉

오리곡면(烏里谷面)〈서쪽으로 20리에 있다〉

파평면(坡平面)〈동북쪽으로 30리에 있다〉

칠정면(七井面)〈북쪽으로 20리에 있다〉

마정면(馬井面)〈서북쪽으로 20리에 있다〉

신속면(新屬面)〈북쪽으로 20리에 있다〉

『산수』(山水)

반룡산(蟠龍山)〈동쪽으로 7리에 있다〉

월롱산(月籠山)〈서쪽으로 15리 교하(交河) 경계에 있다〉

백운산(白雲山)〈북쪽으로 17리에 있다. 서쪽에는 영평산(永平山)이 있다〉

파평산(坡平山)〈동북쪽으로 30리에 있는데 산세가 자못 웅건하고 높다. ○미나사(彌羅寺)가 있다〉

한미산(漢美山)〈동남쪽으로 20리 양주(楊州) 경계에 있다〉

자운산(紫雲山)〈동쪽으로 20리에 있다〉

표산(瓢山)〈북쪽으로 15리에 있다〉

동산(童山)〈서쪽으로 8리에 있다〉

장산(獐山)〈서쪽으로 15리에 있다. 끊어진 봉우리가 솟아 있고 서쪽으로 저포(猪浦)에 임해 있다〉

용발산(龍發山)〈혹은 발산(鉢山)으로 부른다. 북쪽으로 10리에 있다〉【국사봉(國師峯)·산봉(蒜峯)·망월산(望月山)·대복산(大福山)·필산(筆山)·금병산(錦屛山)·구산(龜山)·명학산(鳴鶴山)이 있다】

**「영로」(嶺路)**

혜음령(惠陰嶺)〈남쪽으로 30리 고양(高陽) 경계에 있다〉

쌍불현(雙佛峴)〈남쪽으로 22리에 있다. 길 왼편에 2개의 미륵불이 있는데 매우 크다〉

원곡령(院谷嶺)·봉화현(烽火峴)〈모두 남쪽으로 30리에 있다〉

차유령(車踰嶺)〈동쪽으로 20리에 있다〉

해유현(蟹踰峴)〈동남쪽으로 25리에 있다. 앞의 2곳은 양주 경계에 있다〉

목치(木峙)·천점(泉岾)〈모두 동로(東路)에 있다〉【녹파현(綠坡峴)·임진현(臨津峴)·도현(島峴)이 있다】

○임진강(臨津江)〈북쪽으로 15리에 있다. 강의 북쪽은 장단(長湍) 경계이다〉

광탄천(廣灘川)〈남쪽으로 10리에 있다. 수원은 양주 고령산(高嶺山)과 해유현(蟹踰峴)에서 나와 서쪽으로 흘러 문산포(文山浦)가 되어 임진강으로 들어간다〉

봉일천(奉日川)〈옛 이름은 보신천(寶信川)이다. 속칭은 공능천(恭陵川)이다. 고양 심천(深川)아래로 흘러 서쪽으로 교하로 흘러 들어가 후표리천(朽票里川)이 된다〉

이천(梨川)〈북쪽으로 10리에 있다. 수원은 목치(木峙)에서 나와 서쪽으로 흘러 문산포로 들어간다〉

연풍천(延豐川)〈남쪽으로 5리에 있다〉【옹암천(瓮岩川)이 있다】

마담(馬潭)〈혹은 가연(嘉淵)이라 부른다. 파평산(坡平山) 아래에 있다〉

저포(猪浦)〈서쪽으로 15리 장단 경계 임진강 아래에 있다〉

우계(牛溪)〈동북쪽으로 30리 파평산 북쪽에 있다. 수원은 적성(積城) 땅에서 나와 서쪽으로 흘러 임진강 서안으로 들어간다. 윗쪽에는 궁궐의 남은 터가 있다〉

문산포(文山浦)〈옛날에는 장보포(長甫浦)라 불렀다. 서쪽으로 10리에 있다. 광탄(廣灘)과 이천(梨川)의 물이 합류하여 문산포를 이루어 낙하(洛河)로 들어간다. 상류를 건너면 배들이 만난다〉

장포(長浦)〈북쪽으로 15리에 있다〉【제언은 2곳이 있다】

『형승』(形勝)

북쪽으로 장강(長江)을 두루고 있고 남쪽으로 한도(漢都)를 잡아당기고 있다. 동쪽으로 중첩된 고개와 연결되고 서쪽으로 평야로 열리고 있다. 두 서울 사이에 처하고 있고 삼도(三道)가 만나고 있다. 들은 기름지고 물고기와 소금은 운반하기가 이롭다.

『성지』(城池)

마산고성(馬山古城)〈서쪽으로 2리에 있다. 백제때 축조되었다. 조선 선조대에 거듭 수축되었다. 둘레는 2,905척이다. ○큰길의 요충에 당면하여 홀로 우뚝 서있고 달리 마주대하는 봉우리가 없다〉

파평고성(坡平古城), 월롱산성(月籠山城)〈모두 남은 터가 있다〉

『영아』(營衙)

방영(防營)〈영조 40년(1764)에 장단으로부터 방영(防營)을 파주로 옮겼다. ○병마방어사 1명이 있는데 파주목사가 겸한다〉

총융중영(摠戎中營)〈인조대에 총융우영(摠戎右營)을 두었으나 후에 중영(中營)으로 고쳤다. ○속읍에는 파주·고양·교하·적성이 있고, 속보(屬堡)에는 임진·장산(長山)이 있다. ○영장(營將)은 파주목사가 겸한다〉

『진보』(鎭堡)

임진보(臨津堡)〈임진 남쪽 언덕에 있다. 영조 41년(1765)에 별장을 설치하였다. 강을 따라 관성(關城)을 쌓았는데 길이가 133보이다. 진서문(鎭西門)으로 불렀다. ○별장 1명이 있다〉

장산보(長山堡)〈임진도(臨津渡) 아래 2리에 있다. 조선 영조 41년에 보를 두고 성을 쌓았는데 길이는 100여 보이다. 또 돈대 8곳을 축조하였다. ○별장 1명이 있다. 앞의 2개의 보는 총융청이 관계한다〉

『봉수』(烽燧)

대산(大山)〈서쪽으로 6리에 있다〉

『창고』(倉庫)

읍창이 2개, 보창(堡倉)이 2개, 창이 2개, 고가 1개 있다.

『역참』(驛站)

마산역(馬山驛)〈서쪽으로 6리에 있다〉【사목리(沙牧里) 목장은 없어졌다】

「기발」(騎撥)

분수원참(焚修院站)〈남쪽으로 25리에 있다〉

마산참(馬山站)〈읍내에 있다〉

『진도』(津渡)

임진도(臨津渡)〈북쪽으로 15리에 있다〉

저포진(猪浦津)〈서쪽으로 15리에 있다〉

돌거리진(突巨里津)〈동북쪽으로 30리에 있다〉

『토산』(土産)

게·위어(葦魚)·숭어[수어(秀魚)]·잉어[이어(鯉魚)]·붕어[즉어(鯽魚)]·은어[은구어(銀口魚)]·석회가 난다.

『장시』(場市)

읍내장은 1일과 6일에 서고, 공능장(恭陵場)은 2일과 7일에 서고, 이천장(梨川場)은 3일과 8일에 서고, 광탄장(廣灘場)은 4일과 9일에 서고, 문산포장(文山浦場)은 4일과 9일에 선다.

『누정』(樓亭)

화석정(花石亭)〈임진 상류 남쪽 언덕에 있는데 창강(蒼江)을 빙둘러 푸른 담을 쌓았다〉

풍락정(豊樂亭)〈읍내에 있다〉

『능침』(陵寢)

공능(恭陵)〈남쪽으로 30리 보시동(普施洞)에 있다. 조선 예종비 장순왕후(章順王后) 한씨

(韓氏)의 능이다. 기일은 12월 5일이다. ○령과 참봉이 각각 1명이 있다〉

순능(順陵)〈공능 남쪽 언덕에 있다. 조선 성종의 비 공혜왕후(恭惠王后) 한씨(韓氏)의 능이다. 기일은 4월 15일이다. ○직장과 참봉이 각각 1명이 있다〉

영능(永陵)〈순능의 왼쪽 언덕에 있다. 진종효장대왕능(眞宗孝章大王陵)인데 기일은 11월 16일이다. 효순왕후(孝純王后) 조씨(趙氏)가 부장되었다. 기일은 11월 14일이다. ○령과 참봉이 각각 1명이 있다.

○장능구기(長陵舊基)〈파주 북쪽 운천리(雲川里)에 있다. 영조 7년(1731) 교하로 옮겼다.

**『사원』(祠院)**

파산서원(坡山書院)〈조선 선조 무진년(1568)에 세웠고, 효종 경인년(1650)에 사액되었다〉, 성수침(成守琛)〈자는 중옥(仲玉)이고 호는 청송당(聽松堂)이며 창녕(昌寧) 사람이다. 관직은 적성현감에 올랐고 좌의정에 증직되었으며 시호는 문정(文貞)이다〉, 성수종(成守琮)〈자는 숙옥(叔玉)이고 성수침의 동생이다. 세상에서 절효선생(節孝先生)으로 부른다. 직제학에 증직되었다〉, 성혼(成渾)〈성수침의 아들이다. 경도 문묘를 보라〉, 백인걸(白仁傑)〈자는 사위(士偉)이고 호는 휴암(休庵)이며 수원 사람이다. 관직은 우참찬에 올랐으며 시호는 충숙(忠肅)이다〉,

○자운서원(紫雲書院)〈광해군 을묘년(1615)에 세웠고, 효종 경인년(1650)에 사액되었다〉, 이이(李珥), 김장생(金長生), 박세채(朴世采)〈모두 경도 문묘를 보라〉

○풍계사(豊溪祠)〈숙종 갑술년(1694)에 세웠고, 숙종 을해년(1695)에 사액되었다〉, 오두인(吳斗寅)〈자는 원징(元徵)이고 호는 양곡(陽谷)이며 해주 사람이다. 숙종 기사년(1689)에 항소하여 절사(節死)하였다. 관직은 형조판서에 올랐고 영의정에 증직되었으며 시호는 충정(忠貞)이다〉, 이세화(李世華)〈자는 군실(君實)이며 호는 쌍백당(雙栢堂)이며 부평(富平) 사람이다. 숙종 기사년(1689)에 항소하였다. 관직은 행이조판서(行吏曹判書)에 올랐으며 시호는 충숙(忠肅)이다〉, 박태보(朴泰輔)〈자는 사원(士元)이고 호는 정재(定齋)이며 나주(羅州) 사람이다. 숙종 기사년(1689)에 항소하여 절사하였다. 관직은 응교에 올랐으며 영의정에 증직되었고 시호는 문열(文烈)이다〉

『전고』(典故)

고려 고종 45년(1288)에 몽고 유격대가 봉성(峯城)에 들어왔다. 원종이 즉위한 초기에 몽고 군사가 파평(坡平)에 들어와 사람과 재물을 약탈하자 남몰래 총졸(銃卒)을 보내 물리쳤다. ○조선 선조 26년(1593) 2월에 도원수 권율이 행주(幸州) 전투에서 이기고서부터 군사를 임진(臨津)으로 옮기고 이빈(李蘋)과 함께 파주산성(坡州山城)을 지켰다. 선조 26년 7월에 임금이 환도하고자 임진을 지나갈 때 싸움터에서 죽은 장사들을 위해 제사지냈다. 인조 계해년(1623)에 의병이 일어날 때 장단부사(長湍府使) 이서(李曙)와 이천부사(伊川府使) 이중노(李重老)가 군사를 일으켜 파주에서 만났다. 인조 2년(1624) 2월에 평안병사 이괄(李适)이 반란을 일으키고 사이길을 따라 임진으로 추격하였다. 임진의 군사 궤멸하자 어영사(御營使) 이귀(李貴)가 서울로 돌아왔다. 5년에 후금 군사가 항복한 장수 강홍립(姜弘立)〈만력(萬歷) 무오년(1618)에 중국 정부가 우리나라에 군사를 징발하여 후금(後金)을 토벌하고자 하였다. 우리나라는 판윤 강홍립(姜弘立)을 도원수로로, 김경서(金景瑞)를 부사로 삼고 2만의 군사를 이끌고 정벌에 임하였다. 강홍립이 투항한 후 반역인 한윤(韓潤)이 도망하여 후금에 들어가 강홍립에게 본국에서 너의 권속들을 주살하였다고 말하니 강홍립이 크게 원망하여 이 군사를 일으킨 것이었다〉으로 향도로 삼아 유린하여 동쪽으로 오니 우리나라는 훈련대장 신경진(申景禛)과 구굉(具宏) 등으로 군사를 이끌고 임진을 지키게 하였다.〈이때 충청, 경상, 전라의 삼도병사가 군사를 거느리고 서쪽으로 내려가 임진을 수비하는 것을 돕도록 하였다. 제장들이 모두 명령을 듣지 않고 오직 충청병사가 다만 수천 명의 군사를 거느리고 동작진(銅雀津)에 주둔하였다〉

## 3. 양주목(楊州牧)

『연혁』(沿革)

〈상세한 것은 한성부(漢城府)에 있다〉 조선 태조 3년(1394)에 한양으로 정하고 한성부로 고쳤다. 별도로 한양부를 동촌(東村) 대동리(大東里)〈지금 아차산(峨嵯山)의 남쪽이 옛 양주면(楊州面)이다〉에 두고 지양주사(知楊州事)로 강등하였고 얼마후에 양주부로 올렸다. 태조 6년(1397)에 또 부치(府治)를 견주(見州) 옛터로 옮겼다. 태종 13년(1413)에 도호부로 고쳤다. 세조 12년(1466)에 목으로 올리고 진을 두었다.〈영(營)은 7읍인데 파주는 지금은 들어가지 않는다〉 연산군 10년(1504) 양주를 혁파하였다.〈그 땅을 비워두고 놀러 다니는 장소로 하였다. 나머지 땅을 갈라 주변읍에 나누어 속하게 하였다〉 중종 원년(1506)에 예전으로 돌아갔다.〈불곡산(佛谷山) 남쪽으로 주치(州治)를 옮겼다〉

**「읍호」(邑號)**

광능(廣陵)〈고려 성종때 정했다〉

**「관원」(官員)**

목사〈양주진병마첨절제사·수어중영장·토포사를 겸한다〉 1명이 있다.

**『고읍』(古邑)**

견주(見州)〈동쪽으로 15리에 있다. 원래는 백제 매성군(買省郡)으로 혹은 마홀(馬忽)로도 부른다. 신라 경덕왕 16년(757)에 래소군(來蘇郡)으로 고쳤다. 영현은 2개인데 중성현(重城縣)과 파평현(坡平縣)으로 한주(漢州)에 예속되었다. 고려 정종 2년(947)에 고쳐서 견주군(見州郡)을 두었다. 혹은 창화현(昌化縣)으로 부른다. 고려 현종 9년(1018)에 양주에 속했고 후에 감무를 두었다. 조선 태조 6년(1397)에 양주치소(楊州治所)를 이곳으로 옮겼으나 후에 지금의 치소로 옮겼다. ○고려 문종 13년(1059)에 상서호부(尙書戶部)가 양주 경계안의 견주(見州)에 읍을 둔지 이미 105년이 지났으니 청컨대 사신을 파견하여 민전(民田)을 고르게 정할 것을 상주하였다. ○지금은 옛 주(州)안에 있다〉

풍양(豊壤)〈동남쪽으로 45리에 있다. 원래 백제 골의노(骨衣奴)인데 노는 또는 내(內)로 쓴다. 신라 경덕왕 16년(757)에 황양(荒壤)으로 고치고 한양군(漢陽郡)의 영현으로 삼았다. 고려 태조 23년(940)에 풍양(豊壤)으로 고쳤다. 고려 현종 9년(1018)에 래속한 후에 포주(抱州)가 되었다. 조선 세종 원년(1419)에 다시 예속하였다〉

사천(沙川)〈북쪽으로 30리에 있다. 원래 백제 내을매(內乙買)인데 혹은 내이미(內尒米)로 부른다. 신라 경덕왕 16년(757)에 사천으로 고치고 견성군(堅城郡)의 영현이 되었다. 고려 현종 9년(1018)에 예속되었다〉

**『방면』(坊面)**

고주내면(古州內面)〈동쪽으로 10리에서 시작하여 25리에서 끝난다〉

주내면(州內面)〈즉 읍안에 있다〉

어등산면(於等山面)〈동쪽으로 25리에서 시작하여 30리에서 끝난다〉

별비곡면(別非谷面)〈동남쪽으로 30리에서 시작하여 50리에서 끝난다〉

진대면(榛代面)〈동쪽으로 50리에서 시작하여 70리에서 끝난다〉

진관면(眞官面)〈동남쪽으로 40리에서 시작하여 60리에서 끝난다〉

와곡면(瓦谷面)〈동남쪽으로 60리에서 시작하여 80리에서 끝난다〉

상도면(上道面)〈동남쪽으로 70리에서 시작하여 100리에서 끝난다〉

하도면(下道面)〈동남쪽으로 80리에서 시작하여 100리에서 끝난다〉

둔야면(屯夜面)〈15리에서 시작하여 70리에서 끝난다〉

구지면(龜旨面)〈동남쪽으로 40리에서 시작하여 70리에서 끝난다〉

망우리면(忘憂里面)〈동남쪽으로 50리에서 시작하여 60리에서 끝난다〉

해등면(海等面)〈남쪽으로 30리에서 시작하여 50리에서 끝난다〉

광석면(廣石面)〈25리에서 시작하여 35리에서 끝난다〉

장흥면(長興面)〈서남쪽으로 20리에서 시작하여 50리에서 끝난다〉

천천면(泉川面)〈북쪽으로 10리에서 시작하여 20리에서 끝난다〉

현내면(縣內面)〈북쪽으로 30리에서 시작하여 45리에서 끝난다〉

산내면(山內面)〈동북쪽으로 50리에서 시작하여 60리에서 끝난다〉

영근면(嶺斤面)〈북쪽으로 60리에서 시작하여 80리에서 끝난다〉

회암면(檜岩面)〈동남쪽으로 20리에서 시작하여 30리에서 끝난다〉

내동면(內洞面)〈25리에서 시작하여 30리에서 끝난다〉

접동면(接洞面)〈동쪽으로 40리에서 시작하여 50리에서 끝난다〉

건천면(乾川面)〈동남쪽으로 40리에서 시작하여 60리에서 끝난다〉

금촌면(金村面)〈동남쪽으로 60리에서 시작하여 70리에서 끝난다〉

시북곡(柴北谷)〈동남쪽으로 20리에서 시작하여 30리에서 끝난다〉

미음면(美音面)〈동남쪽으로 50리에서 시작하여 70리에서 끝난다〉

고양주면(古楊州面)〈동남쪽으로 60리에서 시작하여 80리에서 끝난다〉

노원면(蘆原面)〈남쪽으로 40리에서 시작하여 50리에서 끝난다〉

백석면(白石面)〈서쪽으로 10리에서 시작하여 40리에서 끝난다〉

석적면(石積面)〈서북쪽으로 30리에서 시작하여 40리에서 끝난다〉

신혈면(神穴面)〈서남쪽 50리에서 시작하여 60리에서 끝난다〉

진답면(陳畓面)〈북쪽으로 20리에서 시작하여 40리에서 끝난다〉

이담면(伊淡面)〈북쪽으로 30리에서 시작하여 50리에서 끝난다〉

청송면(青松面)〈북쪽으로 50리에서 시작하여 80리에서 끝난다〉

**『산수』(山水)**

불곡산(佛谷山)〈북쪽으로 3리에 있다〉

삼각산(三角山)〈남쪽으로 40리에 있다. 한성부에 상세하다〉

도봉산(道峯山)〈남쪽으로 20리에 있다. 남쪽으로 삼각산과 연해 있으며 석봉(石峯)이 총립하였다. 만장봉(萬丈峯)이 있는데, 석벽이 만길이나 우뚝 솟아 하늘을 찌르고 있다. ○망월사(望月寺)와 천축사(天竺寺)가 있다〉

수락산(水落山)〈동남쪽으로 25리에 있다. 석봉이 빼어나게 솟아있고 샘과 폭포의 뛰어난 경치가 있다〉

검암산(儉岩山)〈동남쪽으로 50리에 있다. 석봉이 우뚝 서있으니 즉 수락산(水落山) 남쪽 갈래로 건원능의 주산이 된다. ○불암사(佛岩寺)가 있다〉

천보산(天寶山)〈동남쪽으로 25리에 있다. 옛날에는 회암사(檜岩寺)가 있었다. 고려의 중 혜근(惠勤)이 창건하였다. 서역승 지공(指空)과 나옹(懶翁), 무학(無學) 3승려의 탑비가 있다. 나옹(懶翁)은 혜근의 호이고, 무학(無學)은 자초(自超)의 호이다. 대제학 변계량(卞季良)이 왕명을 받들어 비문을 지었다〉

아차산(峩嵯山)〈동남쪽으로 65리에 있다〉

주엽산(注葉山)〈동쪽으로 40리에 있다. 남쪽에는 광능(光陵)과 봉선사(奉先寺)가 있다〉

왕방산(王方山)〈동북쪽으로 60리에 있다. 앞의 2산은 포천(抱川) 경계에 있다〉

천마산(天摩山)〈동쪽으로 60리에 있다. 웅장하고 높고 그윽하고 깊다〉

묘적산(妙寂山)〈동남쪽으로 75리에 있다. 서쪽에는 노적사(露積寺)가 있다〉

소요산(逍遙山)〈북쪽으로 40리에 있다. 산은 모두 석봉과 석천(石泉)이다. 산아래에는 행궁의 남은 터가 있다. 석벽의 폭포위에는 백운대(白雲臺)와 의상대(義相臺)가 있다〉

홍복산(洪福山)〈서남쪽으로 10리에 있는데 자못 험하다〉

고령산(高嶺山)〈혹은 계명산(鷄鳴山)이라 부른다. 서쪽으로 30리 고양(高陽) 경계에 있다.

앵봉(鶯峯)과 소녕원(昭寧園)이 있다〉

일령산(日嶺山)〈서남쪽으로 40리에 있다〉

천장산(天藏山)〈남쪽으로 50리에 있는데 의능(懿陵)이 있다〉

상운산(祥雲山)〈서쪽으로 40리에 있다〉

갈립산(葛立山)〈동쪽으로 10리에 있다〉

금대산(金臺山)〈남쪽으로 70리에 있다〉

덕암산(德岩山)〈동쪽으로 50리에 있다〉

마차산(摩嵯山)〈북쪽으로 60리에 있다〉

소라산(所羅山)〈북쪽으로 30리에 있다〉

돌압산(突押山)〈북쪽으로 35리에 있다〉

검단산(黔丹山)〈동쪽으로 60리에 있다〉

석적산(石積山)〈서북쪽으로 35리에 있다〉

운길산(雲吉山)〈동남쪽으로 80리 광주(廣州) 경계에 있다〉

영근산(嶺斤山)〈북쪽으로 80리에 있다〉

서산(西山)〈서남쪽으로 20리에 있는데 자못 그윽하고 험하다. 청담동(淸潭洞), 부동(釜洞), 온능(溫陵)이 있다〉

**「영로」(嶺路)**

축석령(祝石嶺)〈옛날에는 벽석령(碧石嶺)으로 불렀다. 동쪽으로 25리 포천길(抱川路)에 있다〉

박석현(礴石峴)〈서남쪽으로 45리 대로에 있다〉

차유령(車踰嶺)〈서북쪽으로 40리 파주 경계에 있다〉

해유현(蟹踰峴)〈서쪽으로 45리 파주 경계에 있다〉

마치(磨峙)〈동쪽으로 70리 가평길에 있다〉

망우리현(忘憂里峴)〈남쪽으로 60리 양근길에 있다〉

효성현(曉星峴)〈동쪽으로 30리에 있다〉

전도현(傳道峴)〈동쪽으로 40리 양근길에 있다〉

소사현(所沙峴)〈서쪽으로 15리 소녕원(昭寧園) 길에 있다〉

백현(柏峴)〈동쪽으로 40리 풍양길(豐壤路)에 있다〉

울치(鬱峙)〈서남쪽으로 20리 고양 길에 있다〉

수유현(水踰峴)〈남쪽으로 40리에 있고 경성대로와 통한다〉

석문령(石門嶺)〈동쪽으로 25리에 있다〉【괘나리현(挂羅里峴)·걸마령(乞磨嶺)·덕파령(德坡嶺)·구곡천(九曲遷)은 양근길(楊根路)에 있다】

한강(漢江)〈남쪽으로 70리에 있다〉 대탄강(大灘江)〈북쪽으로 60리에 있다. 앞의 2곳은 수경(水經)에 상세하다〉

왕산천(王山川)〈혹은 왕숙탄(王宿灘)으로 부른다. 동쪽으로 50리에 있다. 수원은 포천 굴치(屈峙)에서 나온다. 수원산(水源山) 남쪽으로 흘러 소학동(巢鶴洞)을 거쳐 지장대천(地藏臺川)이 된다. 남쪽은 왕숙탄(王宿灘)이 되고, 풍양을 거쳐 퇴계원천(退溪院川)이 되고 9능(九陵)을 거쳐 동쪽으로 진관리(眞官里)에 이르러 천마산의 알천(軋川)을 거쳐 미음포(渼音浦)로 들어간다〉

백호천(白湖川)〈동북쪽으로 80리에 있다. 혹은 백달천(白達川)으로 부른다. 영평(永平)에 상세하다〉

초촌천(哨村川)〈북쪽으로 50리에 있다. 수원은 불곡산에서 나와 북쪽으로 흘러 대탄강으로 들어간다〉

두험천(豆驗川)〈남쪽으로 15리에 있다. 불곡산에서 나와 주의 남쪽을 거쳐 독두천(獨豆川)으로 들어간다〉

독두천(獨豆川)〈동남쪽으로 10리에 있다. 수원은 축석령(祝石嶺)에서 나와 서쪽으로 흘러 두험천에서 만난다〉

송계천(松溪川)〈달리 속계(涑溪)라 부른다. 남쪽으로 40리에 있다. 두험천과 독두천이 합해져 남쪽으로 흘러 속계교(涑溪橋)를 지나 중량포(中梁浦)가 된다. 배봉(拜峯)의 동쪽을 지나 제반교(濟磐橋)로 나와 전곶평(箭串坪)을 지나 한강으로 들어간다〉

사천(沙川)〈북쪽으로 30리 있다. 초촌천 윗쪽으로 흐른다〉

상수천(湘水川)〈서북쪽으로 15리에 있다. 홍복산(洪福山)에서 나와 북쪽으로 흘러 초촌천에서 합류한다〉

굴운천(窟雲川)〈동쪽으로 80리에 있다. 검단산에서 나와 남쪽으로 흘러 천마산과 비영산(飛靈山) 사이를 지나 운하천(雲霞川)이 된다. 만취대(晚翠臺)가 있고 또 굴운천이 되어 신연강(新淵江)으로 들어간다〉

『형승』(形勝)

두강 사이에 위치하며 삼도(三道)가 모이는 곳이다. 명산과 이름난 지역이 많고 반은 산을 끼고 있고 반은 들이다.

『성지』(城池)

양진성(楊津城)〈아차산 동쪽 언덕에 있다. 광진(廣津) 위에서 내려다보며 한강과 광주평(廣津坪) 고성(古城)은 강을 격하여 마주 대하고 있다. ○백제 시조 14년(5)에 위례성(慰禮城)으로부터 한산(漢山)으로 도읍을 옮겼다. 한강 서북쪽에 성을 쌓고 한성민(漢城民)을 나누었다. 『여지승람』(輿地勝覽) 고적(古蹟)조에 말하기를 장한성(長漢城)은 한강의 윗쪽에 있다. 신라는 큰 진을 두었는데 후에 고구려가 차지하였고 신라 사람들이 군사를 일으켜 다시 찾았다〉

대모성(大母城)〈서쪽으로 5리에 있다. 둘레는 906척이다〉

수철성(水鐵城)〈북쪽으로 50리에 있다. 둘레는 357척이다. 적성, 수철성과 마주 대하고 있다〉

중흥동고성(重興洞古城)〈북한산성안에 있다. 산영루(山暎樓)의 좌우에 남은 터가 있다. 백제 개루왕(盖婁王) 5년(132)에 북한산성을 쌓았다고 말한 것은 옳지 않다. 고려 우왕 14년(1388)에 최영에게 한양 중흥산성(重興山城)을 수축할 것을 명하여 장차 왜를 피하고자 하였다. 성 둘레는 9,517척인데 지금은 북한산성안에 들어가 있다. ○이 성은 백제때에 시작되었으나 백제의 도성은 아니다〉

아차산고성(峨嵯山古城)〈산 정상에 있는데 남은 터가 있다〉

풍양고성(豊壤古城)〈옛현은 서쪽으로 1리에 있다〉

검암산고루(儉岩山古壘)〈산의 서쪽 봉우리에 2곳이 있다. 조선 선조 임진왜란때 의병장 고언백(高彦伯)이 쌓았다〉【강무정폐성(講武亭廢城)이 있다】

『영아』(營衙)

수어중영(守禦中營)〈조선 인조대에 설치되었다. ○중영장(中營將)은 원래 목사가 겸한다. ○속읍은 양주·양근·가평·포천·영평·지평(砥平)이 있다〉

『봉수』(烽燧)

아차산(峨嵯山)〈동남쪽으로 55리에 있다〉

한이산(汗伊山)〈동쪽으로 55리에 있다〉

『창고』(倉庫)

읍창이 2개, 내창(內倉), 현창(縣倉), 동창(東倉), 북창(北倉)이 있다.

『역참』(驛站)

평구도(平邱道)〈동남쪽으로 70리에 있다. 속역(屬驛)은 11개가 있다. ○찰방은 1명이 있다〉

영서도(迎曙道)〈서남쪽으로 55리에 있다. 속역이 4개 있다. ○찰방은 1명이 있다〉

녹양역(綠楊驛)〈남쪽으로 20리에 있다〉

쌍수역(雙樹驛)〈동쪽으로 50리에 있다〉

구곡역(仇谷驛)〈동남쪽으로 90리에 있다〉

「혁폐」(革廢)

임천역(臨川驛)〈북쪽으로 옛 계사문(北古係沙門)에 있다〉

「기발」(騎撥)

검암참(黔岩站)〈서쪽으로 50리에 있다〉

「보발」(步撥)

두험천참(豆驗川站)〈남쪽으로 20리에 있다〉

『목장』(牧場)

전곶장(箭串場)〈아차산의 서쪽에 있다. 서쪽으로 서울과 15리 떨어져있다. 조선 초기에 설치되었다. 명종 10년(1555)에 사복제조 상진(尙震)이 세웠고 석책(石柵)을 설치할 것을 청하였다. 둘레는 30리이다. 감목관이 있어 수능(綏陵)을 천봉하고 철폐하였다〉【옛 목장은 서쪽으로 40리에 있다. 상자원(常慈院)이 있다】

『진도』(津渡)

미음진(美音津)〈동남쪽으로 70리에 있다. 광주(廣州)로 통한다〉

광진(廣津)〈동남쪽으로 75리에 있다. 광주(廣州)에 보인다〉

대탄진(大灘津)〈대탄강에 있다. 연천(漣川)으로 통한다. 겨울에는 다리를 설치한다〉

### 『교량』(橋梁)

속계교(涑溪橋)〈돌로 만들었다. 능침에 갈 때 이용한다. 강원도 여러 읍과 통한다〉

### 『토산』(土産)

실[사(絲)]·송이[송심(松蕈)]·자초(紫草)·녹반(綠礬)·밤[율(栗)]·누치[눌어(訥魚)]·쏘가리[금인어(錦鱗魚)]·은어[은구어(銀口魚)]가 난다.

### 『장시』(場市)

가라비장(加羅非場)은 3일과 8일에 서며, 동도천장(東道川場)은 5일과 10일에 서며, 신장(新場)은 2일과 7일에 서며, 길주내장(吉州內場)은 5일과 10일에 서며, 대탄장(大灘場)은 4일과 9일에 서며, 북도천장(北道川場)은 1일과 6일에 서며, 구곡장(仇谷場)은 1일과 6일에 선다.

### 『궁실』(宮室)

풍양행궁(豊壤行宮)〈풍양 옛현 동쪽에 있다. 조선 태조와 태종이 이곳에 머물렀다. 지금은 남은 터만 있다. 영조 31년(1755) 2월에 풍양 옛터에 비와 각을 세우고 태조대왕재상왕시구궐유지(太祖大王在上王時舊闕遺址)라는 12자를 친필로 썼다〉

### 『진전』(眞殿)

봉선전(奉先殿)〈광능 구역 안에 있다. 세조어진(世祖御眞)을 봉안하고 있다. 임진왜란으로 강화로 옮겼고 또 영변(寧邊) 묘향산(妙香山) 보현사(普賢寺)로 옮겼다가 또 개성으로 옮기고 또 경도(京都) 영희전(永禧殿)으로 옮겼고 이어서 본전(本殿)은 폐하였다〉

### 『능침』(陵寢)

건원능(健元陵)〈검암산(儉岩山)의 남쪽에 있다. 경성과는 동쪽으로 30리 떨어져 있다. 조선 태조대왕능이다. 기일은 5월 24일이다. ○령과 참봉 각 1명이 있다〉

정능(貞陵)〈남쪽으로 55리 사하리(沙河里) 즉 경도 혜화문(惠化門)밖에 있다. 조선 태조비 신덕왕후(神德王后) 강씨(康氏)의 능이다. 기일은 8월 13일이다. 능은 처음 도성안 황화방(皇華坊)에 있었는데 태종 9년(1409)에 이곳으로 옮기고 묘로 강등하였다. 현종 10년(1671)에 추복(追復)하였다. ○령과 참봉 각 1명이 있다〉

현능(顯陵)〈건원능 동쪽 언덕에 있다. 문종대왕능이다. 기일은 5월 14일이다. 현덕왕후(顯德王后) 권씨(權氏)가 왼쪽 언덕에 부장되어 있다. 기일은 7월 24일이다. 능은 처음 안산(安山)에 있었고 소능(昭陵)으로 호칭하였다. 중종 8년(1513)에 이곳으로 옮겼다. ○령과 참봉 각 1명이 있다〉

사능(思陵)〈군장리(羣場里)에 있다. 경성과 45리 떨어져 있다. 단종비 정순왕후(定順王后) 송씨(宋氏)의 능이다. 기일은 6월 4일이다. 숙종 24년(1698)에 추복(追復)되었다. ○령과 참봉이 각 1명이 있다〉

광능(光陵)〈주엽산(注葉山) 직동(直洞)에 있다. 서울과 70리 떨어져 있다. 세조대왕능이다. 기일은 9월 8일이다. 정희왕후(貞憙王后) 윤씨(尹氏)가 부장되어 있다. 기일은 3월 30일이다. ○령과 참봉이 각 1명이 있다〉

온능(溫陵)〈장흥면(長興面) 서산(西山) 수회동(水回洞)에 있다. 경성과 50리 떨어져 있다. 중종비 단경왕후(端敬王后) 신씨(愼氏)의 능이다. 기일은 12월 7일이다. 영조 16년(1740)에 추복되었다. ○령과 참봉이 각 1명이 있다〉

태능(泰陵)〈노원면(蘆原面)에 있다. 중종비 문정왕후(文定王后) 윤씨(尹氏)의 능이다. 기일은 4월 7일이다. ○직장과 참봉 각 1명이 있다〉

강능(康陵)〈태능 동쪽 언덕에 있다. 조선 명종대왕능이다. 기일은 6월 28일이다. 인순왕후(仁順王后) 심씨(沈氏)가 부장되어 있고 기일은 1월 2일이다. ○별검과 참봉이 각 1명이 있다〉

목능(穆陵)〈건원능의 둘째 언덕에 있다. 선조대왕능이다. 기일은 2월 1일이다. 의인왕후(懿仁王后) 박씨(朴氏)가 왼쪽 언덕에 부장되어 있다. 기일은 6월 27일이다. 인목왕후(仁穆王后) 김씨(金氏)가 왼쪽 언덕에 부장되어 있다. 기일은 6월 28일이다. ○별검과 참봉이 각 1명이 있다〉

휘능(徽陵)〈건원능 서쪽 언덕에 있다. 인조비 장렬왕후(莊烈王后) 조씨(趙氏)의 능이다. 기일은 8월 26일이다. ○별검과 참봉이 각 1명이 있다〉

숭능(崇陵)〈건원능 서남쪽 별도의 언덕에 있다. 조선 현종대왕능이다. 기일은 8월 18일이다. 명성왕후(明聖王后) 김씨(金氏)가 부장되어 있다. 기일은 12월 5일이다. ○별검과 참봉 각 1명이 있다〉

의능(懿陵)〈천장산(天藏山)에 있는데 서울과 15리 떨어져 있다. 경종대왕능이다. 기일은 8월 25일이다. 선의왕후(宣懿王后) 어씨(魚氏)가 부장되어 있다. 기일은 9월 29일이다. ○령과 참봉이 각 1명이 있다〉

혜능(惠陵)〈숭능 왼쪽 언덕에 있다. 경종비 단의왕후(端懿王后) 심씨(沈氏)의 능이다. 기일은 2월 7일이다. ○령과 참봉이 각 1명이 있다〉

원능(元陵)〈건원능 오른쪽 언덕에 있다. 영조대왕능이다. 기일은 3월 5일이다. 정순왕후(貞純王后) 김씨(金氏)가 부장되어 있다. 기일은 정월 12일이다. ○별검과 참봉이 각 1명이 있다〉

수능(綏陵)〈건원능 왼쪽 언덕에 있다. 익종대왕능(翼宗大王陵)이다. 처음 천장산(天藏山)에 장사지냈으나 헌종 병오년(1846)에 용마봉(龍馬峯)으로 옮기고 철종 을묘년(1855)에 이곳으로 옮겼다. 기일은 5월 6일이다. ○령과 참봉 각 1명이 있다〉

경능(景陵)〈건원능 서쪽 언덕에 있다. 헌종대왕능이다. 기일은 6월 6일이다. 효현왕후(孝顯王后)김씨(金氏)가 부장되어 있다. 기일은 8월 25일이다. ○령과 참봉이 각 1명이 있다〉

순강원(順康園)〈풍양(豊壤)에 있다. 인빈(仁嬪) 김씨(金氏)의 원(園)이다. 기일은 10월 29일이다. ○수봉관(守奉官) 2명이 있다〉

소녕원(昭寧園)〈고령산(高嶺山)에 있다. 숙빈 최씨(崔氏)의 원이다. 기일은 3월 9일이다. ○수봉관은 2명이 있다〉

수길원(綏吉園)〈소녕원 구역 안에 있다. 정빈(靖嬪) 이씨(李氏)의 원이다. 기일은 11월 16일이다. ○소녕원의 관원이 겸하여 살핀다〉

휘경원(徽慶園)〈달마동(達摩洞)에 있다. 처음에는 배봉(拜峯)에 장사지냈으나 철종 계해년(1863)에 이곳으로 다시 옮겼다. 수빈(綏嬪) 박씨(朴氏)의 원이다. 기일은 12월 26일이다. ○령과 참봉 각 1명이 있다〉

덕흥대원군묘(德興大院君墓)〈수락산(水落山)에 있다. 하동부대부인(河東府大夫人) 정씨(鄭氏)가 부장되어 있으니 바로 선조대왕의 황고(皇考)와 황비(皇妣)의 무덤이다〉

회묘(懷墓)〈천장산(天藏山) 남쪽 갈래에 있다. 성종의 폐비 윤씨의 무덤으로 연산군의 어머니이다. 연산군이 즉위하고 회능으로 추호(追號)하였다. 중종 원년(1506)에 묘로 내렸다〉

연산군묘(燕山君墓)〈해등면(海等面)에 있다. 처음에는 강화에 장사지냈으나 중종 7년

(1512)에 왕자의 예로서 해등촌(海等村)에 이장하였다〉

신씨묘(愼氏墓)〈회묘 구역 안에 있으니 바로 연산군 폐비이다〉

성묘(成墓)〈군장리(羣場里)에 있다. 선조 후궁 공빈(恭嬪) 김씨(金氏)의 무덤으로 광해군의 어머니이다. 광해군 계축년(1613)에 성능(成陵)으로 추호되었다가 인조 원년(1623)에 묘로 강등되었다〉

광해군묘(光海君墓)〈군장리에 있다. 인조 21년(1643)에 제주에서 반장(返葬)하였다〉

**『단유』(壇壝)**

양진단(楊津壇)〈광진(廣津) 아래쪽에 있다. 신라는 북독(北瀆)은 중사(中祀)에 실었고 고려는 남독으로 중사에 실었다. 조선에서는 대천(大川)이 소사(小祀)에 실려있다〉

**『사원』(祠院)**

도봉서원(道峯書院)〈선조 계유년(1573)에 건립되었고 같은 해에 사액되었다. 영조 을미년(1775)에 왕이 쓴 편액이 걸려 있다〉, 조광조(趙光祖)·송시열(宋時烈)〈모두 경도 문묘를 보라〉

○석실서원(石室書院)〈효종 병신년(1656)에 건립되었고 현종 계묘년(1663)에 사액되었다〉, 김상용(金尙容)〈강화에 보라〉, 김상헌(金尙憲)〈경도 종묘를 보라〉, 김수항(金壽恒)〈자는 구지(久之)이고 호는 문곡(文谷)이며 김상헌의 손자이다. 숙종 기사년(1689)에 화를 입었다. 관직은 영의정에 올랐고 문형을 맡았으며 시호는 문충(文忠)이다〉, 민정중(閔鼎重)〈자는 대수(大受)이고 호는 노봉(老峯)이며 여흥(驪興) 사람이다. 숙종 임신년(1692)에 귀양가서 죽었다. 관직은 좌의정에 올랐으며 시호는 문충(文忠)이다〉, 이단상(李端相)〈자는 유능(幼能)이고 호는 정관재(靜觀齋)이며 연안(延安) 사람이다. 관직은 부제학에 올랐고 좌찬성에 증직되었으며 시호는 문정(文貞)이다〉【김창협(金昌協)은 자는 중화(仲和)이고 호는 농암(農岩)이다. 관직은 판서에 올랐고 시호는 문간(文簡)이고 문형을 거쳤다. 김원행(金元行)은 자가 백춘(伯春)이고 호는 미호(渼湖)이다. 관직은 찬선에 올랐다. 김조순(金祖淳)은 태조를 보라】

○청절사(淸節祠)〈숙종 병인년(1686)에 건립되었고 신사년(1701)에 사액되었다〉, 김시습(金時習)〈자는 열경(悅卿)이고 호는 매월당(梅月堂)이며 강릉(江陵) 사람이다. 이조판서에 증직되었고 시호는 청간(淸簡)이다〉

○정절사(旌節祠)〈숙종 임진년(1712)에 건립되었고 정조 갑진년(1784)에 사액되었다〉, 남

을진(南乙珍)〈의령(宜寧) 사람이다. 관직은 고려의 참지문하부사(參知門下府事)에 올랐다. 조선왕조가 개국하자 숨어서 감악산(紺嶽山) 석굴에 들어가 나오지 않았다. 태조가 거처하는 곳에 가서 사천백(沙川伯)에 봉하였다〉, 조견(趙狷)〈초명은 윤(胤)이고 자는 거경(巨卿)이며 평양(平壤) 사람이다. 조선왕조에서 여러차례 불렀으나 그때마다 도망갔으며 이름을 견으로 고쳤다. 호는 송산(松山)이다. 조선에서 녹훈(錄勳)하고 평성부원군(平城府院君)으로 봉작하였으나 굽히지 않았다. 시호는 평간(平簡)이다〉

『전고』(典故)

신라 효공왕 2년(898)에 궁예가 왕건을 정기대감(精騎大監)으로 삼아 공격하여 한양군(漢陽郡)과 래소군(來蘇郡)을 취하였다. ○고려 현종 원년(1010)에 지채문(智蔡文)이 서경(西京)이 패한 상황을 아뢰자 많은 신하들이 항복할 것을 의논하였으나 강감찬만이 홀로 국왕에게 남쪽으로 행차할 것을 권하였다. 지채문이 호종할 것을 청하였다. 이날밤 국왕과 후비 그리고 이부시랑 채충순(蔡忠順) 등이 금군(禁軍) 50여 명을 거느리고 도성문을 나와 적성현 단조역(丹棗驛)에 이르렀다. 적변(賊變)이 있자, 지채문이 말달리며 활을 쏘아 물리쳤다. 국왕이 창화현(昌化縣)〈즉 견주(見州)이다〉에 이르러 또 적변이 있자, 지채문이 임기응변으로 대처하여 적이 가까이 오지 못하였다. 새벽에 이르러 지채문이 2왕후에게 먼저 북문을 나가 사이길로 도봉사(道峯寺)들어가도록 청하였다. 채충순이 계속해서 이르고 하공진(河拱辰)이 또 임금이 있는 곳에 이르렀다. 드디어 하공진을 보내어 거란의 군영에 가서 화친을 청하도록 하였다. 고려 고종 3년(1216)에 금산병(金山兵)〈거란의 유종(遺種)이다〉이 침구하니 이광유(李光裕) 등 9장수로서 사자암(獅子岩)〈상세하지 않다〉과 양주〈지금의 경도이다〉를 지키도록 하였다. 다음날 9장수가 조종술(朝宗戌)〈가평의 조종(朝宗) 옛현이다〉에서 싸워 목을 벤 것이 기록할 수 없을 정도였다. 고종 4년(1217)에 금산병이 풍양현 효성현(曉星峴)에 이르자 우리 군사들이 횡탄(橫灘)〈아마 왕숙탄(王宿灘)으로 여겨진다〉을 건너 적의 후미를 공격하자 좌군(左軍)이 먼저 패하였고 중군(中軍)과 후군(後軍)이 산 밖으로 나와 적의 뒤를 공격하여 물리쳤다. 추격하여 노원(蘆元)〈원(元)은 지금 원(原)으로 쓴다〉역의 선의장(宣義場)〈자세히 알 수 없다〉에 이르러 죽인 자가 매우 많았다. 고종 5년(1218)에 거란병〈금산병이다〉이 양주를 침구하였다. 고려 우왕 5년(1379)에 권중화(權仲和) 등을 보내 회암(檜岩)에서 지형을 살폈는데 천도하고자 했기 때문이었다. ○조선 태종 17년(1417)에 해룡산(海龍山)에서 강무(講武)하였다.【해룡산은 포천에 보인다】 선조 25년(1592) 4월〈임진왜란이 일어났다〉에 부원수 신각(申恪)이 처음 김명원(金命元)을 따라 한강을 방어하였다. 김명원의 군사가 무너지자 신각이 한강에서 달아나 양주로 이양원(李陽元)을 따라가 흩어진 군사를 수습하였다. 함경남병사(咸鏡南兵使) 이혼(李渾)의 장병을 만나 구원하여 드디어 군사를 합쳐 진을 구축하였다. 왜병을 해유현(蟹踰峴)에서 만나 격파하여 70여 명을 죽였다.〈왜가 침범한 후 비로소 이 승첩이 있었다. 후에 신각이 주장을 버리고 제멋대로 다른 군대로 갔다 하여 참수하였으나 후에 그 억울함이 신원되었다〉 교동 향리 고언백(高彦伯)이 일찍이 반군(叛軍) 오랑캐를 공격하여 이름이 났었다. 도원수를 따라 영장(領將)이 되어 목을 벤 공이 있었는데 양주로 돌아가 군사를 모아 적을 토벌하겠다고 자청하였다. 국왕이 양주목사에 제수하여 능침을 보호하도록 하였다. 고언백이 산꼭대기 험난한 곳에 있으면서 때때로 나와 노략질하고 공격하여 적을 소탕하였다. 일찌기 여러 능에 군사를 숨기고 때때로 사살하였다. 이때 토적(土賊)이 사방에서 일어나 천백(千百)으로 무리를 이루었다. 양주에 큰 도적 이능수(李能水)가 있었는데 정기룡(鄭起龍)으로 독포대장(督捕大將)을 삼아 토벌하게 하였다.〈이천(利川)에는 현몽룡(玄夢龍)이 있었다. 남원과 운봉이 특히 심하였다. 남원의 토적 김희(金希)와 영남의 토적 임걸년(林傑年)이 가장 크게 횡횡하였다〉 인조 14년(1636)에 청나라 군사의 선봉 300명이 갑자기 이르니〈때는 병자년 12월 17일이었다〉 훈련대장 신경진(申景禛)이 먼저 장관(將官) 이흥업(李興業)을 보내 마대(馬隊) 80여 기를 이끌고 가서 염탐하였는데 검암(黔岩)에서 적을 만나 다 죽었다.

## 4. 고양군(高陽郡)

『연혁』(沿革)

원래 백제 달을성(達乙省)이다. 백제 문주왕 1년(475)에 고구려가 차지하였고 그 후에 신라에 귀속되었다. 신라 경덕왕 16년(757)에 고봉(高峯)〈옛 터는 지금 치소(治所)의 서쪽 20리에 있다〉으로 고치고 교하군(交河郡) 영현으로 삼았다. 고려 현종 9년(1018)에 양주에 속하였다. 조선 태조 3년(1394)에 감무를 두었고 행주(幸州)를 병합하였다. 태종 13년(1413)에 고양현감〈원당리(元堂里)로 관서를 옮겼는데 지금 치소의 남쪽 12리에 있다〉으로 고쳤고, 태종 14년(1414)에 교하군의 심악(深岳) 옛현을 래속하였다. 태종 18년(1418)에 다시 환원하였다.

성종 2년(1471)에 경능(敬陵)과 창능(昌陵)이 있다고 하여 군으로 승격하였다. 연산군 10년(1504)에 혁파하였다.〈그 땅을 비우게 하여 놀러다니는 장소로 삼았고 나머지 땅을 분할하여 주변 읍에 분속시켰다〉 중종 원년(1506)에 다시 복구하였다. 중종 23년(1528)에 희능(禧陵)을 원당리(元堂里)로 옮겼고 치소를 장령산(長嶺山)의 동쪽으로 옮겼다.

**「관원」(官員)**

군수〈양주진관병마동첨절제사(楊州鎭管兵馬同僉節制使)를 겸한다〉 1명이 있다.

**『고읍』(古邑)**

행주(幸州)〈서남쪽으로 30리 강변에 있다. 원래 백제 개백(皆伯)인데 백제 문주왕 1년에 고구려가 차지한 바가 되어 왕봉(王逢)으로 고쳤다. 후에 신라에 귀속되었다. 신라 경덕왕 16년(757)에 우왕(遇王)으로 고쳐 한양군(漢陽郡) 영현으로 삼았다. 고려 태조 23년(940)에 행주로 고쳤다. 고려 현종 9년(1018)에 양주에 속하였다. 조선 초기에 래속하였다. ○덕양(德陽)이라는 읍호는 고려 성종이 정한 것이다〉

부원(富原)〈남쪽으로 50리에 있다. 한성부에 상세하다〉

**『방면』(坊面)**

원당면(元堂面)〈남쪽으로 10리에서 시작하여 25리에서 끝난다〉

구이동(九耳洞)〈서쪽으로 15리에서 시작하여 25리에서 끝난다〉

사리대(沙里垈)〈서쪽으로 10리에서 시작하여 20리에서 끝난다〉

하도면(下道面)〈서남쪽으로 15리에서 시작하여 30리에서 끝난다〉

구지도면(求知道面)〈서쪽으로 20리에서 시작하여 30리에서 끝난다〉

중면(中面)〈서쪽으로 25리에서 시작하여 30리에서 끝난다〉

사포면(蛇浦面)〈서북쪽으로 30리에서 시작하여 40리에서 끝난다〉

송산면(松山面)〈서북쪽으로 40리에서 시작하여 50리에서 끝난다. 앞의 5면은 모두 강에 연한 넓은 들이다〉

**「혁폐」(革廢)**

황조향(荒調鄕)〈서쪽으로 35리에 있는데 지금의 주엽리(注葉里)이다. 원래 원평(原平)에 속하였다. 조선 태조 3년(1394)에 래속하였다〉

장사향(長史鄕)〈남쪽으로 25리에 있다〉

율악부곡(栗岳部曲)〈서쪽으로 22리 고봉(高峯) 근처에 있다〉

건자산소(巾子山所)〈서남쪽으로 20리에 있는데 별아산(別阿山)으로 부른다〉

**『산수』(山水)**

장령산(長嶺山)〈서쪽으로 2리에 있다〉

본달산(本達山)〈서쪽으로 20리에 있다〉

노고산(老姑山)〈동남쪽으로 20리에 있다〉

효경봉(孝敬峯)〈남쪽으로 25리 5능(五陵)의 주산(主山)에 있다〉

【황령산(黃嶺山)이 있다】

**「영로」(嶺路)**

혜음령(惠陰嶺)〈북쪽으로 5리 양주(楊州) 경계에 있다〉

여현(礪峴)〈남쪽으로 15리에 있다〉

○한강(漢江)〈고양군의 서쪽 경계에 있다. 5개면이 강에 연해 있다〉

신원천(新院川)〈옛날에는 가돈천(街頓川)이라 불렀다. 남쪽으로 10리 대로에 있다〉

심천(深川)〈서쪽으로 10리 신원천(新院川) 하류에 있다. 앞의 2천(二川)은 교하(交河)의 후율리천(朽栗里川)을 보라〉

덕수천(德水川)〈남쪽으로 20리에 있다. 혹은 앵봉천(鶯峯川)으로 부른다. 수원이 삼각산(三角山) 북한산성 가운데서 나와서 서쪽으로 흘러 신혈면(神穴面)을 거쳐 검암천(黔岩川)을 이룬다. 앵봉 북쪽에 이르러 덕수천(德水川)을 이룬다. 행주에 이르러 남쪽으로 한강으로 들어간다〉【행주강(幸州江)은 삼국시대에는 왕봉하(王逢河)라 칭하였다】

**「도서」(島嶼)**

압도(鴨島)〈서쪽으로 30리 강변에 있다. 즉 진흙이 땅을 이루어 단완(葮薍)이 많이 자란다〉

**『성지』(城池)**

고봉고성(高峯古城)〈옛 현의 북쪽에 있다〉

행주고성(幸州古城)〈옛 현의 남쪽에 있다〉

고토성(古土城)〈사포면(蛇浦面) 들가운데 남은 터가 있다〉

『봉수』(烽燧)

독산(禿山)〈서쪽으로 20리에 있다〉

고봉(高峯)〈옛 성안에 있다〉

염포(鹽浦)〈서남쪽으로 25리에 있다〉

『창고』(倉庫)

창(倉)이 1개 있다.〈읍내에 있다〉

『역참』(驛站)

벽제역(碧蹄驛)〈북쪽으로 2리에 있다〉

「혁폐」(革廢)

행주역(幸州驛)

「기발」(騎撥)

벽제참(碧蹄站)

『진도』(津渡)

행주진(幸州津)〈양천(陽川)의 공암진(孔岩津)에 마주대하고 있다〉

임의진(任意津)〈서쪽으로 35리에 있고 김포 사이길로 통한다〉

『토산』(土産)

단완(葮薍)·위어(葦魚)·농어[노어(鱸魚)]·세어(細魚)·숭어[수어(秀魚)]·게가 난다.

『장시』(場市)

사포장(巳浦場)은 3일과 8일에 열린다. 백석장(白石場)은 5일과 10일에 열린다. 신원장(新院場)은 4일과 9일에 열린다.

『능침』(陵寢)

경능(敬陵)〈남쪽으로 25리 봉현(蜂峴)에 있다. 서울과 30리 떨어져 있다. 덕종대왕능(德宗

大王陵)이다. 기일은 9월 2일이다. 소혜왕후(昭惠王后) 한씨(韓氏)가 오른쪽 언덕에 부장되어 있다. 기일은 4월 27일이다. ○령과 참봉이 각각 1명이 있다〉

창능(昌陵)〈경능 북쪽 언덕에 있다. 예종대왕능(睿宗大王陵)이다. 기일은 11월 28일이다. 안순왕후(安順王后) 한씨(韓氏)가 왼쪽 언덕에 부장되어 있다. 기일은 12월 24일이다. ○령과 참봉이 각각 1명이 있다〉

희능(禧陵)〈원당리에 있다. 중종비 장경왕후(章敬王后) 윤씨(尹氏)의 능(陵)이다. 기일은 3월 2일이다. 처음에는 헌능(獻陵) 오른쪽 언덕에 장사지냈는데 중종 무자년(1528)에 이곳으로 옮겼다. ○직장과 참봉이 각각 1명이 있다〉

효능(孝陵)〈희능의 서쪽 언덕에 있다. 인종대왕능이다. 기일은 7월 1일이다. 인성왕후(仁聖王后) 박씨(朴氏)가 부장되어 있는데 기일은 11월 29일이다. ○별검과 참봉이 각각 1명이 있다〉

명능(明陵)〈경능의 동쪽 언덕에 있다. 숙종대왕능이다. 기일은 6월 8일이다. 인현왕후(仁顯王后) 민씨(閔氏)가 부장되어 있다. 기일은 8월 14일이다. 인원왕후(仁元王后) 김씨(金氏)가 오른쪽 언덕에 부장되어 있는데 기일은 3월 26일이다. ○별검과 참봉이 각각 1명이다〉

익능(翼陵)〈경능 동쪽 언덕에 있다. 숙종비 인경왕후(仁敬王后) 김씨(金氏)의 능이다. 기일은 10월 26일이다. ○령과 참봉이 각 1명이 있다〉

홍능(弘陵)〈창능(昌陵) 왼쪽 언덕에 있다. 영조비 정성왕후(貞聖王后) 서씨(徐氏)의 능이다. 기일은 2월 15일이다. ○령과 참봉이 각각 1명이 있다〉

【예능(睿陵)은 희능(禧陵) 오른쪽 언덕에 있다. 철종대왕능이다. 기일은 12월 8일이다】

순회묘(順懷墓)〈경능 왼쪽 언덕에 있다. 조선 명종대 순회세자의 묘이다. 기일은 9월 26일이고 공회빈(恭懷嬪) 윤씨(尹氏)의 기일은 2월 3일이다. 수위관(守衛官) 2명이 있다〉

소현묘(昭顯墓)〈효능(孝陵)의 오른쪽 언덕에 있다. 인조대 소현세자의 묘이다. 기일은 4월 26일이다. ○수위관이 2명이 있다〉

○고려 공양왕능〈본달산(本達山)에 있다〉

**『사원』(祠院)**

문봉서원(文峯書院)〈조선 숙종 무진년(1688)에 건립되었고 기축년(1709)에 사액되었다〉, 민순(閔純)〈개성을 보라〉, 남효온(南孝溫)〈자는 백공(伯恭)이고 호는 추강(秋江)이며 의령 사람이다. 이조판서에 증직되었고 시호는 문정(文貞)이다〉, 김정국(金正國)〈장단을 보라〉, 기준(奇遵)〈자는 자경(子敬)이고 호는 복재(服齋)이며 행주 사람이다. 조선 중종 신사년(1521)에 화를 입었다. 관직은 전한(典翰)에 올랐고 이조판서에 증직되었으며 시호는 문민(文愍)이다〉, 정지운(鄭之雲)〈자는 정이(靜而)이고 호는 추만(秋巒)이며 경주 사람이다. 청렴하며 곧은 절개가 있었다〉, 홍이상(洪履祥)〈자는 원례(元禮)이고 호는 모당(慕堂)이며 풍산(豊山) 사람이다. 관직은 대사헌에 올랐고 영의정에 증직되었다〉, 이신의(李愼儀)〈자는 경칙(景則)이고 호는 석탄(石灘)이며 전의(全義) 사람이다. 관직은 형조참판에 올랐고 이조판서에 증직되었으며 시호는 문정(文貞)이다〉, 이유겸(李有謙)〈자는 수익(受益)이고 호는 만회(晩悔)이며 우봉(牛峯) 사람이다. 관직은 호조참의에 올랐고 영의정에 증직되었다〉

○기공사(紀功祠)〈조선 순조 신축년에 건립되었고 임인년에 사액되었다〉, 권율(權慄)〈자는 언신(彦愼)이고 안동 사람이다. 관직은 호조판서 도원수 영가부원군(永嘉府院君)에 올랐고 시호는 장렬(莊烈)이다〉

『전고』(典故)

조선 선조 26년(1593) 1월에 이여송(李如松)이 평양으로부터 남하하여 선봉으로 개성 청석동(青石洞)에 이르렀다. 적이 도망가는 것을 멀리서 보고 추격하여 30여명을 죽이고 대군으로 개성에 들어갔다. 덕진(德津)〈임진 하류에 있다〉을 거쳐 강을 건너 파주에 군영을 만들었다. 왜 수백 명이 미륵원(彌勒院)〈지금은 불에 타 미륵원을 수리하였다〉앞으로 출진하자 사대수(査大受)가 군사 수백명을 거느리고 먼저 가다가 벽제역(碧蹄驛) 여현(礪峴)에서 적을 만나 130여 명을 죽였다. 이여송과 휘하 정예군사가 말을 달려와 혜음령(惠陰嶺)을 넘었다. 적은 부대를 여현에 배치하였는데 이여송이 멀리서 보고 군사를 지휘하여 앞으로 나갔다. 숨어 있는 왜 만여 명이 갑자기 이르니 이여송 휘하 이유승(李有升) 등 용맹한 군사 80여 명이 모두 죽고 이여송만이 겨우 면하였다. 얼마 후 대군이 일제히 이르니 적이 군사를 거두어 달아났다. 이여송이 저녁에 파주로 돌아와 동쪽 언덕에 물러나 주둔하였다. 가등청정(加藤清正) 등이 북쪽 변방에 있다가 평양에서 패했다는 소식을 듣고 즉시 30여 진을 거두어 주야로 말을 달려 지나간 적지(赤地)로 물러났다. 이에 이르러 가등청정이 장차 평양을 기습한다고 전언하였다. 이여송이 사대수 등으로 임진을 지키도록 하고 왕필적(王必迪)은 개성을 지키도록 하고 드디어 평양으로 돌아왔다. 중국 천자가 내탕한 은 3천 량과 경금(冏金) 20만 량을 내어 군사를 일으키는데 돕도록 하였다. 선조 26년 2월에 전라감사 권율이 수원〈삼남의 근왕병이 광교산(光敎山)에서 패하여 죽자 오직 전라군사만이 온전하였다〉으로부터 군사 만여명을 거느리고 양천강(陽川江)을 건너 행주의 옛 성으로 나아가 주둔하였다. 4천 명을 나누어 병사(兵使) 선거이(宣居怡)에 주고 금천(衿川)에서 주둔하고 성원하도록 하였다. 창의사 김천일(金千鎰)이 강화로부터 해안으로 출진하였다. 충청감사 허욱(許頊)은 통진에서 진치고 있었다. 이때 서북의 적은 모두 경성에 모였다. 적장 평수가(平秀家)〈일찌기 경성에 주둔하였다〉는 군사 수만명으로 포위하였다. 군사를 3으로 나누어 교대로 진격하였다. 우리 군사는 죽음을 무릅쓰고 싸워 적의 군사가 3번 진격하고 3번 물러나니 모두 불리하였다. 적은 또 우리 성책을 불태웠다. 권율이 검을 뽑아 전투를 독려하니 장졸이 칼날을 두려워하지 않고 전투를 벌렸다. 적의 군사들이 크게 피를 흘리고 드디어 시체가 쌓여 사방에 언덕을 이루었다. 이를 불태우니 냄새가 10리까지 퍼졌다. 적이 이미 물러나자 우리 군사들이 그 나머지를 수습하고 130여 명을 죽였다. 인조 14년(1636) 12월에 청나라 군사가 얼어붙은 행주강(幸州江)을 건너 장차 강화로 가는 행차를 막고자 하였다.

## 5. 교하군(交河郡)

『연혁』(沿革)

원래 백제의 천정구(泉井口)〈혹은 어을매(於乙買)라 부르고, 또는 굴갓(屈갓)으로 부른다〉인데 후에 고구려가 취하였다. 신라 경덕왕 16년(757)에 교하군〈영현이 2개인데 봉성현(峯城縣)과 고봉현(高峯縣)이다〉으로 고치고 한주(漢州)에 예속시켰다. 고려 현종 9년(1018)에 양주에 속하였다. 조선 태조 3년(1394)에 처음 감무를 두었다.〈양주 속현(屬縣) 심악(深岳)·원평(原平)과 속향(屬鄕) 석천(石淺)을 내속하였다〉 태종 14년(1414)에 혁파하였다.〈심악은 고양(高陽)에 속하였고 석천은 원평(原平)에 속하였다〉 태종 18년(1418)에 현감을 두었다.〈심악과 석천은 모두 교하현으로 되돌렸다〉 영조 7년(1731)에 장능(長陵)을 읍치(邑治)〈치소(治所)를 지금 치소인 동쪽 5리 금성리(金城里)로 옮겼다. 후에 또 장명산(長命山) 동쪽으로 치소를 옮겼다〉로 옮기고 군으로 승격하였다.

**「읍호」(邑號)**

선성(宣城)·원정(原井)

**「관원」(官員)**

군수〈양주진관병마동첨절제사를 겸한다〉 1명이 있다.

**『고읍』(古邑)**

심악(深岳)〈서남쪽으로 12리에 있다. 원래 보신향(寶薪鄕)인데 고려초에 심악현을 두었다. 고려 현종 9년(1018)에 양주에 속하였다. 조선 태조 3년(1394)에 래속하였다. 태종 14년(1414)에 고양에 속하였고, 태종 18년(1418)에 다시 래속하였다〉

**『방면』(坊面)**

현내면(縣內面)〈서북쪽으로 10리에 있다〉

아동면(衙洞面)〈동북쪽으로 10리에 있다〉

탄포면(炭浦面)〈북쪽으로 10리에서 시작하여 20리에서 끝난다〉

신오리면(新五里面)〈위와 같다〉

와동면(瓦洞面)〈남쪽으로 10리에 있다〉

지석면(支石面)〈원래 석천향(石淺鄕)이다. 동남쪽으로 10리에서 시작하여 15리에서 끝난다〉

청암면(靑岩面)〈서쪽으로 5리에서 시작하여 12리에서 끝난다〉

석곶면(石串面)〈서남쪽으로 8리에서 시작하여 13리에서 끝난다〉

**『산수』(山水)**

장명산(長命山)〈서쪽으로 2리에 있다〉

월롱산(月籠山)〈북쪽으로 15리 파주 경계에 있다〉

심악산(深岳山)〈서남쪽으로 12리에 있다. 서쪽으로 큰 강에 임하고 있다〉

약산(藥山)〈서쪽으로 12리 장능 구역 안에 있다. 혹은 검단산(黔丹山)으로 부른다〉

한록산(漢麓山)〈서북쪽으로 12리에 있다〉

○한강(漢江)〈서쪽으로 12리에 있다〉

임진강(臨津江)〈북쪽으로 20리에 있다〉

후율리천(朽栗里川)〈수원이 양주 홍복산(弘福山)에서 나와 서쪽으로 흘러 고양 신원(新院)을 거쳐 심천(深川)이 된다. 파주 남쪽 경계에 이르러 봉일천(奉日川)을 이루고 교하군 동쪽에 이르러 금성진(金城津)을 이룬다. 교하군 북쪽에 이르러 후율리천이 되고 방천포(防川浦)가 된다. 약산의 남쪽을 거쳐 한강에 들어간다〉

방천포(防川浦)〈서쪽으로 7리에 있다〉

석곶포(石串浦)〈심악산 북쪽에 있다〉

반석포(盤石浦)〈청암면(青岩面)에 있다〉【제언은 4곳이 있다】

**「도서」(島嶼)**

일미도(一眉島)〈임진 하류 진흙이 생겨나는 곳에 있다〉

**『성지』(城池)**

오두성(烏頭城)〈임진과 한수(漢水)가 만나 합쳐지는 곳에 있다. 원래 백제 관미성(關彌城)이다. 둘레가 2,072척이다. 4면이 험준하고 오직 동쪽만이 산기슭으로 연해 있다. 삼면은 바다 물로 둘러있다. 교하군의 치소와는 거리가 서북쪽으로 14리 떨어져 있다〉

장명산고루(長命山古壘)〈남은 터가 있다〉

**『봉수』(烽燧)**

형제봉(兄弟峯)〈북쪽으로 20리에 있다〉

**『진도』(津渡)**

낙하도(洛河渡)〈북쪽으로 20리에 있다. 고려때 남쪽으로 통하는 큰 길이 있었다. 옛날에는 도승(渡丞)이 있었다〉

방천진(防川津)〈서쪽으로 3리에 있다〉

후율리진(朽栗里津)〈북쪽으로 1리에 있다〉

금성진(金城津)〈동쪽으로 5리에 있다〉

**『토산』(土産)**

숭어[수어(秀魚)]·농어[노어(鱸魚)]·위어(葦魚)·세어(細魚)·붕어[즉어(鯽魚)]·게가 난다.

『장시』(場市)

신장(新場)은 1일과 6일에 열린다.

『능침』(陵寢)

장능(長陵)〈서북쪽으로 10리 약산 동쪽에 있다. 서울과 거리가 80리 떨어져 있다. 조선 인조대왕능이다. 기일은 5월 8일이다. 인렬왕후(仁烈王后) 한씨(韓氏)가 부장되었는데 기일은 12월 9일이다. 능이 처음에는 파주에 있었는데 영조 7년(1731)에 이곳으로 옮겼다. ○령과 참봉이 각 1명이 있다〉

『사원』(祠院)

신곡서원(新谷書院)〈조선 숙종 계해년(1683)에 건립되었고 숙종 을해년(1695)에 사액되었다〉, 윤선거(尹宣擧)〈자는 길보(吉甫)이고 호는 로서(魯西)이며 파평(坡平) 사람이다. 윤황(尹煌)의 아들이다. 관직은 집의에 올랐고 영의정에 증직되었으며 시호는 문경(文敬)이다〉

『전고』(典故)

백제 아신왕 원년(392)에 고구려가 공격하여 관미성(關彌城)을 함락하였다. 그 성의 4면은 험준하며 바닷물이 빙둘러싸고 있다. 고구려 국왕〈광개토대왕이다〉이 군사를 7길(七道)로 나누어 공격히여 20일만에 무너뜨렸다.〈이해에 고구려는 남쪽으로 백제를 정벌하여 10성을 무너뜨렸다. 임진 이북의 지역은 모두 무너졌다〉 백제 아신왕 2년(393)에 국왕이 진무(眞武)에게 이르기를 "관미성은 우리의 북쪽 변경 지역이자 요충지인데 지금 고구려의 소유가 되었다. 경은 마땅히 마음을 다하여 부끄러움을 씻도록 하라."고 하였다. 드디어 장병 1만 명으로 고구려 남쪽 지역을 정벌하였다. 진무는 석현(石峴)등 5개의 성을 회복할 것을 생각하고 먼저 관미성을 포위하였다. 고구려 사람들은 성을 빙 둘러치고 굳게 고수하자 진무가 친히 돌과 화살을 무릅쓰고 몸소 사졸보다 앞서서 성을 무너뜨렸다. 그러나 양도(糧道)가 계속 조달되지 않자 이끌고 돌아갔다. 백제 전지왕(腆支王) 16년(420)에 고구려가 공격하여 관미성〈이에 앞서 다시 백제가 취하였다〉을 함락하였다. 오랜 후 이신왕(爾莘王) 원년(420)에 공격하여 고구려의 관미성을 함락시켰다.

○고려 고종 42년(1255)에 교하현민이 얻은 몽고 말을 양부(兩府)의 재추(宰樞)들에게 나

누어주었다. 고종 45년(1258)에 몽고의 유격대가 교하에 처들어왔다. 고려 공민왕 15년(1366)에 왜가 심악을 침구하였다.

○조선 광해군 4년(1612)에 술사(術士) 이의신(李懿信)이 요사스러운 이야기를 퍼트려 교하로 천도할 것을 청하였다. 이항복(李恒福)과 이정구(李廷龜)가 의논할 수 없다고 극진히 이야기하여 드디어 논의가 중지되었다. 인조 14년(1636) 12월에 청나라 군사가 교하에 들어와 행주로 향하였고 강을 건너 매복하였다. 또 일단의 군사로 하여금 양화도에 머물며 변경을 넘었다.〈대개 강화로 행차하는 것을 막고자 한 것이다〉

## 6. 가평군(加平郡)

**『연혁』(沿革)**

원래 백제 근평(斤平)인데 신라 경덕왕 16년(757)에 가평군(嘉平郡)〈영현은 준수현(浚水縣)이다〉으로 고치고 삭주(朔州)에 예속하였다. 고려 현종 9년(1018)에 춘주(春州)에 속하였다. 조선 태조 3년(1394)에 가평감무를 두었다. 태종 13년(1413)에 현감으로 고쳤다.〈강원도에서 본도로 예속되었다〉 중종 2년(1507)에 군으로 승격하였다.〈이 현에 임금의 태를 봉안했기 때문이었다〉 숙종 23년(1697)에 현으로 강등하였다.〈역적 영창(榮昌)이 태어난 곳이기 때문이었다〉 숙종 33년(1707)에 다시 올렸다.

**「관원」(官員)**

군수는 1명이 있다.〈양주진관병마동첨절제사를 겸한다〉

**『고읍』(古邑)**

조종면(朝宗面)〈서북쪽으로 45리에 있다. 원래 백제 복사매(伏斯買)인데 혹은 심천(深川)으로 부른다. 신라 경덕왕 16년(757)에 준수(浚水)로 고쳤다. 또는 준천(浚川)으로 부르는데 가평군(嘉平郡) 영현으로 삼았다. 고려 태조 23년(940)에 조종으로 고쳤다. 고려 현종 9년(1018)에 춘주(春州)에 속하였다. 조선 태조 5년(1396)에 래속하였다〉【덕(德)자아래 왕(王)자가 탈락된 것으로 생각된다】

『방면』(坊面)

군내면(郡內面)〈20리에서 끝난다〉

남면(南面)〈10리에서 시작하여 50리에서 끝난다〉

조종면(朝宗面)〈30리에서 시작하여 80리에서 끝난다〉

북면(北面)〈15리에서 시작하여 50리에서 끝난다〉

서면(西面)〈10리에서 시작하여 70리에서 끝난다. 개탄소(皆呑所)·지양소(紙壤所)는 모두 조종현(朝宗縣)에 있다〉

『산수』(山水)

화악산(華岳山)〈북쪽으로 50리에 있다. 북쪽으로 망국산(望國山)에 접하고 있고 서쪽으로 운악산(雲岳山)과 연해 있다. 춘천 영평(永平)의 경계에 위치하며 높은 봉우리가 많다. 깊은 숲 속과 계곡에는 강씨봉(姜氏峯)·촉대봉(燭臺峯)·사자봉(獅子峯)이 있는데 가장 높다. 또 청적(靑磧)과 백적(白磧)이 있다. ○광악동(光岳洞)은 그윽하고 깊고 험하여 산골에 사는 사람이 모여 산다. 서쪽 갈래에는 현등사(懸燈寺)가 있다. 또 용천사(龍泉寺)·영통사(靈通寺)·문수사(文殊寺) 등의 절이 있다〉

운악산(雲岳山)〈서북쪽으로 60리 포천(抱川) 경계에 있다. 화악산과 연해 있다〉

검봉산(劍鋒山)〈북쪽으로 20리에 있다〉

비령산(飛靈山)〈서쪽으로 40리 양주 경계에 있다〉

대야산(大也山)〈서북쪽으로 40리에 있다〉

가주지산(加注之山)·소의산(所衣山)〈모두 남쪽으로 50리에 있다〉

은두정산(銀頭頂山)〈서쪽으로 40리에 있다〉

청송산(靑松山)〈서쪽으로 25리에 있다〉

어리내산(於里內山)〈남쪽으로 55리에 있다〉

보납산(寶納山)〈북쪽으로 30리에 있다〉

동학산(東鶴山)〈서북쪽으로 50리 포천 경계에 있다〉

회산(檜山)〈북쪽으로 30리에 있다〉

「영로」(嶺路)

굴치(屈峙)〈서북쪽으로 60리 포천길에 있다〉

색치(色峙)〈서쪽으로 5리 서울로 통하는 길에 있다〉

노치(蘆峙)〈남쪽으로 30리에 있다〉

장현(獐峴)〈동북쪽으로 20리 낭천로(狼川路)에 있다〉

초연대천(超然臺遷)〈동쪽으로 5리 신연강(新淵江)과 거림천(巨林川)이 합류하는 곳에 있는데 길이 매우 위험하다〉

○신연강(新淵江)〈동쪽으로 5리에 문이연(汶伊淵)이 있고 7리에 안반탄(按盤灘)이 있다. 남쪽으로 흘러 양근(楊根) 경계로 들어간다〉

거림천(巨林川)〈북쪽으로 30리에 있다. 수원이 영평(永平) 백운산(白雲山)과 도성령(道成嶺)에서 나와 남쪽으로 흘러 신연강으로 들어간다〉

조종천(朝宗川)〈서쪽으로 20리에 있다. 수원은 현등사(懸燈寺)에서 나와 동남쪽으로 흘러 감천(甘泉)을 지나 색치(色峙)를 거쳐 구불구불 10번 꺾어져 청평천(淸平川)을 이루고 남쪽으로 신연강과 황공탄(惶恐灘)으로 들어간다〉

입석문(立石門)〈서남쪽으로 40리에 있다. 수원은 동학산(東鶴山)에서 나와 남쪽으로 흘러 신연강으로 들어간다〉【제언은 1곳이 있다】

**『창고』(倉庫)**

읍창(邑倉)〈읍내에 있다〉·현창(縣倉)〈조종(朝宗)에 있다〉·남창(南倉)〈청평천(淸平川) 동쪽 신연강 주변에 있다〉

**『역참』(驛站)**

감천역(甘泉驛)〈옛날에는 감정(甘井)으로 불렀다. 남쪽으로 15리에 있다〉

속동역(速洞驛)〈서북쪽으로 45리에 있다〉

**『토산』(土産)**

잣[해송자(海松子)]·인삼·꿀·송이·석심(石蕈)·오미자·산개(山芥)·신감채(辛甘菜)가 난다.

**『장시』(場市)**

읍내장은 5일과 10일에 열린다.

「단유」(壇壝)

화악산단(花岳山壇)〈신라사전(新羅祀典)에는 화악(花岳)은 근평군(斤平郡)에 있는데 명산이라 하여 소사(小祀)에 실었다고 말한다. 조선에서는 가평군으로 하여금 봄가을에 제사를 지내도록 하였다〉

「사원」(祠院)

잠곡서원(潛谷書院)〈조선 숙종 을유년(1705)에 건립되었고, 숙종 정해년(1707)에 사액되었다〉, 김육(金育)〈개성을 보라〉

「전고」(典故)

고려 우왕 9년(1383)에 왜가 가평(加平)을 침입하였다.

## 7. 영평군(永平郡)

「연혁」(沿革)

원래 백제 양골(梁骨)인데 신라 경덕왕 16년(757)에 동음(洞陰)으로 고치고 견성군(堅城郡) 영현으로 삼았다. 고려 현종 9년(1018)에 동주(東州)에 속하였다. 고려 예종 원년(1106)에 감무를 두었고 고려 원종 10년(1269)에 영흥현령(永興縣令)으로 승격하였다.〈위사공신(衛社功臣) 강윤소(康允紹)의 고향이기 때문이었다〉 고려 공양왕 3년(1391)에 본도에 예속하였다. 조선 태조 3년(1394)에 영평으로 고쳤고 광해군 10년(1618)에 대도호부로 승격하였다.〈포천현(抱川縣)을 병합하여 영평부에 경기감영을 옮겨 설치하였는데 이를 신영(新營)이라 말한다〉 인조 원년(1623)에 혁파하였다.〈나누어 포천을 두고 다시 현령으로 하였다〉 헌종대에 군으로 승격하였다.

「관원」(官員)

군수〈양주진관병마동첨절제사를 겸한다〉 1명이 있다.

『방면』(坊面)

읍내면(邑內面)〈10리에서 끝난다〉

일동면(一東面)〈15리에서 시작하여 30리에서 끝난다〉

이동면(二東面)〈20리에서 시작하여 70리에서 끝난다〉

남면(南面)〈7리에서 시작하여 15리에서 끝난다〉

서면(西面)〈10리에서 시작하여 30리에서 끝난다〉

북면(北面)〈10리에서 시작하여 40리에서 끝난다〉 ○혹은 조량면(助良面)·주지면(注之面)·상리면(上里面)·하리면(下里面)·서남면(西南面) 당효면(當孝面)으로 나온다〉

유석향(乳石鄕)〈북쪽으로 40리에 있다〉

용곡소(龍谷所)〈동쪽으로 30리에 있다. 앞의 2곳은 없어졌다〉

『산수』(山水)

백운산(白雲山)〈동쪽으로 60리 춘천 경계에 있다. 시내를 따라 산속으로 들어가면 평야가 있는데 주루평(注婁坪)이라 칭한다. 가운데 외로운 봉우리가 있는데 돌출해 있다. 산에는 삼부연폭포(三釜淵瀑布)라는 볼만한 경치가 있다. ○백운사(白雲寺)가 있다〉

수일산(水日山)〈또 풍혈산(風穴山)이라 부르는데 동쪽 18리에 있다〉

보장산(寶藏山)〈서쪽으로 15리에 있다〉

금장산(金藏山)〈북쪽으로 20리 연천(漣川) 경계에 있다〉

관음산(觀音山)〈북쪽으로 25리에 있다〉

청계산(青溪山)〈동쪽으로 30리에 있다〉

불곡산(佛谷山)〈북쪽으로 5리에 있다〉

천석산(穿石山)〈서쪽으로 13리에 있다〉

종현산(鍾賢山)〈서쪽으로 20리에 있다〉

망국산(望國山)〈동쪽으로 50리에 있는데 남쪽으로 화악산(華岳山)에 연해 있다〉

우우산(于隅山)〈북쪽으로 20리에 있다〉

금화산(金花山)〈남쪽으로 5리에 있다〉

금주산(錦珠山)〈동쪽으로 20리에 있다. 금옥동(金玉洞)이 있다〉

호구협(壺口峽)〈서쪽으로 20리에 있다. 큰 개울이 그 왼쪽을 지난다〉

풍류암(風流岩)〈동쪽으로 17리 금주산 아래에 있다〉

청학대(青鶴臺)〈즉 금주산 아래 청학동에 있는데 백석(白石)과 맑은 샘, 돌벽이 울퉁불퉁하게 있다〉

창옥병(蒼玉屛)〈서쪽으로 10리에 있다. 서쪽으로 양주 대탄(大灘)과 거리가 20리이고, 동쪽으로 금수정(金水亭)과 거리가 몇 리이다. 물가에 기이한 바위가 벽처럼 천길이나 둘러있고 돌색깔은 푸르다. 남쪽에는 청학대(青鶴臺)·백학대(白鶴臺)가 있고 위에는 천그루나 되는 울창한 소나무가 있다. 백운천(白雲川)이 그 가운데를 지나간다〉【금동산(金銅山)은 북쪽으로 20리에 있다. 혜재산(惠才山)은 동북쪽으로 40리에 있다】

**「영로」(嶺路)**

도성령(道成嶺)〈동쪽으로 40리 망국산(望國山)의 서쪽에 있다. 가운데 한 골짜기가 있는데 시내를 따라 들어간다. 돌벽은 마치 병목과 같아 그 안으로 들어가면 환하게 넓어 앞이 탁 트였다. 사방이 모두 아주 험하여 마치 별다른 세상인 듯하다〉

서월내치(西月乃峙)〈백운산(白雲山)의 서쪽 갈래에 있다〉

자등현(自燈峴)〈동북쪽으로 50리 금화(金化) 경계의 큰 길에 있다〉

적목치(赤木峙)〈동쪽으로 45리 가평 경계의 작은 길에 있다〉

마가천(摩訶川)〈서쪽으로 20리 목적연(木積淵)의 하류에 있다〉

백호천(白湖川)〈남쪽으로 3리에 있다. 수원은 양주 축석령(祝石嶺)에서 나와 동북쪽으로 흘러 포천땅에 이르러 고교천(高橋川)이 된다. 수원산(水源山)과 천보산(天寶山)의 물이 합하여 한천(漢川)이 된다. 운악산의 육송정천(六松亭川)을 지나 만세교(萬歲橋)에 이르러 백로주(白鷺洲)가 된다. 백운천을 지나 서쪽으로 흘러 우두연(牛頭淵)이 된다. 금수정(金水亭)·창옥병(蒼玉屛)을 지나 양주 대탄(大灘)으로 들어간다〉

백운천(白雲川)〈수원이 백운산에서 나와 서쪽으로 흘러 칠리탄(七里灘)이 되고 백로주로 들어간다〉

유리연(琉璃淵)〈동쪽으로 10리에 있고 백운천 아래로 흐른다〉

화적연(禾積淵)〈북쪽으로 25리에 있고 철원 체천(砌川) 아래로 흐른다. 물의 좌우로 푸른 벽이 빙 둘러있고 또 비탈진 큰 돌이 물속에서 수백길 솟아있고 높고 험한 것이 마치 벼를 쌓아놓은 모습이다. 그 아래로 물이 엷게 뿜어 물이 돌아나가는데 깊이는 헤아릴 수 없다〉

직탄(直灘)〈북쪽으로 15리 화적연 아래에 있다〉

전탄(箭灘)〈하나는 백운산에서 나오고 하나는 포천 경계에서 나와 합류하여 영평현의 남쪽에 이르러 백호천에서 합해진다〉

백로주(白鷺洲)〈남쪽으로 10리에 있다. 개울이 흐르는 중에 나누어 물이 돌아 나가 맑은 못이 된다. 가운데 돌 봉우리가 있다〉

우두연(牛頭淵)〈못 위에 금수정(金水亭)이 있고 아래에 창옥병(蒼玉屛)이 있다〉

**『성지』(城池)**

고성(古城)〈동쪽으로 12리에 있다. 둘레가 1리가 조금 넘는다〉

고성(古城)〈서쪽으로 15리에 있다. 둘레가 2리가 조금 넘는다〉

**『봉수』(烽燧)**

미노곡(彌老谷)〈북쪽으로 20리에 있다〉

적골산(適骨山)〈북쪽으로 40리에 있다〉

**『역참』(驛站)**

양문역(梁文驛)〈고려때는 동음역(洞陰驛)이라 칭한다. ○동쪽으로 9리에 있는데 백로주(白鷺洲)와의 거리가 10리 떨어져 있다〉

**「보발」(步撥)**

양문참(梁文站)

**『교량』(橋梁)**

만세교(萬歲橋)〈동쪽으로 양문과는 10리, 북쪽으로 본읍과 10리, 서쪽으로 청학대(青鶴臺)와는 10리, 동쪽으로 백로주(白鷺洲)와는 5리 떨어져 있다〉

백교(柏橋)〈백로주 윗쪽에 있다〉

**『토산』(土産)**

철·송이·석심(石蕈)·인삼·오미자·산개·신감채·꿀이 난다.

『장시』(場市)

읍내장은 2일과 7일에 열린다.

『누정』(樓亭)

금수정(金水亭)〈서쪽으로 10리에 있다. 들 가운데 우뚝 돈대 1개가 솟아있다. 돈대의 남쪽에 빙둘러 석벽을 쌓았는데 높이가 5~6길이 된다. 정자는 석벽위에 있고 멀리 물이 굽이굽이 정자를 돌아 간다. 물 남쪽에는 빈 들이 아득히 펼쳐있다〉

『사원』(祠院)

옥병서원(玉屛書院)〈효종 무술년(1658)에 건립되었고, 숙종 계사년(1713)에 사액되었다〉, 박순(朴淳)〈개성을 보라〉, 이의건(李義健)〈광주(廣州)를 보라〉, 김수항(金壽恒)〈양주를 보라〉

## 8. 포천현(抱川縣)

『연혁』(沿革)

원래 백제 마홀(馬忽)〈혹은 명지성(命旨城)으로 부르고, 또는 비성(臂城)으로 부른다〉인데 신라 경덕왕 16년(757)에 견성군(堅城郡)〈영현이 2개인데 사천현(沙川縣)과 동음현(洞陰縣)이다〉으로 고치고 한주(漢州)에 예속하였다. 고려 태조 23년(940)에 포주(抱州)로 고쳤다. 고려 성종 14년(995)에 단련사를 두었고 고려 목종 8년(1005)에 혁파하였다. 고려 현종 9년(1018)에 양주에 속하였다. 고려 명종 2년(1172)에 감무를 두었다. 조선 태종 13년(1413)에 현감으로 고쳤다. 광해군 10년(1618)에 영평(永平)에 병합하였다. 인조 원년(1623)에 다시 나누었다.

「읍호」(邑號)

청화(淸化)〈고려 성종때 정해졌다〉

「관원」(官員)

현감〈양주진관병마첨절제도위(楊州鎭管兵馬僉節制都尉)를 겸한다〉 1명이 있다.

『방면』(坊面)

읍내면(邑內面)〈10리에서 끝난다〉

가산면(加山面)〈10리에서 시작하여 20리에서 끝난다〉

내동면(內洞面)〈동남쪽으로 15리에서 시작하여 30리에서 끝난다〉

동촌면(東村面)〈동쪽으로 10리에서 시작하여 20리에서 끝난다〉

청량면(淸凉面)〈남쪽으로 5리에서 시작하여 15리에서 끝난다〉

소걸산면(所屹山面)〈서남쪽으로 25리에서 시작하여 40리에서 끝난다〉

서면(西面)〈5리에서 시작하여 30리에서 끝난다〉

내북면(內北面)〈동북쪽으로 30리에서 끝난다〉

외북면(外北面)〈서북쪽으로 20리에서 끝난다〉

○수암소(垂岩所)〈북쪽으로 20리에 있다〉

『산수』(山水)

반월산(半月山)〈북쪽 1리에 있는데 즉 성산(城山)이다〉

운악산(雲岳山)〈혹은 현등산(懸燈山)으로 부른다. 동쪽으로 30리에 있다〉

동학산(東鶴山)〈동남쪽으로 25리에 있다. 아울러 가평(加平) 경계에 있다〉

해룡산(海龍山)〈서쪽으로 20리에 있다. 윗쪽에는 감지(鑑池)가 있다〉

왕방산(王方山)〈서쪽으로 20리에 있다〉

천보산(天寶山)〈서쪽으로 25리에 있다〉

주엽산(注葉山)〈서남쪽으로 30리에 있다. 아울러 양주 경계에 있다〉

수원산(水源山)〈동쪽으로 7리에 있다〉

향적산(香積山)〈남쪽으로 25리에 있다〉

무둔산(無芚山)〈남쪽으로 30리에 있다〉

계류산(界流山)〈북쪽으로 25리에 있다〉

불정산(佛頂山)〈남쪽으로 15리에 있다〉

천주산(天柱山)〈북쪽으로 10리에 있다〉

주금산(鑄金山)〈남쪽으로 25리에 있다〉

풍류산(風流山)〈남쪽으로 2리에 있다. 모양은 삼태(三台)와 같다〉

심곡산(深谷山)〈서북쪽으로 15리 양주 경계에 있다〉

재벽동(滓甓洞)〈서쪽으로 20리에 있다. 조선 태조가 즉위하기 전에 이곳에 장원이 있었다〉

**「영로」(嶺路)**

축석령(祝石嶺)〈서남쪽으로 40리 서로(西路)에 있다〉

석문령(石門嶺)〈서쪽으로 25리에 있다〉

회암령(檜岩嶺)〈서쪽으로 25리에 있다. 아울러 양주 경계에 있다〉

독현(禿縣)〈북쪽으로 15리 영평길에 있다〉

굴치(屈峙)〈동남쪽으로 20리에 있다. 크고 작은 2개의 고개가 있는데 가평 경계에 있다〉【에화령(殪化嶺)·수내령(水內嶺)·구현(嫗峴)이 있다】

○고교천(高橋川)〈혹은 칠리천(七里川)으로 부른다. 서쪽으로 5리에 있다. 동북쪽으로 흘러 영평의 백호천(白湖川)으로 들어간다〉

육송정천(六松亭川)〈동북쪽으로 25리에 있다. 수원이 운악산에서 나와 북쪽으로 흘러 백호천으로 들어간다〉

지장대천(地藏臺川)〈남쪽으로 25리에 있다. 양주 왕산천(王山川) 아래로 흘러간다〉

한천(漢川)〈백호천(白湖川) 윗쪽으로 흘러간다〉

초천(椒泉)〈남쪽으로 20리에 있다〉【제언은 5곳이 있다】【유천(楡川)이 있다】

**『성지』(城池)**

고성(古城)〈북쪽으로 1리에 있다. 성산(城山) 사면 아래 험한 곳에 옛날 성이 있다. 둘레가 1,937척이다. 우물이 2개인데 광해군 10년(1618)에 영평(永平)에 감영을 설치하고 이 성을 수축하였다. 중군(中軍)을 두었는데 인조 원년(1623)에 혁파하였다〉

**『봉수』(烽燧)**

독현(禿峴)〈북쪽으로 15리에 있다〉

잉읍현(仍邑縣)〈남쪽으로 20리에 있다〉

**『역참』(驛站)**

안기역(安奇驛)〈북쪽으로 4리에 있다. 옛 명칭은 안수(安遂)이다〉

「혁폐」(革廢)

쌍곡역(雙谷驛)〈남쪽으로 30리에 있다〉

「보발」(步撥)

안기참(安奇站)

『토산』(土產)

송이·꿀·산개(山芥)·신감채(辛甘菜)가 난다.

『장시』(場市)

읍내장은 2일과 8일에 열린다. 송양장(松陽場)은 4일과 9일에 열린다.

『사원』(祠院)

화산서원(花山書院)〈조선 인조 을해년(1635)에 건립되었고 현종 경자년(1660)에 사액되었다〉, 이항복(李恒福)〈자는 자상(子常)이고 호는 백사(白沙)이며 경주 사람이다. 조선 광해군 무오년(1618)에 항소하여 대의를 분명히 하여 북청(北靑)으로 유배되어 죽었다. 관직은 영의정 오성부원군(鰲城府院君)에 올랐고 문형을 맡았으며 시호는 문충(文忠)이다〉

○용연서원(龍淵書院)〈조선 숙종 신미년(1691)에 건립되었고, 숙종 임신년(1692)에 사액되었다〉, 이덕형(李德馨)〈자는 명보(明甫)이고 호는 한음(漢陰)이며 광주(廣州) 사람이다. 관직은 영의정에 올랐고 문형을 맡았으며 시호는 문익(文翼)이다〉, 조경(趙絅)〈자는 일장(日章)이고 호는 용주(龍洲)이며 한양(漢陽) 사람이다. 관직은 판중추이고 문형을 맡았으며 영의정에 증직되었고 시호는 문간(文簡)이다〉

## 9. 적성현(積城縣)

『연혁』(沿革)

원래 백제 난은별(難隱別)〈고구려는 낭비성(娘臂城)이라 칭하였고, 신라는 칠중성(七重城)이라 칭하였다〉인데 신라 경덕왕 16년(757)에 중성(重城)으로 고치고 래소군(來蘇郡) 영현으로 삼았다. 고려 태조 23년(940)에 적성으로 고쳤다. 고려 현종 9년(1018)에 장단에 속하였다. 고려 문종 16년(1062)에 개성부에 예속하였다. 고려 예종 원년(1106) 감무를 두었고 뒤이어 마전현(麻田縣)을 병합하였고 고려 공양왕 원년(1389)에 다시 나누었다. 조선 태종 13년(1413)에 현감으로 고쳤다.〈서거정(徐居正)이 기록하기를 현치(縣治)는 원래 산성의 남쪽에 있었다. 토지가 편벽되고 사람과 물산이 조잔하였다. 고려말에 죄를 진 신하 임치(林緻)의 집을 적몰하여 읍으로 삼고 이사하였다〉

**「관원」(官員)**

현감〈양주진관병마절제도위(楊州鎭管兵馬節制都尉)를 겸하였다〉 1명이 있다.

**『방면』(坊面)**

현내면(縣內面)〈5리에서 끝난다〉

동면(東面)〈5리에서 시작하여 20리에서 끝난다〉

서면(西面)〈서남쪽으로 5리에서 시작하여 20리에서 끝난다〉

남면(南面)〈동남쪽으로 20리에서 시작하여 40리에서 끝난다〉

북면(北面)〈5리에서 시작하여 20리에서 끝난다〉

○적암향(赤岩鄕)〈동쪽으로 10리에 있다〉

**『산수』(山水)**

감악산(紺岳山)〈동쪽으로 20리에 있다. 웅장하고 높고 크고 넓다. 위에는 석봉(石峯)이 있는데 송곳과 같으며 신령스럽고 빼어났다. 정상에 오르면 탁 튀어 먼 데까지 볼 수 있다. 아래쪽에는 운계폭포(雲溪瀑布)가 있고 서쪽 꼭대기에는 용지(龍池)가 있다〉 ○신암사(神岩寺)와 운계사(雲溪寺)가 있다〉

용두산(龍頭山)〈서쪽으로 8리에 있다. 4면으로 돌이 서있는데 둘레가 1리이고 높이가 50보가 되어 40여 명이 앉을 수 있다〉

차거산(硨磲山)〈동쪽으로 15리에 있다〉

마미산(馬尾山)〈혹은 아미산(峨眉山)으로 부른다. 동북쪽으로 18리 마전(麻田) 경계에 있다〉【군방사(羣芳寺)가 있다】

**「영로」(嶺路)**

설마치(雪馬峙)〈남쪽으로 15리 양주길에 있다. 아래쪽에 청학동이 있다〉

광석현(廣石峴)〈서쪽 장단길에 있다〉

우상현(牛象峴)〈서남쪽 파주길에 있다〉

자작현(自作峴)〈동북쪽으로 마전길에 있다〉

간파현(干坡峴)〈동쪽으로 양주로부터 마전길에 통한다〉

○구미연(龜尾淵)〈동북쪽으로 9리 마전 후연(朽淵) 하류에 있다〉

신지강(神智江)〈북쪽 7리 구미연 하류에 있다〉

술탄(戌灘)〈서쪽 8리 신지강(神智江) 하류에 있다. 그 다음은 장단 고랑진(高浪津)이다. 앞의 3곳은 임진강으로 통칭한다. 삼국 시기에는 이를 칠중하(七重河)라 칭하였다〉

상수천(湘水川)〈상수역(湘水驛) 동쪽에 있다. 양주를 보라〉

**『성지』(城池)**

고성(古城)〈남쪽으로 2리에 있다. 혹은 토탄성(吐呑城)으로 부른다. 지금은 중성(重城)이라 칭한다. 둘레가 2,256척이다. 우물은 1개 있는데 깊이는 헤아릴 수 없다〉

아미성(峨眉城)〈동북쪽으로 18리에 있다. 둘레가 1,937척이다〉

육계성(六溪城)〈서쪽 7리에 있다. 둘레가 7,692척이다. 장단 표노탄(瓢蘆灘) 고루(古壘)와 강을 격하여 마주 대하고 있다〉

수철성(水鐵城)〈동쪽으로 20리에 있다. 양주 수철성과 서로 마주 대하고 있다〉

**『역참』(驛站)**

상수역(湘水驛)〈옛날에는 상림(橡林)이라 칭하였다. 남쪽으로 27리에 있다〉

단조역(丹棗驛)〈서쪽으로 4리에 있다〉

**『진도』(津渡)**

구미연진(龜尾淵津)〈마전으로 통한다〉

신지강진(神智江津)〈북면으로 통한다〉

여의진(如意津)〈서쪽으로 8리에 있는데 장단으로 통한다〉

『토산』(土産)

자초(紫草)·꿀·게·비단·쏘가리[금린어(錦鱗魚)]·누치[눌어(訥魚)]가 난다.

『장시』(場市)

입암장(笠岩場)은 4일과 9일에 장이 서고, 두일장(斗日場)은 5일과 10일에 선다.

『단유』(壇壝)

감악산단(紺岳山壇)〈신라는 명산을 소사(小祀)에 등재하였고 고려와 조선에서는 그대로 답습하였다. 석단은 높이가 3장이고 위에는 옛날 비석이 있다. 옆에는 설인귀(薛仁貴) 사당이 있다〉

『전고』(典故)

백제 온조왕 19년(1)에 말갈이 처들어오자 국왕이 군사를 거느리고 칠중하(七重河)에서 맞아 전투하여 추장(酋長)을 잡았고 그 나머지 적을 모두 다 파묻었다. ○신라 진평왕 25년(603)에 고구려와 말갈이 칠중성을 합공하였으나 이기지 못하였다.〈한성부를 보라〉 신라 선덕왕 7년(638) 겨울 10월에 고구려가 북쪽 변두리 칠중성(七重城)을 침입하였는데 11월에 대장군 알천(閼川)이 칠중성 밖에서 전투하여 이겨서 죽이고 포로로 삼은 자가 매우 많았다. 신라 무열왕 7년(660) 10월에 고구려가 칠중성을 공격하자 현령과 필부(匹夫)가 죽었다. 국왕이 계탄(鷄灘)올 긴니 왕홍사(王興寺) 삼성(岑城)〈우봉(牛峯)의 옛 현이다〉을 공격하여 7백여 명을 죽였다. 신라 문무왕 2년(662)에 국왕이 김유신(金庾信) 등 9장군에게 수레 2천여 량으로 쌀 4천 석과 벼 2만 2천여 석을 싣고 평양에 가서 풍수촌(風樹村)에서 숙박하도록 명하였으나 얼어 미끄럽고 길이 험하여 수레가 갈 수 없었다. 아울러 소와 말로 실어 칠중하를 건너 산양(蒜壤)에 이르러 이현(梨峴)에서 적병을 만나 공격하여 죽였다. 김유신 등은 장새(獐塞)〈지금의 수안(遂安)이다〉에 이르렀는데 평양과 거리가 36,000보가 떨어져 있다. 사신을 보내 당나라 군영에 이르렀다. 소정방(蘇廷方)은 군량을 얻자 문득 파하고 돌아갔고 김유신 등도 또한 돌아가 표천(瓢川)〈지금의 술탄(戌灘)이니 즉 포노탄(匏蘆灘)이다〉을 건넜다. 고구려 군사가 추격하자 군사를 돌려 대진(對陣)하여 1만여 명을 참하였고 수많은 병계(兵械)를 얻었다. 문무왕 14년(674)에 당나라 장군 유인궤(劉仁軌)가 거란, 말갈과 함께 칠중성을 포위했으나 이기지 못하였다. 소수유(小守儒)는 겨울에 죽었다. 문무왕 15년(675)에 당나라는 신라가 고구려의 반란 민중을 받아들이고 또 백제의 옛땅에 근거하자, 유인궤로 계림도(鷄林道) 대총관을 삼고 이필(李弼), 이근행(李謹行)과 더불어 군사를 발하여 토벌하여 크게 격파하여 신라의 칠중성의 군대를 혁파하였다. 신라가 사신을 보내 사죄하자 유인궤가 돌아갔고 이근행으로 경략(經略)하도록 하였다. 고려 목종 12년(1009)에 강조(康兆)가 목종(穆宗)을 적성에서 시해하여 화장하고 공능(恭陵)으로 불렀다.〈고려 현종 3년(1012)에 송경(松京)성 동쪽에서 다시 장사를 지내고 의능(義陵)으로 칭하였다〉

## 10. 장단부(長湍府)

『연혁』(沿革)

원래 백제 야아(夜牙)〈혹은 야야(耶耶)로 부른다〉였고 후에 장천성(長淺城)으로 고쳤다. 신라 경덕왕 16년(757)에 장단〈치소는 장단부 동북쪽으로 40리에 있는데 옛 장단으로 부른다〉으로 고치고 우봉군(牛峯郡) 영현으로 삼았다. 고려 목종 4년(1001)에 지단주사(知湍州事)로 올렸다.〈시중 한언공(韓彦恭)의 고향이기 때문이었다. ○『서거정기』(徐居正記)에 고기(古記)를 살펴보건대 삼한(三韓) 때에는 습천군(隰川郡)이었는데 후에 주로 올렸다. 또 장단현으로 내렸다. 고려 태조가 삼한을 통일하여 송경으로 도읍을 정하고 장단으로 동쪽 날개로 삼고 개성으로 서쪽 날개로 삼았다. 고려 성종대에 단주(湍州)로 고쳤다〉 고려 현종 9년(1018)에 다시 장단현령으로 삼았다.〈속현이 7개가 있는데 임진현·임강현·송림현(松林縣)·파평현·마전현·적성현·토산현이다. ○상서도성(尙書都省)이 관할한다〉 고려 문종 16년(1062)에 개성부에 바로 예속시켰다. 조선 태종 14년(1414)에 임강(臨江)을 합하여 장림(長臨)〈곧 다시 나누었다〉이라 호칭하였다. 또 임진을 합하여 임단(臨湍)으로 호칭하였다. 세종 원년(1419)에 다시 장단현령으로 삼았다. 세조 원년(1455)에 장단과 임강(臨江)을 줄여 임진에 속하게 하였고 세조 3년(1457)에 다시 임강과 임진을 장단에 속하게 하였다. 세조 4년(1458)에 중궁 윤씨(尹氏)〈정희왕후(貞憙王后)이다〉의 증조, 고조, 현조의 무덤이 그 땅에 있다하여 지군사(知郡事)로 올리고 치소를 도원역(桃源驛)이 있는 곳으로 옮겼다.〈지금 치소는 북쪽으로 20리 망해산(望海山) 남쪽 4리에 있는데 옛 읍이라고 부른다〉 예종 원년(1469)에 진(鎭)을 두었고〈5읍을 관할하는데 지금은 교동과 풍덕은 들어가지 않는다〉 도호부로 올렸다.〈광해군 13년(1621)에 임진현으로 옮겼다. 옛터에는 방영(防營)을 두었고 부사로서 방어사를 겸하도록 하였다. 영조 40년(1764)에 방영을 파주로 옮겼다〉 헌종 6년(1840)에 현으로 내렸고〈아버지를 죽인 옥사 때문이었다〉 헌종 15년(1849)에 다시 올렸다.

**「관원」(官員)**

도호부사 1명을 둔다.〈장단진병마첨절제사(長湍鎭兵馬僉節制使)·총융후영장(摠戎後營將)·토포사(討捕使)를 겸한다〉

**『고읍』(古邑)**

임진(臨津)〈지금의 치소(治所)이다. 원래는 백제 오아홀(烏阿忽)인데 후에 진림성(津臨城)으로 고쳤다. 신라 경덕왕 16년(757)에 임진으로 고쳤고 개성군(開城郡) 영현으로 삼았다. 고려 현종 9년(1018)에 장단에 속하였다. 고려 공양왕때에 감무를 두었다. 조선 태종 14년(1414)에 장단으로 합치고 임단(臨湍)이라 호칭하였다. 세조 원년(1455)에 다시 나누었고 임진현감을 두었다. 세조 3년(1457)에 다시 래속하였다〉

임강(臨江)〈동북쪽으로 35리 용호산(龍虎山) 북쪽에 있다. 원래 백제 고사홀차(古斯忽次)인데 혹은 장항(獐項)으로 부른다. 신라 경덕왕 16년(757)에 임강으로 고치고 우봉군 영현으로 삼았다. 고려 현종 9년(1018)에 장단에 속하였다. 고려 공양왕때에 감무를 두었다. 조선 태종 14년(1414)에 장단으로 합치고 장림(長臨)으로 호칭하였고 얼마후 다시 현감을 두었다. 태종 18년(1418)에 송림(松林)으로 래속하였고 세조 3년(1457)에 다시 래속하였다〉

송림(松林)〈서북쪽으로 20리에 있다. 원래 백제 약지두치(若只頭恥)인데 혹은 삭두(朔頭)로 부른다. 신라 경덕왕 16년(757)에 여비(如羆)로 고치고 송악군(松岳郡) 영현으로 삼았다. 고려 태조 23년(940)에 송림으로 고쳤다. 고려 광종은 현의 터에 불일사(佛日寺)를 창건하였고 현을 현의 동북쪽으로 옮겼다. 고려 현종 9년(1018)에 장단에 속하였고 후에 감무를 두었다. 조선 태종 18년(1418)에 임강에 속하였다〉

**『방면』(坊面)**

진현내면(津縣內面)〈15리에서 끝난다〉

진동면(津東面)〈동쪽으로 10리에서 시작하여 20리에서 끝난다〉

진북면(津北面)〈서쪽으로 10리에서 시작하고 20리에서 끝난다〉

장현내면(長縣內面)〈동쪽으로 30리에서 시작하여 40리에서 끝난다〉

장동면(長東面)〈동쪽으로 40리에서 시작하여 50리에서 끝난다〉

장북면(長北面)〈동북쪽으로 10리에서 시작하여 30리에서 끝난다〉

장서면(長西面)〈동쪽으로 10리에서 시작하여 20리에서 끝난다〉

강동면(江東面)〈동북쪽으로 60리에서 시작하여 90리에서 끝난다〉

강남면(江南面)〈동북쪽으로 30리에서 시작하여 40리에서 끝난다〉

강서면(江西面)〈북쪽으로 40리에서 시작하여 50리에서 끝난다〉

강북면(江北面)〈동북쪽으로 50리에서 시작하여 70에서 끝난다〉

송남면(松南面)〈서북쪽으로 15리에서 시작하여 25리에서 끝난다〉

송서면(松西面)〈서북쪽으로 20리에서 시작하여 40리에서 끝난다〉

상도면(上道面)〈서남쪽으로 20리에서 시작하여 30리에서 끝난다〉

하도면(下道面)〈서남쪽으로 20리에서 시작하여 30리에서 끝난다〉

중서면(中西面)〈서쪽으로 10리에서 시작하여 20리에서 끝난다〉

동도면(東道面)〈동북면으로 10리에서 시작하여 25리에서 끝난다〉

서도면(西道面)〈서쪽으로 10리에서 시작하여 25리에서 끝난다〉

고남면(古南面)〈20리에서 시작하여 35리에서 끝난다〉

대위면(大位面)〈동북쪽으로 30리에서 시작하여 50리에서 끝난다〉

**『산수』(山水)**

백악산(白岳山)〈북쪽으로 4리에 있다. ○고려는 임진현 백악산(白岳山)으로 좌소(左蘇)로 삼고, 승천부 백마산(白馬山)으로 우소(右蘇)로 삼고, 신은현(新恩縣) 기달산(箕達山)을 북소(北蘇)로 삼고 각각 이궁(離宮)을 두고 순행(巡幸)에 대비하였다. ○고려 공민왕 9년(1360)에 이 산에 행차하여 땅을 살피고 산의 남쪽에 궁실을 조영하였다. 둘레가 720보로 신경(新京)으로 불렀다〉

망해산(望海山)〈북쪽으로 25리에 있다〉

용호산(龍虎山)〈동북쪽으로 30리에 있다〉

보봉산(寶鳳山)〈북쪽으로 35리에 있다. 성거산, 천마산 등 여러 산과 이어져있고 깎아지른 봉우리와 험준한 절벽이 맑고 빼어나게 서있고 또 이름난 절이 많았다. 산의 남쪽에 조그만 산기슭과 평탄한 개울이 있다. ○화장사(華藏寺)는 서역승 지공(指空)이 창건하였다. 절은 크고 화려하였고 지공이 가져온 인도의 패엽범경(貝葉梵經)이 있다〉

고왕산(高王山)〈동북쪽으로 60리 마전(麻田) 경계에 있다〉

월징산(月澄山)〈북쪽으로 60리에 있다〉

대덕산(大德山)〈서북쪽으로 15리 개성 경계에 있다〉

군장산(軍壯山)〈북쪽으로 50리에 있다〉

월봉산(月峯山)〈동쪽으로 15리에 있다〉

호곶평(壺串坪)〈서남쪽으로 10리에 있다. 우왕(禑王)이 이곳에 루를 세웠다. 또 루선(樓船)을 만들고 봉천선장수희(奉天船張水戲)라 이름하였다〉

용둔교(龍遁郊)〈서북쪽으로 30리 대사현동(大蛇峴洞)에 있다〉

**「영로」(嶺路)**

진현(榛峴)〈동파역(東坡驛) 서쪽 3리에 있다〉

유현(柳峴)〈진현 서쪽 2리에 있고 큰 길을 아우른다〉

감물현(甘勿峴)〈동북쪽으로 80리 삭녕(朔寧) 경계에 있다〉

달령(獺嶺)〈용암산(湧岩山) 동쪽 낙산사(洛山寺) 동쪽에 있다〉

대사현(大蛇峴)〈서쪽길로 개성 경계에 있다〉

중광현(重光峴)〈용호산 서쪽에 있다〉

구정현(口井峴)〈서쪽으로 15리에 있다〉

회령(檜嶺)〈화장사(華藏寺) 서쪽 고개에 있다〉

○임진강〈동남쪽으로 20리에 있다. 상류 양쪽 언덕에 청석벽(靑石壁)이 수십 리 서있다〉

사천(沙川)〈서쪽으로 20리에 있다. 수원은 성거산에서 나와 남쪽으로 흘러 송경(松京)의 여러 물을 지나 왼쪽으로 판적천(板積川)과 분지천(分之川)을 지나 사천이 된다. 부의 서남쪽 25리에 이르러 동강(東江)이 되어 낙하(洛河)로 들어간다〉【조선 순조 계미년(1823)에 사천이서 지역을 개성에 획부(劃付)하였다】

판적천(板積川)〈서쪽으로 20리에 있다〉

분지천(分之川)〈서쪽으로 15리에 있다. 수원은 망해산(望海山)에서 나와 서쪽으로 흘러 도원(桃源)을 지나 사천으로 들어간다〉

사미천(沙彌川)〈동쪽으로 40리에 있다. 수원은 나복실령(羅卜實嶺)에서 나와 수룡산(首龍山)이남에서 만난다. 보봉산(寶鳳山)이북 여러 물은 동남쪽으로 흘러 대위면(大位面)에 이르러 임강천(臨江川)을 지나 남쪽으로 술탄(戌灘)하류로 들어간다〉

소사미천(小沙彌川)〈즉 임강천 동북쪽으로 45리에 있다. 수원은 감물현(甘勿峴)에서 나와 서남쪽으로 흘러 대위면(大位面)에 이르러 사미천으로 들어간다〉

술탄(戌灘)〈동쪽으로 30리에 있다. 옛날에는 포노탄과 임진강 윗쪽으로 흘렀다고 말한다〉

강련포(江連浦)〈서쪽으로 15리 배가 정박하는 곳에 있다. 서쪽 언덕에는 봉황암(鳳凰岩)이 있다〉

저포(猪浦)〈남쪽으로 15리에 있다〉

정자천(亭子川)〈서남쪽으로 20리에 있다〉【제언은 20곳이 있다】

『형승』(形勝)

남쪽에는 임진강과 낙하(洛河)의 견고함을 띠고 있고 북쪽으로 대흥산과 백치(白峙)의 험준함으로 이어졌으며 동쪽으로 파주를 잡아당기고 있고 서쪽으로 개성과 접하고 있다. 여러 진(鎭)들이 모이는 곳에 있으며 서로(西路)의 요충지이다.

『성지』(城池)

덕진고성(德津古城)〈남쪽으로 15리 강변에 있다. 조선 광해군때 옛성을 수축하였다〉

포노고루(匏蘆古壘)〈동쪽으로 32리 포노탄 윗쪽 적성(積城) 경계에 있다. 2개의 루(壘)가 있는데 강을 격하여 서로 마주 대하고 있으며 석벽으로 인하여 견고하다. 삼국시기에 축조한 것인데 표노하(瓢瀘河) 주변에 있다〉

『영아』(營衙)

총융후영(摠戎後營)〈조선 현종 6년(1665)에 우영(右營)을 두었고 후에 후영(後營)으로 고쳤다. ○후영장(後營將)은 장단부사가 겸한다. ○속읍은 장단·삭녕·마전·연천이 있다〉

『봉수』(烽燧)

도라산(都羅山)〈서쪽으로 15리에 있다〉

**『창고』(倉庫)**

읍창(邑倉)〈3곳이 있다〉

산창(山倉)〈대흥산성(大興山城)에 있다〉

포창(浦倉)〈정자포(亭子浦) 주변에 있다〉

북창(北倉)〈대위면(大位面)에 있다〉

**『역참』(驛站)**

도원도(桃源道)〈북쪽으로 20리에 있다. ○속역은 5개가있다. ○찰방은 1명이 있다〉

동파역(東坡驛)〈옛날에는 통파(通波)라고 불렀다. 동남쪽 15리에 있다〉

백령역(白嶺驛)〈동쪽으로 50리에 있다〉

구화역(仇火驛)〈옛 임강역(臨江驛) 동북쪽 60리에 있다.

**「혁폐」(革廢)**

조현역(調絃驛)〈역 근처에 옛날에는 보현원(普賢院)이 있었는데 고려 의종(毅宗)이 난을 만난 곳이다〉【목장은 없어졌다】

**「기발」(騎撥)**

동파참(東坡站)·조현참(調絃站)이 있다.【호곶장(壺串場)·낙하장(洛河場)이 있다】

**『진도』(津渡)**

임진도(臨津渡)〈동남쪽으로 20리에 있다〉

낙하진(洛河津)〈덕진(德津)하류에 있다. 교하(交河) 사이길로 통한다. 고려때에 대로에는 도승(渡丞)을 두었다〉

고랑진(高浪津)〈동쪽으로 30리에 있다. 고려때는 장단도(長湍渡)라 칭하였고 혹은 두기진(頭耆津)으로 불렀다〉

덕진(德津)〈임진 하류에 있다〉

저포진(猪浦津)〈덕진(德津) 하류에 있다〉

돌거리진(突巨里津)

『토산』(土産)

송이[송심(松蕈)]·게·위어(葦魚)·숭어[수어(秀魚)]·누치[눌어(訥魚)]·쏘가리[금린어(錦鱗魚)]·은어[은구어(銀口魚)]·잉어[이어(鯉魚)]·붕어[즉어(鯽魚)]가 난다.

『장시』(場市)

읍내장은 3일과 8일에 서고, 사천장(沙川場)은 1일과 6일에 서며, 고랑리장(高浪里場)은 2일과 7일에 서며, 사미천장(沙彌川場)은 4일과 9일에 선다. 원우장(院隅場)·구화장(仇火場)이 있다.

『능묘』(陵墓)

신라 경순왕능(敬順王陵)〈고랑진 북쪽 봉우리에 있다. 봉심(奉審)하고 수호(守護)한다〉

○고려 영능(英陵)〈송림(松林) 불정원(佛頂原)에 있다. 숙종(肅宗)의 능이다〉

숭능(崇陵)〈숙종의 왕비 명의왕후(明懿王后) 유씨(柳氏)의 능이다〉

지능(智陵)〈북쪽으로 15리에 있다. 명종(明宗)의 능이다〉

『단유』(壇壝)

덕진단(德津壇)〈덕진 주변에 있다. 조선에서는 서독(西瀆)은 중사(中祀)에 실려있다〉

용호산단(龍虎山壇)〈장단부에서 봄과 가을에 제사를 지낸다〉

『사원』(祠院)

임강서원(臨江書院)〈조선 숙종 경인년(1710)에 건립되었고 갑술년(1694)에 사액되었다〉, 안유(安裕)〈경도 문묘를 보라〉, 이색(李穡)〈자는 영숙(穎叔)이고 호는 목은(牧隱)이며 한산(韓山) 사람이다. 관직은 시중에 올랐으며 조선에서 한산백(韓山伯)으로 봉해졌고 시호는 문헌(文獻)이고 혹은 문정(文靖)이다〉, 김안국(金安國)〈경도 묘정을 보라〉, 김정국(金正國)〈자는 국경(國卿)이고 호는 사재(思齋)이며 김안국의 동생이다. 관직은 예조참판에 올랐고 좌찬성에 증직되었으며 시호는 문목(文穆)이다〉

『전고』(典故)

신라 문무왕 13년(673)에 국왕이 대아찬 철천(徹川) 등을 보내 병선 100여 척을 거느리고 서해(西海)를 지키도록 하였다. 당나라 군사와 말갈과 거란 군사들이 북쪽 변방을 쳐들어오기를 무릇 9번 싸워 우리 군사들이 물리쳐 2천여 명의 목을 베었다. 당나라 군사들은 호노하(瓠瀘河)〈지금의 술탄(戌灘)이다〉와 왕봉하(王逢河)〈지금의 행주이다〉에 익사하였는데 죽은 자가 헤아릴 수 없었다. ○고려 의종 24년(1170)에 국왕이 보현원(普賢院)〈지금의 조현역(調絃驛) 북쪽이다〉에 행차하여 문사들과 술에 취하였다. 호종하는 장사(將士)들은 모두 허기지고 피곤하였다. 무신 정중부(鄭仲夫)·이의방(李義方) 등이 드디어 군사들을 부려 임금을 수행한 문신들을 다 죽여 못에 빠트려 메꿔버렸다. 사람들이 조정침(朝廷沈)〈수원은 도원역(桃源驛) 상류로부터 와서 보현원 북쪽에 이르러 완만하게 흘러 회수(滙水)를 이룬다. 고려 의종이 제방을 쌓아 못을 만들고 놀이 장소로 삼았다〉 고려 명종 4년(1174)에 연기궁궐조성관(延基宮闕造成官)을 두었다.〈좌소(左蘇)는 백악(白岳)이고 우소(右蘇)는 백마(白馬)이며 후소(後蘇)는 기달(箕達)이다〉 고려 고종 4년(1217)에 금산병(金山兵)이 임진과 장단을 침구하여 백령역(白嶺驛)에 이르렀다. 또 도원역을 약탈하였다. 왕은 백악에 새로운 궁궐을 지었다. 고려 공민왕 20년(1371)에 장단에 행차하여 대장군 이화(李和)〈즉 조선왕조의 의안대군(義安大君)이다〉에게 배를 타고 중간쯤에 가서 기악(伎樂)을 연주하도록 명하였다. 수일후에 국왕이 배를 타고 여악(女樂)을 펼치고 석벽을 유람하며 구경하였다.

○조선 선조 25년(1592) 4월에 충주에서의 패배소식이 이르자 국왕은 서쪽으로 행차하였다. 밤에 임진을 건너 경기도와 황해도의 군사를 징발하고 신할(申硈)로 방어사를 삼아 이빈(李蘋)·이천(李薦)·유극량(劉克良) 등과 함께 임진을 지키도록 명하였다. 제도순찰사 한응인(韓應寅)은 서계(西界) 토병(土兵) 1천여 명을 거느리고 지원하였다. 김명원(金命元), 이양원(李陽元) 등은 군사 5천여 명을 거느리고 제장 20여 명이 모두 임진에서 만났고 군사를 대탄(大灘)에 주둔시켰다. 왜가 먼저 산뒷쪽에 군사를 숨기고 집들을 불태우고 물러나 숨는 상황을 만들어 우리 군을 유인하였다. 신할은 좌군을 거느리고 강을 건너 먼저 적의 보루를 가볍게 여겼다. 왜의 복병이 일시에 모두 일어나니 신할·유극량·홍봉상(洪鳳祥) 등이 죽었고 좌군과 우군이 크게 무너졌다. 대탄을 지키는 군사들이 모두 흩어졌다. 김명원과 한응인 등이 임진을 버리고 물러나 달아났다. 왜장 평행장(平行長, 小西行長) 등이 드디어 임진을 건너니 무리가 25만이라 한다. 평산부(平山府)의 안성역(安城驛)에 이르러 소서행장(小西行長, 고니시 유키나

가)은 평안도로 향하고 흑전장정(黑田長政, 구로다 나가마사)은 황해도로 향하고 가등청정(加藤清正, 가토오 기요마사)은 함경도로 향하였다. 경상좌병사 이각(李珏)을 임진(臨津)의 군사 속에서 참수하였다.〈이각은 병사(兵使)로서 군사를 거느리고 머뭇거리며 부산의 함락을 구하지 못하였고 적을 바라보고 먼저 숨었다. 이에 왜가 더욱 창궐하였다〉 인조 14년(1636) 12월에 청나라 군사가 장단에 이르자 부사 황직(黃稷)이 갑자기 적을 만나 이졸들과 더불어 다 포로가 되었다. 그리고 머리를 깎이고 적의 군사에 편성되어 앞잡이가 되어 나갔다.

## 11. 삭령군(朔寧郡)

**『연혁』(沿革)**

원래 백제의 소읍두(所邑豆)인데 신라 경덕왕 16년(757)에 삭읍(朔邑)으로 고치고 토산군(兎山郡)의 영현으로 삼았다. 고려 태조 23년(940)에 삭녕으로 고쳤다. 고려 현종 9년(1018)에 동주(東州)에 속하였다. 고려 예종 2년(1107)에 승령(僧嶺)에 합하였다. 조선 태종 3년(1403)에 신의왕후(神懿王后) 한씨(韓氏)의 외향(外鄕)이라 하여 지군사로 승격하였고 승령을 합하였다. 조선 태종 14년(1414)에 안협(安峽)을 합하고 안삭(安朔)으로 호칭을 고쳤다. 태종 16년(1416)에 갈라 안협을 두었고 호칭도 삭녕으로 회복하였다. 세종 23년(1441)에 지금의 치소〈옛 치소는 동쪽으로 5리에 있다〉로 옮겼다.【고종(當宁) 5년에 정기덕(鄭基德)이 역모로 주살되어 현으로 강등되었다】

**「관원」(官員)**

군수〈장단진관병마동첨절제사(長湍鎭管兵馬同僉節制使)를 겸한다〉 1명을 둔다.

**『고읍』(古邑)**

승령(僧嶺)〈동쪽으로 20리에 있다. 원래 백제의 비물(非勿)이고 후에 승량(僧梁)으로 고쳤다. 신라 경덕왕 16년(757)에 동량(幢梁)으로 고치고 철성군(鐵城郡) 영현으로 삼았다. 고려 태조 23년(940)에 승령으로 고쳤다. 고려 현종 9년(1018)에 동주(東州)에 속하였다. 고려 예종 2년(1107)에 감무를 두고 삭녕을 합하였다. 고려 명종 5년(1175)에 장주감무(漳州監務)를 겸하였다. 조선 태종대에 래속(來屬)하였다〉

『방면』(坊面)

읍내면(邑內面)〈20리에서 끝난다〉

남면(南面)〈15리에서 시작하여 25리에서 끝난다〉

동면(東面)〈10리에서 시작하여 22리에서 끝난다〉

서면(西面)〈10리에서 시작하여 30리에서 끝난다〉

마장면(馬場面)〈동북쪽으로 20리에서 시작하여 40리에서 끝난다〉

인목면(寅目面)〈동북쪽으로 20리에서 시작하여 30리에서 끝난다〉

내문면(乃文面)〈동북쪽으로 40리에서 시작하여 60리에서 끝난다〉

『산수』(山水)

남산(南山)〈남쪽으로 10리에 있다〉

계명산(鷄鳴山)〈남쪽으로 15리에 있다〉

검일산(儉佚山)〈동쪽으로 15리에 있다〉

승령산(僧嶺山)〈동쪽으로 20리에 있다〉

흥성산(興盛山)〈동쪽으로 25리에 있다〉

부압산(浮鴨山)〈서북쪽으로 20리에 있다〉

영원산(靈原山)〈동쪽으로 15리에 있다〉

인목산(寅目山)〈동북쪽으로 30리에 있다〉

연경산(連景山)〈동북쪽으로 50리에 있다〉

수청산(水青山)〈동북쪽으로 55리에 있다. ○용복사(龍腹寺)가 있다〉

말응산(末應山)〈혹은 말탄산(末呑山)으로 부른다. 동북쪽으로 60리 평강(平康) 경계에 있다. 동쪽으로 철원 효성산(曉星山)에 연해 있다. 앞의 3산은 연속으로 중첩되어 있다〉

방축평(防築坪)〈동북쪽으로 45리에 있다〉

강화평(江華坪)〈동쪽으로 40리에 있다〉

「영로」(嶺路)

장현(場峴)〈북쪽으로 15리 안협로(安峽路)에 있다〉

석현(席峴)〈서쪽으로 15리 토산로(兎山路)에 있다〉

감물현(甘勿峴)〈남쪽으로 20리 장단 경계에 있다. 파주대로(坡州大路)에 통한다〉【유현

(楡峴)·추현(楸峴)이 있다】

○우화강(羽化江)〈남쪽으로 5리 임진강 상류에 있다〉

마룡연(馬龍淵)〈동북쪽으로 50리에 있다. 수원은 평강상현(平康霜峴)에서 나와 남쪽으로 흘러 신성산(新城山)의 둔포천(遯浦川)을 지나 손청탄(孫聽灘)을 이루었다. 동북쪽으로 7리에 이르러 북천(北川)을 이루어 우화강으로 들어간다〉【제언은 1곳이 있다】

**『성지』(城池)**

고성(古城)〈동쪽으로 5리 본읍의 옛 치소(治所)에 있다. 산위에는 작은 성의 남은 터가 있다〉

**『창고』(倉庫)**

읍창(邑倉)·외창(外倉)〈내문면(乃文面)에 있다〉이 있다.

**『역참』(驛站)**

삭녕역(朔寧驛)·봉곡역(烽谷驛)〈승령산에 있다〉이 있다.

**『진도』(津渡)**

우화정진(羽化亭津)〈남쪽 5리 대로에 있다〉

삭녕도(朔寧渡)〈옛 읍 남쪽 5리에 있다〉가 있다.

**『토산』(土産)**

인삼·녹용(鹿茸)·자초·오미자·송이·꿀·누치[눌어(訥魚)]·쏘가리[금린어(錦鱗魚)]가 난다.

**『장시』(場市)**

읍내장은 4일과 9일에 서며, 수미시장(水彌時場)은 2일과 7일에 서며, 시욱장(時郁場)은 5일과 10일에 서며, 석교장(石橋場)은 3일과 8일에 선다.

**『누정』(樓亭)**

우화정(羽化亭)〈남쪽으로 8리에 있다. 강에 임하여 좋은 경치가 있다〉

『사원』(祠院)

표절사(表節祠)〈정조 신해년(1791)에 사액되었다〉, 심대(沈岱)〈자는 공망(公望)이고 호는 서돈(西墩)이며 청송(青松) 사람이다. 임진왜란 전투에서 본군에서 죽었다. 영의정에 증직되었고 시호는 충장(忠壯)이다〉, 양지(梁誌)〈자는 언신(彦信)이다. 본 군수로서 전투에서 죽었다. 이조판서에 증직되었고 시호는 충민(忠愍)이다〉, 윤경원(尹敬元)〈전투에서 죽었다. 이조판서에 증직되었고 시호는 충장(忠壯)이다〉, 강수남(姜壽男)〈자는 인수(仁叟)이고 진주(晉州) 사람이다. 전투에서 죽었다. 이조판서에 증직되었고 시호는 충렬(忠烈)이다〉

『전고』(典故)

조선 선조 25년(1592) 8월에 심대(沈岱)를 경기감사로 삼아 양주목사 고언백(高彦伯)과 더불어 경성(京城)을 회복하기를 도모하고 곧바로 삭녕에 도착하였다. 왜가 염탐하여 이를 알고 몰래 대탄(大灘)〈양주를 보라〉을 건너 밤을 타서 습격하였다. 심대가 놀라 일어나 달아나다 해를 입었고 제군이 무너졌다.

## 12. 마전군(麻田郡)

『연혁』(沿革)

원래 백제 니사파홀(泥沙波忽)이다. 또 마전천(麻田淺)이라 칭한다. 신라 경덕왕 16년(757)에 임단(臨湍)으로 고치고 우봉군(牛峯郡) 영현으로 삼았다. 고려 태조 23년(940)에 마전(麻田)으로 고쳤다. 고려 현종 9년(1018)에 장단에 속하였다. 고려 예종 1년(1106)에 감무를 두었고 이어 적성에 병합되었다. 고려 공양왕 원년(1389)에 다시 감무를 두었다. 조선 태종 13년(1413)에 현감으로 고쳤고, 태종 14년(1414)에 연천을 병합하고 마련(麻漣)으로 호칭하였다. 태종 16년(1416)에 다시 나누었다. 문종 2년(1452)에 군으로 승격하였다.〈숭의전(崇義殿)이 현의 땅에 있기 때문이었다〉 현종 3년(1662)에 또 연천으로 병합하였다. 현종 4년에 다시 나누었다.

「관원」(官員)

군수〈장단진관병마동첨절제사를 겸한다〉

『방면』(坊面)

군내면(郡內面)〈15리에서 끝난다〉

동면(東面)〈5리에서 시작하여 15리에서 끝난다〉

서면(西面)〈10리에서 시작하여 30리에서 끝난다〉

북면(北面)〈10리에서 시작하여 20리에서 끝난다〉

화진면(禾津面)〈15리에서 시작하여 20리에서 끝난다〉

『산수』(山水)

미두산(米豆山)〈북쪽으로 5리에 있다〉

분석산(分石山)〈북쪽으로 10리에 있다〉

염창산(鹽倉山)〈서쪽으로 5리에 있다〉

고왕산(高王山)〈서북쪽으로 20리에 있다. 장단을 보라〉

아미산(峨眉山)〈남쪽으로 15리에 있다. 적성을 보라〉

「영로」(嶺路)

봉현(烽峴)〈북쪽으로 20리 삭녕로(朔寧路)에 있다〉

징파강(澄波江)〈동북쪽으로 10리 삭녕 우화진 하류에 있다. 연천을 보라〉

종담(鍾潭)〈남쪽으로 7리에 있다. 징파강과 양주 대탄강이 이곳에 합쳐져 종담을 이룬다. 서쪽으로 흘러 적성의 신지강(神智江)을 이룬다. 또 연천 장주천(漳州川)을 보라〉【제언은 1곳이 있다】

『진도』(津渡)

유연진(楡淵津)〈동쪽으로 7리에 있고 연천으로 통한다〉

후연진(朽淵津)〈남쪽으로 7리에 있다. 양주와 적성 그리고 징파강으로 통한다〉

『토산』(土産)

누치[눌어(訥魚)]·잉어[이어(鯉魚)]·쏘가리[금린어(錦鱗魚)]가 난다.

『장시』(場市)

유연장(楡淵場)은 3일과 8일에 선다.

『묘전』(廟殿)

숭의전(崇義殿)〈서쪽으로 10리 강변에 있다. 조선 태조 임신년(1392)에 건립되었다. 처음에는 8임금에게 제사지냈는데 세종 7년(1425)에 고쳐서 4임금에게 제사지냈다. 문종 2년(1452)에 숭의전으로 호칭을 고치고 여러 신하들을 배향하였다〉, 고려의 태조·현종·문종·원종이다. 〈배향〉 복지겸(卜智謙)〈초명은 사현(砂現)이고 면천(沔川) 사람이다. 관직은 태사(太師)에 올랐으며 시호는 무열(武烈)이다〉, 홍유(洪儒)〈초명은 술(術)이고 의성(義城) 사람이다. 관직은 태사에 올랐고 시호는 충렬(忠烈)이다〉, 신숭겸(申崇謙)〈초명은 능산(能山)이고 평산(平山) 사람이다. 관직은 태사에 올랐고 시호는 장절(壯節)이다〉, 유금필(庾黔弼)〈평산 사람이다. 관직은 대광(大匡)에 올랐고 시호는 충절(忠節)이다〉, 배현경(裵玄慶)〈초명은 백옥(白玉)이고 경주 사람이다. 관직은 대광에 올랐고 시호는 무열(武烈)이다〉, 서희(徐熙)〈이천(利川) 사람으로 호는 복천(福川)이다. 관직은 태보(太保) 내사령(內史令)에 올랐고 시호는 장위(章威)였다. 송나라 검교 병부상서에 올랐다〉, 강감찬(姜邯贊)〈초명은 은천(殷川)이고 검천(黔川) 사람이다. 관직은 천수군(天水郡) 개국후(開國侯)에 올랐고 치사(致仕)하였으며 시호는 인헌(仁憲)이다〉, 윤관(尹瓘)〈자는 동현(同玄)이고 파평(坡平) 사람이다. 관직은 태보 시중에 올랐고 시호는 문숙(文肅)이다〉, 김부식(金富植)〈경주 사람이고 호는 뇌천(雷川)이다. 관직은 시중 태자 집현전 대학사 낙랑군 개국 후에 올랐고 치사(致仕)하였으며 시호는 문열(文烈)이다〉, 김취려(金就礪)〈언양(彦陽) 사람이다. 관직은 태위(太尉) 시중에 올랐고 시호는 위열(威烈)이다〉, 조충(趙沖)〈자는 담약(湛若)이고 횡성 사람이다. 관직은 태위 평장사에 올랐고 시중에 증직되었으며 시호는 문정(文正)이다〉, 김방경(金方慶)〈자는 본연(本然)이고 안동(安東) 사람이다. 관직은 3중대광(三重大匡) 첨의중찬(僉議中贊) 상락공(上洛公)에 올랐고 치사하였으며 시호는 충렬이다〉, 안우(安祐)〈탐진(耽津) 사람이다. 관직은 중서평장사에 올랐다〉, 이방실(李芳實)〈함안(咸安) 사람이다. 관직은 추밀원 부사에 올랐다〉, 김득배(金得培)〈호는 난계(蘭溪)이고 상주(尙州) 사람이다. 관직은 정당문학에 올랐고 시호는 문충(文忠)이다〉, 정몽주(鄭夢周)〈경도 문묘를 보라〉

○령〈왕씨가 세습하였다〉

○미강서원(湄江書院)〈조선 숙종 신미년(1691)에 건립되었고 계유년(1693)에 사액되었다〉, 허목(許穆)〈자는 문보(文甫)이고 호는 미수(眉叟)이며 양천(陽川) 사람이다. 관직은 우의정에 올랐고 시호는 문정(文正)이다〉

## 13. 연천현(漣川縣)

**『연혁』(沿革)**

원래는 백제 공목달(工木達)〈혹은 웅섬산(熊閃山)으로 부른다〉인데 신라 경덕왕 16년(757)에 공성(功成)으로 고치고 철성군(鐵城郡) 영현으로 삼았다. 고려 태조 23년(940)에 장주(漳州)로 고쳤다. 고려 성종 14년(995)에 단련사(團練使)를 두었고, 고려 목종 8년(1005)에 혁파하였다. 고려 현종 9년(1018)에 동주(東州)에 속하였다. 고려 명종 5년(1175)에 감무를 두었고 승령(僧嶺)을 겸임하도록 하였다. 고려 충선왕 즉위초에 연천〈왕의 이름 장(璋)이 장(漳)과 발음이 같았기 때문이었다〉으로 고쳤다. 조선 태종 13년(1413)에 현감으로 고쳤다. 태종 14년(1414)에 마전(麻田)에 병합하고 마련(麻漣)으로 호칭을 고쳤고 태종 16년(1416)에 다시 나누었다. 현종 3년(1662)에 또다시 마전〈전패(殿牌: 각 고을의 객사에 '殿' 자를 새겨 세운 나무패로서 임금을 상징한다/역자주)를 잃어버렸기 때문이었다〉에 병합하였고 현종 4년(1663)에 다시 두었다.

**「읍호」(邑號)**

장포(獐浦)〈고려 성종때 정하였다〉· 연주(漣州)

**「관원」(官員)**

현감〈장단진관병마절제도위를 겸한다〉 1명이 있다.

**『방면』(坊面)**

현내면(縣內面)〈20리에서 끝난다〉

동면(東面)〈5리에서 시작하여 10리에서 끝난다〉

남면(南面)〈10리에서 시작하여 25리에서 끝난다〉

서면(西面)〈10리에서 시작하여 20리에서 끝난다〉

북면(北面)〈10리에서 시작하여 30리에서 끝난다〉

상수면(上水面)〈북쪽으로 10리에서 끝난다〉

**『산수』(山水)**

진명산(眞明山)〈북쪽으로 5리에 있다〉

주산(舟山)〈남쪽으로 7리에 있다〉

보개산(寶盖山)〈동북쪽으로 30리에 있다. 위쪽에 찬취암(攢翠岩)이 있는데 철원(鐵原)에 보인다〉

오봉산(五峯山)〈동쪽으로 15리에 있다〉

불견산(佛見山)〈동북쪽으로 15리 철원 경계에 있다〉

금장산(金藏山)〈동쪽으로 20리 영평(永平) 경계에 있다〉

성황산(城隍山)〈남쪽으로 2리에 있다〉

가사평(袈裟坪)〈남쪽으로 10리에 있다〉

**「영로」(嶺路)**

패약령(牌喻嶺)〈서북쪽으로 25리에 있다〉

봉현(烽峴)〈서북쪽으로 25리 장단 경계에 있다. 마전을 보라〉

원적치(圓寂峙)〈동쪽으로 20리에 있다〉

○징파강(澄波江)〈혹은 횡강(橫江)으로 부른다. 서쪽으로 15리 임진 상류에 있다〉

휴류탄(鵂鶹灘)〈서쪽으로 14리에 있다. 윗쪽에는 징파도(澄波渡)가 있다〉

장주천(漳州川)〈수원은 철원 땅에서 나와 웅연(熊淵)을 지나 현 남쪽에 이르러 장주천을 이루었다. 천 윗쪽은 모두 석벽이 우뚝 솟아있다. 수중에는 돌이 많아 석뢰(石瀨)를 이루고 아래는 종담(鍾潭)을 이룬다. 석담(石潭) 상하와 수담(脩潭) 서쪽 언덕은 험준하여 삼석봉(三石峯)을 이룬다. 곧바로 동쪽으로 화암(花岩)과 석담이 있고 5리를 이어지고 동북쪽으로 물이 깊어진다. 계곡의 입구에 찬취암(攢翠岩)이 15리를 이어지고 남쪽으로 청송대탄(青松大灘)이 10리를 이어진다〉

동탄(東灘)〈남쪽으로 5리에 있다. 남쪽으로 흘러 양주 유탄(楡灘)으로 들어간다〉

마하천(摩河川)〈동쪽으로 20리에 있다. 영평(永平)을 보라〉

귀탄(鬼灘)

「성지」(城池)

보개산고성(寶盖山古城)〈동북쪽으로 15리에 있다. 둘레가 4리이고 가운데에 우물이 있다. 3면은 험준하여 석문(石門)이 대치하고 있다〉

「역참」(驛站)

옥계역(玉溪驛)〈북쪽으로 7리에 있다〉

「진도」(津渡)

시욱진(時郁津)〈북강(北江) 삭녕길(朔寧路)에 있다. 옛날에는 징파도(澄波渡)라 불렀다. 서쪽으로 장경석벽(長景石壁)을 바라보고 동남쪽으로 석저협구(石渚峽口)를 이룬다. 암벽위에는 도영암(倒影庵)이 있고 그 아래에는 장군탄(將軍灘)이 있고 그 아래에 웅연(熊淵)을 이룬다. 절벽에는 석문이서(石文異書)를 볼 수 있다. 강가에는 석린(石鱗)과 석묵(石墨)이 난다〉

웅연진(熊淵津)

유연진(楡淵津)〈서쪽으로 마전(麻田)으로 통한다〉

「토산」(土産)

오미자·자초(紫草)·쏘가리[금린어(錦鱗魚)]·누치[눌어(訥魚)]가 난다.

「장시」(場市)

읍내장은 1일과 6일에 서며, 군영장(軍營場)은 4일과 9일에 선다.

「사원」(祠院)

임장서원(臨漳書院)〈조선 숙종 경인년(1710)에 건립되었고 계사년(1713)에 사액되었다〉, 주자(朱子)〈경도 문묘를 보라〉

「전고」(典故)

고려 고종 4년(1217)에 금산병(金山兵)이 교하(交河)를 가리키며 징파도를 지나갔는데 우리 군사가 싸워 물리쳤다. 고려 우왕 3년(1377)에 진영세(陳永世)를 보내 연주(漣州)에서 지형을 살펴보도록 하였다. 진영세는 돌아와 5섯가지 거슬리는 땅이여서 도읍을 세울 수 없다고 아뢰자 의논이 드디어 중지되었다.

# 제3권

# 경기도 20읍

# 1. 여주목(驪州牧)

『연혁』(沿革)

원래 백제 골내근(骨乃斤)인데 신라가 차지하고 정(停)을 두었다. 신라 경덕왕 16년(757)에 황요(黃驍)로 고치고 기천군(沂川郡) 영현(領縣)으로 삼았다. 고려 태조 23년(940)에 황려(黃驪)〈혹은 황리(黃利)로 쓴다〉로 고쳤다. 고려 현종 9년(1018)에 원주에 속하였고 후에 감무(監務)를 두었다. 고려 고종 44년(1253)에 영의(永義)로 고쳤다. 고려 충렬왕 31년(1305)에 지여흥군사(知驪興郡事)〈순경태후(順敬太后) 김씨의 관향이기 때문이었다. 태후는 바로 국왕의 어머니이다〉로 승격하였다. 고려 창왕 무진년(1328)에 여흥군으로 우왕을 유배하고 황려부(黃驪府)로 승격하였다. 고려 공양왕 기사년(1389)에 지여흥군사로 강등하였다. 조선 태종 원년(1401)에 중궁 민씨〈즉 원경왕후(元敬王后)이다〉의 관향이라 하여 다시 부로 올렸고〈음죽의 어서이촌(於西伊村)을 래속하였는데 충청도로부터 본도로 예속된 것이다〉 후에 도호부로 고쳤다. 예종 원년(1469)에 영능(英陵)을 여주부의 북성산(北城山)으로 옮기고 여주목으로 승격하였다.〈천령현(川寧縣)을 병합하였다〉 정조대에 광주진(廣州鎭)을 여주부로 옮겼다.〈6읍을 관할한다. 인조대에 후영(後營)을 두었고 후에 죽산(竹山)으로 옮겼다. 숙종 9년(1683)에 광주전영(廣州前營)을 이곳으로 옮겼다. 후에 광주(廣州)로 되돌렸다〉

「읍호」(邑號)

여성(驪城)

「관원」(官員)

목사(여주진병마첨절제사(驪州鎭兵馬僉節制使)를 겸한다〉 1명이 있다.

『고읍』(古邑)

천녕(川寧)〈서북쪽으로 25리에 있다. 원래 백제 성지매(省知買)였는데 후에 술천성(述川城)으로 고쳤다. 신라 경덕왕 16년(757)에 기천군(沂川郡)으로 고쳤다. 영현은 2개가 있는데 빈양현(濱陽縣)과 황려현(黃驪縣)으로 한주(漢州)에 예속되었다. 고려 태조 23년(940)에 천녕으로 고쳤고 고려 현종 9년에 광주(廣州)에 속하였다. 후에 감무를 두었다. 조선 태종 13년(1413)에 현감으로 고쳤고 후에 래속하였는데 위에 보인다〉

『방면』(坊面)

주내면(州內面)〈10리에서 끝난다〉

근동면(近東面)〈동남쪽으로 10리에서 시작하여 20리에서 끝난다〉

근남면(近南面)〈10리에서 시작하여 20리에서 끝난다〉

점량면(占梁面)〈남쪽으로 20리에서 시작하여 40리에서 끝난다〉

소개곡면(召開谷面)〈서남쪽으로 15리에서 시작하여 40리에서 끝난다〉

가서곡면(加西谷面)〈서쪽으로 30리에서 끝난다〉

개군산면(介軍山面)〈북쪽으로 50리에서 끝난다〉

수계면(首界面)〈서쪽으로 25리에서 끝난다〉

대송면(大松面)〈북쪽으로 40리에서 끝난다〉

길천면(吉川面)〈서북쪽으로 15리에서 끝난다〉

등신면(登神面)〈북쪽으로 25리에서 끝난다〉【방근곡처(防斤谷處)는 남쪽으로 30리에 있고, 신제처(新堤處)는 서쪽으로 15리에 있고, 신잉리소(新仍里所)는 서쪽으로 15리에 있다】

『산수』(山水)

오갑산(烏岬山)〈남쪽으로 40리 충주 경계에 있다〉

강금산(剛金山)〈남쪽으로 25리에 있다〉

환희산(歡喜山)〈서쪽으로 25리에 있다〉

우두산(牛頭山)〈혹은 혜월산(慧月山)으로 부른다. 북쪽으로 25리에 있다〉

상두산(象頭山)〈서북쪽으로 55리 광주(廣州) 경계에 있다.

추읍산(趨揖山)〈북쪽으로 40리 지평(砥平) 경계에 있다〉

대포산(大包山)〈남쪽으로 25리에 있다〉

고산(孤山)〈북쪽으로 30리 고치(孤峙) 들 가운데 있다〉

장연산(長淵山)〈북쪽에 있다〉

유우산(流牛山)〈동남쪽에 있다〉

승산(勝山)〈남쪽으로 강가에 있다〉

봉미산(鳳尾山)〈동쪽에 있다. 앞의 4산은 각각 떨어진 거리가 5리이다. ○보은사(報恩寺)는 속칭 벽사(甓寺)이다. 절에는 벽돌로 된 부도가 있다. 강에 임하여 강월헌(江月軒)이 있는데

암석이 절기(絶奇)하여 강산의 뛰어난 경치가 있다〉

점암(簟岩)〈동남쪽에 있다〉

입암(笠岩)〈서북쪽에 있다. 각각의 떨어진 거리가 5리인데 강변에 있다〉

마암(馬岩)〈동쪽으로 1리에 있다. 우뚝 솟아있고 강굽이가 활처럼 가운데가 높다. 자리잡고 있는 것이 넓고 기괴하며 험난한 모습이다. 사납게 파도치며 넓게 솟구친다〉

상산(商山)〈서남쪽으로 30리 음죽 경계에 있다. 동쪽에 덕곡(德谷)이 있다〉【황학산(黃鶴山)은 남쪽에 있다. 신문동(新文洞)은 서쪽으로 25리에 있다. 주봉(主峯)은 서북쪽으로 30리에 있다】

**「영로」(嶺路)**

박석현(雹石峴)〈서남쪽으로 30리 음죽 경계에 있다〉

노마현(老馬峴)〈서북쪽으로 40리에 있다〉【구절령(九絶嶺)·왕령(王嶺)·이현(梨峴)이 있다】

○여강(驪江)〈즉 한강 상류이다. 주치(州治)를 빙돌아 서북쪽으로 흐른다. 강 가운데는 양도(羊島)가 있고 동쪽 언덕에 보은사(報恩寺)가 있다〉

마탄(馬灘)〈마암의 앞에 있다〉

이포(梨浦)〈서북쪽으로 40리 여강의 하류에 있다. 강물은 활처럼 뭍으로 휘어들어와 돌아가고 들은 넓고 아득하며 배들이 모여들어 상업이 성하다. 포의 하류는 서쪽으로 움직인다〉

복하천(福河川)〈서북쪽으로 30리에 있다. 이천을 보라〉

천민천(天民川)〈남쪽으로 40리에 있다. 음죽을 보라〉

대교천(大橋川)〈혹은 이천(伊川)으로 부른다. 서쪽으로 25리에 있다. 수원은 음죽땅에서 나와 복하천으로 들어가는데 하류는 두두리천(豆豆里川)이라 한다〉

금당천(金塘川)〈동쪽으로 10리에 있다. 수원은 지평(砥平) 묵방산(墨方山)에서 나와 여강으로 들어간다〉

길량천(吉梁川)〈북쪽으로 10리에 있다〉

곡수천(曲水川)〈북쪽으로 40리에 있다〉【화은천(華隱川)은 달리 대교천(大橋川)으로 부른다】【제언(堤堰)은 20곳이 있다】

**『형승』(形勝)**

언덕이 길게 뻗쳐 있고 평야가 넓고 멀리 있다. 긴 강이 띠처럼 둘러 있고 제방이 종횡으로 있다. 토지는 기름져 벼농사에 알맞고 백성은 수리(水利)에 익숙하다. 수로를 열어 제방을 쌓고 배를 잘 다룬다.

**『성지』(城池)**

고성(古城)〈서북쪽으로 7리에 있는데 성산(城山)으로 칭한다. 영능(英陵) 울타리 안에 들어있다〉

파사성(婆娑城)〈서북쪽으로 40리에 있다. 작은 산이 있는데 강에 임하여 있다. 조선 선조 25년(1592)에 승장 의엄(義嚴)이 옛 성을 수축하였다. 둘레는 1,100보이다〉

**『영아』(營衙)**

수어좌부(守禦左部)〈별장(別將)은 목사가 겸한다. ○군병(軍兵)이 속한 읍은 여주·광주(廣州)·양주·포천·양지(陽智)·영평·양근·이천이다〉

**『역참』(驛站)**

양화역(楊花驛)〈서북쪽으로 15리에 있다〉

신진역(新津驛)〈혹은 신은(新恩)으로 부른다. 동쪽으로 5리에 있다〉

안평역(安平驛)〈남쪽으로 30리에 있다〉

**『진도』(津渡)**

주내진(州內津)〈읍의 동쪽에 있다〉

양화진(楊花津)〈서북쪽으로 20리에 있다〉

구미포진(龜尾浦津)〈주 남쪽에 있다〉

단암진(丹岩津)〈동남쪽으로 20리에 있다〉

앙암진(仰岩津)〈동남쪽으로 10리에 있다〉

이포진(梨浦津)

**『교량』(橋梁)**

대교(大橋)〈서쪽으로 25리에 있다〉

억억교(億億橋)〈서북쪽으로 30리에 있다〉

천민천교(天民川橋)〈남쪽으로 35리에 있다〉

### 『토산』(土産)

누치[눌어(訥魚)]·쏘가리[금린어(錦鱗魚)]·붕어[즉어(鯽魚)]·잉어[이어(鯉魚)]가 난다.

### 『장시』(場市)

읍내장은 2일과 7일에 열린다. 청안리장(淸安里場)은 1일과 6일에 열린다. 억억교장(億億橋場)은 1일과 6일에 열린다. 대왕장(大旺場)은 4일과 9일에 열린다. 곡수장(曲水場)은 4일과 9일에 열린다.

### 『누정』(樓亭)

청심정(淸心亭)〈읍내에 있다. 아래로 긴 강을 내려다 보는 곳에 임하여 있고 남쪽으로 넓은 들을 마주대하고 있다. 치악산이 동쪽에 아득히 있고 용문산이 북쪽에 푸르게 솟아 있으며 벽돌로 지은 절이 강물에 거꾸로 비친다〉

### 『능침』(陵寢)

영능(英陵)〈성산(城山)의 남쪽 여주의 서북쪽 12리에 있다. 조선 세종대왕능이다. 기일(忌日)은 2월 17일이다. 소헌왕후(昭憲王后) 심씨(沈氏)가 부장되었고 기일은 3월 24일이다. 능이 처음에는 헌능(獻陵) 구역 안에 있었는데 예종 원년에 이곳으로 옮겼다. ○령(令)과 참봉(參奉)이 각 1명이 있다.

영능(寧陵)〈영능(英陵) 구역 안 홍제동(弘濟洞)에 있다. 여주 서쪽 10리에 있다. 효종대왕능이다. 기일은 5월 4일이다. 능이 처음에는 건원능(健元陵) 서쪽 언덕에 있었는데 현종 14년에 이곳으로 옮겼다. 인선왕후(仁宣王后) 장씨(張氏)가 부장되었는데 기일은 2월 24일이다〉 ○령과 참봉이 각 1명이 있다〉

### 『사원』(祠院)

기천서원(沂川書院)〈조선 선조 경진년(1580)에 건립되었고 인조 을축년(1625)에 사액되었다〉, 김안국(金安國)·이언적(李彦迪)〈모두 경도(京都) 묘정(廟庭)을 보라〉, 홍인우(洪仁祐)〈자는 응길(應吉)이고 호는 치재(恥齋)이며 당성(唐城) 사람이다. 영의정 당양부원군(唐陽府院君)에 증직되었다〉, 정엽(鄭曄)〈광주(廣州)를 보라〉, 이원익(李元翼)〈경도 묘정을 보라〉, 이식(李植)〈자는 여고(汝固)이고 호는 택당(澤堂)이며 덕수(德水) 사람이다. 관직은 이조판서에 올랐고 문형(文衡)을 맡았으며 영의정에 증직되었고 시호는 문정(文靖)이다〉 ○홍명구(洪命耉)〈자는 원노(元老)이고 호는 나재(懶齋)이며 남양 사람이다. 인조 정축년(1637)에 평안감사로서 김화(金化)에서 싸우다 죽었다. 영의정에 증직되었고 시호는 충렬(忠烈)이다〉

○고산서원(孤山書院)〈조선 숙종 병인년(1686)에 건립되었고, 무자년(1708)에 사액되었다〉, 이재오(李在吾)〈자는 순경(順卿)이고 호는 석탄(石灘)이며 경주 사람이다. 관직은 고려 우정언(右正言)에 올랐으며 대사성(大司成)에 증직되었다〉, 조한영(曺漢英)〈자는 수이(守而)이고 호는 회곡(晦谷)이며 창녕 사람이다. 이조참판에 올랐고 시호는 문충(文忠)이다〉

○대로사(大老祠)〈조선 정조 을사년(1785)에 건립되었고, 같은 해에 사액되었다〉, 송시열(宋時烈)〈경도 묘정를 보라〉

○현암서원(玄岩書院)〈조선 순조 갑오년(1834)에 건립되었고 같은 해에 사액되었다〉, 김조순(金祖淳)〈경도 묘정를 보라〉

**『전고』(典故)**

백제 시조 40년(22)에 말갈(靺鞨)이 쳐들어와 술천성(述川城)을 공격하였고 또 부현성(斧峴城)을 습격하였다〉 ○신라 무열왕 8년(661)에 고구려 장수 뇌음신(惱音信)과 말갈의 장수 생해(生偕)가 군대를 합쳐 술천성을 공격하였으나 이기지 못하였다.〈한성(漢城)을 보라〉 ○고려 명종 7년(1177)에 망이(亡伊) 등〈공주에 상세하다〉이 황려(黃驪)를 침구하였다. 고려 창왕 무진년(1388) 9월에 우왕이 강화로부터 여흥(驪興)으로 옮겨졌다.〈고려 공양왕 기사년(1389)에 우왕을 강능으로 옮겼다〉

## 2. 죽산부(竹山府)

**『연혁』(沿革)**

원래 백제 개차산(皆次山)인데 신라 경덕왕 16년(757)에 개산군(介山郡)〈영현(領縣)은 음죽(陰竹)이다〉으로 고치고 한주(漢州)에 예속하였다. 고려 태조 23년(940)에 죽주(竹州)〈지주사(知州事)를 두었다〉로 고쳤다. 고려 성종 14년(995)에 단련사(團練使)를 두었고 고려 목종 8년(1005)에 혁파하였다. 고려 현종 9년(1018)에 광주(廣州)에 속하였고, 고려 명종 2년(1172)에 감무(監務)를 두었다. 조선 태종 13년(1413)에 죽산현감으로 고쳤다.〈세종 16년(1434)에 충청도에서 예속되었다〉 중종 38년(1543)에 도호부로 승격하였다. 선조 17년(1584)에 현으로 강등하였고 선조 29년(1596)에 다시 승격하였다.

**「읍호」(邑號)**

음평(陰平)〈고려 성종때 정해졌다〉

연창(延昌)

**「관원」(官員)**

도호부사〈여주진관병마동첨절제사(驪州鎭管兵馬同僉節制使)·수어후영장(守禦後營將)·토포사(討捕使)를 겸한다〉가 있다.

**『방면』(坊面)**

부내일면(府內一面)〈5리에서 끝난다〉

부내이면(府內二面)〈10리에서 끝난다〉

서일도면(西一道面)〈10리에서 시작하여 15리에서 끝난다〉

서이도면(西二道面)〈15리에서 시작하여 20리에서 끝난다〉

서삼도면(西三道面)〈20리에서 시작하여 30리에서 끝난다〉

원일도면(遠一道面)〈북쪽으로 40리에서 시작하여 50리에서 끝난다〉

원삼도면(遠三道面)〈북쪽으로 30리에서 시작하여 40리에서 끝난다〉

근일도면(近一道面)〈북쪽으로 10리에서 시작하여 20리에서 끝난다〉

근삼도면(近三道面)〈북쪽으로 20리에서 시작하여 40리에서 끝난다〉

천남일도면(川南一道面)〈남쪽으로 10리에서 시작하여 20리에서 끝난다〉

천남이도면(川南二道面)〈남쪽으로 5리에서 시작하여 10리에서 끝난다〉

천북일도면(川北一道面)〈북쪽으로 10리에서 시작하여 20리에서 끝난다〉

천북이도면(川北二道面)〈북쪽으로 20리에서 시작하여 30리에서 끝난다〉

산동면(山東面)〈동쪽으로 22리에 있다〉

산서면(山西面)〈서쪽으로 25리에 있다〉

산내면(山內面)〈남쪽으로 20리에 있다〉

산외면(山外面)〈서쪽으로 20리에 있다〉【근이도면(近二道面)·원이도면(遠二道面)·남면(南面)〈10리에서 시작하여 20리에서 끝난다〉】

**『산수』(山水)**

정배산(鼎培山)〈북쪽으로 15리에 있다. 한 봉우리가 솟아 돌을 이고 있는데 구멍이 있다〉

칠현산(七賢山)〈혹은 도종산(道宗山)으로 부른다. 남쪽으로 15리에 있다. 경기와 호남의 갈라지는 경계에 우뚝 서있다. ○칠장사(七長寺)는 고려 우왕 9년(1383)에 왜가 육지 안 깊숙히 침입하자 충주 개천사(開天寺)에 보관한 사적(史籍)을 이 곳으로 옮겼다〉

구봉산(九峯山)〈서북쪽으로 25리에 있다. 또 기호(畿湖) 큰 도의 중앙에 위치하고 있어 산성을 쌓을 수 있다〉

비봉산(飛鳳山)〈북쪽으로 4리에 있다. ○봉업사(奉業寺)가 있다. 절에는 고려 태조의 진전(眞殿)이 있다. 고려 공민왕 11년(1362) 2월에 임금의 수레가 청주를 출발하여 이 절에 머물고 진전에 배알하였는데 지금은 단지 석탑만이 있다〉

망이산(望夷山)〈남쪽으로 15리에 있다. 충주를 보라〉

문수산(文殊山)〈서북쪽으로 40리에 있다. 쌍령봉(雙嶺峯)이 있다〉

수정산(水晶山)〈북쪽으로 39리에 있다. 윗쪽에는 석굴이 있고 가운데 조그마한 암자가 있는데 수정(水精)이 난다〉

**「영로」(嶺路)**

생현(牲峴)〈동쪽으로 15리 이천가는 길에 있다〉

사슬현(沙瑟峴)〈서북쪽으로 양지(陽智) 경계에 있다〉

장항령(獐項嶺)〈서쪽으로 안성가는 길에 있다〉

유주현(楡舟峴)〈서쪽으로 20리 안성 경계에 있다〉

좌찬현(佐贊峴)〈북쪽으로 50리 양지 경계에 있다〉

주걸현(周傑峴)〈남쪽으로 진천(鎭川) 가는 길에 있다〉【가차암령(加次岩嶺)·고음둔령(高音屯嶺)】

○천민천(天民川)〈동쪽으로 10리에 있다. 음죽에 보인다〉

대사천(大寺川)〈수원은 칠현산(七賢山)과 구봉산(九峯山)에서 나와 동쪽으로 흘러 죽산부의 남쪽을 거쳐 천민천으로 들어간다〉

북천(北川)〈북쪽으로 20리에 있다. 수원은 좌찬현(佐贊峴)에서 나와 남쪽으로 흘러 대사천(大寺川)에 합해진다〉【제언은 13곳이 있다】

**『성지』(城池)**

죽주고성(竹州古城)〈동쪽으로 5리에 있다. 둘레는 3,874척이다. 경기 호남의 큰 길의 요충에 위치하고 있다. 조선 선조대에 중수(重修)하였는데 지금은 없어졌다. 성의 동쪽에 명나라 부장 오유충(吳惟忠)의 인용청덕비(仁勇淸德碑)가 있다〉

**『영아』(營衙)**

수어후영(守禦後營)〈조선 인조대에 여주에 후영(後營)을 두었고 후에 이곳으로 옮겼다. ○후영장(後營將)은 본 부의 부사(府使)가 겸한다. ○군병(軍兵)이 속한 읍은 죽산·여주·음죽·안성·양성·양지이다〉

**『봉수』(烽燧)**

건지산(巾之山)〈북쪽으로 40리 이천 경계에 있다〉

**『창고』(倉庫)**

읍창이 2개 있다. 외창(外倉)〈북쪽으로 30리에 있다〉

**『역참』(驛站)**

좌찬역(左贊驛)〈북쪽으로 50리에 있다〉

분행역(分行驛)〈북쪽으로 10리에 있다〉

『장시』(場市)

읍내장(邑內場)은 4일과 9일에 열린다. 백암리장(白岩里場)은 1일과 6일에 열린다. 주천장(注川場)은 3일과 8일에 열린다.

『전고』(典故)

고려 고종 23년(1236)에 송문주(宋文胄)를 죽주방호별감(竹州防護別監)으로 삼았다. 몽고 군사가 죽주성(竹州城)에 이르러 항복하기를 권유하였는데 성안 사졸들이 나와 공격하니 달아났다. 몽고가 다시 화포로 성을 4면에서 공격하니 성문이 무너졌다. 성안에서 또한 화포로 마주대하여 공격하니 몽고가 접근하지 못하였다. 몽고가 또 고약과 쑥을 준비하여 불을 놓아 공격하니 성안의 사졸들이 일시에 문을 열고 돌격하였다. 몽고의 죽은 자가 헤아릴 수 없었다. 몽고가 여러 방면에서 공격하기를 무릇 15일이었으나 마침내 뺏지 못하고 이에 공격하는 도구를 불태우고 가버렸다. 고려 공양왕 2년(1390)에 왜가 죽주(竹州)를 침구하였다. 조선 영조 4년(1728)에 순무사 오명항(吳命恒)이 안성의 전투에서 이기고 군사를 죽산(竹山)을 향하여 진격시켰다. 장항령(獐項嶺)〈서쪽으로 20리에 있다〉을 넘어 20리를 가는데 긴 계곡 가운데 좌우로 산이 중첩되어 있고 길은 좁아 험하여 기병과 보병이 대오를 이룰 수 없었다. 적병이 고개 아래에서 주둔하고 있었다. 관군이 3길로 나누어 급히 크고 작은 언덕에 올라 형세에 의존하여 아래로 내달렸다. 이때 적의 큰 군대가 들 가운데 진을 치고 바야흐로 식사하고 있었는데 고개 아래 있는 여러 적들이 멀리 관군이 달려오는 것을 보고 합력하여 대항하였다. 별장 이수량(李遂良)이 말을 몰아 앞장서 달리니 관군이 다투어 내달렸다. 포염이 하늘을 가리고 먼지로 사방이 어두워졌고 적군이 크게 무너졌다. 적의 두목 이인좌(李麟佐)와 정세윤(鄭世胤) 등 15명을 생포하여 수레에 태워 서울로 압송하였다.

## 3. 이천부(利川府)

『연혁』(沿革)

원래 백제의 남매(南買)이다. 신라 진흥왕 29년(568)에 남천정군주(南川停軍主)를 두었는데 신라 진평왕 26년(604)에 폐하였다. 신라 문무왕 2년(662)에 다시 남천주총관(南川州摠管)

을 두었다. 신라 경덕왕 16년(757)에 황무(黃武)로 고치고 한주(漢州)의 영현으로 삼았다. 고려 태조가 이천으로 고치고〈태조가 남쪽으로 견훤을 정벌하자 군민 서목(徐穆)이 인도하여 잘 건넜기 때문에 고쳤다〉 이어서 광주(廣州)에 속하였다. 고려 인종 21년(1143)에 감무를 두었다. 고려 고종 44년(1257)에 영창(永昌)이라 칭하였고 고려 공양왕 4년(1392)에 남천군(南川郡)으로 승격하였다. 조선 태조 2년(1393)에 다시 이천현으로 삼았다. 태종 13년(1413)에 현감으로 고쳤다. 세종 13년(1431)에 지현사로 고쳤고, 세종 26년(1444)에 도호부로 승격하였다.〈조선 광해군 5년(1613)에 이경준(李景俊)이 역모로 주살되자 현으로 강등하였다. 인조 원년(1623)에 다시 승격하였다. 인조 22년(1644)에 홍양걸(洪陽傑)이 역모로 주살되자 현으로 강등하였고 효종 4년(1653)에 다시 승격하였다. 영조 5년(1729)에 박필상(朴弼祥)이 역모로 주살되자 현으로 강등하였고 영조 14년(1738)에 다시 승격하였다. 정조 즉위 병신년(1776)에 현으로 강등하였고 정조 9년(1785)에 다시 승격하였다〉

**「관원」(官員)**

도호부사〈여주진관병마동첨절제사(驪州鎭管兵馬同僉節制使)를 겸한다〉 1명이 있다.

**『방면』(坊面)**

둔지산면(屯之山面)〈서쪽으로 15리에 있다〉

신동면(新洞面)·사북면(沙北面)·맥토리면(陌土里面)〈모두 북쪽으로 20리에 있다〉

부노곡면(夫老谷面)〈동쪽으로 20리에 있다〉

발산면(鉢山面)〈동남쪽으로 20리에 있다〉

초지곡면(草枝谷面)·월양촌면(月陽村面)〈모두 남쪽으로 20리에 있다〉

갈마동면(葛麻洞面)〈남쪽으로 40리에 있다〉

모산면(母山面)〈서남쪽으로 30리에 있다〉

대양면(大陽面)〈남쪽으로 20리에 있다〉

호법면(戶法面)〈서남쪽으로 20리에 있다〉

장수왕면(長水旺面)〈서쪽으로 20리에 있다〉

마전동면(麻田洞面)〈서북쪽으로 20리에 있다〉

「산수」(山水)

원적산(圓寂山)〈북쪽으로 25리에 있다〉

오음산(五音山)〈서쪽으로 30리에 있다〉

설봉산(雪峯山)〈서쪽으로 5리에 있다〉

대덕산(大德山)〈남쪽으로 25리에 있다〉

효양산(孝養山)〈동쪽으로 8리에 있다〉

양각산(羊角山)〈서쪽으로 30리 양지(陽智) 경계에 있다〉

건지산(巾之山)〈서쪽으로 20리에 있다. 죽산(竹山)에 보인다〉

미륵산(彌勒山)〈서남쪽으로 10리에 있다〉

보현산(普賢山)〈서남쪽으로 22리에 있다〉

정개산(鼎盖山)〈북쪽으로 20리 여주 경계에 있다〉

대각산(大角山)·호천산(好泉山)〈모두 남쪽으로 20리에 있다〉

「영로」(嶺路)

광현(廣峴)〈서북쪽으로 광주(廣州)길에 있다〉

절음현(絶音峴)〈서쪽으로 양지길에 있다〉

마치(馬峙)〈서쪽 길에 있다〉

우치(牛峙)〈서북쪽으로 광주(廣州) 경계에 있다〉【갑의현(甲衣峴)이 있다】

○남천(南川)〈수원은 대덕산(大德山)에서 나와 이천부의 남쪽을 거쳐 복하천(福河川)으로 들어간다〉

복하천(福河川)〈남쪽으로 8리에 있다. 수원은 양지(陽智) 정수산(定水山)에서 나와 추계고현(秋溪古縣)을 거쳐 음죽(陰竹)의 설성산수(雪城山水)를 지나 동쪽으로 흘러 부의 남쪽을 지나 북쪽으로 흘러 기천(沂川)이 되고 여주 이포강(梨浦江)으로 들어간다〉

이수천(利樹川)〈수원은 광주(廣州) 우치(牛峙)에서 나와 동쪽으로 흘러 부의 북쪽 8리를 흘러 복하천으로 들어간다〉

헌해천(獻海川)〈남쪽으로 25리에 있다. 음죽에 보인다〉【제언은 29곳이 있다】

「성지」(城池)

설봉산고성(雪峯山古城)〈둘레가 5,212척이다. 비고(備考)에서는 1,500보라고 말한다〉

원적산고성(圓寂山古城)〈부와의 거리가 20리 떨어져 있다. 고려 공민왕 때 축조되었다. 둘레는 2,403보이다〉

**『영아』(營衙)**

수어우부(守禦右部)〈별장(別將)은 이천부사가 맡는다. ○군병(軍兵)이 속한 읍은 이천·여주·음죽·양성·양근·가평·지평·안성·죽산이다〉

**『창고』(倉庫)**

읍창(邑倉)〈읍내에 있다〉

강창(江倉)〈여주 양화강(楊花江) 주변에 있다〉

**『장시』(場市)**

읍내장(邑內場)은 2일과 7일에 열린다. 군량장(郡良場)은 5일과 10일에 열린다.

**『역참』(驛站)**

오천역(吾川驛)〈옛날에는 오행역(五行驛)으로 불렀다. 서북쪽으로 25리에 있다〉

아천역(阿川驛)〈옛날에는 안리역(安利驛)으로 불렀다. 부의 동쪽에 있다〉

**「보발」(步撥)**

고척참(高尺站)·대포참(大浦站)·소사참(素沙站)이 있다.

**『전고』(典故)**

신라 무열왕 7년(660)에 당나라 고종(高宗)이 소정방(蘇定方) 등에게 수육군(水陸軍) 13만 명을 거느리고 고구려를 치라고 명령하고 국왕에게 성원하라고 조칙을 내렸다. 국왕과 장군 김유신(金庾信) 등은 군사를 거느리고 남천정(南川停)에 주둔하였다.

## 4. 양근군(楊根郡)

『연혁』(沿革)

원래 백제 거사참(去斯斬)〈혹은 항양(恒陽)으로 부르고 또는 양근(楊斤)으로 부른다〉인데 신라 경덕왕 16년(757)에 빈양(濱陽)으로 고치고 기천군(沂川郡) 영현으로 삼았다. 고려 태조 23년(940)에 양근으로 고쳤다. 고려 현종 9년(1018)에 광주(廣州)에 속하였다. 고려 명종 5년(1175)에 감무를 두었다. 고려 고종 44년(1257)에 영화(永化)로 칭하였다. 고려 원종 10년(1269)에 익화현령(益和縣令)〈위사공신(衛社功臣) 김자정(金自廷)의 고향이었기 때문이었다〉으로 승격하였다. 고려 공민왕 5년(1356)에 지군사(知郡事)로 승격하였다가 다시 양근으로 고쳤다.〈왕사(王師)인 중 보우(普愚)가 거처한 곳이었기 때문이었다〉 조선 세조 12년(1466)에 군수로 고쳤다. 효종 9년(1658)에 혁파하여 지평(砥平)에 속하였다. 현종 9년(1668)에 다시 나누어 두었다. 영조 4년(1728)에 현으로 강등하였고 영조 17년(1741)에는 다시 승격하였다. 영조 23년(1747)에 갈산(葛山)으로 옮겨 설치하였다.〈옛날 치소는 알지산(軋止山) 아래에 있다〉 정조 병신년(1776)에 현으로 강등하였고 정조 9년(1785)에 다시 승격하였다.

「관원」(官員)

군수〈여주진관병마동첨절제사를 겸한다〉 1명이 있다.

『고읍』(古邑)

미원(迷原)〈북쪽으로 45리에 있다. 고려 공민왕 5년(1356)에 왕사(王師) 중 보우(普愚)가 미원장(迷原莊)과 소설암(小雪庵)에서 거처하자 장(莊)을 현으로 승격하고 감무를 두었고 이어 땅이 적고 사람이 드물다는 이유로 군으로 환속하였다〉

『방면』(坊面)

고읍면(古邑面)〈북쪽으로 10리에 있다〉

동시면(東始面)〈동북쪽으로 5리에서 시작하여 10리에서 끝난다〉

동종면(東終面)〈동쪽으로 10리에서 시작하여 20리에서 끝난다〉

남시면(南始面)〈서쪽으로 10리에서 시작하여 20리에서 끝난다〉

남중면(南中面)〈서쪽으로 40리에 있다〉

남종면(南終面)〈서남쪽으로 10리에서 시작하여 15리에서 끝난다〉

서시면(西始面)〈서쪽으로 10리에서 시작하여 30리에서 끝난다〉

서중면(西中面)〈서북쪽으로 30리에서 시작하여 50리에서 끝난다〉

서종면(西終面)〈서북쪽으로 30리에서 시작하여 70리에서 끝난다〉

북면(北面)〈20리에서 시작하여 80리에서 끝난다〉

**『산수』(山水)**

용문산(龍門山)〈원래 미지산(彌智山)이다. 동북쪽으로 30리 지평(砥平) 경계에 있다. 넓게 자리잡고 있고 크고 높다. 그윽하고 깊어 거듭 막혀있다. 가섭봉(加葉峯)과 백운봉(白雲峯) 등의 봉우리가 있다. ○사나사(舍那寺)라는 이름있는 암자가 5-6개 있다. 묘적암(妙寂庵)에는 고려보리탑비(高麗菩提塔碑)가 있다〉

마유산(馬遊山)〈북쪽으로 20리에 있다〉

고달산(高達山)〈혹은 곡달(鵠達)로 부른다. 북쪽으로 40리에 있다〉

황악(黃岳)〈고달산의 서쪽에 있다〉

우읍산(禹揖山)〈혹은 울업산(鬱業山)으로 부른다. 미원(迷源)의 북쪽에 있다. 산세가 우뚝 솟아 위태롭다〉

중은산(中隱山)〈혹은 청제산(靑帝山)으로 부른다. 서북쪽으로 30리에 있다〉

건지산(乾止山)〈북쪽으로 10리 옛 읍 북쪽에 있다〉

미원산(迷原山)〈북쪽으로 45리에 있다. 산중(山中)은 비록 적지만 개척한 땅이 이미 깊고 험하다〉

양백산(陽白山)〈옛 읍 남쪽 15리에 있다〉

백병산(白屛山)〈서남쪽으로 20리에 있다〉

소야산(所也山)〈북쪽으로 80리에 있다. 신연강(新淵江)이 그 북쪽을 지난다〉

**「영로」(嶺路)**

함공현(咸公峴)〈동북쪽으로 35리에 있다〉

비유현(飛踰峴)〈동쪽 몇 리에 있다〉

마현(馬峴)〈서쪽으로 25리에 있다〉

청량현(淸凉峴)·노다령(勞多嶺)〈모두 군의 북쪽 소로(小路)에 있다〉

백현(柏峴)〈동북쪽으로 20리 지평(砥平)가는 길에 있다〉

놀미현(乻味峴)〈북쪽으로 50리 홍천(洪川) 경계에 있다〉

월계천(月溪遷)〈서쪽으로 30리에 있다. 산 가운데를 둘러 아래로 강물에 임하며 서울 큰 길로 통한다〉

○한강〈남쪽 1리에 있다. 여주 이포(梨浦) 아래로 흘러 양근군 서쪽 20리에 이르러 대탄(大灘)이 된다. 돌다리가 가로놓여 수중의 파도가 충격을 일으키니 물의 형세가 극히 험하다. 그 아래는 서심탄(西心灘)이 되고 그 아래는 파내탄(波乃灘)이 된다. 그 아래는 병탄(幷灘)이 된다. 신연강(新淵江)이 이곳에서 만나 합해지고 중간에 족자도(簇子島)가 있다〉

신연강(新淵江)〈가평으로부터 남쪽으로 흘러 군의 경계에 이르러 서쪽으로 흘러 백은탄(白銀灘)이 된다. 돌아서 남쪽으로 흘러 용진(龍津)과 고랑진(高浪津)이 되어 한강에서 만난다〉

신은천(新恩川)〈동쪽으로 13리에 있다. 수원은 지평 부동산(不動山)에서 나와 남쪽으로 흘러 봉황대(鳳凰臺)를 거쳐 흑천(黑川)이 되어 한강으로 들어간다〉

대야천(大也川)〈서북쪽으로 30리에 있다. 수원이 마유산(馬遊山)에서 나와 북쪽으로 흘러 신연강으로 들어간다〉

신교천(新橋川)〈북쪽으로 10리에 있다. 수원이 용문산(龍門山)에서 나와 서쪽으로 흘러 서심탄(西心灘)으로 들어간다〉

방일천(放逸川)〈북쪽으로 50리에 있다. 수원은 미원(迷原) 서북쪽에서 나와 북쪽으로 흘러 신연강으로 들어간다〉

미원천(迷原川)〈혹은 영천(瀛川)으로 부른다. 수원은 고달산(高達山) 북쪽에서 나와 북쪽으로 흘러 신연강으로 들어간다〉

포촌천(浦村川)〈서쪽으로 30리에 있다. 수원은 마유산(馬遊山)에서 나와 서쪽으로 흘러 한강으로 들어간다〉【제언은 3곳이 있다】

**『성지』(城池)**

함공성(咸公城)〈함공현(咸公峴) 위에 있다. 둘레는 29,058척이다. 고려때 읍민이 몽고 군사를 이곳에서 피했다〉

『진보』(鎭堡)

용진진(龍津鎭)〈서쪽으로 50리에 있다. 훈국(訓局)에 관계된다. ○별장(別將) 1명이 있다〉

『창고』(倉庫)

읍창〈읍내에 있다〉

미원창(迷原倉)〈옛 성에 있다〉

『역참』(驛站)

오빈역(娛賓驛)

『진도』(津渡)

용진도(龍津渡)〈남쪽으로 광주(廣州)와 거리가 40리 떨어져 있다. 나루 윗쪽에는 개울이 있는데 가물면 걸어서 건널 수 있다. 서울 큰 길로 통하여 요해처가 된다. 그 아래로 고랑진(高浪津)으로 가는 조금 빠른 길이 있다〉

갈산진(葛山津)〈남쪽에 있다〉

세이진(洗耳津)·상심리진(上心里津)·수청탄진(水青灘津)〈서쪽으로 20리에 있다〉·수여리진(水餘里津)·사참진(沙站津)·이포진(梨浦津)〈여주에 보인다〉

『토산』(土産)

쏘가리[금린어(錦鱗魚)]·누치[눌어(訥魚)]·산개(山芥)·신감채(辛甘菜)·오미자(五味子)·송이·백토(白土)·종이(紙)가 난다.

『장시』(場市)

읍내장은 1일과 6일에 열린다. 좌곡장(佐谷場)은 2일과 7일에 열린다. 미원장(迷原場)은 2일과 7일에 열린다. 사탄장(沙灘場)은 3일과 8일에 열린다. 우천장(牛川場)은 4일과 9일에 열린다. 상심리장(上心里場)은 5일과 10일에 열린다.

『누정』(樓亭)

태허루(太虛樓)〈읍내에 있다〉

감호정(鑑湖亭)〈서쪽으로 8리에 있다〉

『전고』(典故)

고려 고종 4년(1217)에 전군(前軍)과 우군(右軍)이 금산병(金山兵)과 더불어 양근(楊根)과 지평(砥平)에서 싸워 격파하였다. 고종 40년(1253)에 몽고 군사가 양근성을 포위하자 방호별감(防護別監) 윤춘(尹椿)이 나와 항복하였다. 고려 충렬왕 17년(1291)에 합단병(哈丹兵)이 철령(鐵嶺)을 넘어 교주도(交州道)에 난입하여 양근성을 공격하여 함락하였다.

## 5. 지평현(砥平縣)

『연혁』(沿革)

원래 백제 지현(砥峴)인데 신라 경덕왕 16년(757)에 지평으로 고치고 삭주(朔州) 영현으로 삼았다. 고려 현종 9년(1018)에 광주(廣州)에 속하였다. 고려 우왕 4년(1378)에 감무〈유모장씨의 고향이기 때문이었다〉를 두었다가 후에 혁파하였다. 고려 공양왕 3년(1391)에 감무를 두었다.〈현의 경계에 철장(鐵場)을 두어 감무로 하여금 아울러 살피도록 하였다〉 조선 태종 13년(1413)에 현감으로 고쳤다. 숙종 11년(1685)에 혁파하여 양근에 속하게 하였다.〈시역(弑逆)사건 때문이었다〉 숙종 14년(1688)에 다시 두었다.

「읍호」(邑號)

지제(砥堤)

「관원」(官員)

현감〈여주진관병마첨절제도위(驪州鎭管兵馬僉節制都尉)를 겸한다〉 1명이 있다.

『방면』(坊面)

현내면(縣內面)〈10리에서 끝난다〉

남면(南面)〈10리에서 시작하여 20리에서 끝난다〉

북면(北面)〈동북쪽으로 10리에서 시작하여 40리에서 끝난다〉

상북면(上北面)〈북쪽으로 40리에서 끝난다〉

상동면(上東面)〈10리에서 시작하여 40리에서 끝난다〉

하동면(下東面)〈25리에서 끝난다〉

상서면(上西面)〈15리에서 끝난다〉

하서면(下西面)〈서북쪽으로 30리에서 끝난다〉

**『산수』(山水)**

용문산(龍門山)〈서북쪽으로 30리에 있다. 양근을 보라. ○용문사(龍門寺)·상원사(上元寺)가 있다. 조선 세조가 모두 이곳에 행차하였다. 이름있는 암자가 5-6개가 있고 경치가 매우 뛰어나다〉

부동산(不動山)〈북쪽으로 30리에 있다〉

운악산(雲岳山)〈남쪽으로 18리에 있다. 고려 말에 철장(鐵場)을 두었다〉

묵방산(墨方山)〈동쪽으로 35리에 있다〉

추읍산(趍揖山)〈서남쪽으로 20리에 있다. 여주를 보라〉

소산(所山)〈남쪽으로 7리에 있다〉

고달산(高達山)〈동남쪽으로 20리에 있다〉

건지산(建止山)〈동쪽으로 35리에 있다〉

망미산(望彌山)〈동쪽으로 10리에 있다〉

괘일산(掛日山)〈북쪽으로 15리에 있다〉

조융동(造戎洞)〈용문산 남쪽에 있다〉

장생동(長生洞)〈서쪽으로 20리에 있다. 용문산 백운봉(白雲峯) 아래 동구는 매우 좁으나 가운데는 평평하고 넓어 거처할만하다〉

**「영로」(嶺路)**

구존치(九存峙)〈동쪽으로 15리에 있다〉

지경치(地境峙)〈남쪽으로 20리 여주 경계에 있다〉

백현(柏峴)〈서쪽으로 10리에 있다〉

소을현(所乙峴)·비유현(飛踰峴)〈모두 서쪽으로 20리에 있다. 앞은 양근 경계에 있다〉

신당치(神堂峙)〈동북쪽으로 50리에 있다〉

백양치(白羊峙)·구치(鳩峙)〈모두 북쪽으로 30리에 있다. 앞은 홍천 경계에 있다〉

송치(松峙)〈대소 2개의 고개가 있다〉

갈현(葛峴)·차유령(車踰嶺)〈동쪽으로 40리에 있다. 앞은 원주(原州) 경계에 있다〉

상소치(上所峙)〈북쪽으로 40리에 있다〉【주현(舟峴)·구층현(九層峴)이 있다】

○신은천(新恩川)〈수원은 부동산과 신당치에서 나와 서남쪽으로 흘러 현의 북쪽 10리에 이르면 전곡천(田谷川)이 된다. 광탄(廣灘)에는 봉황대(鳳凰臺)가 있고 천석(泉石)아래에는 흑천(黑川)이 된다. 현의 서남쪽 25리에 이르러 신은천이 되고 한강으로 들어간다. 양근을 보라〉

금당천(金塘川)〈동남쪽으로 20리에 있다. 수원은 묵방산(墨方山)에서 나와 남쪽으로 흘러 원주와 여주 땅을 거쳐 여강(驪江)으로 들어간다. 금당천 주변에는 작암(鵲岩)이 있다. 여주를 보라〉【제언은 3곳이 있다】

### 『창고』(倉庫)

읍창〈읍안에 있다〉

외창(外倉)〈북쪽으로 30리에 있다〉

신창(新倉)〈동쪽으로 30리에 있다〉

### 『역참』(驛站)

전곡역(田谷驛)〈북쪽으로 10리에 있다〉

백동역(伯冬驛)〈북쪽으로 30리에 있다〉

### 『토산』(土産)

오미자·송이·산개(山芥)·신감채(辛甘菜)·백토(白土)·종이가 난다.

### 『장시』(場市)

읍내장은 2일과 7일에 열린다. 부연장(釜淵場)은 3일과 8일에 열린다. 노음평장(老音坪場)은 1일과 6일에 열린다.

『사원』(祠院)

운계서원(雲谿書院)〈조선 선조 갑오년(1594)에 건립되었고 숙종 갑오년(1714)에 사액되었다〉, 조성(趙晟)〈자는 백양(伯陽)이고 호는 양심당(養心堂)이며 평양 사람이다. 관직은 의영고령(義盈庫令)에 올랐다〉, 조욱(趙昱)〈자는 경양(景陽)이고 호는 용문(龍門)이다. 조성의 아우이다. 관직은 장수현감에 올랐고 이조참의에 증직되었다〉

『전고』(典故)

고려 고종 22년(1235)에 야별초와 지평현민이 밤에 몽고 군사를 공격하여 살획(殺獲)한 것이 매우 많았다.

## 6. 음죽현(陰竹縣)

『연혁』(沿革)

원래 백제의 노음죽(奴音竹)인데 신라 경덕왕 16년(757)에 음죽으로 고치고 개산군(介山郡) 영현으로 삼았다. 고려 현종 9년(1018)에 충주에 속하였고 후에 감무를 두었다. 조선 태종 13년(1413)에 현감으로 고쳤다.〈충청도로부터 경기도로 예속되었다〉

「읍호」(邑號)

설성(雪城)

「관원」(官員)

현감〈여주진관병마절제도위(驪州鎭管兵馬節制都尉)를 겸한다〉 1명이 있다.

『방면』(坊面)

현내면(縣內面)〈10리에서 끝난다〉

동면(東面)〈10리에서 시작하여 25리에서 끝난다〉

남면(南面)〈10리에서 시작하여 25리에서 끝난다〉

서면(西面)〈10리에서 시작하여 20리에서 끝난다〉

북면(北面)〈15리에서 시작하여 23리에서 끝난다〉

무극면(無極面)·하율면(下栗面)〈모두 남쪽으로 25리에서 시작하여 40리에서 끝난다〉

상율면(上栗面)〈남쪽으로 30리에 있다〉【원촌처(遠村處)는 서쪽으로 10리에 있다】

### 『산수』(山水)

백족산(白足山)〈남쪽으로 15리에 있다〉

영악산(靈岳山)〈북쪽으로 7리에 있다〉

문현산(門縣山)〈북쪽으로 10리에 있다〉

봉미산(鳳尾山)〈남쪽으로 10리에 있다〉

팔성산(八聖山)〈남쪽으로 30리에 있다〉

노성산(老星山)〈남쪽으로 13리에 있다〉

○천민천(天民川)〈남쪽으로 15리에 있다. 수원은 충주의 소속리산(小俗離山)에서 나와 서북쪽으로 흘러 석원(石院)에 이르러 죽산(竹山)의 대사천(大寺川)과 합해져 남북으로 장해해원(長海海院)에 이르러 추택(楸澤)을 지난 물은 동북쪽으로 흘러 여주 이포강(梨浦江)으로 들어간다〉

헌해천(獻海川)〈북쪽으로 20리에 있다. 수원은 봉미산(鳳尾山)에서 나와 이천땅을 거쳐 여주 화은천(華隱川)으로 들어간다〉

추택(楸澤)〈동남쪽으로 15리에 있다. ○천민천(天民川)의 상하와 추택(楸澤)의 주변은 토지가 기름지다〉

### 『성지』(城池)

설성(雪城)〈서쪽으로 5리에 있다. 성산(城山)으로 칭한다. 둘레가 2리이다〉

### 『창고』(倉庫)

읍창·율창(栗倉)〈모두 읍내에 있다〉

### 『역참』(驛站)

유춘역(留春驛)〈동쪽으로 5리에 있다〉

무극역(無極驛)〈남쪽으로 30리에 있다〉

**「보발」(步撥)**

관문참(官門站)

**『장시』(場市)**

장해원장(長海院場)은 4일과 9일에 열린다. 무극장(無極場)은 5일과 10일에 열린다.

**『전고』(典故)**

고려 공양왕 2년(1390)에 왜가 음죽을 침구하였다.

## 7. 양지현(陽智縣)

**『연혁』(沿革)**

원래 수주(水州)의 양양부곡(陽良部曲)이다. 조선 정종 원년(1399)에 양지현으로 승격하였고 감무를 두었다. 태종 13년(1413)에 현감으로 고쳤고 광주(廣州)의 추계향(秋溪鄉)〈옛날 치소는 지금 치소의 남쪽 30리에 있는데 고양지(古陽智)로 칭하였다〉으로 치소를 옮겼다. 또 죽주의 고안(高安)·대곡(大谷)·목악(木岳)·제촌(蹄村)의 네 부곡(部曲)을 갈라 소속시켰다.〈충청도로부터 경기도로 예속하였다〉

**「읍호」(邑號)**

양산(陽山)·추계(秋溪)

**「관원」(官員)**

현감〈여주진관병마절제도위를 겸한다〉 1명이 있다.

**『방면』(坊面)**

현내면(縣內面)〈10리에서 끝난다〉

주동면(朱東面)〈동쪽으로 5리에서 시작하여 15리에서 끝난다〉

주서면(朱西面)〈서쪽으로 5리에서 시작하여 20리에서 끝난다〉

주북면(朱北面)〈서북쪽으로 5리에서 시작하여 15리에서 끝난다〉

고동면(古東面)〈남쪽으로 40리에서 시작하여 50리에서 끝나는데 즉 고양지(古陽智) 동쪽이다〉

고서면(古西面)〈서남쪽으로 50리에서 시작하여 60리에서 끝나는데 고양지 서쪽이다〉

고북면(古北面)〈남쪽으로 40리에서 시작하여 50리에서 끝나는데 고양지 북쪽이다〉

박곡면(朴谷面)〈남쪽으로 30리에서 시작하여 30리에서 끝난다〉

목악면(木岳面)〈남쪽으로 20리에서 시작하여 30리에서 끝난다〉

고안면(高安面)〈남쪽으로 40리에서 시작하여 45리에서 끝난다〉

제촌면(蹄村面)〈남쪽으로 60리에서 시작하여 70리에서 끝난다〉

○추계향(秋溪鄕)〈동쪽으로 10리에 있다〉

**『산수』(山水)**

정수산(定水山)〈혹은 대해산(大海山)으로 부른다. 북쪽으로 10리 광주(廣州) 경계에 있다〉

신화산(神華山)〈동쪽으로 30리에 있다〉

어은산(御隱山)〈남쪽으로 7리에 있다〉

성륜산(聖輪山)〈남쪽으로 40리 용인 경계에 있다〉

안양산(安養山)〈동쪽으로 5리에 있다〉

구봉산(九峯山)〈남쪽으로 30리 죽산 경계에 있다〉

**「영로」(嶺路)**

좌찬현(佐贊峴)〈남쪽으로 10리 죽산 경계의 큰 길에 있다〉

곡돈현(曲頓縣)〈대소 2개의 고개인데 남쪽으로 30리에 있다〉

○추계(秋溪)〈즉 양지현의 남계(南溪)이다. 수원은 정수산(定水山)에서 나와 어은산(御隱山)을 지나 곡돈현(曲頓縣)의 물과 함께 합해져 북쪽으로 흘러 용인 금령천(金嶺川)이 되어 광주(廣州)의 소천(昭川)으로 들어간다〉【제언은 5곳이 있다】

**『창고』(倉庫)**

읍창〈읍내에 있다〉

신창(新倉)〈박곡리(朴谷里)에 있다〉

# 8. 남양부(南陽府)

**『연혁』(沿革)**

원래 백제의 당항성(堂項城)인데 신라 경덕왕 16년(757)에 당은군(唐恩郡)〈영현이 3개인데 쌍부현(雙阜縣)·정송현(貞松縣)·안양현(安陽縣)이다〉으로 고쳤다. 신라 헌덕왕이 현으로 강등하였고 헌덕왕 14년(822)에 수성군(水城郡)으로 합쳤다. 신라 흥덕왕 4년(829)에 나누어 당성진(唐城鎭)〈사찬 극정(極正)으로 하여금 가서 지키도록 하였다〉을 두었다. 고려 태조 23년(940)에 군으로 고쳤다. 고려 현종 9년(1018)에 수주(水州)에 속하였다. 후에 인주(仁州)로 이속하였다. 고려 명종 2년(1172)에 감무를 두었다. 고려 충렬왕 16년(1290)에 지익주사(知益州事)로 승격하였다.〈읍민 홍다구(洪茶丘)를 원나라에서 정동행성우승(征東行省右丞)으로 삼았다〉 후에 강녕도호부(江寧都護府)로 승격하였다. 또 익주목(益州牧)으로 승격하였다. 고려 충선왕 2년(1310)에 남양부로 강등하였다.〈여러 목을 없앴다〉 조선 태종 13년(1413)에 도호부로 고쳤다. 인조 22년(1644)에 현으로 강등하였다.〈역적 형(衡)이 태어난 곳이기 때문이었다〉 효종 4년(1653)에 다시 승격하였다. 현종 6년(1665)에 현으로 강등하였다.〈노비가 주인을 죽였기 때문이었다〉 현종 15년(1674)에 다시 승격하였다. 정조 16년(1792)에 수원진(水原鎭)을 남양부로 옮겼다.〈12읍을 관할한다〉

**「읍호」(邑號)**

영제(寧堤)·과포(戈浦)

**「관원」(官員)**

도호부사〈남양진병마첨절제사(南陽鎭兵馬僉節制使)·총융전영장(摠戎前營將)·토포사(討捕使)를 겸한다〉 1명이 있다.

**『고읍』(古邑)**

재양(載陽)〈동쪽으로 10리에 있다. 원래 안양(安陽)이다. 신라때 남양군 영현으로 삼았다. 고려때 재양(載陽)으로 고쳤다. 고려 현종 9년(1018)에 수주에 속하였다. 또 후에 인주(仁州)에 속한 후에 래속하였다.

『방면』(坊面)

부내면(府內面)〈5리에서 끝난다〉

화척면(禾尺面)〈북쪽으로 5리에서 시작하여 20리에서 끝난다〉

저팔리면(楮八里面)〈동쪽으로 10리에서 시작하여 20리에서 끝난다〉

둔지산면(屯之山面)〈남쪽으로 5리에서 시작하여 15리에서 끝난다〉

신리면(新里面)〈북쪽으로 20리에서 시작하여 40리에서 끝난다〉

송산면(松山面)〈서쪽으로 30리에서 끝난다〉

미지곶면(彌之串面)〈동쪽으로 7리에서 시작하여 20리에서 끝난다〉

분향면(分鄕面)〈동남쪽으로 수원 경계로 월입(越入)하였다. 30리에서 시작하여 30리에서 끝난다〉

마도면(麻道面)〈서쪽으로 10리에서 시작하여 20리에서 끝난다〉

서여제면(西如堤面)〈서쪽으로 35리에서 끝난다〉

세곶면(細串面)〈서쪽으로 25리에서 끝난다〉

수산면(水山面)〈서쪽으로 20리에서 끝난다〉

쌍수리면(雙守里面)〈북쪽으로 10리에서 끝난다〉

『산수』(山水)

비봉산(飛鳳山)〈동쪽으로 7리에 있다〉

청명산(淸明山)·절명산(絶命山)·천등산(天燈山)〈모두 서쪽으로 20리에 있다〉

해룡산(海龍山)·옥업산(屋業山)〈모두 서북쪽으로 25리에 있다〉

사나산(舍那山)〈동남쪽으로 15리에 있다〉

석축산(石祝山)〈남쪽으로 10리에 있다〉

망해산(望海山)〈서쪽으로 30리에 있다〉

태산(台山)〈북쪽으로 25리에 있다〉

건달산(建達山)〈동남쪽으로 20리 수원 경계에 있다〉

황경산(黃景山)〈천등산(天燈山) 서쪽 갈래에 있다〉

왕모대(王母臺)〈서남쪽으로 30리 해변에 있다〉【대금산(大金山)·국사봉(國師峯)·송산(松山)·고치(羔峙)】

**「영로」(嶺路)**

판문현(板門峴)·굴치(屈峙)〈모두 서쪽으로 20리에 있다〉

○해(海)〈서쪽으로 30리에 있다〉

사나천(舍那川)〈동남쪽으로 15리에 있다. 수원이 태산(台山)에서 나와 서쪽으로 흘러 바다로 들어간다〉

봉미천(鳳尾川)〈동쪽으로 10리에 있다. 수원은 비봉산에서 나와 북쪽으로 흘러 바다로 들어간다〉

【제언은 20곳이 있다】

**「도서」(島嶼)**

대부도(大部島)〈지금은 대부(大阜)라 칭한다. 수로는 10리이다. 조수가 물러나면 걸어서 건널수 있다. 바닷길의 요충이다. 토지가 비옥하고 주민은 많다. 물고기와 소금이 많이 난다〉

영흥도(靈興島)〈대부도의 서쪽에 있다〉

소홀도(召忽島)〈영흥도의 서북쪽에 있다〉

승황도(昇黃島)〈영흥도의 서쪽에 있다. 훈국(훈련도감)의 둔전이 있다〉

수흘도(愁訖島)·우음도(亐音島)·제부도(濟扶島)·탄모노도(炭毛老島)·소우도(小牛島)·어도(於島)·결오리도(結吾里島)·입피도(立彼島)·불도(佛島)·유도(乳島)·측도(測島)〈이상은 모두 남양부의 서쪽 바다 가운데에 있는데 혹은 멀고 혹은 가깝다〉

**『형승』(形勝)**

한 읍이 모두 언덕은 평평하고 산기슭은 가느랗다. 개펄은 아득하지 않고 섬들이 별처럼 벌려있다. 뚝은 수놓은듯이 놓여있고 토지가 비옥하여 쌀농사에 적합하다. 물고기와 소금이 바다를 연한 열읍(列邑)에서 모인다.

**『성지』(城池)**

당성고현성(唐城古縣城)〈남양부의 동쪽에 있다. 둘레가 3,777척이다〉

당성고진성(唐城古鎭城)〈서쪽으로 20리에 있다. 둘레가 2,415척이다〉

석산성(石山城)〈서쪽으로 33리에 있다. 둘레가 2,905척이다〉

**『영아』(營衙)**

총융전영(摠戎前營)〈전영장(前營將)은 남양부사가 겸한다. 조선 인조대에 좌영(左營)을 두고 후에 전영(前營)으로 고쳤다. ○속읍은 남양(南陽)과 양천(陽川)이다〉

**『진보』(鎭堡)**

화량진(花梁鎭)〈서쪽으로 30리에 있다. 해변에 성이 있다. ○옛날에는 수군절도사영(水軍節度使營)을 두었다. 조선 성종 16년(1485)에 교동(喬桐)으로 옮겼고 고쳐서 첨사진(僉使鎭)을 설치하였다. ○수군동첨절제사 1명이 있다〉

**「혁폐」(革廢)**

영종포진(永宗浦鎭)〈서남쪽으로 30리에 있다. 수군만호가 있다. 조선 효종 4년(1653)에 인천 자연도(紫燕島)로 옮겼다〉

**『봉수』(烽燧)**

염불산(念佛山)〈서남쪽으로 20리에 있다〉

해운산(海雲山)〈서북쪽으로 20리에 있다〉

**『창고』(倉庫)**

읍창〈2곳〉·해창〈서북쪽으로 20리에 있다〉

신창(新倉)〈서쪽으로 20리에 있다〉

외창(外倉)〈분향면(分鄕面)에 있다〉

**『역참』(驛站)**

해문역(海門驛)〈서쪽으로 2리에 있다〉

**『목장』(牧場)**

대부장(大部場)〈섬 가운데에 있다. 감목관 1명이 있다〉

속장(屬場)〈선감미(仙甘彌)·영흥(靈興)·소홀(召忽)·이작(伊作)·소우(小牛)·불(佛)·입피(立彼)가 있다〉

폐장(廢場)〈승황도(昇黃島)와 어도(於島)에 있다〉

『토산』(土産)

어물 30종·소금·감이 난다.

『장시』(場市)

구포장(鷗浦場)은 1일과 6일에 열린다. 기지장(機池場)은 4일과 9일에 열린다. 읍내장은 2일과 7일에 열린다.

『사원』(祠院)

용백사(龍柏祠)〈조선 현종 병오년(1666)에 건립되었고 기유년(1669)에 사액되었다〉, 제갈량(諸葛良)〈중국 한나라 승상이자 충무후(忠武侯)이다〉, 호안국(胡安國)〈경도 문묘를 보라〉, 윤계(尹棨)〈강화를 보라〉

○안곡사(安谷祠)〈조선 현종 무신년(1668)에 건립되었고 경종 신축년(1721)에 사액되었다〉, 박세훈(朴世勳)〈자는 훈지(勳之)이고 호는 송촌(松村)이며 상주 사람이다. 관직은 첨정(僉正)에 올랐고 이조참의에 증직되었다〉, 박세희(朴世熹)〈자는 이회(而晦)이고 호는 도원재(道源齋)이며 박세훈의 아우이다. 관직은 좌승지에 올랐고 이조판서에 증직되었으며 시호는 문강(文剛)이다〉, 홍섬(洪暹)〈자는 퇴지(退之)이고 호는 인재(忍齋)이며 남양 사람이다. 관직은 영의정에 올랐고 문형을 맡았으며 시호는 경헌(景憲)이다〉

『전고』(典故)

신라 선덕왕 11년(642)에 백제 의자왕이 크게 군사를 일으켜 나라 서쪽의 40여 성을 공격하여 취하였다. 또 고구려와 더불어 모의하여 신라 당항성(党項城)을 취하여 당나라로 돌아가는 길을 끊어버리고자 하였다. ○고려 원종 11년(1270)에 추토사(追討使) 김방경(金方慶)이 군사 60여 인과 몽고 송만호(宋萬戶)등 1천여 명의 군사를 거느리고 삼별초를 추격하여 토벌하였다. 바다 가운데에 이르러 멀리 적선이 영흥도(靈興島)에 정박한 것을 보고 김방경이 공격하고자 하였으나 송만호가 두려워하여 중지하였다. 적은 이에 도망갔다. 고려 원종 12년(1271)에 착량(窄梁)을 지키는 몽고 군사들이 대부도에 들어가 거주민들을 침략하자 도민들이 매우 원망하여 드디어 몽고군사를 죽이고 반란을 일으켰다.〈수원을 보라〉 고려 충정왕 3년(1351)에 왜가 남양(南陽)을 불태우자 밀직 이권(李權)을 서강(西江)에 보내 대비하고자 하였으나 이권은 가지 않았다. 고려 공민왕 7년(1358)에 왜가 화지량(花之梁)〈즉 화량(花梁)이다〉 불태웠다. 공민왕 13년(1364)에 이에 앞서 조선(漕船)이 왜로 인하여 운행하지 못하자 변광수(邊光秀)와 이선(李善)을 보내어 전선 80여 척을 거느리고 가서 호위하도록 하였다. 변광수의 배가 대도(代島)에 이르자 적이 이작도(伊作島)에 군사를 숨겼다가 50여 척의 배로 포위하여서 다 패하여 죽었다. 교동과 강화의 동서강에 곡하는 소리가 잇달아 들렸다. 고려 우왕 3년(1377)에 왜적 100여 기가 남양과 종덕(宗德)〈수원이다〉을 침구하였다. 우왕 4년(1378)에 왜가 남양을 침구하였다. 조선 인조 14년(1636)에 향화반민(向化叛民)이 청나라 군사를 인도하여 남양에 들어가 부사 윤계(尹棨)를 잡자 윤계가 적을 꾸짖다 죽었다.

## 9. 인천부(仁川府)

**『연혁』(沿革)**

원래 백제 매소홀(買召忽)〈혹은 미추홀국(彌鄒忽國)으로 부른다〉인데 신라 경덕왕 16년(757)에 소성(邵城)으로 고치고 율진군(栗津郡)의 영현으로 삼았다. 고려 현종 9년(1018)에 수주(樹州)에 속하였다. 고려 숙종 경원군(慶源郡)으로 승격하였다.〈문종비 인예태후(仁睿太后) 이씨 즉 숙종(肅宗)의 어머니의 관향이기 때문이었다〉 고려 인종때 지인주군사(知仁州郡事)로 고쳤다.〈예종비 문경왕후(文敬王后) 이씨 즉 인종의 어머니의 관향이기 때문이었다. ○ 속군(屬郡)은 당성(唐城)이고 속현(屬縣)은 재양(載陽)이다〉【고려 명종 2년(1172)에 갈라 당성(唐城)과 재양(載陽)을 두었다】 고려 공양왕 2년(1390)에 경원부(慶源府)로 승격하였다.〈7대 임금의 관향이기 때문이었다〉 조선 태조 원년(1392)에 다시 인주(仁州)로 삼았다. 태종 13년(1413)에 인천군(仁川郡)으로 고쳤다. 세조 5년(1459)에 소헌왕후(昭憲王后) 심씨의 외향(外鄕)〈왕후의 외할아버지 가문으로 심필대(沈必大)이다〉이기 때문에 도호부로 승격하였다. 중종 21년(1526)에 수원진(水原鎭)을 도호부로 옮겼고 중종 30년(1535)에 다시 수원으로 되돌렸다. 숙종 14년(1688)에 현으로 강등하였고〈반역한 중의 태어난 관향이기 때문이었다〉 숙종 23년(1697)에 다시 승격하였다.

「관원」(官員)

도호부사〈남양진관병마동첨절제사(南陽鎭管兵馬同僉節制使)·진무우영장(鎭撫右營將)을 겸한다〉 1명이 있다.

『방면』(坊面)

부내면(府內面)〈10리에서 끝난다〉

다소면(多所面)〈서쪽으로 8리에서 시작하여 20리에서 끝난다〉

남촌면(南村面)〈남쪽으로 10리에서 시작하여 15리에서 끝난다〉

신현면(新峴面)〈동쪽으로 20리에서 시작하여 25리에서 끝난다〉

원우이면(遠又爾面)〈서쪽으로 7리에서 시작하여 10리에 끝난다〉

주안면(朱雁面)〈북쪽으로 10리에서 시작하여 15리에서 끝난다〉

조동면(鳥洞面)〈동쪽으로 10리에서 시작하여 20리에서 끝난다〉

전반면(田返面)〈동쪽으로 20리에서 끝난다〉

황등천면(黃等川面)〈동쪽으로 25리에서 끝난다〉

이포면(梨浦面)〈남쪽으로 120리 옛 이포(梨浦)에서 끝난다. 신라 경덕왕때 장구군(獐口郡) 영현이 되었다가 고려때 부곡(部曲)으로 강등하였다〉

『산수』(山水)

소래산(蘇來山)〈동쪽으로 20리에 있다. 평원에 우뚝 솟아있다〉

문학산(文鶴山)〈남쪽으로 3리에 있다〉

청량산(淸凉山)〈서남쪽으로 7리에 있다. ○산의 동쪽 갈래에 큰 무덤이 있다. 돌담이 완연하고 돌사람이 엎어져 있는데 매우 크다. 지금은 어느 묘인지 상세하지 않으나 아마 틀림없이 고려 후비나 종친의 묘이다〉

능허대(凌虛臺)〈서남쪽 9리 해안에 있다〉

봉선대(鳳仙臺)〈이포(梨浦) 해변에 있다〉

「영로」(嶺路)

성현(星峴)〈동쪽으로 10리에 있다. 서울과 큰길로 떨어져 있는데 험준하고 높다〉【삼해현(三亥峴)·도리현(道里峴)이 있다】

○바다(海)〈서쪽으로 10리에 있다〉

동천(東川)〈동쪽으로 2리에 있다. 수원은 주안산(朱雁山)에서 나와 남쪽으로 흘러 바다로 들어간다〉

사천(蛇川)〈동쪽으로 20리에 있다. 수원은 소래산(蘇來山)에서 나와 남쪽으로 흘러 바다로 들어간다〉【제언은 13곳이 있다】

**「도서」(島嶼)**

원도(猿島)·수이도(愁伊島)·품관도(品官島)〈혹은 횡간(橫看)으로 부른다〉·팔산도(八山島)·착어암(捉魚岩)〈모두 서남 바다 가운데에 있다〉

**『성지』(城池)**

고성(古城)〈문학산(文鶴山)에 있다. 둘레가 430척이다〉

**『진보』(鎭堡)**

**「혁폐」(革廢)**

제물진(濟物鎭)〈서쪽으로 18리에 있다. 수군만호가 있다. 조선 효종대에 강화로 옮겼다. ○성의 둘레가 250보이다〉

**『봉수』(烽燧)**

성산(城山)〈문학산 옛 성안에 있다〉

**『역참』(驛站)**

중림도(重林道)〈동쪽으로 30리에 있다. 속역(屬驛)은 5개가 있다. ○찰방 1명이 있다〉

**「혁폐」(革廢)**

경신역(慶信驛)〈동쪽으로 10리에 있다〉

**『목장』(牧場)**

용류도(龍流島)·무의도(無衣島)〈앞은 영종(永宗)에 관계된다〉

**「혁폐」(革廢)**

〈자연도(紫燕島)·삼목도(三木島)·난지도(難知島)·사야곶도(士也串島)·문갑도(文甲島)〉

**『진도』(津渡)**

제물진(濟物津)〈서쪽으로 18리에 있다. 영종진(永宗鎭)에 들어가는 자는 이 수로를 따라 10여 리를 들어간다〉

**『토산』(土産)**

어물 30여 종·감·쑥·소금이 난다.

**『장시』(場市)**

사암장(篩岩場)은 4일과 9일에 열린다. 사천장(蛇川場)이 있다.

**『단유』(壇壝)**

원도신단(猿島神壇)〈섬 가운데 있다. 봄 가을에 악(岳)과 해독(海瀆)에 제사를 지낼 때 인천부사가 이곳에서 여러 섬의 신에게 제사를 지낸다〉

**『사원』(祠院)**

학산서원(鶴山書院)〈조선 숙종 임오년(1702)에 건립되었고, 무자년(1708)에 사액되었다〉, 이단상(李端相)〈양주를 보라〉, 이희조(李喜朝)〈자는 동보(同甫)이고 호는 양재(艮齋)이며 이단상의 아들이다. 관직은 이조참판에 올랐고 좌찬성에 증직되었으며 시호는 문간(文簡)이다〉

**『전고』(典故)**

신라 무열왕 7년(660)에 당나라가 백제를 쳤다. 소정방(蘇定方)이 래주(萊州)에서 출발하여 배를 타고 천리길을 바다를 따라 동쪽으로 내려왔다. 국왕이 태자 법민(法敏)을 보내 병선 100척을 거느리고 소정방을 덕물도(德勿島)에서 맞게 했다. 국왕이 정예 군사 5만 명을 거느리고 맞아 지금의 돌성(突城)〈신창(新昌)이다〉에 주둔하였다. 문무왕 3년(663)에 당나라 장수 손인사(孫仁師)가 군사 40만 명을 거느리고 덕물도에 이르러 웅진성(熊津城)에 나아갔다. ○

고려 숙종이 즉위하고 원신궁주(元信宮主) 이씨〈선종(宣宗)의 비이다〉와 아들 그리고 한산후(漢山侯) 균(昀) 형제 2인을 경원군(慶源郡)으로 유배보냈다. 고려 희종 7년(1211)에 최충헌이 국왕을 폐하여 강화로 보내고 곧바로 자연도로 옮겼으며 태자 지(祉)를 인주(仁州)로 내쫓았다. 고려 고종 43년(1256)에 대부도(大部島)〈남양에 있다〉별초(別抄)가 밤에 인주 소래산(蘇來山)을 출발하여 내려가 달아나는 몽고 군사 100여 명을 공격하였다. 고종 46년(1259)에 서경과 황주(黃州)의 백성을 덕적도(德積島)로 이주시켰다.〈몽고 군사 때문이었다〉 고려 충정왕 3년(1351)에 왜선 130척이 자연도와 삼목도(三木島)를 침구하여 백성들이 거주하는 집을 태반 불태웠다. 고려 공민왕 7년(1358)에 왜가 인주를 침구하였다. 공민왕 23년(1374)에 왜가 자연도를 침구하였다. 이인임(李仁任)으로 동서강도통사(東西江都統使)로 삼아 승천부(昇天府)에 주둔하였다. 고려 우왕 원년(1375)에 왜 선박이 덕적도와 자연도에 크게 모여 있자 조선 태조와 최영으로 하여금 군사를 동서강에 정돈하여 대비하도록 하였다. 고려 우왕 4년(1378)에 왜가 인주를 침구하였다. 우왕 10년(1384)에 해도만호(海道萬戶) 윤지철(尹之哲)이 덕적도에서 왜를 만나 공격하여 달아나는 왜선 2척을 얻었고 그들을 죽였고 포로로 잡힌 남녀 80명을 얻었다. ○조선 선조 25년(1592)에 왜가 인천을 침구하였다.

### (1) 영종포진(永宗浦鎭)

조선 효종 4년(1653)에 남양 영종포만호(永宗浦萬戶)를 자연도(紫燕島)로 옮겼다. 숙종 6년(1680)에 어영별후부천총(御營別後部千摠)을 겸하였다.〈오로지 어영(御營)에 속한다〉 숙종 17년(1691)에 수군방영(水軍防營)〈방어사를 겸한다〉을 두었다. 영조 17년(1741)에 수군첨절제사로 승격하였다. 정조 3년(1779)에 좌해방장(左海防將)을 겸하였고 정조 12년(1788)에 없앴다.【병인년 서양 적들이 침입한 후에 성을 쌓았다. 무진년 봄에 서양 적들이 영종도를 침입하자 첨사 신효철(申孝哲)이 공격하여 7명을 죽였다】

**「관원」(官員)**

수군첨절제사〈경기수군방어사(京畿水軍防禦使)·인천감목관(仁川監牧官)을 겸한다〉 1명이 있다.

『방면』(坊面)

○전소(前所)〈서쪽으로 7리에서 시작하여 10리에서 끝난다〉

후소(後所)〈서쪽으로 10리에서 시작하여 20리에서 끝난다〉

삼목(三木)〈서쪽으로 20리에서 시작하여 30리에서 끝난다〉

무의(無衣)〈서쪽으로 40리에서 시작하여 45리에서 끝난다〉

용류(龍流)〈서쪽으로 35리에서 시작하여 40리에서 끝난다〉

『도서』(島嶼)

○자연도(紫燕島)〈동쪽으로 인천과 거리가 25리가 떨어져 있고 서울과는 거리가 85리 떨어져 있다. 둘레는 55리이다. 섬 가운데는 백운산(白雲山)과 석화산(石花山)이 있다. 개펄이 빙 둘러 있고 토지는 매우 비옥하고 물고기와 소금으로 둘러싸여 강화의 외호(外戶)와 남쪽 조운의 목구멍을 이룬다〉

용유도(龍流島)〈동쪽으로 자연도와 거리가 25리 떨어져 있다. 왕산(王山)과 여기암(女妓岩)이 있고 포구 주변에는 석돈(石墩)이 있다. 조천대(朝天臺)는 즉 신라가 당나라에 조공하는 길이었다. ○섬의 서북쪽에는 사탄도(沙呑島)가 있는데 조수가 물러나면 육지와 이어진다〉

삼목도(三木島)〈동쪽으로 자연도와 거리가 15리 떨어져 있고 서쪽으로 용유도와 거리가 10리 떨어져 있다. 조수가 물러나면 걸어서 건널 수 있다〉

무의도(無衣島)〈북쪽으로 용유도와 거리가 15리 떨어져 있고 산은 아주 높고 험준하다. 남쪽에는 자월도(紫月島)가 있는데 『고려사』에는 단월도(袒月島)로 부른다〉

월미도(月尾島)〈섬의 동남쪽에는 행관(行館)이 있다. 『대명일통지』(大明一統志)에 옛날에는 객관이 있었다고 말하는데 경원정(慶源亭)이 이것이다〉

신불도(薪佛島)〈무의도의 동북쪽에 있다〉

물치도(勿淄島)〈영종포진의 동북쪽에 있다〉

응도(鷹島)〈물치도의 북쪽에 있다〉

○고성(古城)〈영종포진의 서쪽 1리에 있는데 흙으로 쌓은 남은 터가 있다〉

창은 2개가 있다.〈영종포진의 안에 있다〉

용창(龍倉)〈용류도에 있다〉

○어물(魚物)〈인천과 같다〉·소금·쑥이 난다.

○각종 전선 9척이 있다.

○요망(瞭望)〈백운산(白雲山)에 있다〉

○목장〈용유도와 무의도에 있다〉

## (2) 덕적도진(德積島鎭)

효종 3년(1652)에 덕물도(德勿島)에 진지를 설치하였고 이어서 만호를 두었다. 조선 숙종 34년(1708)에 첨사(僉使)로 승격하였다.

**「관원」(官員)**

수군첨절제사 1명이 있다.

○덕물도(德勿島)〈혹은 인물도(仁物島)로 부른다. 동쪽으로 인천과 거리가 120리 떨어져 있다. 둘레가 30리이다. 남쪽으로 안흥(安興)을 잡아당기고 있고 북쪽으로 해주(海州)와 닿아 있어 해로의 요충지여서 이곳에 진을 설치하였다. 섬 가운데 운오산(雲烏山)과 삼석봉(三石峯)이 있는데 험준하게 하늘을 찌르는 듯이 솟아 있고 여러갈래의 산기슭이 빙둘러 지키고 있다. 안에는 차항(汊港)이 있어 선박을 숨길 수 있다. 폭포가 높은데서 아래로 쏟아지고 구불구불하고 평탄한 개울이 있고 여러 층의 바위와 반석이 구비구비마다 맑고 기이하다. 진달래와 철죽이 온산에 두루 피어 있고 계곡 사이에는 비단을 두른 듯 화려하다. 해변에는 모두 백사장이 있고 해당화가 왕왕 곱게 피어 있다. 살고 있는 주민은 아울러 고기잡고 해물을 채취하며 뱃일로 부를 크게 축적하였다. 또 토지가 매우 비옥하여 농사짓는 이로움이 있다〉

사야곶도(士也串島)〈『삼국사』(三國史)에서는 사야도(史冶島)로 부르고 혹은 소야(蘇爺)로 불렀다. 동쪽으로 인천과의 거리가 110리 떨어져 있다. 앞의 2도는 조선 성종 17년(1486)에 남양으로부터 래속하였다〉

선접도(仙接島)〈문갑도(文甲島)의 서쪽에 있다〉

문갑도(文甲島)〈둘레가 25리이다〉

굴압도(屈鴨島)〈사야곶도의 서쪽에 있다. 앞의 3도는 남양으로부터 래속하였다〉

배알도(拜謁島)·울도(鬱島)〈앞의 5도는 덕적도의 남쪽에 있다〉

○각종 전선 7척이 있다.

○목장이 있다.

## 10. 통진부(通津府)

**『연혁』(沿革)**

원래 백제 평회압(平淮押)〈혹은 별사파의(別史波衣)라고 부른다〉인데 후에 비두성(比兜城)으로 고쳤다. 신라 경덕왕 16년(757)에 분진(分津)으로 고치고 장제군(長堤郡) 영현으로 삼았다. 고려 태조 23년(940)에 통진으로 고쳤다. 고려 현종 9년(1018)에 이어서 수주(樹州)에 속하였다. 고려 공양왕 3년(1391)에 감무를 두었다. 조선 태종 13년(1413)에 현감으로 고쳤다. 숙종 20년(1694)에 도호부로 승격하였다.【방언에 암석을 파의(波衣)라 칭한다】

**「관원」(官員)**

도호부사〈남양진관병마동첨절제사(南陽鎭管兵馬同僉節制使)·진무우영장(鎭撫右營將)을 겸한다〉 1명이 있다.

**『고읍』(古邑)**

동성(童城)〈동쪽으로 20리에 있다. 원래 백제 동자홀(童子忽)인데 혹은 구사파의(仇斯波衣)로 부르고 또는 동산(幢山)으로 부른다. 신라 경덕왕 16년(757)에 동성(童城)으로 고치고 장제군(長堤郡) 영현으로 삼았다. 고려 현종 9년(1018)에 이어서 수주에 속하였다. 공양왕 3년(1391)에 래속하였다〉

수안(守安)〈남쪽으로 25리에 있다. 원래 백제 수이홀(首爾忽)인데 신라 경덕왕 16년(757)에 술성(戌城)으로 고치고 장제군 영현으로 삼았다. 고려 태조 23년(940)에 수안(守安)으로 고쳤다. 고려 현종 9년(1018)에 이어서 수주에 속하였다. 고려 명종 2년(1172)에 감무를 두었고 공양왕 3년(1391)에 래속하였다〉

**『방면』(坊面)**

부내면(府內面)〈10리에서 끝난다〉

월여곶면(月餘串面)·걸전면(乫田面)〈모두 동쪽으로 10리에서 시작하여 15리에서 끝난다〉

대파면(大坡面)·상곶면(桑串面)〈모두 남쪽으로 20리에서 시작하여 30리에서 끝난다〉

양능면(良陵面)〈동남쪽으로 20리에서 시작하여 30리에서 끝난다〉

포구곶면(浦口串面)〈북쪽으로 10리에서 시작하여 15리에서 끝난다〉

소이포면(所伊浦面)〈동쪽으로 10리에서 시작하여 20리에서 끝난다〉

봉성면(奉城面)〈동남쪽으로 15리에서 시작하여 25리에서 끝난다〉

고리곶면(古里串面)〈서남쪽으로 10리에서 시작하여 20리에서 끝난다〉

반이면(半伊面)〈남쪽으로 15리에 있다〉

**『산수』(山水)**

문수산(文殊山)〈북쪽으로 10리에 있다. 원래 비아산(比兒山)인데 후에 통진산(通津山)으로 불렀다. 바다 모퉁이의 큰 산이다. 강이 서북쪽을 둘러 있고 아래로 강화를 내려다본다. ○문수사(文殊寺)와 흥룡사(興龍寺)가 있다. ○산의 서쪽에는 문수산성이 있고 강화에 속한다〉

봉성산(奉城山)〈동남쪽으로 25리 강가에 있다. 동쪽으로 교하(交河)에 마주 대하고 있다. 심악산(深岳山)이 강에 임하고 있다. 옛날에는 전류정(顚流亭)이 있었다〉

약산(藥山)〈남쪽으로 30리 해변에 있는데 소금을 굽는 것이 가장 성하다〉

원통산(圓通山)〈동성(童城)의 옛 현이다〉

열금산(悅金山)·마적산(馬赤山)〈모두 동쪽으로 10리에 있다〉

위곡산(位谷山)·월옹산(月瓮山)〈모두 동북쪽으로 10여 리에 있다. 앞의 7산은 모두 평탄한 들과 높은 언덕에 있다〉

**「영로」(嶺路)**

수유현(水踰峴)〈부의 서쪽 강화로에 있다〉

○바다(海)〈남쪽으로 30리에 있다〉

조강(祖江)〈북쪽으로 15리에 있다. 한강과 임진강이 만나 이곳으로 흐르고 강화 연미정(燕尾亭)의 동쪽에 이르러 다시 나누어져 남쪽은 갑곶진(甲串津)이 되고 서쪽은 승천포(昇天浦)가 되며 삼남(三南)과 양서(兩西)의 배들이 모인다〉

신원천(新院川)〈수원은 문수산(文殊山)에서 나와 부의 남쪽을 거쳐 서쪽으로 갑곶강(甲串江)으로 들어간다〉

대포(大浦)〈남쪽으로 30리에 있다. 수원이 김포 가현산(歌絃山)에서 나와 서쪽으로 흘러 바다로 들어간다〉

양능포(良陵浦)〈동남쪽으로 25리에 있다. 수원이 수안(守安)의 옛 현에서 나와 북동쪽으로 흘러 강으로 들어간다〉

강녕포(江寧浦)〈북쪽으로 15리 조강(祖江)의 아래쪽에 있다〉【제언은 1곳이 있다】

**「도서」(島嶼)**

항산도(缸山島)〈『고려사』에서 항파강(缸破江)으로 불렀다. 삼남의 배들이 거치고 정박하는 곳이다〉

송도(松島)〈항산도(缸山島)의 옆에 있다〉

유도(留島)〈강녕포(江寧浦) 앞에 있다. 서쪽으로 연미정과 마주 대하고 있고 배들이 지나가고 정박하는 곳이다〉

부래도(浮來島)〈『고려사』에 부락산(浮落山)으로 불렀다. 항산(缸山)의 남쪽에 있다. 조수가 물러가면 육지와 이어진다〉

**『성지』(城池)**

문수산성(文殊山城)〈문수산의 서쪽 성으로 갑곶진에 임하고 있다. 강화에 상세하다〉

동성고현성(童城古縣城)〈둘레가 807척이다. 그 동쪽 몇 리에 또 흙으로 쌓은 터가 남아있다〉

수안고현성(守安古縣城)〈둘레가 2리이다〉

고루(古壘)〈양능포(良陵浦) 들 가운데에 있다〉

**『진보』(鎭堡)**

덕포진(德浦鎭)〈서남쪽으로 25리에 있다. ○수군첨절제사 1명이 있다〉

**『봉수』(烽燧)**

남산(南山)〈남쪽으로 5리에 있다〉

수안산(守安山)〈수안고성(守安古城) 안에 있다〉

**『역참』(驛站)**

종생역(終生驛)〈옛날에는 종승(從繩)으로 불렀다. 남쪽으로 25리에 있다〉

**『진도』(津渡)**

조강진(祖江津)〈북쪽으로 13리에 있고 개성으로 통한다〉

갑곶진(甲串鎭)〈서북쪽으로 10리에 있다. 강화를 보라〉

도포진(島浦津)

『토산』(土産)

어물 20여 종·쑥·소금이 난다.

『장시』(場市)

오나리장(吾羅里場)은 2일과 7일에 열린다. 원통장(圓通場)은 4일과 9일에 열린다.

『전고』(典故)

고려 고종 43년(1256)에 몽고 차라대(車羅大)와 영녕공(永寧公) 현(絢)〈고려의 종친으로 몽고에 인질로 있었다〉과 홍복원(洪福源) 등이 갑곶강 밖에 이르러 크게 기치를 펼치고 전등산(田燈山)과 통진산(通津山)에 말을 기르고 강도(江都)를 바라보며 수안현(守安縣)으로 물러나 주둔하였다. 고종 45년(1258)에 몽고의 유격 기병이 수안(守安)의 동성(童城)으로 들어왔다. 고려 공민왕 12년(1363)과 13년(1364)에 왜가 수안에 침구하였다. 왜가 조강(祖江)에 침구하여 관리(關吏)를 죽이자 최영에게 군사를 거느리고 공격하라고 명하여 물리쳤다. 고려 우왕 3년(1377)에 왜가 수안 동성과 통진 등지의 현에 침구하였는데 지나가는 곳은 텅 비었다.

## 11. 부평부(富平府)

『연혁』(沿革)

원래 백제의 주부토(主夫吐)인데 신라 경덕왕 16년(757)에 장제군(長堤郡)〈영현은 4개인데 분진현(分津縣)·김포현(金浦縣)·동성현(童城縣)·술성현(戌城縣)이다〉으로 고치고 한주(漢州)에 예속하였다. 고려 태조 23년(940)에 수주(樹州)로 고쳤다. 고려 성종 14년(995)에 단련사(團練使)를 두었고, 고려 목종 8년(1005)에 혁파하였다. 고려 현종 9년(1018)에 지주사(知州事)로 고쳤고, 고려 의종 4년(1150)에 안남도호부(安南都護府)〈속현은 6개인데 금천현(衿川縣)·동성현·통진현·공암현(孔岩縣)·김포현·수안현(守安縣)이다〉로 고쳤다. 고려 고종 2년

(1215)에 계양도호부(桂陽都護府)로 고쳤다. 고려 충렬왕 34년(1308)에 길주목(吉州牧)으로 승격하였다. 고려 충선왕 2년(1310)에 부평부〈여러 목(牧)을 없앴다〉로 강등하였다. 조선 태종 13년(1413)에 도호부로 고쳤고, 태종 14년(1414)에 김포현을 병합하였고 태종 16년(1416)에 다시 나누었다. 세종 20년(1438)에 현령으로 강등하였고, 세종 28년(1446)에 다시 부로 승격하였다. 연산군 11년(1505)에 혁파하였다.〈읍민이 환자(宦者) 김순손(金舜孫)을 죽였기 때문이었다〉 중종 원년(1506)에 다시 설치하였다. 숙종 24년(1698)에 현으로 강등하였다.〈장능(章陵)을 방화한 죄인이 태어난 고을이기 때문이었다〉 숙종 33년(1707)에 다시 승격하였다.

「관원」(官員)

도호부사〈남양진관병마동첨절제사(南陽鎭管兵馬同僉節制使)·진무전영장(鎭撫前營將)을 겸한다〉 1명이 있다.

『방면』(坊面)

동면(東面)〈7리에서 끝난다〉

서면(西面)〈7리에서 끝난다〉

주화곶면(注火串面)〈동쪽으로 7리에서 시작하여 15리에서 끝난다〉

상오정면(上梧井面)〈동쪽으로 7리에서 시작하여 15리에서 끝난다〉

하오정면(下梧井面)〈동쪽으로 10리에서 시작하여 15리에서 끝난다〉

당산면(堂山面)〈동쪽으로 7리에서 시작하여 15리에서 끝난다〉

옥모면(玉毛面)〈동쪽으로 15리에서 시작하여 30리에서 끝난다〉

수탄면(水呑面)〈위와 같다〉

동소정면(同所井面)〈남쪽으로 10리에서 시작하여 20리에서 끝난다〉

마장면(馬場面)〈남쪽으로 5리에서 시작하여 10리에서 끝난다〉

석천면(石川面)〈남쪽으로 5리에서 시작하여 15리에서 끝난다〉

석곶면(石串面)〈서쪽으로 7리에서 시작하여 15리에서 끝난다〉

모월곶면(毛月串面)〈서쪽으로 5리에서 시작하여 15리에서 끝난다〉

황어면(黃魚面)〈북쪽으로 10리에서 시작하여 15리 옛 황어향(黃魚鄕)에서 끝난다〉

소래면(蘇來面)〈남쪽으로 20리에 있다〉

『산수』(山水)

안남산(安南山)〈혹은 계양산(桂陽山)으로 부른다. 북쪽으로 2리에 있다. 독특하게 서있고 땅은 평평하다〉

원적산(圓寂山)〈서쪽으로 15리에 있다〉【적유산(狄踰山)·영성산(靈成山)·중구봉(重九峯)·탁옥봉(琢玉峯)이 있다】

「영로」(嶺路)

경명원(景明院)〈서쪽으로 10리 석곶(石串)가는 길에 있다〉【한희현(閑希峴)·직현(直峴)·작현(鵲峴)이 있다】

○바다(海)〈서쪽으로 15리에 있다〉

대교천(大橋川)〈동쪽으로 7리에 있다. 수원은 원적산에서 나와 동쪽으로 흘러 부평부의 남쪽을 거쳐 돌아서 북쪽으로 흘러 동북쪽으로 10리에 이르러 직포천(直浦川)을 이루고 김포 땅에 이르러 굴포(掘浦)가 되어 행주강으로 들어간다〉【청천(淸川)·임천(林川)이 있다】【제언은 5곳이 있다】

「도서」(島嶼)

파라도(巴羅島)·서천도(西遷島)·난지도(難知島)·호도(虎島)·정자도(亭子島)·율도(栗島)·일도(一島)·장도(獐島)·기도(箕島)〈앞은 부평부의 서쪽 바다 가운데에 있는데 모두 조그마한 섬이다〉

『성지』(城池)

고성(古城)〈안남산(安南山) 동남쪽에 있다. 둘레가 1,937척이다〉

『봉수』(烽燧)

유곶(杻串)〈서쪽으로 15리에 있다〉

『역참』(驛站)

금륜역(金輪驛)〈부평부의 서쪽 1리에 있다〉

『토산』(土産)

물고기·게 등 15종류·소금이 난다.

『장시』(場市)

발아현장(發阿峴場)은 1일과 6일에 열린다. 황어장(黃魚場)은 3일과 8일에 열린다.

『전고』(典故)

고려 우왕 4년(1378)에 왜가 부평을 침구하였다.

## 12. 안산군(安山郡)

『연혁』(沿革)

원래 백제 장항구(獐項口)〈혹은 좌사야홀차(左斯也忽次)로 부른다〉인데 신라 경덕왕 16년(757)에 장구군(獐口郡)〈영현은 1개가 있는데 이포현(梨浦縣)이다. 인천에 보인다〉으로 고치고 한주(漢州)에 예속하였다. 고려 태조 23년(940)에 안산으로 고쳤고, 고려 현종 9년(1018)에 수주(水州)에 속하였다. 후에 감무를 두었다. 고려 충렬왕 34년(1308)에 문종이 탄생한 지역이라 하여 지군사로 승격하였다. 조선 세조 12년(1466)에 군수로 고쳤다.

「읍호」(邑號)

연성(蓮城)

「관원」(官員)

군수〈남양진관병마동첨절제사(南陽鎭管兵馬同僉節制使)·총리별우사파총(摠理別右司把摠)을 겸한다〉 1명이 있다.

『방면』(坊面)

용건면(龍巾面)〈동쪽으로 10리에 있다〉

잉화곡면(仍火谷面)〈서쪽으로 10리에서 시작하여 15리에서 끝난다〉

초산면(草山面)〈북쪽으로 10리에서 시작하여 15리에서 끝난다〉

군내면(郡內面)〈남쪽으로 12리에 있다〉

대월면(大月面)〈서쪽으로 15리에서 시작하여 25리에서 끝난다〉

마유면(馬游面)〈서쪽으로 15리에서 시작하여 30리에서 끝난다〉

와리면(瓦里面)〈서쪽으로 20리에서 시작하여 30리에서 끝난다. 안산군의 옛날 치소가 있다〉

**『산수』(山水)**

수리산(修理山)〈동쪽으로 5리에 있다. 혹은 태을산(太乙山)으로 부르고 또는 견불산(見佛山)으로 부른다. 자못 험준하고 높다. 취암봉(鷲岩峯)이 있는데 방언으로 취(鷲)를 수리(修理)라고 말한다〉

마하산(麻河山)〈서쪽으로 5리에 있다〉

광덕산(廣德山)〈서쪽으로 리에 있다〉

오자산(五子山)〈서쪽으로 10리에 있다〉

군자봉(君子峯)〈서쪽으로 20리에 있다〉

와리산(瓦里山)〈서쪽으로 25리에 있다. 조선 세종 신유년(1441)에 현덕왕후(顯德王后) 권씨(權氏)를 이곳에 장사지냈는데 소능(昭陵)으로 일컫는다. 중종 계유년(1513)에 현능(顯陵)으로 옮겨 부장하였다.【안양산(安陽山)·고암산(高岩山)이 있다】

○바다(海)〈서쪽으로 30리에 있다〉

개교천(介橋川)〈수원이 취암봉에서 나와 안산군의 남쪽을 거쳐 서쪽으로 흘러 바다로 들어간다〉

포오천(浦吾川)〈서쪽으로 10리에 있다. 수원은 수리산에서 나와 서쪽으로 흘러 바다로 들어간다〉

석장포(石場浦)〈서쪽으로 20리에 있다〉

별사곶(別士串)〈서쪽으로 25리에 있다〉【제언은 2곳이 있다】

**「도서」(島嶼)**

의이도(衣耳島)·석줄도(石茁島)·쌍도(雙島)〈모두 안산군의 서쪽 바다 가운데에 있다〉

『성지』(城池)

장항고읍성(獐項古邑城)〈서쪽으로 25리에 있다. 둘레가 9,565척이다〉

『진보』(鎭堡)

「혁폐」

초지진(草芝鎭)〈서남쪽으로 30리 와리면(瓦里面)에 있다. 수군만호가 있는데 조선 효종 7년(1656)에 강화로 옮겼다. 성의 옛 터가 있다〉

『봉수』(烽燧)

정왕산(正往山)〈즉 의이도(衣耳島) 가운데 있다〉

『역참』(驛站)

석곡역(石谷驛)〈서쪽으로 5리에 있다〉

『토산』(土産)

물고기·게·새우·조개 등 30여 종〈소어소(蘇魚所)가 해변에 있다〉·소금·감·쑥이 난다.

『장시』(場市)

방축두장(防築頭場)은 2일과 7일에 열린다. 산대장(山岱場)은 3일과 8일에 열린다.

『전고』(典故)

고려 우왕 4년(1378)과 5년(1379)에 왜가 안산군에 침구하였다.

## 13. 안성군(安城郡)

『연혁』(沿革)

원래 백제 내해홀(奈兮忽)인데 신라 경덕왕 16년(757)에 백성군(白城郡)〈영현이 2개인데 사산현(蛇山縣)과 적성현(赤城縣)이다〉으로 고치고 한주(漢州)에 예속하였다. 고려 태조 23년(940)에 안성으로 고쳤고, 고려 현종 9년(1018)에 수주(水州)에 속하였고 고쳐서 천안(天安)에 속하였다. 고려 명종 2년(1172)에 감무를 두었고, 고려 공민왕 10년(1361)에 지군사로 승격하였다.〈홍건적이 항복을 권유하였는데 양광도(楊廣道)의 주군에서는 오직 안성만이 기구를 설치하여 적의 우두머리를 죽이자 적들이 남하하지 못하였다. 그 공으로 수주(水州)의 남쪽을 가르고 양감(良甘)·미탄(彌呑)·마전(馬田)·신곡(薪谷)을 주어 군으로 승격하였다. 후에 수주 사람이 김용(金鏞)에게 뇌물을 주자 마전과 신곡을 수주에 되돌려 속하게 하였고, 후에 다시 되돌렸다〉 조선 정종 원년(1399)에 양양부곡(陽良部曲)을 갈라 양지현(陽智縣)을 두었다. 조선 태종 13년(1413)에 충청도에서 래속하였고, 세조 12년(1466)에는 군수로 고쳤다.

「관원」(官員)

군수〈남양진관병마동첨절제사를 겸한다〉 1명이 있다.

『방면』(坊面)

군내면(郡內面)〈10리에서 끝난다〉

가사면(加士面)〈동쪽으로 5리에서 시작하여 10리에서 끝난다〉

가지곡면(加之谷面)〈동쪽으로 10리에서 시작하여 20리에서 끝난다〉

북좌촌면(北佐村面)〈북쪽으로 10리에서 시작하여 20리에서 끝난다〉

덕곡면(德谷面)〈남쪽으로 20리에서 시작하여 30리에서 끝난다〉

목촌면(木村面)〈서쪽으로 10리에서 시작하여 20리에서 끝난다〉

송죽촌면(松竹村面)〈서쪽으로 15리에서 시작하여 25리에서 끝난다〉

진두면(辰頭面)〈10리에서 시작하여 20리에서 끝난다〉

우지곡면(亏只谷面)〈서남쪽으로 20리에서 시작하여 30리에서 끝난다〉

대문리면(大門里面)〈10리에서 시작하여 30리에서 끝난다〉

죽촌면(竹村面)〈서쪽으로 10리에서 시작하여 15리에서 끝난다〉

말토리면(末土里面)〈남쪽으로 10리에서 시작하여 15리에서 끝난다〉

거호곡면(居乎谷面)〈동북쪽으로 10리에서 시작하여 15리에서 끝난다〉

잉산곡면(芿山谷面)〈남쪽으로 5리에서 시작하여 10리에서 끝난다〉【북리면(北里面)은 북쪽으로 5리에 있다. 율촌면(栗村面)은 북쪽으로 20리에 있다. 외서면(外西面)은 서쪽으로 5리에 있다. 금동면(金洞面)은 서북쪽으로 15리에 있다. 견천면(見川面)은 서북쪽으로 15리에 있다. 소만면(蘇萬面)은 서쪽으로 15리에 있다】【감미동부곡(甘彌洞部曲)·마전부곡(馬田部曲)〈모두 동쪽으로 10리에 있다〉·신곡부곡(薪谷部曲)이 있다】

**『산수』(山水)**

서운산(瑞雲山)〈남쪽으로 20리에 있다. 중첩된 산 가운데 있다. 서쪽 봉우리에 단(壇)이 있는데 단아래에 우물 3개가 있다. ○청룡사(靑龍寺)·서운사(瑞雲寺)·석남사(石南寺)가 있다〉

백운산(白雲山)〈혹은 금강산(金剛山)으로 부른다. 동쪽으로 20리에 있다〉

보산(寶山)〈북쪽으로 20리에 있다〉

구박산(九雹山)〈북쪽으로 5리에 있다〉

비봉산(飛鳳山)〈북쪽으로 2리에 있다〉

옥산(玉山)〈서쪽으로 10리에 있다〉

**「영로」(嶺路)**

오신치(吾信峙)〈혹은 요순치(堯舜峙)로 쓴다. 남쪽으로 30리에 있다〉【이치(梨峙)가 있다】

○남천(南川)〈남쪽으로 2리에 있다. 한갈래는 백운산에서 나오고 한갈래는 서운산에서 나와 합류하여 양성(陽城) 홍경천(弘慶川)으로 들어간다〉【제언은 21곳이 있다】

**『성지』(城池)**

서운고성(瑞雲古城)〈둘레가 3리이다〉

금강고성(金剛古城)〈동남쪽으로 15리에 있다. 둘레가 5리이다〉

비봉고성(飛鳳古城)〈둘레가 2리이다〉

토성(土城)〈남쪽으로 15리에 있다. 의병장 홍계남(洪季南)이 성을 쌓았다. 군사들이 겨루는 장소였는데 지금은 진기(陳基)로 칭한다〉

**『창고』(倉庫)**

읍창이 2개·북창(北倉)·서창(西倉)이 있다.

『역참』(驛站)

강복역(康福驛)〈옛날에는 강부역(康富驛)으로 불렀다. 동쪽으로 5리에 있다〉

『토산』(土産)

붕어[즉어(鯽魚)]·게·종이·자기가 난다.

『장시』(場市)

읍내장은 2일과 7일에 열린다.

『루각』(樓閣)

경설정(鏡雪亭)〈읍안에 있다〉

○비각(碑閣)〈남쪽으로 3리에 있다. 조선 영조 무신년(1728)에 건립한 오명항(吳命恒) 승첩비(勝捷碑)가 있다〉

『사원』(祠院)

도기서원(道基書院)〈조선 현종 계묘년(1663)에 건립되었고 현종 기유년(1669)에 사액되었다〉, 김장생(金長生)〈경도 문묘를 보라〉

『전고』(典故)

고려 우왕 3년(1377)에 왜가 안성군을 침구하였다. 수원부사 박승직(朴承直)이 관군을 뒤쫓아 곧바로 관청에 나아갔다. 적의 복병이 포위하자 군사들이 다수 죽거나 포로가 되었다. 수원에서부터 양성과 안성에 이르기까지 텅비어 다시는 인가가 없었다. 고려 공양왕 2년(1390)에 왜가 안성군에 침구하였다. 조선 선조 25년(1592)에 수원 충의위(忠義衛) 홍언수(洪彥秀)가 군사를 일으켜 왜적을 토벌하였다. 여러 싸움에서 모두 이겨 그 공으로 수원판관(水原判官)에 임명되었으나 후에 싸움에 패하여 죽었다. 천자(賤子)가 있었는데 홍계남(洪季男)이었다. 대담하고 용기가 있고 말을 잘 타고 화살을 잘 쏘았다. 일찌기 황진(黃進)을 따라 일본을 갔다왔다. 이에 이르러 아버지를 따라 군사를 일으켜 말을 달려 왜의 진지에 들어가 아버지의 시신을 거두어 돌아왔는데 적이 핍박하지 못하였다. 이어 아버지의 군사를 거두어 높은 산에 보루를 쌓았다. 산꼭대기에서 아래로 양성과 안성 등 여러 읍을 내려다 볼 수 있어 군사를 주둔시켜 적을 살펴 동서로 공격하여 적을 다수 죽이니 적이 경계로 들어오지 못하였다. 경기와 호남의 여러 읍이 이에 힘입었고 경기조방장(京畿助防將)으로 초수(超授)되었다. 영조 4년(1728)에 역적 이인좌(李麟佐) 등이 청주〈청주에 상세하다〉에서 군사를 일으켜 군사를 나누어 경성을 향하였다. 순검사 오명항(吳命恒)은 마군(馬軍)과 보군(步軍)을 3천 명을 거느리고 수원과 진위로부터 진격하여 양성(陽城)의 소사교(素沙橋) 변(邊)에서 주둔하였다. 적도들이 안성과 죽주의 사이를 향한다는 것을 듣고 드디어 군사를 이동하여 안성으로 향하였다. 비바람이 크게 치자 적이 이날밤 안성을 침범하고자 하였는데 관군이 주둔한 것을 알고 물러나 청룡산(青龍山) 아래에 주둔하였다. 순무사가 중군(中軍) 박찬신(朴纘新)에게 명령하여 제군을 독려하여 포위하도록 하였다. 적병이 크게 붕괴하자 목을 벤 자를 그 수를 헤아릴 수 없었다. 이인좌가 홍산(紅傘)·기(旗)·고(鼓)를 버리고 달아나 숨자 반군의 장수 박종원(朴宗元)을 목베었다고 승첩을 보고하였다.

## 14. 김포군(金浦郡)

**『연혁』(沿革)**

원래 백제의 검포(黔浦)인데 신라 경덕왕 16년(757)에 김포로 고치고 장제군(長堤郡) 영현으로 삼았다. 고려 현종 9년(1018)에 계속해서 수주(樹州)에 속하였다. 고려 명종 2년(1172)에 감무를 두었고 고려 신종 원년(1198)에 현령으로 승격하였다.〈임금의 태를 묻었기 때문이었다〉 조선 태종 14년(1414)에 양천(陽川)을 병합하고 금양(金陽)으로 호칭하였다. 이어 양천을 금주(衿州)에 병합하고 김포현으로 부평에 병합하였다가 태종 16년(1416)에 나누고 현령을 두었다. 인조 10년(1632)에 장능(章陵)으로 추숭하고 군수로 승격하였다.

**「읍호」(邑號)**

금능(金陵)

**「관원」(官員)**

군수〈남양진관병마동첨절제사를 겸한다〉 1명이 있다.

『방면』(坊面)

군내면(郡內面)〈10리에서 끝난다〉

마산면(馬山面)〈서쪽으로 7리에서 시작하여 20리에서 끝난다〉

노장면(蘆長面)〈남쪽으로 7리에서 15리에서 끝난다〉

고완태면(高薍台面)〈동남쪽으로 10리에서 시작하여 15리에서 끝난다〉

석한면(石閑面)〈서쪽으로 5리에서 시작하여 15리에서 끝난다〉

검단면(黔丹面)〈서쪽으로 20리에서 시작하여 30리에서 끝난다〉

고현내면(古縣內面)〈동쪽으로 5리에서 시작하여 10리에서 끝난다〉

임촌면(林村面)〈동남쪽으로 10리에서 시작하여 20리에서 끝난다〉

『산수』(山水)

가현산(歌絃山)〈서북쪽으로 15리에 있다. 옛 태봉(胎封)이 있다〉

운양산(雲陽山)〈북쪽으로 15리에 있다〉

운요산(雲腰山)〈서쪽으로 15리에 있다〉

상두산(象頭山)〈앞의 3산은 모두 평탄하고 높은 언덕에 있다〉

「영로」(嶺路)

천등현(天燈峴)〈동남쪽으로 15리 서울로 통하는 큰 길에 있다〉

○바다(海)〈서쪽으로 25리에 있다〉

한강(漢江)〈동쪽으로 2리에 있다〉

굴포(掘浦)〈동쪽으로 17리 부평 대교천(大橋川) 하류에 있다. 부평에 상세하다. ○고려 최오(崔悟)가 도랑을 파 바다로 통하고자 하였다가 그만두었다. 조선 김안노(金安老)가 다시 시작하였으나 또한 이루지 못하였다〉

「도서」(島嶼)

고도(孤島)〈북쪽으로 8리 강 가운데에 있다〉

금물도(今勿島)〈김포군의 서쪽 바다 가운데에 있다〉

『성지』(城池)

고성(古城)〈서쪽으로 1리에 있다. 성산(城山)으로 칭한다. 둘레가 2,650척인데 지금은 장

능 구역 안에 있다〉

**『봉수』(烽燧)**

냉정산(冷井山)〈북쪽 1리에 있다〉

백석산(白石山)〈서쪽으로 20리에 있다〉

**『진도』(津渡)**

감암진〈甘岩津)〈북쪽으로 8리 즉 고양(高陽) 임의진(任意津) 작은 길에 있다.

**『교량』(橋梁)**

나진교(羅津橋)〈북쪽으로 3리 통진가는 길에 있다〉

절교(折橋)〈동쪽으로 7리에 있다〉

굴포교(掘浦橋)〈모두 돌로 만들었고 아울로 서울로 통하는 대로에 있다〉

**『토산』(土産)**

숭어[수어(秀魚)]·위어(葦魚)·세어(細魚)·게·청해(青蟹)·세합(細蛤)·소금이 난다.

**『장시』(場市)**

신양장(新陽場)은 1일과 6일에 열린다. 청천장(淸川場)은 5일과 10일에 열린다.

**『능침』(陵寢)**

장능(章陵)〈성산(城山)의 남쪽에 있다. 조선 원종대왕능(元宗大王陵)이다. 기일은 12월 29일이다. 인헌왕후(仁獻王后) 구씨(具氏)가 부장되었는데 기일은 정월 14일이다. ○령과 참봉이 각 1명이 있다. ○처음 양주 군장리(群場里)에 장사지냈는데 조선 인조가 즉위하여 홍경원(興慶園)으로 호칭을 올렸고 인조 5년(1628)에 이곳으로 옮겼으며 인조 10년(1632)에 장능으로 추숭하였다〉

『사원』(祠院)

우저서원(牛渚書院)〈조선 인조 무자년(1648)에 건립되었고, 현종 신해년(1671)에 사액되었다〉, 조헌(趙憲)〈자는 여식(汝式)이고 호는 중봉(重峯)이며 배천(白川) 사람이다. 조선 선조 임진왜란 때 금산(錦山)에서 순절하였다. 관직은 첨정에 올랐고 영의정에 증직되었으며 시호는 문열(文烈)이다.

『전고』(典故)

신라 진성왕 11년(897)에 궁예가 김포(金浦)를 공격하여 무너뜨렸다.

# 15. 진위현(振威縣)

『연혁』(沿革)

원래 백제 송촌활달(松村活達)인데 후에 부산(釜山)〈혹은 고연부곡(古淵達部曲)으로 부른다〉으로 고쳤다. 신라 경덕왕 16년(757)에 진위(振威)로 고치고 수성군(水城郡) 영현으로 삼았다. 고려 현종 9년(1018)에 계속해서 수주(水州)에 속했다. 고려 명종 2년(1172)에 감무를 두었고 후에 현령으로 승격하였다. 조선 태조 7년(1398)에 충청도로부터 경기도에 예속되었다.

「관원」(官員)

현령〈남양진관병마절제도위(南陽鎭管兵馬節制都尉)·총리별전사파총(摠理別前司把摠)을 겸한다〉 1명이 있다.

『고읍』(古邑)

영신(永新)〈서남쪽으로 15리 수원 오타면(五朶面) 경계에 있다. 옛날에는 양성(陽城)에 속하였다. 신라 경덕왕 16년(757)에 영풍(永豊)으로 고치고 수성군(水城郡) 영현으로 삼았다. 고려 태조 23년(940)에 영신(永新)으로 고쳤다. 고려 현종 9년(1018)에 계속해서 속하였다. 조선 세종 15년(1433)에 래속하였다〉

『방면』(坊面)

마산면(馬山面)〈동쪽으로 5리에서 시작하여 15리에서 끝난다〉

서면(西面)〈10리에서 시작하여 20리에서 끝난다〉

송장면(松莊面)〈남쪽으로 5리에서 시작하여 15리에서 끝난다. 원래 수주(水州) 송장부곡(松莊部曲)이었는데 조선 세종 6년(1424)에 래속하였다〉

병파면(丙坡面)〈서남쪽으로 25리에 있다〉

우두면(右頭面)〈서쪽으로 30리에 있다〉

성북면(城北面)〈북쪽으로 5리에서 시작하여 10리에서 끝난다〉

탄현면(炭峴面)〈서남쪽으로 5리에서 시작하여 20리에서 끝난다〉

여방면(餘方面)〈남쪽으로 10리에서 시작하여 20리에서 끝난다〉

동면(東面)〈20리에서 끝난다〉

성남면(城南面)〈15리에서 끝난다〉【천장부곡(川場部曲)은 서쪽으로 12리에 있다】

『산수』(山水)

무봉산(舞鳳山)〈동북쪽으로 10리 수원 경계에 있다. 혹은 만의산(萬義山)으로 부른다〉

천덕산(天德山)〈동쪽으로 15리 양성(陽城) 경계에 있다. 혹은 다락산(多樂山)으로 부른다〉

불락산(佛樂山)〈동남쪽으로 10리에 있다〉

연봉(延峯)〈북쪽으로 1리에 있다. 연봉은 평평한 언덕과 높은 언덕에 있다〉

「영로」(嶺路)

차유현(車踰峴)〈서쪽으로 2리에 있는데 수원대로로 통한다〉

소백치(小白峙)〈남쪽으로 5리에 있다〉

대백치(大白峙)〈남쪽으로 10리에 있다. 대백치는 남쪽 대로로 통한다〉

○장호천(長好川)〈수원이 용인(龍仁) 성륜산(聖輪山)에서 나와 서쪽으로 흘러 양성(陽城) 금동(金洞)에 이르러 처인천(處仁川)을 지나 진위현 남쪽을 거쳐 서쪽으로 흘러 수원 항곶포(亢串浦)로 들어간다〉

토현천(兎峴川)〈서쪽으로 15리 용인 구흥천(駒興川) 하류에 있다. 서쪽으로 20리에 이르러 내천(奈川)이 되니 즉 항곶포(亢串浦)이다〉

통복포(通洑浦)〈남쪽으로 30리 양성(陽城) 가천(加川) 하류에 있으며 평택길로 통한다〉

【제언은 7곳이 있다】

**『성지』(城池)**

부산고성(釜山古城)〈동쪽으로 1리에 있다. 산의 형태가 가마솥과 같다. 장호천(長好川)이 그 앞을 지나가고 향교(鄕校)가 그 가운데에 있다〉

영신고성(永新古城)〈흙으로 쌓은 남은 터가 있다〉

고루(古壘)〈연봉(延峯)의 서쪽에 있는데 2곳이 있다〉

**『창고』(倉庫)**

읍창〈읍내에 있다〉

해창(海倉)〈서남쪽으로 30리에 있다〉

**『토산』(土産)**

붕어[즉어(鯽魚)]·게가 난다.

**『장시』(場市)**

구거리장(九巨里場)은 4일과 9일에 열린다. 읍내장은 2일과 7일에 열린다.

**『전고』(典故)**

백제 고이왕 5년(238)에 국왕이 부산(釜山)에서 50일간 사냥하고 돌아왔다.

## 16. 용인현(龍仁縣)

**『연혁』(沿革)**

원래 백제 멸오(滅烏)인데 후에 구성(駒城)으로 고쳤다. 신라 경덕왕 16년(757)에 거칠(巨柒)로 고치고 한주(漢州)의 영현으로 삼았다. 고려 태조 23년(940)에 용구(龍駒)로 고쳤다. 고려 현종 9년(1018)에 계속해서 광주(廣州)에 속하였다. 고려 명종 2년(1172)에 감무를 두었고 후에 현령으로 승격하였다. 조선 태종 13년(1413)에 처인(處仁)을 병합하여 용인(龍仁)으로 고쳤다.

「관원」(官員)

현령〈남양진관병마절제도위와 총리별좌사파총을 겸한다〉 1명이 있다.

『고읍』(古邑)

처인(處仁)〈남쪽으로 25리에 있다. 원래 수주(水州)의 처인부곡(處仁部曲)인데 조선 태조 6년(1397)에 처음 현령을 두었다. 태종 13년(1413)에 래속하였다〉

『방면』(坊面)

현내면(縣內面)〈5리에서 끝난다〉

구흥면(駒興面)〈남쪽으로 5리에서 시작하여 10리에서 끝난다〉

수진면(水眞面)〈서쪽으로 10리에서 시작하여 20리에서 끝난다〉

기곡면(基谷面)〈남쪽으로 10리에서 시작하여 25리에서 끝난다〉

남촌면(南村面)〈남쪽으로 50리에서 시작하여 58리에서 끝난다〉

상동촌면(上東村面)〈동남쪽으로 30리에서 시작하여 50리에서 끝난다〉

하동촌면(下東村面)〈남쪽으로 55리에서 끝난다〉

서촌(西村)〈서남쪽으로 55리에서 끝난다〉

동변면(東邊面)〈5리에서 시작하여 15리에서 끝난다〉

서변면(西邊面)〈5리에서 시작하여 10리에서 끝난다〉

남곡면(南谷面)〈동쪽으로 10리에서 시작하여 20리에서 끝난다〉

묘현면(墓賢面)〈동북쪽으로 7리에서 시작하여 30리에서 끝난다〉

도촌면(道村面)〈남쪽으로 35리에서 시작하여 50리에서 끝난다〉

지내면(枝內面)〈서쪽으로 20리에서 끝난다〉

수여면(水餘面)〈동남쪽으로 30리에 있다〉

포곡면(浦谷面)〈동쪽으로 30리에 있다〉

고현내면(古縣內面)〈남쪽으로 50리에 있다〉

**『산수』(山水)**

보개산(寶盖山)〈혹은 석성산(石城山)으로 부른다. 동쪽으로 13리에 있다〉

광교산(光敎山)〈서북쪽으로 20리 수원 경계에 있다. ○서봉사(瑞鳳寺)가 있다〉

선장산(禪長山)〈동북쪽으로 15리에 있다〉

부아산(負兒山)〈동남쪽으로 20리에 있다〉

향수산(香水山)〈북쪽으로 5리에 있다〉

굴암산(窟岩山)〈동남쪽으로 50리에 있다〉

인성산(仁聖山)〈남쪽으로 8리에 있다〉

화곡산(花谷山)〈남쪽으로 50리에 있다. 산의 서남쪽에 도촌면(道村面)과 서촌면(西村面)이 있다〉

**「영로」(嶺路)**

추현(秋峴)〈북로(北路) 광주(廣州) 경계에 있다〉

진동현(眞洞峴)〈남로(南路)에 있다〉

하우현(下雨峴)〈동남로(東南路)에 있다〉

수유현(水踰峴)〈남쪽으로 25리에 있다〉

객망현(客望峴)〈서남로(西南路)에 있다〉【미조현(彌造峴)이 있다】

○구흥천(駒興川)〈남쪽으로 10리에 있다. 수원은 보개산에서 나와 서남쪽으로 흘러 갈천(葛川)이 된다. 석우점(石隅店)을 지나 진위 경계에 이르러 토현천(兎峴川)이 된다. 수원 경계에 이르러 오산천(烏山川)이 되고 항곶포(亢串浦)로 들어간다〉

금령천(金嶺川)〈동쪽으로 30리에 있다. 수원은 양지(陽智) 대해산(大海山)의 소로동(所路洞)에서 나와 북쪽으로 흘러 광주(廣州) 우천(牛川)으로 들어간다〉

장장천(莊莊川)〈서쪽으로 10리에 있다. 수원은 광교산에서 나와 북쪽으로 흘러 광주(廣州)의 탄천(炭川)으로 흘러간다〉

어비천(魚肥川)〈남쪽으로 40리에 있다. 수원은 곡돈현(曲頓峴) 서쪽에서 나와 남쪽으로 흘러 진위 장호천(長好川)으로 흘러간다〉

비파담(琵琶潭)〈동쪽으로 20리에 있다〉【제언은 5곳이 있다】

『성지』(城池)

보개산고성(寶盖山古城)〈속칭 고성(姑城)이다. 지형은 험요(險要)하고 또 직로(直路)의 요충에 있다. 오른쪽으로 독성(禿城)을 잡아당기고 왼쪽으로 남한성(南漢城)에 연해 있다. 둘레는 2,529척이다〉

처인고성(處仁古城)〈흙으로 쌓았는데 둘레가 3리이다〉

선장산고성(禪長山古城)〈남은 터가 있다〉

『봉수』(烽燧)

석성산(石城山)〈고성(古城) 안에 있다〉

『창고』(倉庫)

읍창(邑倉)〈읍내에 있다〉

처인창(處仁倉)〈옛 현에 있다〉

수진창(水眞倉)〈수진면(水眞面)에 있다〉

『장시』(場市)

읍내장은 2일과 7일에 열린다. 금령장(金嶺場)은 5일과 10일에 열린다. 도촌장(道村場)은 1일과 6일에 열린다.

『역참』(驛站)

구흥역(駒興驛)〈남쪽으로 5리에 있다〉

금령역(金嶺驛)〈동남쪽으로 30리에 있다〉

『사원』(祠院)

충렬사(忠烈祠)〈조선 선조 병자년(1576)에 건립되었고 광해군 기유년(1609)에 사액되었다〉, 정몽주(鄭夢周)〈경도 문묘를 보라〉, 정보(鄭保)〈호는 설곡(雪谷)이고 정몽주의 손자이다. 조선 세조대에 사육신 사건으로 영일현(迎日縣)에 유배되어 죽었다. 참의에 증직되었다〉

○심곡서원(深谷書院)〈조선 효종 경인년(1650)에 건립되었고 같은 해에 사액되었다〉, 조

광조(趙光祖)〈경도 문묘를 보라〉

○한천서원(寒泉書院)〈조선 정조대에 건립되었고 사액되었다〉, 이재(李縡)〈자는 희경(熙卿)이고 호는 도암(陶庵)이며 우봉(牛峯) 사람이다. 관직은 좌참찬에 올랐고 문형을 맡았으며 시호는 문정(文正)이다〉

『전고』(典故)

고려 고종 19년(1232)에 김윤후(金允候)는 일찍이 중이 되어 처인성(處仁城)으로 난리를 피하였다. 몽고 원수 살례탑(撒禮塔)이 와서 성을 공격하자 김윤후가 활을 쏘아 죽이고 충주산성 방호별감이 되었다. 몽고 군사가 주성(州城)을 포위하기를 70여 일이었다. 김윤후가 사졸들을 격려하니 사람들이 모두 죽음을 무릅쓰고 적과 대항하였다. 몽고 군사가 조금 좌절되어 드디어 다시 남하하지 못하였다. 고려 우왕 4년(1378)에 왜가 용구(龍駒)를 침구하였다. ○조선 선조 25년(1592) 6월에 전라순찰사 이광(李洸)이 절도사로 하여금 본도를 지키도록 하고 스스로 4만 군사를 거느리고 임천로(林川路)를 거쳐 진격하였다. 방어사 곽영(郭嶸)은 2만 군사를 거느리고 여산로(礪山路)를 경유하여 금강(錦江)을 건넜고 경상순찰사 김수(金睟)는 수백인을 거느리고 충청순찰사 윤국형(尹國馨)과 방어사 이옥(李沃)과 병사 신익상(申益相)등의 군사 수만명이 모였다. 날을 다투어 군사를 전진하니 10만을 호칭하였다. 진위평(振威坪)에 크게 모여 수원의 독성(禿城)에 주둔하고서 용인에 주둔한 적을 공격하였는데 백광언(白光彦)·이지시(李之詩)·이윤인(李允仁)·정연(鄭淵) 등이 모두 죽었다. 다음날 광교산으로 물러나 주둔하였는데 적의 기병이 갑자기 이르러 선봉이 먼저 무너졌고 삼도 근왕의 군사가 일시에 모두 흩어졌다. 이광(李洸) 등은 황급히 돌아갔고 오직 광주목사(光州牧使) 권율(權慄)만 군사를 온전히 하여 돌아갔다.

# 17. 양천현(陽川縣)

『연혁』(沿革)

원래 백제 차파의(次巴衣)인데 신라 경덕왕 16년(757)에 공암(孔岩)으로 고치고 율진군(栗津郡) 영현으로 삼았다. 고려 현종때 수주(樹州)에 속하였다. 고려 충선왕 2년(1310)에 양천현(陽川縣)으로 고치고 현령을 두었다. 조선 태종 14년(1414)에 김포에 병합하고 김양(金陽)으로 칭하였고 곧바로 옮겨 금주(衿州)에 합하였고 금양(衿陽)으로 칭하였다. 1년후에 각각 옛날로 돌아갔다.【방언에 바위를 파의(巴衣)라고 칭한다】

**「읍호」(邑號)**

제양(齊陽)·파릉(巴陵)·양평(陽平)·양원(陽原)

**「관원」(官員)**

현령〈남양진관병마절제도위를 겸한다〉 1명이 있다.

**『방면』(坊面)**

현내면(縣內面)〈5리에서 끝난다〉

삼정면(三井面)〈서쪽으로 5리에서 시작하여 10리에서 끝난다〉

가배곡면(加背谷面)〈서남쪽으로 7리에서 시작하여 15리에서 끝난다〉

남산면(南山面)〈남쪽으로 5리에서 시작하여 10리에서 끝난다〉

장군소면(將軍所面)〈남쪽으로 7리에서 시작하여 15리에서 끝난다〉

〈강향(薑鄕)의 옛 이름은 황덕(黃德)이다〉

**『산수』(山水)**

개화산(開花山)〈원래의 이름은 주룡산(駐龍山)이다. 서쪽으로 9리에 있는데 절이 있다.

증산(甑山)〈서남쪽으로 10리에 있다〉

원당산(元堂山)〈남쪽으로 5리에 있다〉

발이산(鉢伊山)〈남쪽으로 8리에 있다. 모두 높은 언덕에 있다〉

선유봉(仙遊峯)〈남쪽으로 16리 양화도(楊花渡) 주변에 있다〉

공암(孔岩)〈동쪽으로 3리 강 주변에 있다〉

○한강(漢江)〈동쪽으로 100여 보 동남쪽으로 10리쯤에 염창항(鹽倉項)이 있어 조선(漕船)이 이곳에 이르러 조수가 가득차기를 기다렸다가 지나간다〉

철곶포(鐵串浦)〈동쪽으로 13리 시흥 기탄(岐灘) 하류에 있다〉【제언은 3곳이 있다】

『성지』(城池)

고성(古城)〈북쪽으로 100여 보에 있다. 둘레가 726척인데 성산(城山)이라 칭한다. 들가운데 우뚝 서있어 큰 강을 내려다보고 있다〉

『봉수』(烽燧)

개화산(開花山)〈위에 보인다〉

『역참』(驛站)

남산역(南山驛)〈남쪽으로 7리에 있다〉

『진도』(津渡)

양화도(楊花渡)〈동쪽으로 16리에 있다〉

철곶포진(鐵串浦鎭)〈혹은 간포진(間浦鎭)으로 부른다. 동쪽으로 13리에 있다. 앞은 서울 큰 길로 통한다〉

공암진(孔岩津)〈북쪽으로 5리에 있는데 바로 고양(高陽) 행주진(幸州津)이다〉

『토산』(土産)

위어(葦魚)·숭어[수어(秀魚)]·백어(白魚)·붕어[즉어(鯽魚)]·면어(綿魚)·게가 난다.

『장시』(場市)

어온동장(於溫洞場)은 5일과 10일에 열린다.

『전고』(典故)

신라 진성왕 11년(897)에 궁예가 공암(孔岩)을 격파하였다. ○고려 공민왕 15년(1366)에 왜가 양천현에 침입하여 조선(漕船)을 약탈하였다. 공민왕 21년(1372)에 왜선 27척이 양천에 쳐들어와 3일을 머물렀다. 제장이 군사를 이끌고 나가 싸웠으나 크게 패하였고 적은 원수기(元帥旗)를 약탈하였고 북은 강화에 이르러 읍민에게 남겨두고 가버렸다. 공민왕 22년(1373)에 왜가 양천을 침구하였다. 고려 우왕 4년(1378)에 왜가 양천을 침구하였다.

# 18. 과천현(果川縣)

『연혁』(沿革)

원래 백제 동사힐(冬斯肸)인데 후에 율목(栗木)이라 칭하였다. 신라 경덕왕 16년(757)에 율진군(栗津郡)〈영현이 3개인데 곡양현(穀壤縣)·공암현(孔岩縣)·소성현(邵城縣)이다〉으로 고치고 한주(漢州)에 예속하였다. 고려 태조 23년(940)에 과주(果州)로 고쳤고 고려 현종 9년(1018)에 광주(廣州)에 속했다가 후에 감무를 두었다. 조선 태종 13년(1413)에 과천현감으로 고쳤다. 태종 14년(1414)에 금천(衿川)과 병합하고 금과(衿果)로 칭하였다가 수개월뒤에 혁파하였다. 세조대에는 금천을 병합하였다가 얼마뒤에 각각 다시 두었다.

「읍호」(邑號)

부안(富安)〈고려 성종때 정해졌다〉

부림(富林)

「관원」(官員)

현감〈남양진관병마절제도위와 총리별후사파총을 겸한다〉 1명이 있다.

『방면』(坊面)

현내면〈5리에서 끝난다〉

동면(東面)〈5리에서 시작하여 15리에서 끝난다〉

남면(南面)〈20리에서 시작하여 30리에서 끝난다〉

상서면(上西面)〈10리에서 시작하여 20리에서 끝난다〉

하서면(下西面)〈서남쪽으로 25리에서 끝난다〉

상북면(上北面)〈20리에서 끝난다〉

하북면(下北面)〈5리에서 시작하여 20리에서 끝난다〉

『산수』(山水)

관악산(冠岳山)〈서북쪽으로 5리에 있다. 우뚝 넓게 서있다. 위에는 영주대(靈珠臺)가 있어 한양의 외안(外案)을 이룬다〉

청계산(淸溪山)〈동남쪽으로 10리에 있다. 광주(廣州)를 보라〉

수리산(修理山)〈서쪽으로 25리에 있다. 안산를 보라〉

우면산(牛眠山)〈달리 운만산(雲滿山)으로 부른다. 동쪽으로 10리 광주(廣州) 경계에 있다〉

**「영로」(嶺路)**

남태령(南泰嶺)〈고려때는 엽호현(葉戶峴)으로 칭하였는데 호현(狐峴)으로 전칭(轉稱)되었다. 서울 큰 길로 통한다. 고개 북쪽 7리에 목장의 옛 터가 있다〉

사당현(社堂峴)〈북쪽으로 13리에 있다. 노량진 사이길로 통한다〉

수유현(水踰峴)〈서쪽으로 10리 시흥 경계에 있다〉【삼현(三峴)과 갈현(葛峴)이 있다】

○한강〈북쪽으로 20리에 있다〉

공수천(公須川)〈수원은 관악산에서 나와 동쪽으로 흘러 과천현의 남쪽을 지나 양재천으로 들어간다〉

양재천(良才川)〈동쪽으로 10리에 있다. 광주(廣州)를 보라〉

국일천(菊逸川)〈동쪽으로 12리에 있다. 수원은 우면산에서 나와 북쪽으로 흘러 한강으로 들어간다〉

승방평천(僧房坪川)〈북쪽으로 10리에 있다. 수원은 관악산에서 나와 동쪽으로 흘러 한강으로 들어간다〉

인덕원천(仁德院川)〈남쪽으로 8리에 있다. 수원은 청계산에서 나와 군포천(軍鋪川)으로 들어가 아래로 흘러 안양천이 된다〉

군포천(軍鋪川)〈서남쪽으로 12리에 있다. 그 아래는 호계(虎溪)가 된다. 그 하류는 시흥 안양천이 된다〉

**『역참』(驛站)**

과천역(果川驛)〈읍내에 있다〉

**『진도』(津渡)**

동작진(洞雀津)〈북쪽으로 18리에 있다. 동작진도(洞雀津渡) 윗쪽에는 미노리탄(尾老里灘)·기도(碁島)가 있다〉

노량도(露梁渡)〈북쪽으로 20리에 있다. 옛날에는 흑석진(黑石津)으로 칭하였다〉

**『토산』(土産)**

백어(白魚)·게·밤·백토(白土)·잉어[이어(鯉魚)]가 난다.

**『장시』(場市)**

읍내장은 1일과 6일에 열린다.

**『궁실』(宮室)**

행궁(行宮)〈노량도(露梁渡) 남쪽 언덕에 있다. 용양봉저정(龍驤鳳翥亭)이라 부른다. 강을 건너 행차할때 열성(列聖)이 머물렀고 주변에는 주교사(舟橋司)와 별장소(別將所)가 있다〉

**『묘소』(墓所)**

창빈묘(昌嬪墓)〈상북면(上北面)에 있다. 조선 중종대 창빈(昌嬪) 안씨 묘인데 덕흥대원군(德興大院君)을 탄생하였다〉

**『사원』(祠院)**

민절서원(愍節書院)〈조선 숙종 신유년(1681)에 건립되었고 임신년(1692)에 사액되었다〉, 박팽년(朴彭年)〈자는 인수(仁叟)이고 순천(順天) 사람이다. 관직은 예조참판에 올랐고 이조판서에 증직되었으며 시호는 충정(忠正)이다〉, 성삼문(成三問)〈자는 근보(謹甫)이고 호는 매죽헌(梅竹軒)이며 창녕(昌寧) 사람이다. 관직은 승지에 올랐고 이조판서에 증직되었으며 시호는 충문(忠文)이다〉, 이개(李塏)〈자는 청보(淸甫)이며 호는 백옥(白玉)이며 한산(韓山) 사람이다. 관직은 직제학에 올랐고 이조판서에 증직되었으며 시호는 충간(忠簡)이다〉, 유성원(柳誠源)〈자는 태초(太初)이며 문화(文化) 사람이다. 관직은 사예에 올랐고 이조판서에 증직되었으며 시호는 충경(忠景)이다〉, 하위지(河緯地)〈자는 중장(仲章)이고 호는 단계(丹溪)이며 진주(晉州) 사람이다. 관직은 예조참판에 올랐고 이조판서에 증직되었으며 시호는 충렬(忠烈)이다〉, 유응부(兪應孚)〈자는 신지(信之)이고 기계(杞溪) 사람이다. 관직은 총관에 올랐고 병조판서에 증직되었으며 시호는 충목(忠穆)이다. ○앞의 6현은 조선 세조 병자난(1456, 단종복위운동)에 화를 입었는데 숙종대에 작호와 시호가 주어졌다〉

○노강서원(鷺江書院)〈조선 숙종 을해년(1695)에 건립되었고 숙종 정축년(1697)에 사액

되었다〉, 박태보(朴泰輔)〈파주를 보라〉

○사충서원(四忠書院)〈조선 영조 을사년(1725)에 건립되었고 영조 병오년(1726)에 사액되었다〉, 김창집(金昌集)〈경도 묘정에 보인다〉, 이이명(李頤命)〈자는 양숙(養叔)이고 호는 소재(踈齋)이며 완산(完山) 사람이다. 관직은 좌의정에 올랐고 시호는 충문(忠文)이다〉, 조태채(趙泰采)〈자는 유량(幼亮)이고 호는 이우당(二憂堂)이며 양주(楊州) 사람이다. 관직은 우의정에 올랐으며 시호는 충익(忠翼)이다〉, 이건명(李健命)〈자는 강중(剛仲)이고 호는 한포재(寒圃齋)이며 완산 사람이다. 관직은 좌의정에 올랐고 시호는 충민(忠愍)이다〉

## 19. 양성현(陽城縣)

**『연혁』(沿革)**

원래 백제 사복홀(沙伏忽)〈혹은 사파을(沙巴乙)로 부른다〉인데 신라 경덕왕 16년(757)에 적성(赤城)으로 고치고 백성군(白城郡) 영현으로 삼았다. 고려 태조 23년(940)에 양성으로 고쳤다. 고려 현종 9년(1018)에 수주(水州)에 속하였다. 고려 명종 5년(1175)에 감무를 두었다. 조선 태종 13년에 현감을 두었고 충청도로부터 예속되었다.

**「관원」(官員)**

현감〈남양진관병마절제도위를 겸한다〉 1명이 있다.

**『방면』(坊面)**

지질동면(紙叱洞面)〈북쪽으로 10리에서 시작하여 18리에서 끝난다〉

송오리면(松五里面)〈동북쪽으로 10리에서 시작하여 60리에서 끝난다〉

구천면(九千面)〈남쪽으로 15리에서 시작하여 30리에서 끝난다〉

공제면(孔悌面)〈남쪽으로 20리에서 시작하여 30리에서 끝난다〉

반곡면(盤谷面)〈서쪽으로 25리에서 시작하여 32리에서 끝난다〉

원당면(元堂面)〈서쪽으로 20리에서 시작하여 30리에서 끝난다〉

승량면(升良面)〈북쪽으로 10리에서 시작하여 20리에서 끝난다〉

영통면(令通面)〈서남쪽으로 30리에서 시작하여 40리에서 끝난다〉

금질동면(金叱洞面)〈북쪽으로 30리에서 시작하여 40리에서 끝난다〉

덕산면(德山面)〈남쪽으로 10리에서 시작하여 10리에서 끝난다〉

구룡동면(九龍洞面)〈남쪽으로 30리에서 시작하여 40리에서 끝난다〉

소고니면(所古尼面)〈서쪽으로 30리에서 시작하여 40리에서 끝난다〉

도일면(道一面)〈남쪽으로 35리에서 끝난다〉

율북면(栗北面)〈서쪽으로 40리에서 시작하여 45리에서 끝난다〉

서신리면(西新里面)〈서쪽으로 50리에서 시작하여 55리에서 끝난다〉

감미동면(甘味洞面)〈서쪽으로 60리에서 시작하여 65리에서 끝난다. 앞의 3면은 수원 남쪽 경계 옹포(甕浦)의 곁에 넘어가 있다〉

외량동면(外良洞面)〈서쪽으로 90리에서 시작하여 115리에서 끝난다. 서쪽으로 큰 바다에 접해있다〉

**『산수』(山水)**

천덕산(天德山)〈서쪽으로 5리 진위(振威) 경계에 있다〉

백운산(白雲山)〈남쪽으로 10리에 있다〉

고성산(高城山)〈남쪽으로 5리에 있다〉

**「영로」(嶺路)**

금노치(金老峙)〈서쪽으로 5리에 있다〉

이치(梨峙)〈동북쪽으로 안성(安城) 가는 길에 있다〉

○홍경천(弘慶川)〈혹은 소사천(素沙川)으로 부른다. 남쪽으로 30리 선원천(禪院川) 하류에 있다.

선원천(禪院川)〈동쪽으로 1리에 있다. 수원은 양지(陽智) 곡돈현(曲頓峴)에서 나와 남쪽으로 흘러 소사천으로 들어간다〉

가천(加川)〈수원은 백운산에서 나와 서쪽으로 흘러 통복포(通洑浦)가 되어 평택(平澤) 노산포(魯山浦)로 들어간다〉

옹포(甕浦)〈감미동면(甘味洞面)에 있다〉

괴태곶(槐台串)〈외량동면(外良洞面)에 있다. 바다에 접한 곳에 목장이 있다〉【제언은 12곳이 있다】

『성지』(城池)

백운산고성(白雲山古城)〈무한성(無限城)으로 부른다. 둘레는 1,305척인데 연못이 1개가 있다〉

고루(古壘)〈소사천 남북으로 4곳이 있다〉

『봉수』(烽燧)

괴태곶(槐台串)〈서쪽으로 100리에 있다〉

『창고』(倉庫)

읍창〈읍내에 있다〉

남창(南倉)〈남쪽으로 40리에 있다〉

해창(海倉)〈감미동면에 있다〉

『장시』(場市)

읍내장은 4일과 9일에 열린다. 소사장(素沙場)은 5일과 10일에 열린다.

『역참』(驛站)

가천역(加川驛)〈서쪽으로 15리에 있다〉

『사원』(祠院)

덕봉서원(德峯書院)〈조선 숙종 을해년(1695)에 건립되었고 숙종 경진년(1700)에 사액되었다〉, 오두인(吳斗寅)〈파주(坡州)를 보라〉

『전고』(典故)

조선 선조 31년(1598)에 명나라 경리(經理) 양호(楊鎬)가 평양으로부터 왜적이 경기도를 압박한다는 것을 듣고 빨리 도성에 이르러 제독 마귀(麻貴) 등을 보내 동작진에 부량(浮梁)을 설치하였다. 먼저 해생(解生)·우백영(牛伯英)·양등산[楊登山·파새(擺賽)·파귀(頗貴) 등]을 보내 철기(鐵騎) 3천 명을 거느리고 맞아싸우게 했다. 마귀 등은 수원 아래 성채에 이르러 군사를 갈원(葛院)〈진위(振威) 남쪽 20리에 있다〉으로 보내고 가천(加川)〈갈원 남쪽 3리에 있다〉에 병사를 숨겨 상하로 후원이 되었다. 해생 등이 금오평(金烏坪)〈즉 소사평(素沙坪)이다〉에 이르러 군사를 3협(協)으로 나누어 엄호하며 공격하는 계략을 세웠다. 왜적은 공주와 천안에서부터 곧바로 달려 금오평에 이르렀다. 명나라 군사가 오른쪽은 유포(柳浦)〈가천(加川) 서남쪽 우로(右路)에 있다〉에서 나오고 왼쪽은 영통(令通)〈가천 동남쪽 좌로에 있다〉에서 나와 대군이 큰 길을 따라 만기(萬旗)가 일제히 휘몰아치듯 말을 달려 돌진하니 왜병이 크게 어지러워지고 드디어 형세가 위축되었다. 하루에 6번 전투하여 적의 시체가 들에 퍼졌다. 다음날 왜적은 양날개를 펼쳐 진격하니 칼날이 번쩍이고 기괴한 형상으로 사람의 눈을 어지럽히고 놀라게 하였다. 해생 등은 돌진하면서 분격하여 합전하니 오래지 않아 왜적이 크게 무너졌고 목천(木川)과 청주(淸州)를 따라 달아났다. 대군은 힘이 다하여 추격하지 못하였다. 이를 소사의 승첩이라고 말한다.

## 20. 시흥현(始興縣)

**『연혁』(沿革)**

원래 백제 잉벌노(仍伐奴)인데 신라 경덕왕 16년(757)에 곡양(穀壤)으로 고치고 율진군(栗津郡) 영현으로 삼았다. 고려 태조 23년(940)에 금주(衿州)〈금양(衿陽)으로 별칭한다〉로 고쳤다. 고려 성종 14년(995)에 단련사를 두었고 고려 목종 8년(1005)에 혁파하였다. 고려 현종 9년(1018)에 수주(樹州)에 속하였다. 고려 명종 2년(1172)에 감무를 두었다.〈읍호는 시흥(始興)인데 고려 성종때 건립되었다〉 조선 태종 14년(1414)에 과천(果川)을 병합하여 금과(衿果)로 하였고 수개월 뒤에 혁파하였다. 또 양천(陽川)으로 병합하여 금양(衿陽)으로 하였다가 1년 후에 혁파하였다. 태종 16년(1416)에 금천(衿川)으로 고치고 현감으로 하였다. 세조대에 과천을 병합하였다가 나누었다. 정조대에 시흥으로 고쳤다.

**「관원」(官員)**

현감〈남양진관병마절제도위(南陽鎭管兵馬節制都尉)와 총리협수파총(摠理協守把摠)을 겸한다〉 1명이 있다.

『방면』(坊面)

현내면(縣內面)〈15리에서 끝난다〉

서면(西面)〈15리에서 시작하여 20리에서 끝난다〉

남면(南面)〈15리에서 시작하여 20리에서 끝난다〉

동면(東面)〈11리에서 시작하여 15리에서 끝난다〉

상북면(上北面)〈15리에서 시작하여 20리에서 끝난다〉

하북면(下北面)〈20리에서 시작하여 25리에서 끝난다〉

『산수』(山水)

금주산(衿州山)〈동북쪽으로 3리에 있다. 한정(漢井)이 있다〉

삼성산(三聖山)〈동쪽으로 10리에 있다. 과천 관악산과 구불구불 연해 있다. 돌의 형세와 험한 낭떠러지를 이룬다. 향로봉(香爐峯)이 있고 남북에 자하동(紫霞洞)과 삼막사(三藐寺)가 있다. 산의 북쪽에 사자봉(獅子峯)이 있고 봉우리 아래에 도화동(桃花洞)과 사자암(獅子庵)이 있다. 산의 남쪽에는 옛날에 안양사(安養寺)가 있는데 절의 남쪽에 고려 태조가 세운 7층 전탑(甎塔)이 있다〉

호암산(虎岩山)〈금주산(衿州山) 동남쪽에 있다. ○호갑사(虎岬寺)가 있다〉

독산(禿山)〈북쪽으로 5리에 있다〉

귀룡산(歸龍山)〈서쪽으로 15리에 있다〉

아왕봉(阿王峯)〈서쪽으로 15리에 있다〉

철곶평(鐵串坪)〈북쪽으로 20리에 있다〉【고산(孤山)·화산(花山)이 있다】

「영로」(嶺路)

도고내현(都古乃峴)〈서쪽으로 10리에 있다. 높고 험준하며 안산(安山) 서쪽 경계로 통한다〉

○대천(大川)〈혹은 검암천(黔岩川)으로 부른다. 수원은 수원 광교산과 과천 청계산에서 나와 합류하여 서쪽으로 흘러 군포천이 된다. 호계 안양천은 현을 빙돌아 서남쪽으로 꺾어 북쪽으로 흘러 현의 서쪽으로 4리를 거쳐 북쪽으로 15리에 이르러 기탄(岐灘)과 철곶포(鐵串浦)가 되어 양화도 아래로 들어간다〉

방학호(放鶴湖)〈혹은 대곶(碓串)으로 부른다. 북쪽으로 20리에 있다. 한강의 한갈래가 노량도(露梁渡) 아래로부터 나누어 10여 리를 흘러 양화도에 이르러 다시 합해진다〉

대택(大澤)〈서쪽으로 5리에 있다〉

하택(下澤)〈북쪽으로 7리에 있다〉【제언은 6곳이 있다】

**『성지』(城池)**

삼성산고성(三聖山古城)〈영랑성(永郎城)이라 칭한다. 둘레는 3,750척이고 가운데에 큰 우물이 있다〉

호암산고성(虎岩山古城)〈둘레는1,681척이고 가운데에 큰 연못이 있다〉

**『역참』(驛站)**

반유역(盤乳驛)〈북쪽으로 10리에 있다〉

**『장시』(場市)**

읍내장은 5일과 10일에 열린다. 안양장(安養場)은 3일과 8일에 열린다.

**『진도』(津渡)**

양화도(楊花渡)〈북쪽으로 25리에 있다. 고려때 곧바로 본읍 대로와 통한다〉

방학호진(放鶴湖津)〈서울 마포진(麻浦津) 작은 길로 통한다〉

**『교량』(橋梁)**

만안교(萬安橋)〈남쪽으로 10리 안양천에 있다. 수원 큰 길로 통한다〉

기탄교(岐灘橋)〈북쪽으로 15리에 있다. 서울에서부터 인천과 부평에 통하는데 모두 돌로 만들어졌다〉

**『궁실』(宮室)**

행궁〈읍내에 있다〉

행궁〈만안교(萬安橋)의 남쪽 안양원(安養原)에 있다〉

『묘소』(墓所)

민회묘(愍懷墓)〈아왕봉(阿王峯)아래에 있다. 소현세자(昭顯世子)의 민회빈(愍懷嬪) 강씨묘(姜氏墓)이다. 기일은 3월 15일이다. 조선 숙종 44년(1718)에 묘가 회복되었다. ○수위관(守衛官)이 2명이 있다〉

『사원』(祠院)

충현서원(忠賢書院)〈조선 효종 무술년(1658)에 건립되었고 숙종 병진년(1676)에 사액되었다〉, 강감찬(姜邯贊)〈마전(麻田)을 보라〉, 서견(徐甄)〈고려 장령인데 조선개국 후에 벼슬하지 않고 물러나 본 현에서 거주하였다. 대사간에 증직되었다〉, 이원익(李元翼)〈경도 묘정을 보라〉

『전고』(典故)

고려 우왕 4년(1378)에 왜가 금주(衿州)에 침구하였다.

# 부록

# 1. 강역(疆域)

【목악(木岳)·박곡(朴谷)·고안(高安)·제촌(蹄村)은 다른 지역에 있다.(양지)】

【분향(分鄉)은 다른 지역에 넘어가 있다.(남양)】

【이포(梨浦)는 다른 지역에 넘어가 있다.(인천)】

【율북면(栗北面) 신리(新里) 감미동(甘味洞) 외량동(外良洞)은 다른 지역에 넘어가 있다.(양성)】

【병인(丙寅)년에 옛 읍호를 회복하였다.(풍덕)】

| 구 분 | 동 | 동남 | 남 | 서남 | 서 | 서북 | 북 | 동북 |
|---|---|---|---|---|---|---|---|---|
| 수원(水原) | 용인 17 | 30 | 진위 40<br>평택 70<br>아산 100 | 홍주<br>대진 100<br>면주 | 바다 70 | 광주 15 | 15 | 20 |
| 광주(廣州) | 양근 25 | 여주 60<br>이천 70 | 양지 70<br>용인 40 | 수원 30 | 바다 90<br>과천 25<br>시흥 50<br>안산 60 | 한성 25 | 양주 20 | 양주<br>양근 40 |
| 개성(開城) | 장단 20 | 35 | 통진 45<br>강을격함 | 바다 50<br>교동<br>강화 | 배천 35 | 금천 30 | 금천 80<br>창단 60 | 금천 40 |
| 강화(江華) | 통진 10<br>격강 | 35<br>격강 | 바다 40 | 50 | 25 교동 | 30 | 15 개성 | |
| 교동(喬桐) | 강화 10<br>격강 | | 바다<br>백보 | | 바다 15 | | 바다 20<br>배천<br>연안 | |
| 파주(坡州) | 양주 20 | | 고양 30 | | 교하 17 | | 장단 15 | 적성 30 |
| 양주(楊州) | 포천 25<br>가평 50 | 양근<br>광주 100 | 광주 70<br>한성 45 | 고양 40 | 30 | 파주 30 | 적성 30<br>연천 70 | 영평 60 |
| 고양(高陽) | 양주 5 | | 양주 20<br>양천 40<br>격강 | 김포 25<br>격강 | 통진 50<br>격강 | 교하 20 | 파주 10 | |
| 교하(交河) | 파주 13 | 파주<br>고양 15 | 12 | | 통진 12<br>격강 | | 장단 20<br>격강 | |

| 구 분 | 동 | 동남 | 남 | 서남 | 서 | 서북 | 북 | 동북 |
|---|---|---|---|---|---|---|---|---|
| 가평(加平) | 춘천 10 | | 홍주 55 월강 | 양근 30 격강 | 양주 50 | 포천 60 | 영평 50 | |
| 영평(永平) | 춘천 50 | 춘천 가평 40 | 포천 15 | 양주 30 | 연천 30 | | 철원 40 | 금화 50 |
| 포천(抱川) | 가평 20 | | 양주 30 | 40 | 25 | 15 | 영평 20 | |
| 적성(積城) | 양주 20 | 35 | 30 | 파주 20 | 12 | 장단 10 | 20 | 마전 20 |
| 장단(長湍) | 마전 적성 50 | | 파주 20 격강 | 교하 20 격강 | 개성 20 | 30 | 40 | 삭령 80 연천 90 |
| 삭령(朔寧) | 철원 30 | 연천 30 | 장단 20 | 토산 20 | 15 | 안협 20 | 15 | 평강 철원 60 |
| 마전(麻田) | 연천 10 격강 | 양주 20 월강 | 적성 13 격강 | | 장단 30 | 20 | 연천 20 | |
| 여주(驪州) | 원주 10 | 충주 40 | 35 | 음죽 35 | 이천 25 | 광주 50 | 양근 지평 40 | 원주 50 |
| 죽산(竹山) | 양지 10 | | 충주 20 | | 안성 20 | | 양지 이천 50 | |
| 이천(利川) | 여주 20 | | 음죽 양지 40 | | 양지 30 | | 광주 20 | |
| 양근(楊根) | 지평 20 | | 여주 20 | | 광주 50 30 | 양주 60 | 가평 60 | 홍주 50 |
| 지평(砥平) | 원주 40 | | 여주 20 | 양근 15 | 16 | 30 | 홍천 40 | 40 |
| 음죽(陰竹) | 여주 충주 15 | 충주 25 | 35 | | 양지 20 | | 이천 23 | |
| 양지(陽智) | 이천 15 | | 죽산 10 | 안성 50 양성 60 | 용인 10 | | 광주 10 | |
| 남양(南陽) | 수원 25 | | 15 | | 바다 30 | | 광주 30 | |
| 인천(仁川) | 안산 40 시흥 35 | | 바다 10 | | 바다 18 | | 부평 12 | |
| 통진(通津) | 교하 25 격강 | 김포 25 | 바다 30 | | 강화 10 격강 | | 개성 15 격강 | |
| 부평(富平) | 양천 12 시흥 30 | | 인천 20 | | 바다 15 | | 김포 15 | |

| 구 분 | 동 | 동남 | 남 | 서남 | 서 | 서북 | 북 | 동북 |
|---|---|---|---|---|---|---|---|---|
| 안산(安山) | 과천 시흥 10 | | 광주 10 | 광주, 진 인천, 이포 남양 병해(竝海) | 바다 30 | | 인천 시흥 10 | |
| 안성(安城) | 죽산 20 | 충주 기음 25 | 목천 30 | 직산 20 | 양성 10 | | 양지 25 | |
| 김포(金浦) | 양천 20 | | 부평 10 | | 바다 20 | | 통진 15 | 고양 10 격강 |
| 진위(振威) | 양성 10 | | 12 25 | 평택 30 | 수원 20 | | 10 | 용인 15 |
| 용인(龍仁) | 광주 30 | 양지 30 | 양성 55 | 진위 수원 50 | 수원 20 | | 광주 20 | |
| 양천(陽川) | 시흥 15 | | 부평 15 | | 15 | 김포 12 | | 고양 1 격강 |
| 과천(果川) | 광주 15 | | 10 | 25 | 시흥 15 | | 한성 18 격강 | |
| 양성(陽城) | 안성 양지 10 | | 직신 30 | 평택 40 | 진위 12 | | 용인 18 | 양지 20 |
| 시흥(始興) | 과천 15 | | 안산 20 | | 인천 15 | 부평 15 | 양천 20 | 한성 20 격강 |
| 풍덕(豊德) | | | | | | | | |

## 2. 전민(田民)

| 구 분 | 전답 | 민호 | 인구 | 군보 |
|---|---|---|---|---|
| 수원(水原) | 11,821결 | 15,888 | 59,021 | 7,186명 |
| 광주(廣州) | 5,858결 | 10,593 | 50,674 | 13,772명 |
| 개성(開城) | 10,281결 | 16,412 | 62,328 | 10,321명 |
| 강화(江華) | 4,431결 | 10,852 | 34,229 | 4,844명 |
| 교동(喬桐) | 1,271명 | 1,822 | 7,665 | 1,221명 |

| 구 분 | 전답 | 민호 | 인구 | 군보 |
|---|---|---|---|---|
| 파주(坡州) | 2,522결 | 3,300 | 10,320 | 5,067명 |
| 양주(楊州) | 10,163결 | 12,777 | 61,319 | 8,200명 |
| 고양(高陽) | 3,937결 | 3,091 | 13,635 | 2,278명 |
| 교하(交河) | 1,948결 | 2,568 | 8,417 | 1,311명 |
| 가평(加平) | 581결 | 1,982 | 6,913 | 1,636명 |
| 영평(永平) | 1,034결 | 1,655 | 7,194 | 1,267명 |
| 포천(抱川) | 2,869결 | 2,671 | 14,280 | 1,625명 |
| 적성(積城) | 1,022결 | 1,591 | 5,782 | 971명 |
| 장단(長湍) | 5,708결 | 5,286 | 16,136 | 5,003명 |
| 삭령(朔寧) | 1,892결 | 1,041 | 6,037 | 2,522명 |
| 마전(麻田) | 880결 | 1,010 | 3,017 | 903명 |
| 연천(漣川) | 1,315결 | 1,350 | 5,880 | 1,319명 |
| 여주(驪州) | 4,793결 | 6,830 | 31,755 | 3,343명 |
| 죽산(竹山) | 2,265결 | 4,296 | 22,077 | 2,839명 |
| 이천(利川) | 3,051결 | 4,665 | 21,960 | 3,665명 |
| 양근(楊根) | 1,998결 | 3,740 | 12,564 | 1,748명 |
| 지평(砥平) | 1,174결 | 2,185 | 10,264 | 1,609명 |
| 음죽(陰竹) | 2,504결 | 2,090 | 7,932 | 1,215명 |
| 양지(陽智) | 1,010결 | 1,784 | 9,738 | 1,444명 |
| 남양(南陽) | 2,703결 | 6,300 | 23,255 | 4,497명 |
| 인천(仁川) | 2,282결 | 2,777 | 11,438 | 1,711명 |
| 통진(通津) | 3,109결 | 3,484 | 12,411 | 3,587명 |
| 부평(富平) | 3,222결 | 3,009 | 11,471 | 3,111명 |
| 안산(安山) | 1,153결 | 2,736 | 13,101 | 1,101명 |
| 안성(安城) | 2,623결 | 4,943 | 18,189 | 3,206명 |
| 김포(金浦) | 1,565결 | 1,801 | 8,008 | 1,746명 |

| 구 분 | 전답 | 민호 | 인구 | 군보 |
|---|---|---|---|---|
| 진위(振威) | 2,493결 | 2,320 | 7,623 | 1,803명 |
| 용인(龍仁) | 4,719결 | 5,189 | 23,458 | 2,307명 |
| 양천(陽川) | 970결 | 993 | 3,532 | 483명 |
| 과천(果川) | 1,565결 | 3,227 | 15,343 | 1,190명 |
| 양성(陽城) | 3,056결 | 3,132 | 7,630 | 2,599명 |
| 시흥(始興) | 1,175결 | 2,004 | 8,104 | 1,077명 |
| 영종(永宗) | 364결 | 1,099 | 3,320 | 1,507명 |
| 덕적(德積) | 52결 | 416 | 1,653 | 555명 |
| 덕포(德浦) | 2결50부 | 78 | 289 | 441명 |
| 화량(花梁) | 2결 | 83 | 243 | 886명 |
| 주문(注文) | 17결60부 | 172 | 557 | 1,060명 |
| 장봉(長峰) | 5결7부 | 152 | 752 | 563명 |

## 3. 역참(驛站)

경도역(京都驛)〈2개가 있다〉 청파역(靑坡驛)·노원역(蘆原驛)

영서도(迎曙道)〈양주〉·벽제(碧蹄)〈고양〉·마산(馬山)〈파주〉·동파(東坡)〈장단〉·청교(靑郊)〈개성〉

○영화도(迎華道)〈수원〉·양재·낙생〈광주〉·구흥(駒興)·금령(金嶺)〈용인〉·좌찬(佐贊)·분행(分行)〈죽산〉·무극(無極)〈음죽〉·과천〈과천〉·해문(海門)〈남양〉·가천(加川)〈양성〉·강복(康福)〈안성〉

○평구도(平邱道) 쌍수(雙樹)·녹양(綠楊)·구곡(仇谷)〈양주〉·봉안(奉安)〈광주(廣州)〉·오빈(娛賓)〈양근〉·전곡(田谷)·백동(白冬)〈지평〉·감천(甘泉)·연동(連洞)〈가평〉·안기(安奇)〈포천〉·양문(梁文)〈영평〉

○경안도(慶安道) 덕풍(德豊)〈광주(廣州)〉·오천(吾川)·아천(阿川)〈이천〉·양화(楊花)·신

진(新津)·안평(安平)〈여주〉·유춘(留春)〈음죽〉

○중림도(重林道)〈인천〉 반유(盤乳)〈시흥〉·석곡(石谷)〈안산〉·남산(南山)〈양천〉·금륜(金輪)〈부평〉·종생(終生)〈통진〉

○도원도(桃源道) 구화(仇和)·백령(白嶺)〈장단〉·옥계(玉溪)〈연천〉·단조(丹棗)·상수(湘水)〈적성〉

모두 52역이고 이졸(吏卒)은 4,175명이며 3등마는 444필이다.

## 4. 봉수(烽燧)

아차산(峩嵯山)〈양주에 있다. 서쪽으로 경도 목멱산(木覓山) 첫째 횃불을 기준으로 하고 있다〉·한이산(汗伊山)〈양주에 있다〉·잉읍현(芿邑峴)·독현(禿峴)〈포천에 있다〉·미로곡(彌老谷)·적골산(適骨山)〈영평에 있다. 북쪽으로 철원 할미현(割尾峴)을 기준으로 하고 있다〉

○천림산(天臨山)〈광주(廣州)에 있다. 북쪽으로 목멱산의 둘째 횃불을 기준으로 하고 있다〉·석성산(石城山)〈용인에 있다〉·건지산(巾之山)〈죽산에 있다. 남쪽으로 충주 망이산(望夷山)을 기준으로 하고 있다〉

○무악동소(毋岳東所)〈경도에 있다. 동남쪽으로 목멱산의 셋째 횃불을 기준으로 하고 있다〉·해포(醢浦)·독산(禿山)〈고양에 있다〉·대산(大山)〈파주에 있다〉·도라산(都羅山)〈장단에 있다〉·송악국사당(松岳國師堂)〈개성에 있다. 북쪽으로 금천(金川) 고성산(古城山)을 기준으로 하고 있다〉

○무악서소(毋岳西所)〈동남쪽으로 목멱산의 넷째 횃불을 기준으로 하고 있다〉·고봉(高峯)〈고양에 있다〉·형제봉(兄弟峯)〈교하에 있다〉·덕적산(德積山)·송악성황당(松岳城隍堂)〈서쪽으로 배천 미라산(彌羅山)을 기준으로 하고 있다. ○앞의 18곳은 경기감영에서 관할한다. ○무악이소(毋岳二所)는 들어가지 않는다〉

○개화산(開花山)〈양천에 있다. 동쪽으로 목멱산의 다섯째 횃불을 기준으로 하고 있다〉·냉정산(冷井山)〈김포에 있다〉·남산(南山)〈통진에 있다. ○앞의 3곳은 통어영(統禦營)에서 관할한다〉·남산(南山)·하음산(河陰山)〈강화에 있다〉·화개산(華盖山)〈교동에 있다〉·진강산(鎭江山)·대모산(大母山)〈강화에 있다. ○앞의 5곳은 진무영(鎭撫營)에서 관할한다〉

○수안산(守安山)〈통진에 있다〉·백석산(白石山)〈김포에 있다〉·유곶(杻串)〈부평에 있다〉·성산(城山)〈인천에 있다〉·정왕산(正往山)〈안산에 있다〉·해운산(海雲山)·염불산(念拂山)〈남양에 있다〉·흥천산(興天山)〈수원에 있다〉·괴태곶(槐台串)〈양성에 있다. 동쪽으로 직산 망해산(望海山)을 기준으로 하고 있고 서쪽으로 면천(沔川) 창택곶(倉宅串)을 기준으로 하고 있다. ○앞의 9곳은 통어영에서 관할한다〉

**「권설」(權設)**

건달산(建達山)〈서쪽으로 흥천산(興天山)을 기준으로 하고 있다〉

안산(案山)〈수원에 있다〉

망산(望山)〈강화에 있다. 북쪽으로 화개산(華盖山)을 기준으로 하고 있다〉

말도(末島)·볼음도(乶音島)·장봉도(長峯島)〈교동에 있다. ○처음 올린다〉

수정산(修井山)〈교동에 있다. 북쪽으로 연안의 각산(角山)을 기준으로 하고 있다〉

모두 42곳이다.〈원래의 봉수가 35곳이고 임시로 설치한 곳이 7곳이다〉

## 5. 총수(總數)

방면(坊面)은 442이다. 민호(民戶)는 156,200이다. 인구는 616,100명이다. 전답은 86,011결이다. 군보(軍保)는 93,470이다. 장시는 100이다. 기발(騎撥)은 9이다. 보발은(步撥)은 12이다.〈남북 2개의 길이 있다〉 진도(津渡)는 62개이다. 목장은 26개이다. 제언(堤堰)은 358개이다. 능소(陵所)는 37개이다. 원소(園所)는 5개이다. 묘소(墓所)는 10개이다.〈폐주묘(廢主墓) 폐비묘(廢妃墓) 아울러 8개이다〉 단유(壇壝)는 5개이다.〈경도는 들어가지 않는다〉 사액사원(賜額祠院)은 34개이다. 창고는 66개이다.〈4도(四都)는 들어가지 않는다〉

【보발(步撥)의 발군(撥軍) 5명은 5일에 한번씩 교체한다】

# 경도
# 영인본

京都
漢城
四都
京畿道 上

大東地誌 一

起新羅始祖元年甲子止 本朝哲宗十四年癸亥凡一千九百二十年三十二甲子

大東地志
總目

大東地志

門目 二十二

沿革 三韓之初無郡邑之號而以方言稱村號其長曰村干(方言稱大曰干長者之稱)新羅脫解王十一年始置州主郡主其次曰城主村主智證王六年王親定國內州郡縣統合麗濟後神文王六年初置九州(如今之八道)略改郡縣之號景德王十六年改定九州郡縣名州統郡郡領縣也哀莊王九年發使十二道分定諸郡邑疆境高麗太祖二十三年改州府郡縣號成宗二年又改州府郡縣及関驛江浦之號顯宗九年革屬小邑於大邑睿宗明宗



時漸置監務於小邑以復舊大槩如是而間有郡縣之倂省官號之陞降詳于各邑之沿革

古邑 新羅九州所領高麗七道所屬郡縣因革廢而不復設置者凡二百餘邑分錄于其所倂之本邑又古邑未詳者因史記蹟而不能考據者收錄于歷代志以備後之博考

坊面 新羅建置州郡時其田丁戶口未堪爲縣者或置鄕或置部曲屬于所在之邑高麗時又有稱所者有金所銀所銅所鐵所綵所紬所紙所瓦所炭所塩所墨所藿所磁器所魚梁所薑所之別而各供其物又有稱處

者稱莊者分隷于各宮殿寺院及内莊宅以輸其稅右
諸所皆有土姓吏民焉金富軾撰三國史地志不復具
錄而鄭麟趾撰高麗史亦因之今據周官六翼而質之
當今有所可考者纔十之一二矣　本朝置坊面多因
羅麗時鄕部曲處所之名州縣統坊面坊面管村里各
道有稱坊稱面稱里稱社之別矣
【山水】凡山之大幹水之巨派總錄于〔首卷〕又分列于所
在之邑而至於殘岡短隴之名以山者小源支流之名
以水者幷爲收錄一山之名有二東西各因寺名而稱
之一水之名有二南北各從地名而號之如是者不可



枚擧且洞壑回互叢林茂密者宜保也或依山臨水或
古刹盤據者宜守也或野中高阜或峯上矗岩者宜望
也可覽圖而詳之【嶺路】凡程里之最重者莫如嶺隘有要
衝焉有險夷焉有大洛小洛間洛捷洛之別此有事時
尤宜詳也夫遠邇之岡峻險之陂若築城以爲固則有
難以人功當長養樹木蔚然成林則藏兵設伏皆有可
恃臨機斫取樹柵拒路或有助焉【島嶼】凡海上之所恃者
莫如島嶼有浦港藏船處有魚鹽井泉處有土肥民殷
處又兩島之間有潮勢洄瀧處有堆沙隱嶼處我慣于
進退彼昧于淺深勝敗在于呼吸此臨事者之尤宜講

畫也
【形勝】一國之形勢視乎山川山川之包絡關乎都邑故
營鎭之衝會嶺路之險要大槩言之則其於攻守之利
害田野之肥瘠亦皆擧而推知
【城池】三國分爭之時皆於要衝築城故邑居平地依山
而築以爲戰守信地今小邑或有二三古城嶺隘郊原
有古城古壘皆三國時遺蹟也高麗時西北東界設關
城邑城而今則頹圮　本朝壬丙以後設山城於各道
又大路要衝築關城皆置城守
【營衛】凡營制相一道之便宜量四方之備禦設戍置兵



立之將帥授之節制以綏靖嘉師控馭遐裔藩屛　神
都鎭撫黎庶垂久安長治之道者也
【鎭堡】我國環三海沿兩江地方三千里帶甲五十萬長
江襟帶巨岳盤紆表裡山河天府用武之地也江海之
要衝嶺隘之險阻皆設鎭堡凡邊腹重輕之勢兵戎措
置之宜講之于平日世亂則由此而折衝禦侮時平則
以此而經邦理民也
【烽燧】凡烽燧始起於邊徼終通于　神京沿海而來者
或合于陸聯陸而來者或分于海東西遞傳南北照應
呼吸萬里其疾如神今於各道之次總錄水陸來路之

分合以便考覽(各邑只錄所在處)
倉庫 各邑例有司倉沿江沿海納稅之邑皆有江倉海
倉以便其漕運其遠邑之坊設社倉以便民輸納營鎭
山城以貯兵餉三南則置漕倉俱有監捧領運之官
驛站 各邑只錄所在處而其次繼錄騎撥步撥今於各
道之次總錄本驛屬驛以備總覽
津渡 凡津渡之重優於嶺路岩峽中大川則用棄舟通
行人而已上下灘瀨無數皆水淺故難以備禦至於長
江巨浦湍流飛駛潮勢悍急難以用舟若小失則我之
便宜奪於彼豈不愼重哉其於防灘用鹿角木繫石以

四

投三四重則敵不敢渡矣
橋梁 橋梁者地利之大關也凡行旅之往來車馬之轉
運不知者却幾多氣力絶却幾多弊端而又臨機設備
妙在其人可與嶺隘津渡比也今於各邑略錄大路所
在橋梁而其於細路小溪之草橋土梁不暇收錄
牧場 高麗於諸道置牧場定官監牧　本朝亦因之置
牧凡百餘所今則廢場頗多可慨也盖馬與軍伍等然
後可謂富强也今好水草之郊原島嶼並作閒曠極爲
可惜故各邑牧場之次廢場亦爲收錄
土産 山出金銀銅鐵玉石海出魚蟹貝螺萑塩八穀隨

田野之肥瘠五果生原陸之土宜綿麻桑苧松竹楮漆
皮革藥品從其所産略錄於各邑以此制官賦以供國
用立場市以通交易是爲經邦國濟民生之一大命脉
也(如銅鐵藥材之古有今無者刪之)
宮室 各處所在行宮外各邑客館及學校公廨刪之
樓亭 名樓高臺是使客之遊賞騷人之吟詠處也記其
景物形勝如列邑中所在號以樓亭者書於圈外
廟殿 本朝崇奉及歷代廟殿祀典所在謹爲詳錄　文
廟則京都外列邑則每在邑之至近故刪之
陵寢 本朝陵園墓記其所在及忌辰官員歷代陵墓則

五

只書某王某陵而書其所在
壇壝 京都所在及各道岳海瀆名山大川壇謹爲備錄
而列邑所在社稷厲壇城隍祠並在邑之近地而一例
同然故煩而不錄(或羅麗時祀典所載今降爲本邑致祭者亦錄之)
祠院 儒賢及殊功大節俎豆之所也　本朝宣額者二百八
十所而未宣額者不載祀典故刪之
典故 自三國高麗至于　本朝錄其戰守之蹟一遵史
傳而　本朝則考寶鑑及野史收錄而未及博採
●疆●域 自本邑治至隣邑界爲幾里分八方而表之以便
考覽或有一二面徒入兩邑界之間者或有越在他邑

此為東方佛教之始

境者不可以為表可覽圖而推之
田賦民戶軍保逐年增減無一定之数今錄純祖戊
子年實数表以識之可推其大綱
寺刹之雜出於三國高麗二史及古今傳記者殆難勝
数而今廢者十居七八并與其基址而不可攷或昔稱
某寺而今變為某庵或有事實可記而多入於古蹟故
只錄大刹名庵於所在之山其殘寺小寮不可一一採
錄矣 高句麗小獸林王二年秦王苻堅遣使送佛像及佛經五年始創佛寺以處中國僧順道新羅訥
祇王時高句麗僧墨胡子至新羅之一善稍有行教者至炤智王十五年有僧阿道與其徒至留讀經律至法
興王時大興佛教百濟近仇首王十年胡僧摩羅難陁至自晋始刱佛寺於漢山○新羅高麗寺刹幾於萬

六

區編髡恒至数十萬其蠹國害民何如而千古以来有
以佛亂亡者無以佛治平者然治亂無關於佛徒以我
心之自誕自惑耳至
於諸般教文皆如是

方言觧
新 斯沙々 古 濊○以久遠者謂之濊時三韓時 國 耶羅○三韓時謂國為羅
村 馬韓村俗轉마乫巷 府 마乫早 州 郡 縣 洞 谷 忽兀舊室四字高句麗邑號多稱忽兀方
言乫今呼州縣谷為乫 山 買百濟邑號多稱買今湖南猶呼買 川 內乃百濟邑號多稱內 峽 杜買
山之塞者 豐 德 岸之陸絕方言岸德 郎 岸之壁立 巖 波夜百濟邑號有之方言바의 坪 伐弗火稱
平野新羅邑號用之 串 即海邊陸入處方言曰只百濟曰夫里邑號多用之 隅 山路回曲處曰毛老 遷
別路路出石壁臨水危險 海 波多轉為바다 溪 細川轉為시내 嶼 水中岩石隨潮出沒 項 江浦間或
有石梁或有堆沙舟行甚難号 草 江海間或泥生或沙積而水淺舟不得行曰[illegible] 梁 都轉稱突水中積石
曰梁堆石渡人曰梁 津 羅路新羅人所稱 淵 川水深處曰소

引用書目

史記 漢司馬遷撰
後漢書 宋范曄撰
晉書 唐太宗御撰 唐房喬等撰
北史 唐李延壽撰
唐書 舊 後晉劉煦撰 新 宋歐陽修宋祁撰
遼史 元托克托撰
元史 明宋濂撰
通鑑輯覽 乾隆三十三年奉勅撰
盛京志 乾隆四十四年奉勅撰

書目

前漢書 後漢班固撰
三國志 晉陳壽撰
南史 唐李延壽撰
隋書 唐魏徵撰
宋史 元托克托撰
金史 元托克托撰
明史 清張廷玉撰
明一統志 明李賢等奉勅撰
廣輿記 清蔡方炳撰

七

開國方略 乾隆三十八年奉勅撰
文獻通考 元馬端臨撰
三國史 高麗金富軾撰
東國史略 國朝權近李詹撰
東史綱目 國朝安鼎福撰
東國遺事 國朝安弘撰
國朝寶鑑 列聖朝諸臣撰
璿源譜略 列聖朝重修
文獻備考 英宗庚寅撰 正宗壬子續
華城志 純祖朝

高麗圖經 宋徐兢撰
朝鮮賦 明董越撰
高麗史 國朝鄭麟趾撰
東國通鑑 國朝徐居正撰
歷代總目 國朝洪萬宗撰
周官六翼 高麗金敬叔撰
輿地勝覽 國朝盧思慎徐居正撰
大典通編 正宗乙巳奉教撰
萬機要覽 純祖丁卯奉教撰
南漢志 國朝洪敬謨撰

松京志 純祖朝
關北志 正宗朝
湖南志 純祖朝
渤海考 國朝柳得恭撰
擇里志 國朝李重煥撰
燃藜典故 國朝李令翊編
通文館志
燕岩外集 國朝朴趾源著
關北沿革考 國朝丁若鏞
尊周錄 國朝李書九撰
江都志 正宗朝癸卯
關西志 正宗朝
疆域考 國朝丁若鏞撰
毗羅志
燃藜記述 國朝李令翊編
軍國總目 純祖戊子田賦戶口軍保
西浦漫筆 國朝金萬重著
涪溪記聞 國朝金時讓撰
朴氏溯源錄
耳溪集 國朝洪良浩著

八

水經 國朝丁若鏞撰李晴註
地理羣書 國朝柳馨遠撰
程里表 國朝李崑秀撰
輿地圖
東國地理辨 國朝韓百謙撰
俎豆錄 正宗朝御製序
臥遊錄

# 大東地志目錄

## 卷一

京都
國朝紀年
都城
宮闕 四所 一所廢
諸宮 八所 三所廢
壇壝 二所
廟殿 二所
眞殿 九所 宮闕六所
廟庭配享諸臣
宮廟 十五所 二所廢
東班府署 七十九所
西班府署 二十二所
漢城府 北漢山城 渡鎭三

目錄 一

## 卷二

京畿道 三十七邑 六山城 二十六鎭堡
水原府 摠理營 禿城山城 迎華道
廣州府 守禦營 慶安道 南漢山城 守禦前營 松坡鎭
開城府 管理營 大興山城 礪峴鎭 白峙鎭
江華府 鎭撫營 鼎足山城 文殊山城 月串鎭 草芝鎭 長串鎭 濟物鎭 龍津鎭

大東地志目錄

大東地志卷一

古山子 編

京都

本百濟慰禮城始祖十四年遷于漢山歷三百七十五年復遷于此歷一百五年為高句麗南平壤者七十六年為新羅重鎮者二百年為漢陽郡者一百八十年至高麗為楊州巨鎮者一百五十年為南京者三百二十年而忠烈王時改楊州為漢陽府(詳漢城府沿革)本朝太祖元年遣中樞院使趙胖入 皇朝告即位翌年遣藝文學士韓尚質奏請國號 高皇帝勅曰朝鮮之稱美且其來遠矣可以本其名而祖之遂定國號朝鮮三年定都于漢陽營城闕五年自松京移都于此定宗元年還都松京 太宗五年復移漢陽



國朝紀年

國朝李氏璿系出于完山新羅司空(諱)之後 太祖卽位追尊四代為王

穆祖仁文大王 追崇 德陵 咸興

孝恭王后李氏(籍平昌○千牛衛長史公肅女) 安陵 同原

翼祖康惠大王 追崇 智陵 安邊

貞淑王后崔氏(籍登州○戶長基烈女) 淑陵 文川

度祖恭毅大王 追崇 義陵 咸興

敬順王后朴氏(籍文川○贈安邊府院君光女) 純陵 咸興

桓祖淵武大王 追崇 定陵 咸興

懿惠王后崔氏(籍永興○贈永興伯閑奇女) 和陵 同原

太祖康獻大王 在位七年(元年壬申) 上王位十年 健元陵 楊州

神懿王后韓氏(籍安邊○贈安川府院君卿女) 齊陵 豊德

神德王后康氏(籍谷山○贈象山府院君允成女) 貞陵 楊州

定宗恭靖大王 在位二年(元年己卯) 上王位十九年 厚陵 豊德

定安王后金氏(籍慶州○贈雞林府院君天瑞女) 厚陵 同原

太宗恭定大王 在位十八年(元年辛巳) 上王位四年 獻陵 廣州



元敬王后閔氏(籍驪興○驪興府院君霽女) 獻陵 同原

世宗莊憲大王 在位三十二年(元年己亥) 英陵 驪州

昭憲王后沈氏(籍青松○青川府院君溫女) 英陵 同原

文宗恭順大王 在位二年(元年辛未) 顯陵 楊州

顯德王后權氏(籍安東○花山府院君專女) 顯陵 左岡

端宗恭懿大王 在位三年(元年癸酉) 上王位二年 莊陵 寧越

定順王后宋氏(籍礪山○礪良府院君玹壽女) 思陵 楊州

世祖惠莊大王 在位十三年(元年丙子) 光陵 楊州

貞熹王后尹氏(籍坡平○坡平府院君璠女) 光陵 東岡

德宗懷簡大王 追崇 敬陵 高陽

昭惠王后韓氏 籍清州○西原府院君確女 敬陵 右岡

睿宗襄悼大王 在位一年 元年己丑 昌陵 高陽

章順王后韓氏 籍清州○上黨府院君明澮女 恭陵 坡州

安順王后韓氏 籍清州○清川府院君伯倫女 昌陵 左岡

成宗康靖大王 在位二十五年 元年庚寅 宣陵 廣州

恭惠王后韓氏 籍清州○上黨府院君明澮女 順陵 坡州

貞顯王后尹氏 籍坡平○鈴原府院君壕女 宣陵 左岡

廢主燕山君 在位十一年 墓楊州海等面○母廢妃尹氏判事起畝女追尊王后墓曰懷陵中宗元年降墓○廢妃愼氏領議政承善女墓懷墓左麓○廢世子顗

中宗恭僖大王 在位三十九年 元年丙寅 靖陵 廣州



端敬王后愼氏 籍居昌○益昌府院君守勤女 溫陵 楊州

章敬王后尹氏 籍坡平○坡原府院君汝弼女 禧陵 高陽

文定王后尹氏 籍坡平○坡山府院君之任女 泰陵 楊州

仁宗榮靖大王 在位一年 元年乙巳 孝陵 高陽

仁聖王后朴氏 籍羅州○贈錦城府院君墉女 孝陵 同原

明宗恭憲大王 在位二十二年 元年丙午 康陵 楊州

仁順王后沈氏 籍青松○青陵府院君鋼女 康陵 同原

宣祖昭敬大王 在位四十一年 元年戊辰 穆陵 楊州

懿仁王后朴氏 籍羅州○潘城府院君應順女 穆陵 左岡

仁穆王后金氏 籍延安○延興府院君悌男女 穆陵 左岡



廢主光海君 在位十四年 墓楊州眞官面○母恭嬪金氏追尊恭聖王后墓曰成陵 仁祖元年降墓○廢妃柳氏判尹自新女○廢世子祬

元宗恭良大王 追崇 章陵 金浦

仁獻王后具氏 籍綾州○綾安府院君思孟女 章陵 同原

仁祖純孝大王 在位二十七年 元年癸亥 長陵 交河

仁烈王后韓氏 籍清州○西平府院君浚謙女 長陵 同原

莊烈王后趙氏 籍楊州○漢原府院君昌遠女 徽陵 楊州

孝宗宣文大王 在位十年 元年庚寅 寧陵 驪州

仁宣王后張氏 籍德水○新豊府院君維女 寧陵 同原

顯宗彰孝大王 在位十五年 元年庚子 崇陵 楊州



明聖王后金氏 籍清風○清風府院君佑明女 崇陵 同原

肅宗元孝大王 在位四十六年 元年乙卯 明陵 高陽

仁敬王后金氏 籍光州○光城府院君萬基女 翼陵 高陽

仁顯王后閔氏 籍驪州○驪陽府院君維重女 明陵 同原

仁元王后金氏 籍慶州○慶恩府院君柱臣女 明陵 右岡

景宗宣孝大王 在位四年 元年辛丑 懿陵 楊州

端懿王后沈氏 籍青松○贈青恩府院君浩女 惠陵 楊州

宣懿王后魚氏 籍咸從○咸原府院君有龜女 懿陵 同原

英宗顯孝大王 在位五十二年 元年乙巳 元陵 楊州

貞聖王后徐氏 籍達城○贈達城府院君宗悌女 弘陵 高陽

貞純王后金氏 籍慶州○鰲興府院君漢耈女 元陵 同原

眞宗孝章大王 追崇 永陵 坡州

孝純王后趙氏 籍豐壤○豐陵府院君文命女 永陵 同原

正宗莊孝大王 在位二十四年 元年丁酉 健陵 水原

孝懿王后金氏 籍淸風○淸原府院君時默女 健陵 同原

純祖成孝大王 在位三十四年 元年辛酉 仁陵 廣州

純元王后金氏 籍安東○永安府院君祖淳女 仁陵 同原

翼宗孝明大王 追崇 綏陵 楊州

大王大妃殿下趙氏 籍豐壤○豐恩府院君萬永女

憲宗哲孝大王 在位十五年 元年乙未 景陵 楊州



孝顯王后金氏 籍安東○永興府院君祖根女 景陵 同原

王大妃殿下洪氏 籍南陽○益豐府院君在龍女

哲宗英孝大王 在位十四年 元年庚戌 睿陵 高陽

大妃殿下金氏 籍安東○永恩府院君汶根女

主上殿下 元年甲子

中宮殿下閔氏 籍驪州○府院君致祿女

## 都城

太祖五年築都城 徵西北面安州以南民夫十一萬九千始于正月停于二月至秋又徵江原慶尚全羅三道民夫七萬九千始于八月終于九月使平壤伯趙浚等監築周圍九千九百七十五步 十一月移都 世宗三年改築都城 發諸道丁夫三十萬石築周圍一萬四千九百三十五步以周尺量之為八萬九千六百十尺以里作之為四十一里一百七十五步高四十尺二寸女堞四千六百六十四雉城六處曲城一處城廊七十五所 城門凡八 東曰興仁門 俗稱東大門樓凡二層外有曲城 南曰崇禮門 俗稱南大門樓凡二層 西曰敦義門 俗稱新門有譙樓 北曰肅靖門 俗稱北淸門無譙樓恒閉 東北曰惠化門 俗稱東小門初號弘化門中宗六年避昌慶宮東門號弘化改今號 東南曰光熙門 俗稱水口門 西南曰昭義門 俗稱西小門初號昭德門章順王后上謚後改今號右二門城內





大小喪輿出送 西北曰彰義門 俗稱紫河門英宗十九年都城門無譙樓處並令設立門樓 城門八所各置部將二人 以禁軍中擇享者分差 各率軍士十名遞番 正門二人一護軍一部將間門二人部將五間水門一人禁軍 英宗四十五年尺量都城管于各軍門隨圮修築 自肅靖門東邊至敦義門北邊四千八百五十步女堞一千五百十四城廊二十四營訓鍊都監○自敦義門北邊至光熙門南邊五千四十二步三尺女堞一千五百四十二城廊二十四營禁衛營○自光熙門南邊至肅靖門東邊五千四十二步三尺女堞一千五百九十八城廊二十七雉城六管御營廳○彰義門以外全屬摠戎廳

## 宮闕

**景福宮** 在白岳之南 太祖三年命鄭道傳等營宮闕 高麗肅宗營宮闕于此有延興殿忠肅王又營宮殿禑恭讓遷都南京時皆住於此以忠肅時所營舊址狹隘更拓其南

十二月始役翌年秋九月告成命鄭道傳名之宮城周一千八百十三步立門凡四正南曰光化門門外東西設兩府大曹臺院正北曰神武門正東曰建春門正西曰迎秋門勤政殿受朝賀正殿南曰勤政門又其南曰弘禮門又其南曰光化門東曰日華門西曰月華門弘禮門內有御溝橋曰錦川

宣祖二十五年火仍廢

昌德宮在北部廣化坊 太祖朝建立門凡八正南曰敦化門北曰廣智門東曰建陽門西曰金虎門敦化之東曰丹鳳門金虎之上曰景秋門又其上曰曜金門又其上曰拱北門 仁政殿受朝賀正殿南曰仁政門又其西南曰進善門又其南曰敦化門○建陽門與昌慶宮通

宣祖二十五年火光海主元年重建

七

昌慶宮在昌德宮之東 成宗五年建即壽康宮舊基立門凡五東曰弘化門西曰建陽門見上弘化之下曰宣仁門弘化之上曰通化門又其上曰月覲門又其上曰集春門又其西曰廣智門見上 明政殿受朝賀正殿東曰明政門又其東曰弘化門門內有御溝橋曰玉川

宣祖二十五年火光海主八年重建

慶熙宮在西部仁達坊光海主九年建立門凡五正東曰興化門南曰開陽門西曰崇義門北曰武德門興化之北曰興元門 崇政殿受朝賀正殿東曰崇政門又其東曰興化門

諸宮

明禮宮在西部皇華坊本月山大君第宣祖癸巳自義州還都為時御所光海主七年改號慶運宮後仁穆大妃駐于此號西宮仁祖癸亥即位于是宮

仁慶宮在仁王山之東本元宗大王私邸光海主九年建有欽明殿仁祖朝撤之

於義宮在中部慶幸坊仁祖大王潛邸孝宗大王誕降于是

龍興宮在東部崇教坊於義洞稱本宮孝宗大王潛邸自孝宗朝辛卯以後行大王王世子嘉禮于此○文獻備考云龍興宮在東部崇教坊俗稱下於義宮

彰義宮在北部義通坊英宗大王潛邸真宗大王誕降于是

龍洞宮在西部皇華坊世傳順懷世子舊宮而未詳

梨峴宮在東部蓮花坊世傳光海主舊宮正宗朝為壯勇營今為訓局東營

衍禧宮在毋岳西麓距京十里定宗傳位後時御于此宮燕山主時為遊宴之所今有遺址

壇壝

八

社稷壇在西部仁達坊 太祖三年建

社土神在東國社以后土氏配 稷穀神在西國稷以后稷氏配

大報壇在昌德宮後苑拱北門內我肅宗三十一年建

太祖高皇帝配武寧王徐達、神宗顯皇帝配忠烈公李如松

毅宗烈皇帝配大學士范景文

廟殿

太廟在東部蓮花坊 太祖三年建奉安世室

太祖 太宗 世宗 世祖 成宗

中宗 宣祖 仁祖 孝宗 顯宗

肅宗 英宗 正宗 純祖 翼宗

憲宗

永寧殿 在太廟西 太宗十年建奉安祧主

穆祖 翼祖 度祖 桓祖 定宗

文宗 端宗 德宗 睿宗 仁宗

明宗 元宗 景宗 眞宗

廟庭配享諸臣

太祖庭

趙浚 字子明號松堂平壤人官領議政平壤府院君謚文忠

李和 號二樂亭太祖庶弟封義安大君謚襄昭

南在 字敬之號龜亭宜寧人官領議政宜寧府院君謚忠景

李濟 星州人太祖朝駙馬興安君謚景武

九

李之蘭 本姓佟名豆蘭本朝賜姓者字式馨青海人門下侍郎青海伯謚襄烈

南誾 在之弟官吏曹判書宜城君謚剛武

趙仁沃 字君恪漢陽人官吏曹判書漢山君謚忠靖

定宗庭

李芳毅 太祖第三子封益安大君階大匡輔國贈馬韓公謚安襄

河崙 字大臨號浩亭晋州人官領議政晋山府院君致仕謚文忠

太宗庭

趙英茂 漢陽人官右議政漢山府院君謚忠武

鄭擢 字汝魁號春谷淸州人官右議政淸城府院君謚翼景

李天祐 太祖之姪官兵曹判書完山府院君謚襄度

李來 字樂甫慶州人官參贊大提學雞林君謚景節

世宗庭

黃喜 字懼夫號厖村長水人官領議政致仕謚翼成

崔潤德 字汝和通川人武科官領議政謚文敬

許稠 字仲通號敬庵河陽人官左議政謚文景

申槩 字子格號寅齋平山人官左議政謚文僖

李隨 鳳山人官吏曹判書藝文館大提學謚文靖

文宗庭

河演 字淵亮號敬齋晋州人官領議政致仕謚文孝

世祖庭

權擥 字正卿號所閑堂安東人官左議政吉昌府院君謚翼平

韓確 字子柔淸州人官左議政西原府院君謚襄節

睿宗庭

韓明澮 字子濬號狎鷗亭淸州人官領議政上黨府院君謚忠成

朴元亨 字之衢號晩節堂竹山人官左議政延城府院君謚文憲

成宗庭

申叔舟 字泛翁號保閑齋高靈人官領議政高靈府院君典文衡謚文忠

十

鄭昌孫 字孝仲東萊人官領議政蓬原府院君謚忠貞

洪應 字應之號休休堂南陽人官左議政益城府院君謚忠貞

中宗庭

朴元宗 字伯胤順天人官領議政平城府院君謚武烈

成希顔 字愚翁昌寧人官領議政昌寧府院君謚忠定

柳順汀 字智源晋州人官領議政菁川府院君謚文成

鄭光弼 字士勛號醉夫東萊人官領議政謚文翼

仁宗庭

洪彦弼 字子美號默齋南陽人官領議政謚文僖

明宗庭

金安國 字國卿號慕齋義城人官左贊成典文衡謚文景

沈連源 字孟容號保庵靑松人官領議政謚忠惠

李彦迪 字復古號晦齋驪興人官右贊成贈領議政謚文元

宣祖庭

李浚慶 字原吉號東皐廣州人官領議政謚忠貞

李滉 字景浩號退溪真寶人官左贊成贈領議政謚文純

仁祖庭

李元翼 字公勵號梧里全州人官領議政完平府院君謚文忠

申欽 字敬叔號象村平山人官領議政典文衡謚文貞

金瑬 字冠玉號北渚順天人官領議政昇平府院君典文衡謚文忠

李貴 字玉汝號默齋延安人官左贊成延平府院君贈領議政謚忠定

申景禛 字君受[illegible]大世孫官領議政平城府院君謚忠翼

李曙 字寅叔全州人官兵曹判書完豊府院君贈領議政謚忠定

孝宗庭

金尚憲 字叔度號清陰安東人官左議政典文衡贈領議政謚文正

金集 字士剛號慎獨齋光州人官判中樞謚文敬

十一

顯宗庭

宋時烈 字英甫號尤庵恩津人官左議政贈領議政謚文正

鄭太和 字囿春號陽坡光弼五世孫官領議政謚翼景

金佐明 字一正號歸溪清風人官兼兵曹判書贈領議政清陵府院君謚忠肅

肅宗庭

南九萬 字雲路號藥泉在十世孫官領議政典文衡致仕謚文忠

朴世采 字和叔號南溪又號玄石潘南人官左議政謚文純

尹趾完 字叔麟號東山坡平人官右議政謚忠正

崔錫鼎 字汝和號明谷全州人官領議政典文衡謚文貞

景宗庭

李濡 字子雨號鹿川全州人官領議政謚惠定

閔鎭厚 字靜能號趾齋驪興人官禮曹判書提學謚忠文

英宗庭

金昌集 字汝成號夢窩尚憲曾孫官領議政謚忠獻

正宗庭

崔奎瑞 字文叔號艮齋海州人官領議政致仕謚忠貞

閔鎭遠 字聖猷號丹岩驪興人官左議政謚文忠

趙文命 字叔章號鶴岩豊壤人官左議政豊陵府院君典文衡謚文忠

金在魯 字仲禮號晴沙清風人官領議政謚忠靖

俞彦鎬 字士京號則止杞溪人官右議政謚忠文

純祖庭

金祖淳 字士元號楓皐昌集玄孫官領敦寧永安府院君典文衡贈領相謚忠文

李時秀 字稚可號及健齋延安人官領議政謚忠貞

金載瓚 字國寶號海石延安人官領議政謚文忠

金履喬 字公世號竹里安東人官右議政典文衡謚文貞

趙得永 字　號　豊壤人官吏曹判書贈領議政謚文忠

十二

憲宗庭

李相璜 字周玉號桐漁全州人官領議政謚文翼

趙寅永 字羲卿號雲石豊壤人官領議政謚文忠

哲宗庭

真殿

永禧殿 在南部薰陶坊本懿淑公主第 中宗元年端敬王后愼氏遷于是光海主二年爲恭嬪廟稱奉慈殿十一年改號南別殿肅宗五年改永禧殿 奉安

太祖 世祖 元宗 肅宗 英宗

純祖

璿源殿 在昌德宮內 奉安

肅宗 英宗 正宗 純祖 翼宗

憲宗

外方眞殿

慶基殿 全州

濬源殿 永興

長寧殿 江華

華寧殿 水原

泰寧殿 在慶熙宮內 奉安 英宗

彰義宮之藏譜閣奉安 英宗

毓祥宮之冷泉亭奉安 英宗

景慕宮之望廟樓奉安 正宗 純祖 翼宗

奎章閣之宙合樓 在昌德宮 奉安 正宗 純祖



奎章閣之書香閣奉安 憲宗

景祐宮之誠一軒奉安 純祖 翼宗

宮廟

景慕宮 在東部崇教坊舊號垂恩廟 正宗即位改今號 莊獻世子 英宗第二男

獻敬惠嬪洪氏 誕正宗大王○嬪籍豊山領議政鳳漢女 ○顯隆園 水原合祔

儲慶宮 在西部養生坊舊號松峴宮本仁祖大王潛邸 英宗三十一年改今號

仁嬪金氏 誕元宗大王○嬪籍水原監察贈領議政漢佑女 ○順康園 楊州豊壤

毓祥宮 在北部順化坊 英宗元年建

和敬淑嬪崔氏 誕英宗大王○嬪籍海州贈領議政孝元女 ○昭寧園 楊州高嶺山

延祐宮 在毓祥宮之東 正宗二年建

溫僖靖嬪李氏 誕眞宗大王○嬪籍咸陽贈領議政後哲女 ○綏吉園 昭寧園局內

景祐宮 在北部陽德坊 純祖二十大年建

顯穆綏嬪朴氏 誕純祖大王○嬪籍羅州判敦寧贈領議政忠獻公準源女 ○徽慶園 哲宗癸亥自豊壤遷于楊州達摩洞

宣禧宮 在北部順化坊 舊號義烈宮

暎嬪李氏 誕莊獻世子○嬪籍全義贈左贊成有蕃女 ○宣禧墓 北部毋岳西麓

祧 順懷廟 在北部順化坊宣祖辛丑建追號永慶殿

順懷世子 明宗世子

恭懷嬪尹氏 籍茂松兵曹參判玉女 ○順懷墓 敬陵左岡

祧 昭顯廟 仁祖丁亥并享于順懷廟

昭顯世子 仁祖世子 ○昭顯墓 孝陵右岡

愍懷嬪姜氏 籍衿川領議政碩期女 ○愍懷墓 始興阿王峯

懿昭廟 在彰義宮北 英宗三十年建

懿昭世孫 莊獻世子第一男 ○懿昭



墓 楊州母岳之南即京北部

文禧廟 在北部安國坊 正宗十二年建

文孝世子 正宗第一男宜嬪成氏誕生 ○孝昌墓 高陽富原面萬里峴即京西部○宜嬪墓在其左岡

大嬪廟 在中部慶幸坊 景宗二年建

玉山府大嬪張氏 誕景宗大王○嬪籍玉山贈領議政炯女 ○大嬪墓 在廣州五浦面

壽進宮 在中部壽進坊 本齊安大君第

祀大王後宮及未封爵未出閣大君王子君公主翁主

德興大院君祠 在西部仁達坊

德興大院君 中宗七男妣昌嬪安氏

河東府大府人鄭氏 誕宣祖大王○籍河東判中樞世虎女 ○墓所 在楊州水落山之東

全溪大院君祠 在北部安國坊 全溪大院君 莊獻世子之一男恩彥君第三
子 妣全山郡夫人李氏 龍城府大夫人廉氏 誕哲宗大王○籍龍潭贈領議政
星華○墓所 大院君墓在抱川王方山 府大夫人墓在北部畓洞
女

延恩殿 世祖朝建享懿敬世子 成宗元年追號延恩殿 置提調參奉 追崇後撤之
孝章廟 英宗朝建享孝章世子 孝純賢嬪趙氏 正宗卽位 追崇後撤之
文祐廟 純祖朝建享孝明世子 憲宗卽位 追崇後撤之

十五

文昭殿 在景福宮城內東 國朝初建 行先王先后四俗節朔望忌辰 初置殿直 後置提調參奉 宣祖二十五年火 仍廢 後移四俗節冬至忌辰于陵寢祭 用素物 祧遷陵寢 只祭寒食 英宗四十八年 建閣竪碑于舊址

東班府署

耆老所 在中部澄清坊 堂上無定數 守直官 ○靈壽閣奉安
太祖 肅宗 英宗 三朝御真
宗親府 在北部觀光坊 有司堂上。典籤 有大君則差出 典簿 主簿直長 奉事郞廳
議政府 在景福宮光化門外東 議政 領左右 贊成 左右 參贊 左右 舍人。檢詳。司錄 錄事。醫員
忠勳府 在北部寬仁坊 有司堂上。都事。忠義衛 醫員
敦寧府 在中部貞善坊 領事。判事。知事。同知事。都正。判官。主簿。直長。參奉 族親衛
儀賓府 在北部廣化坊 都事

十六

賓廳在闕內
備邊司 一在敦化門外 一在興化門外 都提調。提調。副提調。郞廳
宣惠廳 都提調。提調。郞廳○常平廳 京畿廳 江原廳 湖西廳 湖南廳 賑恤廳 嶺南廳 海西廳 均役廳○庫凡九所
堤堰司 有司名無衙門 都提調。提調。郞廳
濬川司 在中部長通坊 都提調。提調。都廳。郞廳
舟橋司 在露梁渡南岸 都提調。提調。都廳 都監官。副監官。領將
當直廳
義禁府 在中部堅平坊 判事。知事。同知事。都事 檢律。醫員
吏曹 在議政府之南 判書。參判。參議。正郞。佐郞
戶曹 在漢城府之南 判書。參判。參議。正郞。佐郞。郞官 計士
別營倉
別庫

內兵曹

禮曹(在光化門外西)判書。參判。參議。正郎。佐郎(醫員)
兵曹(在司憲府之南)判書。參判。參議。參知。正郎。佐郎
刑曹(在兵曹之南)判書。參判。參議。正郎。佐郎(律學)
工曹(在刑曹之南)判書。參判。參議。正郎。佐郎
漢城府(在吏曹之南)判尹。左尹。右尹。庶尹。判官。主簿
司憲府(在中樞府之南)大司憲。執義。掌令。持平。監察
承政院(在闕內)都承旨。左承旨。右承旨。左副承旨。右副承
旨。同副承旨。注書。事變假注書(檢律)
司諫院(在北部觀光坊)大司諫。司諫。獻納。正言

外奎章閣 江華

奎章閣(在闕內)提學。直提學。直閣。待敎(檢書官。閣監。司卷。領籤。監書。寫字官)

十七

讀書堂

經筵廳(即禁中)領事。知事。同知事。參贊官。侍講官。侍讀官。
檢討官。司經。說經。典經。特進官。經筵官
弘文館(在闕內)領事。大提學。提學。副提學。直提學。典翰。應
敎。副應敎。校理。副校理。修撰。副修撰。博士。著作。正字

實錄閣

藝文館(在闕內)領事。大提學。提學。直提學。應敎。奉敎。待敎。
檢閱

實錄廳 史庫

春秋館(在闕內)領事。監事。知事。同知事。修撰官。編修官。記
注官。記事官

東齋 西齋

成均館(在東部崇敎坊)知事。同知事。大司成。祭酒。司成。司藝。司
業。直講。典籍。博士。學正。學錄。學諭。生員。進士。學生

外庫

校書館(在中部貞善坊)提調。副提調。判校。校理。兼校理。博士。著
作。正字。副正字〇香室(在闕內)本館參外郎(更日直宿)月令
忠義衛

敬奉閣 欽奉閣

承文院(在中部貞善坊)都提調。提調。副提調。判校。校檢。博士。著
作。正字。副正字(製述官。吏文學官。吏文習讀。寫字官)

沈器所 菁魚所 蘇魚所

司饔院(在闕內)都提調。提調。副提調。正(嘉禮時差出)提擧。提檢。
(并勅使宴享時差出)僉正。主簿。直長。奉事(飯監)
尚衣院(在闕內)提調。副提調。正(世子冠禮時差出)僉正。主簿。別提。
直長(針線婢)
尚瑞院(在闕內)正。直長。副直長

大

內醫院(在闕內)都提調。提調。副提調。正(以下醫官)僉正。判官。主
簿。直長。奉事。副奉事。參奉。鍼醫。醫藥同參。本廳內醫。
御醫(待令醫女。內醫女)
掌樂院(在南部明禮坊)提調。正。僉正。主簿(左坊樂師。右坊樂師)
司譯院(在西部積善坊)都提調。提調。正(以下譯官)僉正。判官。主簿。敎
授。兼敎授(文官)奉事。副奉事。訓導。參奉
通禮院(在中部貞善坊)通禮(左右)相禮。翊禮。奉禮。贊儀。引儀。兼引
儀。假引儀
世子侍講院(在闕內)師。傅。貳師。賓客(左右)副賓客(左右)贊善。輔
德。兼輔德。進善。弼善。兼弼善。文學。兼文學。司書。兼司

書。說書。兼說書。諮議

宗簿寺(在北部觀光坊)提調。正。主簿。直長(部廳)

**奉常寺** 開城

奉常寺(在西部仁達坊)都提調。提調。正。僉正。判官。主簿。直長。奉事。副奉事。參奉

司僕寺(在中部壽進坊)提調。正。僉正。判官。主簿(理馬)

**德應房**

內司僕寺(在闕內)內乘(假內乘)

內資寺(在西部仁達坊)提調。主簿。直長。奉事

內贍寺(在西部仁達坊)提調。主簿。直長。奉事

禮賓寺(在南部會賢坊南別宮內)提調。主簿。參奉

司䆃寺(在昌德宮金虎門外)提調。僉正。主簿。直長



軍器寺(在西部皇華坊)都提調。提調。僉正。判官。主簿。直長。奉事。副奉事。參奉

觀象監(在北部廣化坊一在闕內)領事。監事。提調。正(以下日官)僉正。判官。主簿。教授。兼教授(一員文官)直長。奉事。訓導。參奉。三曆官。大統推筭官。禁漏官

軍資監(在西部龍山坊)都提調。提調。正。判官。主簿。直長。奉事

濟用監(在中部壽進坊)提調。判官。主簿。直長。奉事。副奉事

繕工監(在西部餘慶坊)提調。副正。主簿。奉事。副奉事。監役官。假監役官○紫門監(在昌德宮金虎門外)

司宰監(在北部順化坊)提調。僉正。主簿。直長。奉事

典醫監(在中部堅平坊)提調。正(以下醫官)僉正。判官。主簿。教授。直長。奉事。副奉事。訓導。參奉

**排設房**

廣興倉(在西部西江坊)守。令。主簿。直長。奉事

保民司(在工曹南)提調。郎廳

典設司(在闕內)提調。別提。別檢

內需司(在西部仁達坊)別坐。別提。典會。典穀。典貨。書題

社稷署(在西部仁達坊)都提調。提調。令

宗廟署(在東部蓮花坊)都提調。提調。令。直長。副奉事

永禧殿(在南部薰陶坊)令。參奉(典監)

景慕宮(在東部崇教坊)都提調。提調。令



**外署**

義盈庫(在西部積善坊)主簿。直長。奉事

長興庫(在西部仁達坊)提調。主簿。直長。奉事

養賢庫(在成均館北)主簿。直長。奉事

氷庫(在西部西江坊)提調。別提。別檢

掌苑署(在北部鎭長坊)提調。別提。奉事

司圃署(在中部壽進坊)提調。別提。奉事

典牲署(在木覓山之南)提調。判官。直長

平市署(在中部慶幸坊)提調。令。主簿。直長

造紙署(在彰義門外蕩春臺)提調。別提

惠民署(在南部太平坊)提調。主簿。教授。直長。奉事。訓導。參奉(主簿)

以下醫官○生徒。醫女

圖畫署(在南部太平坊) 提調。教授(實官三十人篆字官)

典獄署(在中部瑞麟坊) 提調。主簿。參奉

活人署(東署在東部燕喜坊 西署在西部龍山坊) 提調。別提(東西)

瓦署(在南部屯之坊) 提調。別提

四學(中學在北部觀光坊 南學在南部誠明坊 西學在西部餘慶坊 東學在東部彰善坊) 教授。訓導。儒學(各學)

五部(中部在澄清坊 東部在蓮花坊 南部在明禮坊 西部在養生坊 北部在觀光坊) 令。都事(各部)

內侍府(無衙門○內班院在闕內) 各殿宮長番。出入番。各處上直差備(各有職名)

二十一

(五衛將廳 衛將所 部將廳 軍職廳 堂下軍職廳)

掖庭署(無衙門) 闕內各差備(各有職名)

世孫講書院(闕內權設) 師。傅。諭善(左右) 翊善(左右) 勸讀(左右) 贊讀(左右)

無衙門官職及權設革廢府署刪之

西班府署

中樞府(在禮曹南) 領事。判事。知事。同知事。僉知事。經歷。都事

五衛都摠府(在闕內) 都總管。副摠管。經歷。都事

五衛廳(五衛各所在闕內) 將。上護軍。大護軍。護軍。副護軍。司直。副司直。司果。部將。副司果。司正。副司正。司猛。副司猛。司勇。副司勇(義興衛中 龍驤衛左 虎賁衛右 忠佐衛前 忠武衛後)

訓鍊院(在南部明哲坊) 知事。都正。副正。僉正。判官。主簿。參軍。奉事。習讀官○能麼兒廳 堂上。郎廳

訓鍊都監(在西部餘慶坊) 都提調。提調。大將。中軍。別將。千摠。局別將。把摠。從事官。哨官。禁松參軍○東營(梨峴) 南營(敦化門外) 西營(崇義門外) 北營(拱北門西) 北一營(武德門外) 新營(興化門外) 廣智營(昌慶宮北鷹峯下) ○漢江鎭(在漢江邊有別將) 龍津鎭(在楊根有別將) 鐵峴鎭(在載寧有別將) 糧餉廳(在南部薰陶坊) 焰硝廳(在太平橋邊) 下都監(訓鍊院東) 庫五所屯十五處硫黃所三處

禁衛營(在中部貞善坊) 都提調。提調。大將。中軍。騎士別將。千摠。騎士將。把摠。從事官。哨官。禁松參軍○本營(金虎門外) 新營(敦化門外) 西營(景秋門外) 南營(開陽門上) 南別營(在南山下墨洞) ○鷺梁鎭(鷺梁渡南岸有別將) 倉庫四所屯十一處

二十二

御營廳(在東部蓮花坊) 都提調。提調。大將。中軍。騎士別將。千摠。騎士將。把摠。從事官。哨官。禁松參軍○新營(梨峴) 東營(一宣仁門下 一開陽門下) 北二營(武德門外) 集春營(集春門外) 南小營(在南小門洞) ○楊花鎭(在楊花渡東岸有別將) 倉庫三所屯七處

扈衛廳(在闕內) 大將。別將。從事官

龍虎營(在北部陽德坊) 別將。內禁衛將。兼司僕將。羽林衛將。從事官

摠戎廳(在彰義門外鍊戎臺) 使。中軍。千摠。把摠。哨官。禁松參軍○前營(南陽) 中營(坡州) 後營(長湍) ○臨津鎭(臨津渡南岸有別將) 長山鎭

武兼廳

(在臨津鎭西三里有別將)倉庫四所屯二十六處

糧餉廳(在南部薰陶坊)都提調。提調。從事官

捕盜廳(左廳在把子橋東 右廳在惠政橋南)大將。從事官(各左右)

世子翊衛司(在闕內)翊衛(左右)司禦(左右)翊贊(左右)衛率(左右)副率

(左右)侍直(左右)洗馬(左右)

宣傳官廳(在闕內)宣傳官(四員堂上)文臣兼。武臣兼

別軍職廳(在闕內)自堂上至九品無定數

守門將廳(在闕內)守門將(右兩廳稱內三廳與部將廳)

巡廳(左廳中部貞善坊 右廳中部澄清坊)將。監軍(營牌)

忠翊衛廳(在闕內)將



忠壯衛廳(在闕內)將

空闕衛(在空闕內)將

儀仗庫(中部貞善坊)郎廳

世孫衛從司(在闕內)長史(左右)從史(左右)

東班府署革廢

景福宮提擧司　敬興府　敬承府

禮儀詳定所　仁壽府　仁順府

壽寧府　恭安府　承寧府　延恩殿　司平府

忠翊府　掌隷院　濟生院　司贍寺　內府寺

豐儲倉　義盈倉　架閣庫　解典庫　司醞署

司畜署　歸厚署　昭格署　都染署　閭巫署

修城禁火司　典艦司　典涓司

宗學　业學　治腫廳　經理廳

西班府署革廢

備戎司　壯勇營　總衛營　鷹坊

能麽兒廳

漢城府

沿革 百濟始祖元年(漢成帝鴻嘉三年癸卯)建都于此稱慰禮城(古址在惠化門外詳廣州)十四年徙都漢山(今廣州古邑)近肖古王二十六年徙都于此稱北漢山(以廣州別稱南漢山猶言南北京)歷九主一百五年文周王元年移都熊津(今公州爲高句麗所攻陷都)高句麗長壽王六十三年(卽文周王南遷之歲)稱南平壤(歷七十六年)新羅真興王十二年攻取之十八年置北漢山州軍主二十九年廢之真平王二十六年改置漢城總管(後改都督)景德王十六年改漢陽郡(置太守少守口領縣荒壤遇王)隷漢州(今廣州)高麗太祖二十三年改楊州(治今中部慶幸坊漢陽洞)成宗二年置牧(十二牧之一)





十四年置左神策軍節度使(十二節度之一與海州爲左右二輔)隷關內道顯宗三年改置安撫使九年降知州事(屬郡交河見州抱州)(屬縣幸州峯城高峯深岳豐壤沙川)文宗二十二年初新宮陞爲南京(置留守副留守)徙傍郡民實之肅宗六年大營宮闕(歷朝巡幸)忠烈王三十四年改漢陽府(置尹少尹)本朝 太祖三年定鼎于此改漢城府(以下詳)府號 京兆

官員 判尹 左尹 右尹 庶尹 判官各一員 主簿二員(舊有參軍)

古邑 富原(距京西南十里本果州之龍山處高麗忠烈王十一年陞富原縣 本朝太祖二年屬于幸州後倂于本府之西部今龍山西江兩坊)

坊里 中部(八坊) 澄清 瑞麟 壽進 堅平 寬仁 慶

幸 貞善 長通 ○東部 十二坊 蓮花 瑞雲 德成 崇教 燕喜 觀德 泉達 興盛 彰善 建德 崇信 仁昌 右二坊城外 ○西部 十坊 仁達 積善 餘慶 養生 神化 皇華 盤松 盤石 右二坊城外 龍山 西江 右二坊三江 ○南部 十四坊 廣通 會賢 明禮 太平 薰陶 誠明 樂善 貞心 明哲 誠身 禮成 屯之 豆毛 漢江 右三坊上江 ○北部 十坊 觀光 明通 廣化 陽德 嘉會 安國 俊秀 順化 義通 鎮長 共五十四坊

**戶口** 戶四萬五千七百零 口二十八萬三千二百零



純祖辛卯○每子午卯酉年改戶籍藏于本道○本邑漢城府江華府

**山水** 三角山 距府北十五里百濟稱負兒岳又云橫岳又云華山清秀峻極明朗森聳北有三峯穹窿挿天曰白雲萬景仁壽南有兩峯雄盤高峻曰普賢文殊普賢為漢都正幹西有碑峯新羅真興王十六年北巡有定界碑○三國史云東明王子沸流溫祚南行登負兒岳相可居之地高麗肅宗二年國望峯崩卽白雲峯也禑元年國望峯崩大年壘嶺額○僧伽寺在碑峯東新羅僧秀台所刱高麗歷朝巡幸○壯義寺新羅太宗六年刱今為摠戎新營○神火寺在山之西高麗顯宗嘗為僧住是寺又二川仁壽香林清凉積石梓林等諸寺俱廢本朝肅宗朝築北漢山城有十一寺城外又有寺十餘區城中有重興洞泉石絕奇峯巒四圍 白岳 高麗稱面岳南有三清洞大隱岩 引慶山 一云木覓山高麗時移平壤所在木覓之號俗稱南山南帶漢水有千仞層璧起為鷲頭山北舊有青鶴洞 駝駱山 高麗稱大峯東有安岩洞 仁王山 高麗稱岐峯皆石峯層崖有白雲洞玉流洞茂溪洞游雲臺洗心臺舊有仁王寺金剛窟福世

庵慈壽仁壽兩尼院 鷹峯 鵂岩 俱白岳東支右處都城緣其上 大母岳 一云鞍峴與仁王山對峙南有勝戰峯仁祖二年都元帥張晚大破适兵於此其南為圖峴 鷲頭峯 在楊花渡東岸臨江危險 臥牛山 在西江距城西十里臨江有龍岩 老古山 在臥牛山之東 白蓮山 距城西北十二里 箭串坪 距城東南十二里南接楮子島隔水

**路嶺** 母岳峴 在仁王山之西路甚險阨 綠礬峴 距京十一里有大小二峴 礡石峴 距京西北二十里楊州界右三處西西大路 阿峴 在昭義門外楊花渡路 萬里峴 在崇禮門外西麻浦津路 車峴 在興仁門東南 水踰峴 距京東北十五里關北大路 狄踰峴 惠化門外通樓院閭路 堂峴 崇禮門外五里鷺梁津路 瓦窰峴 崇禮門外六里洞省津路 ○漢江 東國方言稱大曰漢猶言大江也距城南十里百濟時稱漢山河會江原十四邑忠清十二邑京畿十大邑之水環京都西流入于海 開川 源出仁王山東會都城中及南北山諸谷之水東流入中梁浦 蔓草川 源出母岳南流



經革橋京營橋新橋圮橋焰硝廳橋青坡毋橋西南流入漢江 麻浦川 源出毋岳之南南流經西活人署經孔德里前西流入漢江 倉川 源出毋岳西南南流經臥牛山廣興倉前入漢江 沙川 源出文殊峯西南流經湯春臺出漢北門水口環毋岳之北又西流入漢江 安岩川 興仁門外四里源出安岩洞南流經典農里入開川下流 石串川 興仁門東十里三角山東南諸谷之水合流經清凉里入開川下流 東蓮池 在蓮花坊 西蓮池 在盤松坊 南蓮池 崇禮門外

**島嶼** 楮子島 一云纛島都城東南十五里漢水分而為岐其正派趨三田渡岐流為新川早則徒涉潦漲則為二其中為楮子島至島下合為一新川三田之間有桑林 栗島 在西江之南一島皆明沙延袤數十里居民富饒 汝矣島 在栗島之西明沙連陸有典牲署外庫牧羊

**疆域** 東楊州界十五里東南廣州界二十里南十里又果川界十里西南始興界十五里西陽川界十五里西

屯四處

北高陽界二十里北楊州界二十里東北十五里

**形勝** 北鎮華山有龍盤虎踞之勢南以漢江為襟帶左控關嶺右環渤海其形勝甲於東方誠山河百二之地

**城池** 北漢山城距京都北二十里肅宗三十七年築周七千六百二十步有東西南三門暗門十重興洞下又築中城設閣翌年置經理廳 英宗二十三年革屬摠戎廳○行宮在上元峯下管城所在行宮前○管城將兼摠戎別牙兵千摠○摠攝所在重興寺有十一寺二庵倉庫八處○連峯削立外面絶險城內岡麓截嶭澗壑深邃南北長谷十餘里迂回壁立○太古寺有僧普愚碚碑載 太祖潛邸時御諱故建閣○龍岩寺有埋炭二千一百二十石西城起仁王山北麓渡蕩春臺川緣山脊接于三角山西支盡處設漢北門傍有五間水門自弘濟院入彰義門捷路又自梁鐵坪入暗門至摠營

**營衙** 京畿廵營在敦義門外光海主十年設營於永平觀察使或在京營或在新營 仁祖元



年罷

**官員** 觀察使兼兵馬水軍節度使巡察使四都留守都事 中軍各一員

○昰馬廳在巡營之南京畿五道察訪入直

**烽燧** 木覓山自東至西凡五所○第所直報兵曹○詳烽燧一毋岳東所兩西陸路

西所兩西水路

**驛站** 青坡驛崇禮門外二里蘆原驛興仁門外十里右二驛係兵曹三等馬各五十匹

**津渡** 漢江渡古稱沙里津高麗稱沙平渡通忠清慶尚大路西氷庫津漢江之次上同

鷺梁渡古黑石津通全羅大路銅雀津西氷庫之次通果川水原麻浦津通始興間路

楊花渡通陽川江華大路西江津通仁川間路以上詳程里考

**橋梁** 杷子橋敦化門南新橋宣禧宮東慈壽宮橋新橋之南禁清橋彰義宮西慈壽橋下琮沉橋禁清橋南松簷橋琮沉橋下松杞橋松簷橋下毛廛橋

生鮮廛南松杞橋下大廣通橋鐘閣之南毛廛橋下長通橋廣通橋下水標橋長通橋下立水標石河浪橋水標橋下永豊橋河浪橋下稱孝經橋太平橋永豊橋下稱馬廛橋長生殿前橋景福宮東十字閣橋前橋之下中學橋十字橋下水閣橋崇禮門內惠政橋右捕廳前通雲橋鐘閣之東稱鉄物橋蓮池洞橋梨峴東稱二橋蓮池洞東橋興仁門內稱初橋方木橋興化門東小廣通橋大廣通南曲橋小廣通下宗廟前橋宗廟前承傳色橋社稷前軍器寺前橋補武橋黃參議橋梨峴北無沉橋上下二橋在坊清寧橋無沉橋下石橋無沉橋東光熙門內於青橋石橋西觀旂橋成均館前思樂橋觀旂橋南廣禮橋思樂橋南凝鸞橋廣禮橋南長慶橋凝鸞橋南新橋長慶橋南北御橋光化門西鑄字洞橋在鑄洞部洞橋在部洞錢都監橋光熙門外錢都



監橋水閣橋下昭義門內羙墻洞橋錢橋之下銅峴橋在銅峴革橋慕華館南

京營橋敦化門外革橋之次新橋京橋之下圯橋新橋之下昭義門外焰硝廳橋崇禮門外西毋橋在青坡焰橋之下永渡橋興仁門外濟磐橋距興仁門十里稱箭串橋弘濟橋在沙川今為流沙所埋

**土産** 林禽柰桃李芋鯉魚秀魚白魚鮎魚鰕魚

**市廛** 三大市即鐘街梨峴南門也 定宗元年始置市廛自惠政橋至昌德宮洞口左右行廊八百餘間聚外方僧徒給粮役之仍使開川都監 宣祖壬辰後令訓局軍兵京居為市業者全減市役 孝宗朝令軍兵市業之人戒給市牌使應市役五分之一 英宗十七年令京兆區別廛名嚴禁亂廛與都貫

線廛 綿布 綿紬 青布 苧布 紙廛 魚物內外

布廛 烟草 床廛十三生鮮 米廛大處雜穀 鍮器

銀廛 綿子 衣廛 履廛 樺皮 茵席 真絲

清蜜 京鹽 長木內外 鐵物 烟竹 銀麴 匙箸內外

馬廛 菜蔬 毛廛大處 貰物 涼臺 雜鐵 鹽廛

雉雞 貰器內外 絕鞋 木器上下 鐙廛 黑笠 白笠

草笠 佐飯四處 網巾 氈笠二處 薹草 履底 柴木

笆子 猪廛 箭鏃 刀子 鹽水 種子 髢髻

雜物 白糖 卜馬諸具 破木器 針子 粉廛內外

猴頭里 麻浦鹽 南門外鹽

[宮室] 南別宮 在會賢坊本小公主第 宣祖壬辰倭將平秀家住此後李如松楊鎬亦住于是 仁祖朝大平館撤後以是宮為華使留館

慕華館 在盤松坊東有迎恩門為華使迎送之所

二十九

弘濟院 在母岳之北華使止宿翌日到京

雲從街鍾閣 太祖四年鑄大鍾懸之 壬辰倭亂火 世祖十三年鑄興天寺鍾 宣祖甲午懸于崇禮門 丁酉楊鎬移懸于明禮洞峴上 後又移于雲從街以警晨昏

光化門外鍾閣 世祖二年鑄大鍾懸于景福宮之思政殿前廡以警宿衛 後移于此 英宗戊

興仁門內鍾閣 世祖七年鑄圓覺寺鍾 中宗朝移于興仁門 英宗戊辰建閣

追慕洞碑閣 昭義門外車洞即仁顯王后閔氏誕降舊基 英宗辛巳親書仁顯聖后誕降舊基八字親幸建閣竪碑

淨業院碑閣 院即尼庵也在興仁門外永美亭洞東望峯 端宗遜位後定順王后宋氏住于是 英宗辛卯親書淨業院舊基五字竪小碑于東望峯下

慕華館碑閣 宣祖丁酉竪經理楊鎬功德碑

[廢革] 蕩春臺 在彰義門外即藏義寺古址 燕山主時建為遊宴之所 又建水閣于其南 今為總戎新營

大平館 在崇禮門內為華使留館 文定王后尹氏 仁穆王后金氏俱行嘉禮于是 仁祖朝撤之搆弘濟院

東平館 在積善坊待日本琉球諸國使及諸島倭人 壬辰倭亂後廢

北平館 在興盛坊待野人之來朝者 壬辰亂後廢

○附城內廢寺 興天寺在皇華坊古貞陵局內 ○興德寺在燕喜坊今興德洞 ○圓覺寺舊名興福寺在寬仁坊大寺洞 世祖七年刱建寺有安平大君所造白塔雕鏤奇巧未及成而安平敗有金守溫所撰碑 中宗七年撤之 ○內佛堂 世宗朝建又有仁王寺金剛窟稱世庵廣處 成宗大年撤城內外尼舍二十三所 顯宗二年撤慈壽仁壽兩尼院以其材改建王閣堂一兩齋闢入齋

[樓亭] 燕子樓 訓鍊院東

挹清樓 龍山坊江邊別營倉內 正宗朝臨幸

玉壺樓 西氷庫江邊

琵琶亭 引慶山北

流霞亭 豆毛浦北岸本齊安大君第為孝宗潛邸時亭子 正宗五年為奎章閣遊賞之所

天然亭 盤松坊蓮池邊

洗劍亭 彰義門外鍊戎臺坊

山暎樓 重興洞

[廢革] 濟川亭 漢江北岸華使遊賞之所 明宗十三年御此亭觀水戰

望遠亭 楊花渡東岸本孝寧大君之喜雨亭 世祖十年御此亭觀水戰 成宗朝臨幸觀水戰 中宗十三年觀稼西郊駐此亭觀水戰

三十

盤松亭 在慕華館北高麗忠肅王嘗幸此亭避雨

樂天亭 在箭串太宗禪位後建此亭遊幸焉

七德亭 漢江之下白沙汀 世祖朝建屢幸閱武

皇華亭 豆毛浦北岸燕山主搆此亭為遊宴之所

[壇壝] 南壇 崇禮門外 ○風雲雷雨居中山川居左城隍居右

先農壇 東郊享神農氏配后稷氏

先蠶壇 惠化門外享西陵氏

蠶壇 景福宮內 英宗設壇親蠶竪碑建閣

雩壇 南郊享四時神及后土后稷

三角山壇 在白岳上即岳壇 ○新羅以名山載小祀

漢江壇 即瀆壇 新羅以北瀆載中祀 ○以上中祀

木覓山壇 在山上

司寒壇 東郊享玄冥氏

厲壇 北郊享城隍及無祀鬼神十五

禜壇 祈晴于山川久雨則就都城四門行之

酺壇 有蝗蝻則就馬步壇行之

七祀 司命司戶司竈中霤國門公厲國行 ○以上小祀

○圓壇 靈星壇 老人星壇 馬祖壇 先牧壇 馬社壇 馬步壇 愍忠壇

廟殿

文廟 在崇教坊成均館內 本朝太祖七年建 定宗二年火 太宗七年重建 大提學卞季良撰碑 宣祖二十五年倭亂火 三十四年重建 大提學李廷龜撰碑

大成殿 享

大成至聖文宣王 姓孔氏諱丘字仲尼魯人宋微子之後叔梁紇子母顏氏名徵在

周

顏子 名回字子淵魯卿士無繇子三十二歲卒封兗國復聖公唐太宗時配享

曾子 名參字子輿魯武城人點子齊聘為卿不就作孝經述大學封郕國宗聖公

子思 名伋字子思鯉子孔子孫作中庸封沂國述聖公右二聖宋徽宗時配享

孟子 名軻字子車鄒人激公宜子封鄒國亞聖公作孟子宋神宗時配享

右四聖

閔損 字子騫魯人費公

冉耕 字伯牛魯人鄆公

冉雍 字仲弓魯人薛公

宰予 字子我魯人齊公

端木賜 字子貢衛人黎公

冉求 字子有魯人徐公

仲由 字子路魯人衛公

言偃 字子游吳人吳公

卜商 字子夏衛人魏公

三十二

顓孫師 字子張陳人潁川侯

右十哲

宋

周子 名敦頤字茂叔號濂溪道州人官南康郡事諡元汝南伯

程伯子 名顥字伯淳號明道河南人官宗正寺丞諡純河南伯

程叔子 名頤字正叔號伊川官直秘閣致仕諡正伊川伯

邵子 名雍字堯夫號安樂河南人官穎川團練推官諡康節新安伯

張子 名載字子厚號橫渠鳳翔人殿中丞迪子官同知太常禮院郿伯

朱子 名熹字子晦號晦庵婺源人松子官煥章閣待制諡文徽國公右六賢 本朝肅宗甲午陞配

東廡

周

澹臺滅明 字子羽魯武城人金鄉侯

原憲 字子思魯人任城侯

南宮适 字子容魯孟僖子子汝陽侯

商瞿 字子木魯人須昌侯

漆雕開 字子開魯人平輿侯

樊須 字子遲魯人益都侯

公西赤 字子華魯人鉅野侯

梁鱣 字叔魚齊人千乘侯

冉孺 字子魯魯人臨沂侯

伯虔 字子析沐陽侯

冉季 字子產魯人諸城侯

漆雕哆 字子斂魯人濮陽侯

漆雕徒父 字子文高苑侯

商澤 字子季鄒平侯

任不齊 字子選楚人當陽侯

公良孺 字子正陳人牟平侯

秦冉 字子開新息侯

公肩定 字子中魯人梁父侯

鄡單 字子家聊城侯

罕父黑 字子家祈陽侯

公祖句茲 字子之魯人即墨侯

縣成 字子祺魯人武城侯

燕伋 字子思汧源侯

顏之僕 字子叔魯人宛句侯

樂欬 字子聲魯人建成侯

顏何 字子冉魯人堂邑侯

狄黑 字子晳林慮侯

孔忠 字子蔑孔子兄子鄆城侯

公西蔵 字子上魯人徐城侯

施之常 字子恒臨濮侯

秦非 字子之魯人華亭侯

申棖 字子續魯人文登侯

顏噲 字子聲魯人濟陰侯

三十三

左丘明 魯中都人中都伯

穀梁赤 睢陽人子夏弟子睢陽侯

漢

高堂生 萊蕪人漢初明習禮記博士萊蕪伯

毛萇 趙人治詩為河間博士樂壽伯

劉向 字子政楚元王交玄孫光祿大夫彭城伯

鄭衆 字仲師東漢開封人興子大司農中

盧植 字子幹涿郡人尚書良鄉伯

服虔 字子慎滎陽人九江太守滎陽伯

唐

韓愈 字退之鄧州人吏部侍郎諡文昌黎伯

宋

楊時 字中立號龜山劍州將樂人龍圖閣直學士致仕諡文靖將樂伯

胡安國 字康侯壽安人寶文閣直學士諡文定建寧伯

張栻 字敬夫號南軒華陽人右文殿修撰諡宣華陽伯

黃幹 字直卿號勉齋福州閩縣人主管亳州明道宮致仕諡文肅

真德秀 字希元號西山浦城人資政殿學士兼侍讀諡文忠浦城伯

新羅

薛聰 字聰智以方言解九經高麗追封弘儒侯

高麗

安裕 號晦軒修文殿大學士僉議中贊諡文成

本朝

金宏弼 字大獻號

寒暄堂瑞興人刑曹佐郎贈領議政謚文敬

趙光祖 字孝直號靜庵漢陽人大司憲贈領議政謚文正

李滉 見廟庭配享

李珥 字叔獻號栗谷德水人右贊成贈領議政謚文成

金長生 字希元號沙溪光州人刑曹參判贈領議政謚文元

宋浚吉 字明甫號同春堂恩津人吏曹判書贈領議政謚文正

西廡

周

宓不齊 字子賤魯人單父侯

公冶長 字子長齊人高密侯

公晳哀 字季次齊人北海侯

高柴 字子羔衛人共城侯

司馬耕 字子牛宋人睢陽侯

有若 字子有魯人平陰侯

巫馬施 字子期魯人東阿侯

顏辛 字子柳魯人陽穀侯

曹卹 字子循上蔡侯

公孫龍 字子石衛人枝江侯

秦商 字子丕楚人馮翊侯

顏高 字子驕雷澤侯

壤駟赤 字子徒秦人上邽侯

石作蜀 字子明成紀侯



公夏首 字子乘魯人鉅平侯

后處 字子里齊人膠東侯

奚容蒧 字子晳衛人濟陽侯

顏祖 字子襄富平侯

句井疆 衛人滏陽侯

秦祖 字子南秦人甄城侯

榮旂 字子祺厭次侯

左人郢 字子行南華侯

鄭國 字子徒朐山侯

原亢 字子籍樂平侯

廉潔 字子庸衛人胙城侯

叔仲會 字子期衛人博平侯

邽巽 字子斂高唐侯

公西輿如 字子上臨朐侯

蘧瑗 字伯玉衛大夫內黃侯

林放 字子丘魯人長山侯

陳亢 字子禽陳人或云子貢弟子南頓侯

琴張 字子開陽平侯

步叔乘 字子車博昌侯

公羊高 臨淄人子貢弟子依春秋傳臨淄伯

漢

伏勝 濟南人博士年九十餘口傳尚書乘氏伯

戴聖 考城人習儀禮錄禮記考城伯

董仲舒 廣川人江都相

孔安國 字子國孔子十二世孫諫大夫得壁中所藏尚書著傳曲阜伯

杜子春 東漢人善禮學傳周禮緱氏伯

鄭玄 字康成北海高密人大司農高密伯

晉

范甯 字子武官豫章太守新野伯

宋

司馬光 字君實號涑水陝州人門下侍郎溫國公謚文正

羅從彥 字仲素號豫章南劍將樂人惠州博羅主簿謚文質

李侗 字愿中號延平南劍人謚文正○右二賢本朝肅宗壬戌從享

呂祖謙 字伯恭號東萊開封人著作郎兼國史院編修謚成

蔡沈 字仲默號九峯建陽人朱子弟子

元

許衡 字仲平號魯齋河南人集賢殿大學士謚文正

新羅

崔致遠 字海夫號孤雲慶州人入唐登科官侍御史新羅執事省侍郎高麗追封文昌侯

高麗

鄭夢周 字達可號圃隱迎日人侍中益陽君忠義伯本朝贈領議政謚文忠

本朝

鄭汝昌 字伯勗號一蠹河東人安陰縣監贈領議政謚文獻

李彥迪 見廟庭配享

金麟厚 字厚之號河西蔚山人校理贈領議政謚文正

成渾 字浩原號牛溪昌寧人右參贊贈領議政謚文簡

宋時烈 見廟庭配享



朴世采 見廟庭配享

關廟在安東星州南原康津

纛廟 在禮曹傍○以犛牛尾為之象蚩尤之頭凡出征必禡于本廟

東廟 在興仁門外 宣祖三十五年中朝以四千金付撫臣萬世德詔本國立祠命以顯靈昭德關公之廟額曰東廟銅像

關羽 字雲長漢河東解良人官前將軍漢壽亭侯謚武安○

南廟 在崇禮門外 宣祖三十一年天將陳寅建額曰南廟塑像

關羽 同上

寢墓

懿昭墓 在毋岳南支葬 懿昭世孫忌三月四日○守衛官二員

孝昌墓 在萬里峴南支葬 文孝世子忌五月十一日○守衛官二員

宣禧墓 在毋岳西支大野洞葬 暎嬪李氏忌七月二十六日○典監二員

啓聖祠在四都八道巡營

祠宇

啓聖祠 在文廟北 肅宗辛巳建祀日同文廟

叔梁紇 魯鄒邑大夫封齊國公生孔子

顏無繇 字路邾武公伯顏後孔子弟子為魯卿士封曲阜侯生顏子

曾點 字晳

尹忠迂字老彭号止亭贈執義

曾子 魯南武城人節世子亞後學於孔氏稱聖門高弟封萊蕪侯生曾子

孔鯉(字伯魚孔子子封泗水侯生子思)

孟激(名激公宜魯孟孫氏後封郰國公生孟子)

○崇節祠(在文廟東景宗壬寅建英宗庚辰御筆揭額)

董養(晉人字仲道陳留浚儀人當金墉之廢升太學歎曰建斯堂何為乎荷擔入蜀莫知所終)

何蕃(唐淮南和州人朱泚之亂太學諸生將從之請起蕃蕃正色叱之大館之士不從)

陳東(字少陽宋鎮江丹陽人入太學伏闕上書請誅蔡京又乞留李綱罷黃潛善汪伯彥會歐陽澈亦上書言事同時見殺)

歐陽澈(字德明撫州崇仁人與陳東上書同時見殺)

○宣武祠(在養生坊宣祖戊戌建有宣祖御筆再造藩邦四字)

邢玠(皇明兵部尚書征倭有功)

楊鎬(商邱人萬曆丁酉以經理東來征倭有功崇禎二年以遼事失機誅有畫像安于祠中)

典故 百濟比流王二十四年內臣佐平優福據北漢城叛王發兵討之 近肖古王二十六年高句麗舉兵來



(多婁王四年王田於橫岳下 己婁王三十七年橫岳大石五時隕落)

王伏兵於浿河(平山猪灘)上俟其至擊之句麗兵敗北王與太子帥精兵三萬攻高句麗平壤城麗王釗(故國原王)親率兵拒之中流矢死王引軍退移都漢山 枕流王二年創佛寺於漢山 辰斯王七年獵橫岳(三角山之西) 阿莘王七年王將伐高句麗至漢山北柵乃止 毗有王二十八年高句麗侵百濟新羅遣兵救之 蓋鹵王二十一年高句麗王(長壽王六十三年)帥兵三萬來圍漢城王閉城門不能出戰麗人分兵四道夾攻其將桀婁萬年(二人名本濟人得罪奔高句麗)等攻北城七日拔之移攻南城乘風縱火焚燒城門城中危懼王領數十騎出門西走桀婁等見

(武寧七年百濟南遷爲三十三年)

王數其罪縛送於阿旦城下戕之虜男女八千而歸(先是麗僧道琳偽逃罪入百濟說王烝土築城作樓閣臺榭無不壯麗又取大石於郁里河作槨以葬父骨緣河樹堰自蛇城之東至崇山之北是以倉庾虛竭人民窮困) 東城王五年王至漢山城撫問軍民 武寧王七年句麗將高老與靺鞨謀欲攻漢城進屯於橫岳下王出師戰退之 二十三年幸漢城徵漢北州郡民築雙峴城○新羅真興王十二年王命居柒夫及仇珍等八將軍與百濟兵侵高句麗百濟先攻平壤(今京都)破之居柒夫等乘勝取竹嶺以外高峴以內十郡 十六年王巡幸北漢山拓定封疆立巡狩碑于三角山(今稱碑峯○王北巡至咸興草院坊有巡狩碑) 真平王二十



五年高句麗遣將軍高勝與靺鞨合軍來攻七重城(積城)不克移攻北漢山城王親率兵一萬以拒之過漢水城中鼓譟相應麗兵不克而退 三十年高句麗以濊兵六千攻百濟漢北獨山城新羅將軍朱珍領甲卒三千來援與麗兵一戰大破之 武烈王八年高句麗將惱音信與靺鞨將生偕合攻述川城不克移攻北漢山城百道攻城城主冬陁川隨機設備固守賊解圍而去 文武王元年春句麗遣惱音信領靺鞨衆謂新羅銳兵皆在百濟內虛可擣發兵水陸並進圍北漢山城高句麗營其西靺鞨屯其東浹旬不解新羅餉道絕城中危

太后仁睿王后李氏

懼忽雷雨震擊賊等疑駭引退 憲德王十七年金憲
昌溟州郡王金周元子之子梵文與高達山賊壽神等百餘人謀
叛欲立都於漢陽之平壤攻北漢山州都督聰明擒誅
之〇高麗靖宗二年五年幸三角山 文宗二十三年
刱新宮于南京 宣宗七年王奉太后幸三角山僧伽
窟藏義寺仁壽寺神穴寺設五百羅漢齋 肅宗元年金謂磾據道詵密
記謂楊州木覓壤可立都城請遷都南京 四年王率
王妃元子兩府羣僚幸三角山僧伽窟仍次楊州相宅
都之地又幸仁壽寺神穴寺 六年置南京開刱都監命平章崔
思諏知奏事尹瓘相地還奏云 臣等就盧原驛海村龍

三十七

太后明懿王后柳氏

山等處審視山水不合建都唯三角山面岳之南山形
水勢符合古文請於主幹中心大脉壬坐丙向隨形建
都從之命平章事崔思諏御史大夫任懿知奏事尹瓘
董其役建都於面岳之南五年而成 七年定南京地
界東至大峯今駝駱山南至沙里限沙平渡西至岐峯今仁王山北至
面岳今白岳為界以建宮闕 九年南京宮闕成幸南京
遣侍御史禱雨于三角山僧伽窟至南京御延興殿受
賀幸僧伽窟仍還京都 睿宗三年王奉太后率諸王
公主幸南京又幸僧伽窟梓林寺仁壽寺 五年王奉太后諸
王宮公主幸南京遂幸藏義寺僧伽窟文殊窟神穴寺 十二年幸南京

御延興殿受朝賀又幸僧伽窟及藏義寺 仁宗四年幸南京及藏義寺 六年
南京宮闕火 毅宗二十一年幸南京又幸僧伽窟文殊寺藏義寺御
延興殿 高宗二十三年蒙兵屯于南京 四十四年蒙
兵至南京 忠烈王九年王與公主元世祖女獵于南京是後
屢幸 忠肅王十二年王與公主元曹國公主幸漢陽張氈幕
於龍山高阜望海處而御之公主生子於龍山麗史稱龍山元
子以難產薨于龍山行宮 忠惠王即位初如見州謁
德妃王母明德王后洪氏遂巡南京而還 恭愍王五年命陳永
緖相地于南京 六年命李齊賢相宅于漢陽築宮闕
從僧普愚之讖說 二十二年倭入漢陽府焚掠 辛禑八年禑

三十八

獵于白岳新京至漢陽八月遷都漢陽 九年二月還
開京 十四年修漢陽重興山城古址在今北漢山城內崔瑩董其役 徙
世子昌及定妃恭愍王妃安氏謹妃昌之母李琳女以下諸妃于漢陽
山城欲避倭故也尋還開京 恭讓王二年以裵克廉監修漢陽
宮闕七月遷都漢陽命安宗源尹虎留守松京 三年
二月王發南京次檜岩寺大張佛事王之順妃盧氏亦隨之又與妃及世子禮佛徹夜仍還開
京〇本朝 太宗八年濬慕華樓南池 世祖三年幸
箭串坪大閱將士 成宗六年毁撤都城內外尼舍凡
二十三所 燕山主十年築內都城撤都城外百里內
人家 宣祖二十五年四月倭大擧入寇以右相李陽

元為守城大將商山君朴忠侃為京城巡檢使使修都
城起復慶林君金命元為都元帥治兵於漢江上繳鐵
江黃平咸五道兵入援　五月倭先驅至漢江都元帥
金命元副元帥申恪率兵千餘屯濟川亭望見賊勢浩
大不敢拒賊悉沉軍器于江中俱以匹馬走臨津諸軍
潰李陽元亦走楊州三路倭兵皆至京城時宮闕灰燼而宗廟獨存
倭將平秀家長盛處其中已而焚宗廟移寓南別宮指
揮諸路之倭　倭初自東萊分三路以進一軍由中路
梁山密陽清道大邱仁同善山至尚州敗李鎰軍巡邊使
一軍由左路機張蔚山陷左兵營踰慶州永川新寧義



興軍威比安渡龍宮之河豐津出聞慶與中路兵合踰
鳥嶺助防將劉克良守鳥嶺入忠州敗申砬軍巡邊使又自忠州分
兩道一趨驪州渡江由楊根渡龍津出於京城東一趨
竹山龍仁至漢江之南一軍由右路金海渡茂溪津歷
星州知禮金山踰秋風嶺出黃澗永同沃川文義進陷
清州由鎮川向京畿旌旗劒戟千里相連所過殘滅又
自東萊至京城或十里三四十里皆據險設營柵留兵
守之夜則擧火相應晝則金鼓相聞　二十六年四月
秀家行長等撤兵南下城中人民屠戮殆盡李如松自
開城入陣京城江黃咸平畿湖諸倭一時捲退如松館

於小公主第即南別宮　五月倭分屯沿海自蔚山西生浦
至東萊金海熊川巨濟首尾相連十六屯皆依山憑海
築城掘壕為久留計李如松乃分部諸將以劉綎屯星
州八莒今漆谷　吳惟忠屯善山李寧祖承訓等屯居昌駱
尚志王必迪等屯慶州各率兵四五千環四面相持不
敢進攻　十月車駕還京都中宮仍留海州時宮闕俱
燼剃棘薦城百官依墻壁以月山大君舊第為行宮眕
禮宮陽川鄭正家桂林君家為大內沈義謙家為東宮故
領相沈連源家為宗廟以附近大小家為闕內各司稱
時御所　通鑑輯覽云李如松令諸將分據要害聞倭



積粟數十萬在龍山在朝鮮國城西南　乃密遣死士焚之四月
倭以糧盡棄王京李如松宋應昌入城將遣兵尾擊之
而倭步步為營官軍不敢擊倭結營釜山為久留計時
兵部尚書石星力主款議獨留劉綎拒守如松乃班師
三十年倭又大擧入寇中朝命右僉都御史楊鎬為經
理朝鮮軍務兵部尚書邢玠為總督軍門總兵麻貴領
兵渡江先遣浙江游擊葉繪至京城　中朝聞南原之
敗命董一元劉綎水軍都督陳璘水陸來援冬邢玠至
京城　三十一年正月劉綎等領大軍渡江舟師提督
陳璘領浙兵五百餘艘渡海泊康津　七月總督邢玠

復來住京城都督劉綎引兵南下　上幸洞雀江津以
餞之　楊鎬被誣罷去以都御史萬世德代之八月鎬
還去　上餞于弘濟院臨別慕華館頌其功德立碑建閣
經理萬世德入京城　中朝斬楊元見南原陳愚衷見全州
傳首我國　三十二年春諸將撤兵還劉綎自龍頭山
在順天南陳璘自古今島在康津南董一元自星州麻貴自慶州
吳廣自南原各率兵向京城　上幸江上迎勞之　二
月邢玠領四路兵先發向中原帝命萬世德等以四萬
兵留駐京城為善後計邢玠西還　上餞于弘濟院
三十三年五月萬世德等以倭事已完回去　仁祖癸



亥舉義時親赴師期于迎曙驛閑城留守李貴長湍府使李曙伊川府使李重
老將兵入來遂進兵于彰義門肅宗乙亥立碑于駐蹕之地親製文以記之　二年正月李
适平安兵使與韓明璉龜城府使舉兵叛率衆數萬以降倭為前
導直向京師以李元翼為都體察使完豐君李曙鎮開
城御營使李貴守臨津以防賊路且徵八路兵入援李曙
領數千兵屯青石洞李興立率水原兵三千把守臨津兩湖兵陣于崇禮門外　上奉大妃仁穆
王后幸公州賊直渡臨津李貴朴孝立皆走還京城　二
月适入京屯景福宮姑立興安君瑅宣祖王子為主京畿防
禦使李興立降于适　都元帥張晚以鄭忠信為前部
大將追适直抵京城據鞍峴李曙屯駱山申景禛守南

山适先攻鞍峴官軍力戰明璉中箭适大敗只率五六
十騎走廣州慶安鄭忠信引二十七騎追之賊潰散适
明璉走利川其麾下李守白等斬二賊首獻于行在瑅七
走廣州前縣監安士誠等執之送于元帥府縊殺之　上還都　五年正月後金
兵入境以金尚容為留都大將敵兵漸近城中潰散
上已幸江都金尚容急令放火于御庫兵戶曹宣惠廳
太倉京營諸倉　四月上還都　十四年十二月清主
太宗自將十萬長驅而進以沈器遠為留都大將仍幸南
漢山城清兵急至使後義州于白馬山城平壤于慈母山城黃州于正方山城平山于長壽山城兩西
大路盡為無人之域○器遠輸置戶曹物貨於三角山中盡為清兵所取器遠回步走楊根迷京終不勤王



清兵至京城自慕華館至南廟留屯又於興仁門留屯城中人民無得侵掠　翌日進圍
南漢　十五年正月江都不守諸道勤王兵次第敗沒
遂遣使請款清兵撤歸　上還都　英宗四年李麟佐
等叛于清州殺兵使李鳳祥分兵向京城以張鵬翼陣出漢城西李
廷濟守漢江金東弼鎮南漢俞拓基守鼓岩鄭道元屯樓院李汝迪屯銅雀津權聖重守露梁渡金在魯控扼
鳥嶺金始爀守洞仙嶺元百揆守青石洞朴東樞為繼援將尹淳為監護諸軍使督將士進戰　巡撫使
吳命恒討賊于安城竹山之間俱獻捷仍巡到嶺南湖
南湖西諸賊次第就俘凱還　上御崇禮門受馘

大東地志卷一

# 경기도
# 영인본

# 大東地志卷二

古山子 編

## 京畿道 號畿輔

本馬韓之域漢成帝鴻嘉癸卯百濟(馬韓諸國之一)始祖開國于此阿莘王時臨津以北沒于高句麗文周王南遷後高句麗盡有漢水南北新羅眞興王十二年攻取之以三角山之德水川爲羅麗分疆(高峯幸州交河瑞原坡平爲高句麗地)文武王八年麗濟滅而其地屬于唐(漢水南北爲新羅臨津以北屬于唐)開元乙亥唐勅賜浿江(今大同江)以南地于新羅(爲唐地凡七十大年)景德王十六年改本道郡縣號隷漢州都督府(今廣州)孝恭



王時爲泰封所取景明王時因歸高麗太祖二十三年改郡縣號成宗十四年置十道以楊廣黃海等州縣爲關內道顯宗九年以赤縣六畿縣七別稱京畿(詳開城)睿宗元年以楊廣州所領郡縣合中原河南二道爲楊廣忠淸州道(以中原河南爲忠淸道關內爲楊廣道)明宗二年分爲二道忠肅王元年合爲一道稱楊廣道恭愍王五年別置忠淸道恭讓王三年割楊廣交州西海三道地入于京畿爲左右道(各置觀察黜陟使經歷都事○初以長湍臨江兎山臨津松林麻田積城坡平爲左道開城江陰海豐德水牛峯爲右道恭讓三年楊廣道之漢陽南陽仁州安山交河陽川衿州果州抱州瑞原高峯交州道之鐵原永平伊川安峽連川朔寧隷左道楊廣道之富平江華喬桐金浦通津西海道之延安白州平州谷州遂安載寧瑞興新恩俠溪隷右道)

本朝太祖四年更定左右道(以平州遂安谷州載寧瑞興新恩俠溪還隷西海道以廣州水原楊根雙阜龍駒處仁利川川寧及忠淸道之振威爲左道富平鐵原延安及楊州所領郡縣爲右道)太宗二年合楊廣京畿稱京畿左右道(各置觀察使經歷都事)十三年合左右道稱京畿道(以延安白州牛峯江陰兎山還于豐海道伊川還于江原道割忠淸道之驪興安城陽智陽城陰竹及江原道之加平來隷 世宗十六年以安峽鐵原還于江原道燕山主十一年割鎭川稷山平澤牙山來隷京畿 中宗元年還)復凡三十七邑

巡營 漢城府

摠理營 水原府

守禦營 廣州府



(討捕使畿營及四都中軍例兼)

管理營 開城府

鎭撫營 江華府

統禦營 喬桐府

兵馬防營 坡州牧

水軍防營 永宗鎭

討捕營 摠戎前營南陽 守禦中營楊州 摠戎後營長湍 守禦後營竹山

楊州鎭管 高陽交河加平永平抱川積城坡州○坡州今不入

長湍鎭管 朔寧麻田漣川江華喬桐○江華喬桐今不入

驪州鎭管 竹山利川楊根砥平陰竹陽智

南陽鎭管 仁川通津富平安山安城振威金浦龍仁陽川果川陽城始興

水原府

沿革 本百濟買忽新羅景德王十六年改水城郡領縣四振
威車城永豐廣德隸漢州憲德王十四年以唐恩縣來併興德
王四年析之高麗太祖陞水州南征甄萱時郡人金七崔承珪等歸順効力以
其功陞為知郡事成宗十四年改置都團練使穆宗八年罷之
顯宗九年復為水州置知郡事屬縣八振威安山龍城貞松雙阜陽城永新廣
德元宗十二年陞水原都護府宗梁防戍蒙古兵入大部島侵掠居民島人忿
憤殺蒙古兵以叛副使安悅討平之以其功陞○宗梁今江華孫梁項後陞水州牧忠宣
王二年汰諸牧降水原府恭愍王十一年降為郡紅巾賊遣先鋒
招降楊廣道州郡本府人最先迎降使賊勢益張遂降郡尋復為府郡人重賄宰臣金鏞本

水原 三

朝太宗十三年改都護府十八年以仁川之楊干處陽城之宗德莊來屬
世祖十二年置鎭管十二邑詳南陽中宗二十一年降為郡
以府民弑父母○移鎭于仁川三十年復舊宣祖三十五年置防禦使顯宗九年兼別中營將
肅宗十三年改兼摠戎左營將 正宗十六年移鎭南陽正宗十三年遷 顯隆
園于府之花山卽舊治移治于八達山之東以廣州日用松洞二面來
屬十七年陞留守府四都之一 邑號 漢南高麗成宗所定隋城華城
官員 正宗甲寅所定留守癸丑兼壯勇外使壬戌改兼摠理使判官兼 華寧殿令管城將摠理營
從事官檢律醫學各一員
古邑 龍城南八十里本百濟上忽一云車忽新羅景德王十六年改車城為水城郡領縣高麗太祖
二十三年改龍城廣德南九十里百濟古號未詳景德王改廣德為水城郡領縣雙阜西南六十

里本百濟大浦景德王改雙阜為唐城郡領縣貞松西南三十五里本百濟松山景德王改貞松為唐城
郡領縣右四縣高麗顯宗九年來屬
坊面 南部北部並府城內外日用刑石俱北十里松洞三
峯本三峯處俱西三十章洲東十安寧龍伏俱南十五台村東南二十文市
南谷山城漁灘俱南三十葛潭西三十五東北東四十梅谷
西二十雨井西八十晴湖楚坪俱南四十正林床芻古爭部曲芻
南面八灘俱南五十楊澗本楊干處宗德本宗德莊貢鄉本工二鄉長安
草長水北五朵青龍俱南七十宿城梧井
浦內本浦內彌部曲玄岩鴨汀俱南八十廣德南九十土津南七十五佳
士南一百○柱石鄉盆村鄉陸內彌部曲堤村部曲青卯部曲汝梁部曲公村部曲

四

堤堰二十處

洪範栖鳳二山俱在健陵局內

新永莊汝井處今音村處深谷處楡栟處古等村處
山水 八達山府西小山特起野中城緣其上下有屛岩藥泉花山南二十里舊治鎭山○龍
珠寺光教山北十里龍仁廣州界有觀魚洞洞中有瀑舞鳳山一云萬義山東四十里雄
岳山西二十里花山主幹廣德山南一百里有望雲臺前臨大海雙阜山西八十里通望
西南海總水山南八十里龍城縣南兄弟山南八十里宿城面望月山南八十里
鴨汀面雞頭山南八十里佳士面鷹峯山西南十里摩尼山西南一百里
鳴鳳山西南六十里增岳西十三里鷲峯西五里金堂岩西南三十里三峯面
岩上可坐數十人 嶺路 遲遲臺峴北十五里廣州界行幸駐蹕命名之純祖丁卯竪碑建閣
中彌峴南三十里通南大路老留嶺西十里窑陽嶺西五十里琵琶峴摩尼
山東○海西八十里亢串川南大十里源出光教山南流貫南北水門西出為上下柳川經大皇

城樓有訪花隨柳亭華陽樓

橋禿城之西左過烏山川南流 左過振威長好川入雞頭津上 梧木川 南二十里 烏山川 南四十里龍仁葛川下流 後坪川 西南十五里 真木川 北十里 沙斤川 北十五里 瓮

浦 西南八十里與陽城地越入者連界 源出建達山西流入海魚鹽之會 仇二浦 真木浦

赤津浦 八羅串 兀未串 俱在雙阜 玉浦 西南十里 九乙梅串 西南一百

二十里越在 牙山西北界 島嶼 楓島 周二十里 諸五十里 水仇火島 鷹島 楮只島

大小二島俱 雙阜海中 三島 在大津之北 其二沉沒 又島 氏島 一云 種島

形勝 左控漢州右環大海衛神京控兩湖原陸廣衍民

物殷阜所以藩屛畿甸權衡南北

城池 府城 正宗十八年築周四千六百步雉城八南曰 八達門北曰長安門東曰蒼龍門西曰華

西門有東西南北暗門南北水門環 城西各擁樓臺墩鋪凡二十五所 禿城山城 南三十里 宣祖二十

五

屯三十処

五年修築古城 正宗二十年改築周一千八百步門三 四〇中軍兼禿城把摠 別將一留鎭將一〇宣祖三

十五年府使 邊應星修築 舊邑城 土築周四千三十五 尺今入健陵局內

營衛 摠理營 正宗十七年設 官員 使 留守兼 中軍 兼華寧殿衛將 討捕使禿城別將

從事官 兼判官 別驍士 別將 左列 右列 五司把摠 各一 別五司把

摠 別前司振威別左司龍仁別右司 山別後司果川別中司新豊衛將 安協守 兼把摠 始興

屯牙兵把摠 平新作堠將 迎華

烽燧 興天山 西南八十里 建達山 西南三十里 峯山城 府東

倉庫 倉四庫二十三 城內 三倉 龍珠寺 四倉 五倉 山城 七倉 青龍

六倉 床菊 八倉 貢鄕 九倉 兩井

驛站 迎華道 在長安門外〇察訪一員兼 摠理中堠將〇屬驛十一 革廢 長足驛 東三

場市 南門外四九 安中二七 土津一六 烏山三八 汶吉串四九 八灘五十 細藍一六

十里 同化驛 西二十五里 菁好驛 南四十里

津渡 雞頭津 南八十里 通牙山 里浦津 南七十里 通平澤 堂浦津 南九十里

通牙山 大津 西南一百里廣十餘里潮勢悍駛中流有令 翁岩峨岩卓立高可百尺潮滿用舟乃渡通

洪州沔川等 諸邑捷路

橋梁 大皇橋 南十五里 健陵局內 梧木川橋 在大皇橋東 通南大路

牧場 洪原串場 西南九十里 〇監牧官 陽也串場 西南七十里

土産 魚蟹鰕蛤等二十五種 塩 艾 柿 綿麻楮漆 等絕無

宮室 行宮 在城內

樓亭 迎華亭 長安門北三里 留守交龜 杭眉亭 西屯堤西岸

廟殿 華寧殿 奉安正宗大王御真 享儀同永禧殿行 誕日臘日西享 大

提調留守兼

健陵東岡

城神祠

官員 令二員 一員判官兼 衛將二員 一員中軍兼 守門將二員 本府差啓

陵園 健陵 在花山之陽 正宗大王陵 忌辰六月二十 八日 孝懿王后金氏祔 忌辰三月九日〇

令參奉 各一員 顯隆園 英宗三十八年葬于楊州拜峯號垂 恩墓正宗丙申追號永祐園己酉

遷園于此追今號莊獻世子園忌辰五月二十一日 惠嬪洪氏祔忌辰十二月二十三日〇令參奉各一員

祠院 闕里祠 在楚坪正宗癸 丑始建御筆揭額 孔子幀影 〇 梅谷書院 肅宗

甲戌建 乙亥賜額 宋時烈 見京都 文廟 〇 明皐書院 西二十里松洞 顯宗辛丑建己

酉賜 額 趙翼 字飛卿號浦渚豊壤 人官左議政諡文孝 趙復陽 字仲初號松谷 翼之子官吏曹

判書典文 衛謚文簡 趙持謙 字光甫號迂齋復陽之子 官副提學贈吏曹判書

典故 高麗忠定王三年倭焚雙阜 恭愍王七年倭侵

龍城 九年倭焚龍城等十餘縣 二十一年楊廣道

巡問使趙天輔與倭戰于龍城敗死 辛禑三年倭寇水
原元帥楊伯淵羅世以戰艦五十艘擊走之 四年倭
焚掠水原元帥王賓與戰敗績倭又寇水原 十年倭
寇水原工二鄉 卽貢鄕 府使許操擒賊諜三人○本朝
宣祖二十六年六月自三道兵潰于龍仁之後畿內全
被殺掠民多附賊入都湖南義兵將金千鎰糾合數千
義旅領兵北上 上命授千鎰倡義使千鎰兵至水原
襲破龍仁金嶺所據倭搜斬附賊姦民士民歸附者衆
七月全羅監司權慄領勤王兵二萬進屯水原之禿城
倭數萬分道來侵慄堅壁不動時出奇兵斬賊燒營倭



還入京城 光海主十三年十二月發忠全慶三道兵
各三千留屯水原 英宗四年李麟佐等起兵陷清州
命摠戎使金重器先爲出鎭水原 平難後誅重器

廣州府

沿革 百濟始祖十三年秋七月就漢山 卽黔丹山方言稱大曰漢猶言大山 下立柵移慰禮城民戶九月立城闕十四年春正月
移都漢水之南 在府北五里卽本府古邑 稱河南慰禮城 百濟始祖避樂浪靺鞨之患遷都漢南則明是自北而遷南也蓋慰禮之稱始於漢北及遷漢南又因舊號此所謂河南慰禮城也慰禮者當時方言凡匡廓之四圍謂之圍哩圍哩慰禮聲相近也樹柵築土以依匡廓故謂之慰禮也東史以稷山縣爲慰禮者非也今漢陽東北之地是始都之地也 歷十三主 三百七十五年 至近肖

古王二十六年移都漢水之北稱北漢山 以本府別稱南漢猶言南北京 新羅眞興王十四年取百濟東北鄙 時百濟都扶餘 置新興
州 以阿飡金武力爲軍主 十八年廢之尋復置新州停 羅人謂營爲停 二
十九年罷之眞平王二十六年復置漢山停 置將軍以下官十七軍號
文武王四年改漢山州 又稱南漢山州 置摠管元聖王改都
督聖德王三年置大都督景德王十六年改漢州都督
府 九州之一○領州一小京一郡三十一縣七十一○都督府領縣二黃武巨黍 後陷于泰封
高麗太祖二十三年改廣州成宗二年置牧 十二牧之一○牧使
判官司錄參軍事各一人 十四年置奉國軍節度使 十二節度之一 隸關內
道顯宗三年改安撫使九年置牧 八牧之一○屬郡四川寧竹州果州利川



縣三砥平龍駒楊根 忠宣王二年降知州事 汰諸牧 恭愍王五年復
爲牧 本朝因之 世宗朝加置判官教授 世祖元年以州爲左
輔 依前朝左右前後輔例以本府爲左輔水原爲前輔楊州爲後輔原州爲右輔 十二年置鎭
管八邑詳驪州 燕山主十一年革本州 以州人有亂言者 中宗元年
復舊 減判官明宗二十一年兼防禦使宣祖六年兼討捕使十年陞府尹二十五年兼守禦副使
仁祖元年陞留守 兼守禦使 四年築南漢山城移治于城內
設守禦使節制廣州等鎭軍務以牧使兼防禦使十一年兼討捕使十五年改府尹孝宗三年兼守禦使六年罷之肅宗六年復兼旋罷九年陞留守兼守禦使又置經歷移前營于驪州十六年復置府尹兼防禦使討捕使前營將減經歷十七年復兼守禦副使二十一年罷副使英宗二十六年罷守禦使置留守兼守禦使置經歷移前營于利川三十五年罷留守經歷置守禦使設京廳如故以府尹兼防禦使前營將守城將

日用松洞二面正宗十三年移屬水原

正宗十九年陞留守兼守禦使出鎮本城仍罷京廳移鎮于驪州 **邑號** 淮安 高麗成宗所定 **官員** 留守 兼守禦使 判官 兼前營將守禦從事官 檢律 醫學各一員

**坊面** 城內二洞 南北 慶安 南初十終四十 五浦 南初三十終五十 細村 南初五終二十 樂生 南初二十終四十 突馬 南初二十終三十 東部 東北初十終三十 西部 西北初十終二十 退村 東初二十終四十 草阜 東初三十終六十 都尺 東南初四十終七十 宗村 東南初五十終七十 草月 東南初三十終四十 中垈 西初十終二十 彥州 西初二十終四十 龜川 西北初二十終三十 六旺 西南初十五終三十 義谷 西南初四十終六十 旺倫 西南初六十終七十 北方 西南初七十終九十 月谷 西南初七十終八十 聲串 西南初八十終一百海邊

**山水** 日長山 今府治一云南漢山一云清凉山西有鷹峰東有望月峰 黔丹山 北十里

光秀山西二十

清溪山 西三十里峯峦秀拔○青龍寺 早谷山 一云草洞山東三十里江之北○水鍾寺 雲吉山 東二十五里楊州天摩山南支 軍日山 東南十五里有酸座峯 武甲山 東南四十五里東連利川圖寂山又山之南支曰淨光山北支曰靈積山 門懸山 南四十里 靈長山 南十五里○法輪寺奉國寺 大母山 西三十里北支曰光秀山 道養山 西五十五里東連光教山 大海山 南五十里陽智界 五峯山 在沙斤坪西 白雲山 西五十五里 修道山 西三十里 修理山 西六十里安山界 廣岳山 北連黔丹 馬鳴山 大海北支 鼎蓋山 東十里山形高秀似鼎蓋 養子山 東南十里 禮奉山 在早谷山西頂上有岩似碁局其下有井 鶯子山 一云斗山在退村 客山 在古邑東即清凉東支山下有瀑 金岩山 即清凉北支中有龍虎洞金岩北支有元德山又有二聖山有百濟城址又有丞相山三峯並峙 松坡坪 西二十里清兵留陣處有勝捷碑俗稱和虜碑

**嶺路** 秋嶺 南四十里龍仁路 雙嶺

助布坪西二十里旧有牧場

陰川一云遠于川穿呼川今云月川

東南四十里有大小二嶺相距五里東有釜潭自小雙嶺至廣峴三十里利川大路 利保峴 西南十里 舊大路北距松坡津三十里東南至草峴十里 渴馬峙 北三田渡三十里通龍仁陽智 月川峴 舊云穿川峴西三十里 新峴 東十里西北利保峙十里東南大双嶺二十里 鶴峴 在校橋店西十里通仁德院 倒馬峙 東十里楊根路 草峴 東十五里慶安十里南 奄峴 東十里通斗迷 斗迷遷 北二十里 ○漢江 自分院之北西流左過昭川經黔丹之陰溪陰之渡為廣津松坡三田渡鶴灘左過炭川良才川右過王山川經楮子島西流 楸灘 筆灘 馬灘 明大灘 所灘 萠灘 梨灘 右七灘為要害 炭川 南二十五里源出龍仁石城山西流環龍仁縣西為莊莊川左過光教山之水北流為陰川經樂生面為穿呼川經大母山之東為鵲及入三田渡 昭川 一云牛川東二十七里源出陽智曲頓峴及大海山龍仁聖倫山北流為金嶺川至慶安驛過廣峴川至退村過新峴川入斗迷東 良才川 西三十里源出冠岳山及清溪山合而東北流經良才驛入于楮子島東 雙嶺

堤堰十處

川 慶安川 細皮川 崑池 岩川 女妓川 並昭川上流 蟠川 在樂生面 東溪 在府城中諸谷之水合而東流入昭川 太湖 一云芼池北十九里長十里濶百餘步西有小山孤峙曰龜山 梨浦 西九十里聲串面濱海魚鹽所聚 鳩浦 梨浦南界 美音浦 北二十里斗迷下流 洗姑灘 西二十七里廣津之下 溫井 東郊德豊里 椒井 北十九里龜川面

**島嶼** 楮子島 在廣州江中北接箭串坪島南小岩如童稱舞童島島之南岸有奉恩寺

**形勝** 百濟故都千年雄鎭環萬仞雲堞帶百里長江內以藩屛畿甸外以控制湖嶺 岡山相續間多平郊土壤膏腴民物殷富

**城池** 南漢山城 新羅文武王十三年築號晝長城本朝仁祖四年命完豐府院君李曙改築 周六千二百九十七步南門外甕城二南甕城三處將臺東西南北四所○連珠峯甕城長慶寺甕城○本城

城門四暗門十六井八十池四十五○蜂岩城府東五里周九百六十二步砲樓十五暗門四○汗峯城東門外周八百九十五步暗門一○新南城一云南格臺府南五里周七百四十三步○墩臺二所在南格臺東西○南漢內夷淺而外峻絶襟抱固密體勢雄亭城冠山巔掘隆而已平井泉甚多城外崖谷盤錯羊腸百折四面山勢斷截不可躋攀惟東南隅山脚稍坡施爲設砲樓三乾維有小峯可瞰城內築甬道屬之本城建開元等九寺 金岩山古城 百濟時築 坪古城 在廣津上野中與楊州楊津城隔江相對

**營衛** 守禦營 沿革見上 **官員** 使 留守兼 中軍 兼守城將討捕使 從事官 判官兼 五營 前營本府中營楊州後營竹山左部驪州右部利川 守禦前營 前營將本府判官兼 ○屬邑廣州利川砥平 義僧摠攝 領僧軍 松坡鎭 別將一員管津渡

屯二十四處

**烽燧** 天臨山 一云月川峴西三十里

**倉庫** 倉十三處庫九

十一

察訪一員

**驛站** 慶安道 東南二十里○屬驛七○ 良才驛 西三十里 奉安驛 東三十里 德豐驛 北十五里 樂生驛 南三十里 **廢革** 長嘉驛 安業驛 南山驛 饒吾驛 **撥步** 新川 栗木 黔北 慶安 雙橋

**津渡** 松坡津 西北二十里管三田渡舞童島○別將一員 三田渡 西北二十五里舊有渡丞移于松坡 廣津 北二十里 麻岾津 通奉安東二十五里 新川津 三田渡北五里 斗迷津 東二十里其北岸爲斗迷遷石路濱江縈紆七八里東指奉安 淺音津 北三十里見楊州 漢江渡 西四十里見京都訓營

**橋梁** 板橋 南三十里距京五十里 雙橋 東南四十里

**土産** 栗 櫻桃 林檎 漆 紫草 水鐵 石灰 絲 綿 麻 磁器 陶器 銀口魚 鯉魚 鯽魚 鱖魚 訥魚 錦鱗魚 葦魚 出押鷗亭前江

城內二七 慶安三八 細度川一六 松坡五十 汶坪二七 樂生三八 昆池崖四九 八谷五十

**宮室** 行宮 上闕下闕左殿右室 在德堂 漢南樓 人和館 肆覲坪 行宮 **官廨** 坐勝堂 日長閣 守禦營 制勝軒

**樓亭** 此山樓 無忘樓 西將臺 嘯雲樓 南將臺 綏帶亭 又喜亭 以威亭 玉泉亭 觀魚亭 枕戈亭 押鷗亭 西四十里豆毛浦南岸

以明亭 九松亭 地水堂

**廟殿** 崇烈殿 在城內世祖十年建溫王廟于稷山縣仁祖十六年移建于此正宗十九年改揭今號 百濟始祖王 李曙 見京都太廟

**陵寢** 獻陵 在大母山之陽距州西二十里太宗大王陵忌辰五月十日○元敬王后閔氏祔忌辰七月十日○令參奉各一員 宣陵 西三十里學堂洞成宗大王陵忌辰十二月二十四日貞顯王后尹氏祔忌辰八月二十二日○直長參奉各一員 靖陵 在宣陵東岡中宗大王陵忌辰十一月十五日○直長參奉各一員 仁陵 在獻陵右岡純祖大王陵忌辰十一月十三日初葬交河長陵局內哲宗六年遷于此純元王后金氏祔忌辰八月四日○令參奉各一員

十二

**祠院** 龜岩書院 北三十里顯宗丁未建肅宗丁丑賜額 李集 字浩然號遁村廣州人官判典校寺事 李養中 字子精號石灘廣州人高麗末官刑曹右參議我太宗卽位召之以野服來見特陞漢城左尹不受 鄭誠謹 字而信晉州人燕山主甲子被禍官承旨贈吏曹判書 鄭曄 字時晦號守夢草溪人官左參贊贈右議政謚文肅 吳允謙 字汝益號楸灘海州人官領議政謚忠貞 任叔英 字茂叔號疎庵豊川人官修撰贈副提學○ 秀谷書院 西二十里肅宗乙丑建乙亥賜額 李義健 字宜中號峒隱全州人官工曹正郎贈執義 趙涑 字季溫號滄江豊壤人官進善贈吏曹參判 李厚源 字士深號迂齋完山人官右議政完南府院君謚忠貞 ○顯節祠 在府城內肅宗戊辰建癸酉賜額 金尙憲 見京都太廟 鄭蘊 字輝遠號桐溪草溪人官吏曹參判贈領議政謚文簡 洪翼漢 尹集 右二賢見江華府 吳達濟 字李

(東城五年百濟南遷爲九年)

(輝號楸潭海州人官校理贈領議政諡忠烈)

【典故】百濟始祖三十一年分國內民戶爲南北部　三
十三年加置東西部　四十三年東沃沮仇頗解等二
十餘家至斧壤納款王納之安置漢山之西(東沃沮今咸興斧壤今平康)　責稽王十三年漢與貊人來侵王出禦爲敵兵
所害　汾西王七年潛師襲取樂浪西縣樂浪太守遣
刺客刺王殺之　近肖古王二十三年大閱於漢水之
南　東城王四年靺鞨襲破漢山城虜三百餘戶以歸
　五年王以獵出至漢山城撫問軍民浹旬乃還○新
羅文武王七年唐帝(高宗)勑王率兵會平壤王領金庾信

十三

等三十將軍至漢城停以待李勣李勣到平壤城北二
百里以督兵期王從之　定康王二年漢山州都督伊
飡金莞叛發兵誅之　孝恭王四年泰封弓裔命王建(高麗太祖)伐廣忠清三州及唐城椳壤等郡縣皆平之○高
麗顯宗元年契丹主大擧兵入京城王南奔次廣州
二年正月王失二后所之令智蔡文往尋之至饒呑驛
乃得奉還王喜爲留三日　高宗十八年蒙兵向廣忠
清州所過無不殘滅　二十二年五月詔廣州於辛卯
壬辰年狄兵圍攻能固守不下其免常徭雜役先是因
虜寇將遷都以中道巨鎭遣李世華出刺蒙古大兵來

圍百計攻之世華日夜繕守備隨機應變虜遂解圍去
　四十年蒙兵來屯高和(今高原永興)二州之境候騎三百
餘至廣州焚掠廬舍　四十一年蒙兵入西北鄙候騎
至廣州○本朝宣祖壬辰七月倭陷廣州攝州事朴宣
自昭川奔斗迷津　九月攝州事魚得海與倭戰於龍
津追至斗迷津兵敗死之　仁祖二年李适兵敗奔廣
州牧使林檜遇於慶安驛被執不屈死之　五年後金
兵陷義州以摠戎使李曙守南漢山城　十四年十二
月清兵猝至　上將幸江都御榮禮門清將瑪福塔率
數百鐵騎到弘濟院以一枝兵遮斷陽川江已斷江都

十四

之路　上還入城日暮入南漢山城翌日清兵大至遂
圍城東南諸道勤王兵相繼崩潰　原州營將權正吉
首以單兵入據黔丹山終至敗退江原監司趙廷虎不
能進兵忠清監司鄭世規率兵屯於險川敵兵自高峯
壓擊一軍敗沒公州營將崔震立中軍黃珀千摠金文
乎李楗連山縣監金弘翼藍浦縣監李慶善金井察訪
李尚載俱死之全羅兵使金俊龍選精銳進據光教山
屢度合戰頗有勝捷敵兵亦多殺傷(清將揚古利登山督戰俊龍麾下朴義砲殺之)一日敵兵大至俊龍督兵力戰我軍矢盡粮絶遂
退陣水原兵潰全羅監司李時昉使靈岩郡守嚴愰駐

陽城欲為進兵而聞金俊龍光教之敗退屯公州撤錦江橋以斷賊路忠清兵使李義培慶尚左兵使許完右兵使閔栐合兵四萬至雙嶺分陣二處敵兵升高下擊諸營兵大潰李義培許完閔栐及尚州營將尹汝任安東營將宣世綱金海營將白善男等俱死之慶尚監司沈演進駐忠州之木溪不能前進到驪州聞雙嶺軍敗退屯島嶺咸鏡監司閔聖徽率兵至迷原每欲進戰而元帥沈器遠不許後聞蒙古回騎至鐵嶺作亂(詳安邊)單騎往諭蒙古不復剽掠　十五年正月晦清兵撤歸

英宗四年三月逆賊李麟佐等陷清州將舉兵北上以

十五

判尹金東弼為南漢巡撫使東路經略使出鎮南漢

## 開城府

**沿革** 本百濟冬比忽新羅景德王十六年改開城郡(領縣二德水臨津)隸漢州孝恭王二年弓裔建都(稱後句麗)高七年移于鐵圓高麗太祖二年自鐵圓徙都于此倂松岳(在府北十里月老洞)開城(在府西二十五里石崇山之東)二郡之地為開州光宗十一年改皇都成宗十四年改開城府(置尹)顯宗九年罷府置縣令(時契丹來侵宮闕民屋殆盡以十道小縣革屬於大邑改定五道兩界)十三年改開城府管赤縣六(開城貞州德水江陰長湍松林)畿縣七(臨津兔山臨江積城坡平麻田牛峯)直隸尚書都省稱京畿文宗十六年改知開城府事忠烈三十四年倂五部於開城置府(尹一尹二少尹三判官二記室參軍二○)掌都城內別置開城縣(有令丞都城外)掌恭愍王五年改官員(判府事尹少尹判官參軍)本朝太祖三年遷都漢陽置留後司於都內(留後副留後斷事官經歷都事)省開城縣世宗二十年改開城府留守(世祖十二年改置尹判官睿宗元年復置留守經歷都事仁祖十五年省都事)

**邑號** 中京(道詵)記松都(高宗時稱)西京(松京志)

**官員** 留守(兼管理使)經歷(兼管理從事官)教授分教官(本府文官)檢律(本府生進)醫學各一員

**古邑** 松岳(本百濟扶蘇岬新羅景德王改松岳郡隸漢州領縣二如羆江西高麗太祖二年來倂)德水(南三十里本百濟德勿一云仁物景德王改德水為開城郡領縣高麗文宗十年創興王寺于縣址移治于貞州之楊川直隸開城府恭讓王元年置監務本朝太祖七年革屬海豐郡○興王寺古址在德物山南)開城

十六

豐德(南三十里本百濟地高麗太祖改貞州直隸開城府睿宗三年改知昇天府事忠宣王二年降知海豐郡事本朝太祖七年以德水縣來合太宗十三年革屬開城府十八年復置世宗二十四年改豐德孝宗己丑以中宮張氏貫鄉陞都護府後兼鎮撫右營將純祖二十三年來屬○貞州古址府南四十里昇天古城之西○昇天古址在古城北二里)

(純祖癸未割金川大南小南兩面及長湍沙川以西來屬)

**坊面** 東部仁興坊 南部禮安坊 西部義興坊 北部智安坊(世祖朝改定) 東面(東十里) 青郊(東南十) 南面(南十五) 中西(西三十) 北西(西北三十) 北東(東北二十) 大南(東北七十) 小南(東北五十右二面自金川來屬) 中北(南三十) 東南(南四十) 西南(西南四十五) 邑北(南二十五右四面本豐德) 八面○高麗成宗六年更定五部坊里顯宗十五年又改定五部坊里凡三十五坊東部(安定 奉香 令昌 哲令 揚堤 弘仁)

蒼令 南部 德水德豊安興德山安甲 西部 森松顯五正乾福安香川 北部 正元法王興國五冠慈雲王輪堤上舍乃獅子岩內天王 中部 南溪興元 弘道鸎溪由岩変羊廣德成化

## 山水

松岳山 府北五里一云鵠嶺一云崧山北連聖居天磨東聯五冠湧岩勢如萬騎奔騰千鎗森立雄盤高大清秀峻拔洞府峀深泉石絕勝北距雄閑南鎮名都○紫霞洞廣丈岩山之南有法王王輪等十餘大刹古址 五冠山 東十五里山項有五小峯團圓如冠故名氣勢雄健泉瀑絕奇左右多洞府○靈通洞摩訶岬綿細洞槖馳岩遮日岩花潭白石潭雞峯甑峯 天磨山 府北三十里複嶺重峯縱橫插天有普賢丈殊白蓮清凉負児蘿月鷹峯國師等諸峯萬景臺○知足庵石壁千尺四面攢峯 聖居山 北四十里西距金川大十里上有五峯與天磨峯峀連紆有悟道嶺日達岩水精窟天磨聖居兩山之間有寺庵三十餘區皆在危巓絕項 湧岩山 在五冠山東北與五冠天磨峯峀相連有正瓶臺香爐峯五龍



峯皺岩獺嶺 靈鷲山 東北四十里與聖居相連有金神洞鷲峯土嶺桐峴 寶鳳山 東北三十里長湍界有蓮花峯白雲峯內外白雲洞舟岩龜岩隱土臺蟠溪 首龍山 東北八十里山北卽金川地重疊幾深有白界峴白雲洞上亭嶺孝數洞長佐洞 龍峀山 南二里舊有松林寺恭愍王舍陳理于松林寺 男山 東一里有天堂洞乃回回世子所居世子姓文僧明昇東來山西有花園八角殿舊址其東有高麗太廟及都評議使司古址 鳳鳴山 一云五鳳山西二十五里南有萬壽山 帝釋山 天磨山西北西距金川五十里 白蓮山 南三十五里 石崇山 西三十里 漁火山 南二十五里 孤雲山 西北四十里 進鳳山 南七里 大芚山 東北八十里金川界 道 高山 在首龍之西有道歲洞五琴臺○道高山之西有大盖山有德山洞天作洞自作洞白峙峴晦岩盤城女妓堂臥龍臺收隱亭 大德山 在寶鳳山之北有萬家莊木德山之北有發趣山山有遺德洞瀑岩 橫穴山 在湧岩山之南有七潭 白馬山 南四十里高麗高宗三十七年遣大將軍李世林將

吳公山 松岳西南 夜味山 西二 比巴山 府西 蘿蔔山 東二 金山 西十 高頭山 東十

軍慎執平等始營宮闕于昇天府白馬山南臨海宮舊址在界天浦西岸○高麗置三蘇以長湍白岳爲左蘇白馬山爲右蘇新溪冀達山爲北蘇 扶蘇山 南二十里有古敬天寺之十三層石塔刹華嚴十二會相其制作精巧人物聳動形客森書又寺之東岡產怪石 末訖山 南三十里南有豊德慶邑 德物山 東南二十里一云德積山南有德水古址文宗稜邑而創興王寺凡十二年而戊卽文宗二十一年也共二千八百間二十四年城興王寺今寺廢山上有崔瑩甸巫覘聚居 軍藏山 廣德山 俱南二十五里 如利山 露積山 馬羣山 俱南三十里舊名馬蹄山忠烈王四年建壽康宮 三聖山 南四十里 楓陵山 西南十五里 御屛山 西南四十里有君子峯 大興洞 在聖居天磨兩山間自朴淵而上岩石甚奇峻至觀音窟前有龜潭又上數里流泉滙爲漈湫又上數里有普賢洞馬潭又上數里有大興寺 青石洞 西北三十里塔峴之東重岡複嶺兩岸壁立長谷幾二十里屈曲盤回溪中瀉而大路當其中 大杜門洞 西十五里本朝壬中林先味曹義生等



七十二人聚入洞中不肯從化因名焉英宗二十七年御製御筆堅碑洞中又有記蹟碑○寶鳳山北十里許又有所謂杜門洞革世後麗臣邂入者四十八人云 嗚潭洞 聖居山北 馬岩 在成均館香橋南有恭愍王妃魯國公主影殿古址

## 嶺路

大蛇峴 東十里長湍界 牛耳嶺 東北五十里西距金川六十里 上項嶺 東北六十里金川界 羅卜實嶺 同上 不朝峴 南二里太祖壬申親臨設料麗士舉皆踰峴西去故名英宗十五年行幸時命以高麗忠臣不朝峴七字竪碑又其北有掛冠峴麗士踰不朝峴者掛冠于此 塔峴 西北三十里 自踰峴 青石洞東 虎峴 南十九里 龍峴 西北二十里要害處 葛峴 東北五十八里長湍界 石峴 南十五里 地藏峴 南七里 涇波峴 西十里 馬騎峙 聖居山西支 ○禮成江 西三十六里以宋使迎送之地故稱禮成江江之西爲白川地 錢浦 西三十六里 梨浦 錢浦下流其下爲碧瀾渡其下爲後西江 後西江 西三十五里高麗橋西江 昌陵浦 西南四十里後西江之下 東江 東南四十里

金峴 東二里 沙峴 北一里 朱雀峴 沙峴北 梨峴 東大里

堤堰二十二処

汝川 東十里長湍界 板積川 汝川上流 小汝彌川 東北五十里右三處長湍 府内諸水 島川白川熊川並入汝川 化莊浦 東江南十里 領井浦 南四十五里 昇天浦 南四十里 芒浦 楊川下流 堂頭浦 西南四十五里高麗文宗十年建長源亭於西江餅岳之南邊 文宗二十一年肅宗五年俱幸長源亭 海 朴淵 在聖居天摩兩山之間大石如剖瓮深不可測盎石湧出淵中水赴絶壁怒瀑下垂如白虹映空飛雪洒砿霆奔電激聲振山岳有清心潭妓潭馬潭龜潭皆異状絶奇

形勝 山川雄渾土地廣衍 大興有羊腸崎函之險 青石有馬陵井陘之隘 西南有大江之阻 東北有白峙之險 山川環抱土地膏沃 西北高障東南敞遠

城池 内城 卽勃禦塹城高麗稱皇城凡二千六百間環列十三門○南大門本朝太祖二年建樓○元順帝至正六年遣左藏庫副使辛裔鑄鍾于金剛山忠穆王請于辛裔懸于演福寺後移懸于樓○新羅真聖主十年弓裔使王建築勃禦塹城○恭愍王十年集都人修城門○辛禑三年命修京城○恭讓王三年發五道丁夫築内城尋罷之○本朝英宗九年命松都守臣修舊城 外城 高麗顯宗二十年築開京羅城先是平章事姜邯贊以京城無城郭請築之王命參知政事李可道定城基周二萬九千七百步立門凡二十二門號曰崇仁 宣旗 保定 光德 德山 會賓 仙溪 泰安 弘仁 乾德 保泰 宣義 後猊 定平 仙岩 慈安 彰義 迎陽 安和 戌道 會昌 安定○用丁夫三十萬四千四百人○恭愍王七年命修京都外城 松岳古城 在古縣新羅孝昭王三年築松岳城孝恭王二年弓裔葺松岳城高麗顯宗二年增修松岳城 閣城古城 西二十五里周四千四百十尺俗稱卯山古城○新羅聖德王十二年築閣城 昇天古城 一云白馬山城南四十里昇天浦邊高麗高宗三十九年築周十里井七十三 永安城 西南四十里昌陵浦上恭愍王七年城西江者是 ○大興山城 北三十里○肅宗二年命大將柳赫然築周五千九百七十五步城門大初置別將設營後以管理中軍留鎮○城址外險内夷山勢四圍削岩崔嵂若排劍戟中通一溪為大瀑卽朴淵也○倉四庫二城内外有寺庵十餘區又有制勝堂永清堂大乘堂○守城將中軍兼

營衙 管理營 本朝肅宗三十七年設 官員 使 兼留守 中軍 兼大興山城守城將 從事官 兼經歷 左列 右列 別將一各 左部 右部 中部 千摠一各

鎮堡 礪峴鎮 西北二十五里龍峴之南英宗六年築城置鎮○倉二○兵馬僉節制使一員 白峙鎮 東北七十里金川東五十里首龍山之南古牛峯縣之自界峴有古城自金川繞聖居山後踰此峴南通臨津卽府東北要害也新羅高句麗用兵皆由是路肅宗二年置鎮十七年屬金川正宗丙辰來屬○倉二○兵馬同僉節制使一員 廢革 青石鎮 在青石洞純祖三年築土城長七百五十大步設關門置僉使鎮二十一年廢○雖曰天險自洞迤北趨東轉入兔山之境則大徑小路不可勝守

烽燧 國師堂 城隍堂 右二處在松岳山上 德積山 南二十里

倉庫 倉三庫十

驛站 青郊驛 在保定門外 廢革 後猊驛 西二十里 中連驛 南三十里舊保豊德 平理驛 古保德水 騎撥 青郊站 青石洞站

津渡 碧瀾渡 西三十五里潮勢悍駛舊有渡丞 梨浦津 西四十里 踐浦津 西三十六里高麗稱匡正渡右三處通白川 祖江津 南五十里通通津○高麗稱河源渡忠烈王嘗與齊國公主觀潮于此 蟹岩津 南四十里高麗稱引寧渡舊保德水通通津 昇天浦津 南四十里通江華○西岸有臨海宮古址 昌陵浦津 西南四十里通白川南界

橋梁 槖駝橋 在保定門内古名萬夫橋俗稱夜橋橋頭有記蹟碑○高麗太祖二十五年契丹歸槖駝五十匹王以契丹嘗與渤海連和一朝殄滅此為無道之甚遂絶其交聘流其使吁海島繫槖駝萬夫橋下皆餓死 黃橋 在宣義門外 壽昌橋 古壽昌宮前橋十水川流其下 白金石橋 南大

開城羊欄場 貞州左牧場 俱廢

崔瑩德三八 鮮岩二七 悅梅四九

門外市街 楓友橋 南大門外川流其下 白猪友橋 南大門外川流其下 烏善竹橋 在太廟里鄭文忠夢周致命之所橋東有碑文忠後孫鄭好仁架石欄橋別作小橋以通行人 英宗十六年堅御製御筆碑橋東有成仁碑又有錄事碑 仙人橋 紫霞洞 中常洞橋 汶峴北 永義署橋 泉洞 傘石橋 南大門外市街 酒泉橋 西小門內 十水川橋 五正門內 板壓洞 玉粧橋 同上 兵部橋 廣化門東 勞軍橋 兵部橋東 助隱橋 猪友橋南 水陸橋 南大門外西一云馬壓橋 舟橋 水陸橋南 大平橋 大平館前 堂上橋 梨井里 皮井橋 堂上橋南 竹壓橋 禮賓里 北辰橋 滿月臺前橋西有洪忠平灌取義碑 汶川橋 東十里 吹笛橋 汶川東三里橋邊有吹笛峯迎送臺 羅伏橋 吹笛峯下天壽院東 板積橋 東二十里 大橋 西二十五里潮水至焉

**土産** 人蔘枸杞子松蕈怪石石灰白魚秀魚鱸魚蟹

**宮室** 壽昌宮 西小門內我 太祖受禪于是宮之永和殿 定宗 太宗俱臨御于是今廢爲倉 廣敬德宮 在龍岫山之東楸洞 太祖受禪後親臨楸洞設科 宮即 太祖潛邸舊宅也增修爲敬德宮置別提二人 宣祖壬辰後廢爲民田 孝宗八年命以周垣立下馬碑 顯宗十年修治 肅宗十九年幸齊陵 御筆堅碑額曰敬德宮王啓靈慶之碑 仁德宮 在齊陵局內 定宗薨于此 **公廨** 成均館 東五里馬岩之北○敎授分敎官各一員 大平館 西小門外忠烈王時元世祖置征東省今爲使華止宿之所 分奉常寺 在西城里○主簿直長各一員 訓鍊廳 在郭莊里春秋武士都試設行○松京志云興國寺今爲訓鍊廳舊塔猶存廳後山下即明昇所居 ○按高麗宮室載在麗史或有古址可驗或空留事蹟者煩而不能記宮號凡二十八殿號凡四十五宮門號凡三十四樓閣亭臺園苑府署等凡五十餘廢寺凡四十餘

本朝顯宗十一年修高麗太祖陵置守護三人其餘諸陵各置守護三人

**樓亭** 逝斯亭 在花潭上傍有岩石盤陁可坐數十人 泛槎亭 在朴淵傍

**廟殿** 穆清殿 崇仁門內我 太祖舊邸 太宗命建是殿奉安 太祖御眞置參奉二人 宣祖壬辰火 孝宗八年命以周垣 顯宗十一年修治設門立下馬碑 肅宗十九年駐蹕 御筆堅碑額曰穆清殿王啓靈慶之碑 大成殿 在成均館奉安位版如京都例

**陵墓** 齊陵 南十五里栗村 太祖妃神懿王后韓氏陵忌辰九月二十三日○令參奉各一員 厚陵 南三十里興敎洞 定宗大王陵忌辰九月二十六日 定安王后金氏祔忌辰大月二十五日○別檢參奉各一員 ○昌陵 在禮成江上永安城葬高麗世祖 顯陵 在松岳山西巳只洞南葬 太祖及妃神惠王后柳氏顯宗時因契丹亂移梓宮于三角山香林寺亂平後還葬如是者再 高宗四年因金山兵移安于奉恩寺後還安 高宗十九年因蒙古亂移昌顯二陵于江華盖骨洞 元宗時權安于泥板洞 忠烈王二年還葬 本朝成宗二十四年命修高麗太祖陵 肅宗元年封植麗朝諸陵禁樵牧 正宗七年置麗陵

太祖 顯宗 文宗 元宗 恭愍 五陵各置守陵軍

肅宗 明宗陵見長湍 高宗 熙宗陵見江華

高宗四十六年盜發厚睿二陵

參奉一員以王氏差歲遣官奉審 順陵 在松岳東麓炭峴門外葬惠宗及妃義和王后金氏 安陵 在南小門外葬定宗及妃文恭王后朴氏 憲陵 在松岳山北狄踰峴葬光宗 榮陵 在追奉山下葬景宗 泰陵 在海安寺下葬戴宗 康陵 在南郊葬成宗 義陵 在城東葬穆宗○初火葬積城號恭陵顯宗三年改葬號義陵 乾陵 葬安宗顯宗八年自泗州遷于京都 宣陵 在松岳西麓葬顯宗 肅陵 在北郊葬德宗 周陵 在北郊葬靖宗 景陵 在佛日寺南麓葬文宗 成陵 在追奉山南麓陽峴葬順宗 仁陵 在城東葬宣宗 隱陵 在城東葬獻宗 裕陵 在城南葬睿宗 長陵 在城西碧串洞葬仁宗 禧陵 在城東葬毅宗 陽陵 在城南葬神宗 厚陵 在葬康宗 韶陵 府北十五里葬元宗 慶陵 府西十二里葬忠烈王 德陵 府西十二里葬忠宣王 毅陵 在葬忠肅王 永陵 在葬忠惠王 明陵 府西十二里葬忠穆王 聰陵 在城南葬忠定王 玄陵 在鳳鳴山中葬恭愍王 正陵 在玄陵之東葬恭愍王妃魯國公主 ○壽貞

懿陵禑母宮人韓氏尊爲順靖王后號懿陵

幽元和明懷宜質玄戴慈綏純真紹高令頃平善淑深良濟齊定豊穆寧端莊翼惠堅靈容節悼信靖匡簡審崇靖衍右四十七陵皆后妃之陵而未詳所在

**壇壝** 松岳山壇高麗躋中祀本朝以西岳載中祀 五冠山壇以名山載小祀

**祠院** 啓聖祠英宗十六年幸戌均館建祠有廟庭碑詳京都 ○崧陽書院在男山東即圃隱舊基宣祖癸酉建乙亥賜額有文忠公畫像及廟庭碑 鄭夢周見京都文廟 禹玄寶字原寶丹陽人官侍中丹山伯謚忠靖 徐敬德字可久號花潭唐城人官享陵參奉贈領議政謚文康 金尚憲見京都太廟 金堉字伯厚號潛谷清風人官領議政謚文貞 趙翼見水原 ○花谷書院在花潭遺基光海主己酉建仁祖乙亥賜額 徐敬德見上 朴淳字和叔號思庵忠州人官領議政謚文忠 許曄字太輝號草堂陽川人官副提學 閔純字景初號

二十三

杏村驪興人官掌令 ○五冠書院松岳山下即前朝五冠坊肅宗壬戌建乙丑賜額 朴尚衷字誠夫號潘南羅州人禑乙卯杖流道卒官判典校寺事本朝贈領議政謚文正 朴世采尚衷十世孫見京都文廟 ○龜岩書院南三十里肅宗辛酉復建壬戌賜額 李珥見京都文廟 ○道山書院府北挑李村肅宗壬戌建乙丑賜額 李齊賢字仲思號益齋慶州人官侍中雞林府院君金海侯致仕謚文忠 李種學號麟齋官進賢館提學恭讓王壬申被禍牧隱之子 趙錫胤字胤之號樂靜齋白川人官吏曹判書典文衡贈左贊成謚文孝 ○崇節祠在男山南顯宗丙午建肅宗甲午賜額 宋象賢字德求號泉谷礪山人宣祖壬辰殉節官東萊府使贈左贊成謚忠烈 金鍊光字彥精號松岩金海人宣祖壬辰殉節官淮陽府使贈禮曹參判 劉克良延安人宣祖壬辰以助防將殉節臨津官副元帥贈禮曹參判謚武毅 ○表節祠在成均館西正宗癸卯建同年賜額 林先味高麗太學生不仕本朝入杜門洞 曹義生

太學生不仕本朝與孟姓人入杜門洞 孟姓人 成思齊官直提學 朴門壽官贊成事 閔安富官禮儀判書 金冲漢官禮儀判書已上四賢追享 ○寒泉祠龍岫山北純祖丁卯建安朱子尤庵畫像于夾室 朱子 安裕俱見京都文廟 李穡見長湍 韓脩號柳巷清州人官侍中謚文敬 權溥號夢庵安東人官政丞謚文正 宋時烈見京都文廟西廡

**典故** 新羅真聖主十一年仁物縣即德水降于弓裔 孝恭王二年弓裔取浿西道及漢州管內三十餘城遂都於松岳郡 ○高麗太祖二年刱法王王輪等十寺于都內 十八年後百濟主甄萱降于高麗甄萱子神劒幽其父於金溝縣之金山寺殺其弟金剛而自立甄萱逃奔羅州請入朝王遣將軍庾黔弼等領軍舡四十餘艘迎之稱萱爲尚

二十四

父授館南宮位百官上賜楊州爲食邑 新羅王金傅降于高麗王入朝太祖御天德殿受庭見之禮拜羅王爲上柱國食邑一千戶位在太子之上以長女樂浪公主妻之創神鸞宮賜之除新羅國爲慶州仍賜爲食邑 顯宗元年契丹主聖宗隆緖大舉兵來侵王南奔羅州丹兵入京城焚燒太廟宮闕民屋殆盡 九年契丹兵逼京城東北面兵馬使遣兵三千三百入衛 高宗四年丹兵即契丹遺種金山兵之亂五千至金郊驛命諸將各師軍出崇仁弘仁二門外禦之 十八年蒙兵自平州來屯宣義門外蒲桃元帥屯吾山唐古元帥屯蒲里前鋒到禮成江焚燒廬舍殺掠人民不可勝計京城驚擾洶洶蒙兵屯京城四門外且攻興王寺遣御史閔曦犒之結和親

十九年令四品以上議禦蒙古皆曰城守拒賊惟宰樞鄭畝太集成曰宜徙都避亂(權臣崔瑀以蒙兵之故脅王還于江華以避之)開京御史臺皂隷李通反嘯聚京畿草賊城中奴隷諸寺僧徒摽掠公私王命趙廉卿等討之賊聞三軍自江華渡江逆于江邊三軍擊賊于昇天府東郊大敗之餘黨悉平　四十年蒙兵渡鴨綠江卽移牒諸道領居民入保山城海島　四十一年是歲蒙兵所擄男女無慮二十萬六千八百餘人殺戮者不可勝計所經州郡皆為煨燼自有蒙兵之亂未有甚於此時也　四十二年蒙將車羅大屯舊京保定門外蒙兵五十餘騎到昇天

二五

城外又蒙兵百餘騎到昇天城外命大將軍崔瑛慰諭瑛自城上縋下酒饌犒之蒙兵乃去　四十四年蒙古候騎入開京遣將作監李凝犒之　四十五年車羅大來屯舊京遊騎散入昇天府交河峯城守安童城掠人民牧羊馬　四十六年成州岐岩城中為蒙古所攻人相食殺其民于昇天府新城　元宗卽位之年(己未十二月)蒙兵入松都驅掠康安殿守者別將大金就擊走之奪俘而還　元年營宮闕及屋宇於舊京　十一年還都舊京公廨皆焚百官皆帳幕以居　十三年三別抄賊(詳江華)來泊靈興島(南陽)王請五十騎于元帥忻都(蒙將)宿

衛宮禁　忠烈王十六年避哈丹(元叛王顔餘黨)乃亂入于江華　十七年平哈丹亂王自江華迎元兵于藍島(在東江)北郊　十八年還都開京　恭愍王元年倭船大至捕倭使金暉南以戰船二十五艘禦倭至楓島(水原)遇賊船二十艘以兵少不戰而退至喬桐又望見賊船甚盛還次西江告急發諸領兵分遣西江甲山(卽延角山)安喬桐以備之都城大駭倭入昇天府興天寺取忠宣王及韓國公主(王之妃元公主)眞而去　七年八年倭寇禮成江　九年倭寇平澤牙州新平等縣又焚龍城等十餘縣京城戒嚴以柳濯為京畿都統使梧坊里人為軍屯東西江

二六

移御白岳新宮　十年還于開京時紅巾賊近京王及公主(王之妃魯國公主)奉太后南幸渡臨津次兜率院從者唯侍中洪彥博等二十七人(王駐駕江岸顧瞻山河謂元松壽李穡曰如此風景卿等正宜聯句)王及公主皆騎馬進次廣州吏民皆登山城又至利川時雨雪御衣濕凍燎薪自溫是日賊陷京城留屯數日殺牛馬張皮為城灌水成氷人不得緣上又殺人為食以恣殘虐王次陰竹吏民皆逃匿又次忠州至福州　十一年安祐李芳實金得培黃裳韓方信李餘慶安遇慶李龜壽崔瑩等率兵二十萬屯東郊摠兵官鄭世雲督諸將進圍京城四面進攻賊衆驚駭我　太祖

以麾下親兵二千人奮擊大破之斬賊魁沙劉關先生
等賊徒自相踏藉僵尸蒲城斬首二十餘萬獲元帝玉
璽二顆金寶金印銅印諸將曰窮寇不可盡乃開崇仁
炭峴二門餘黨破頭潘等十餘萬遁走渡鴨綠而去賊
遂平　王自福州住尙州遣平章事李公遂等守京城
時京城宮闕無遺閭巷爲墟白骨成邱　十二年王自
報恩駐淸州進次鎭州又次竹州(謁太祖眞于奉業寺)又進次峯
城留都宰樞奉迎于臨津翌日百官班迎通濟院翌日
駐駕興王寺贊成事金鏞遣其黨五十餘人犯行宮作
亂殺侍衛諸臣(慶興君洪子藩死之)崔瑩禹磾安遇慶金長壽等

三七

自京城帥兵詣行宮擊賊平之(後轘鏞于雞林府)　十二年元
以德興君(忠宣王孽子號爲僧入元)爲國王將元兵一萬將渡鴨綠
江王分遣諸將屯安州義州麟州龍州江界以備西北
皆受都元帥節制又屯和州備東北又出十四道兵馬
使調兵時德興君屯遼東候騎屢到鴨綠江朝野震懼
　十三年倭寇海豊郡　十四年倭寇喬桐江華命崔
瑩出鎭東江　倭至東西江命安遇慶等禦之　倭入
昌陵取世祖眞以歸　十五年倭奪漕舡三艘又屠喬
桐留屯不去京城大震王命安遇慶等領三十三兵馬
使出屯東西江昇天府無兵可操無甲可授諸軍索然

望賊不敢進　二十年倭寇禮成江焚兵舡四十餘艘
　二十一年大明送漢主陳理(友諒子)夏主明昇(玉珍子)家
屬二十七人曰不做軍不做民於是陳理明昇航海而
來　倭舡二十七艘入陽川我軍戰敗績王親率五軍
出次昇天府(又次安國寺峯又次引月串放火箭又登徑浦峯又次白馬山又次芼浦峯觀舟遂
次龍泉寺峯又次觀山峯終夜設火山戲)　二十二年倭舡集東西江寇陽
川遂至漢陽燒廬舍殺掠人民數百里騷然京城大震
　二十三年倭賊近境都城戒嚴(辛禑)二年倭賊入西
江崔瑩邊安烈出師却之倭將寇都城夜半發坊里軍
守城又聞賊欲先登松岳發僧爲軍分守要害　三年

三八

倭復寇江華京城戒嚴遣諸元帥分戍東西江　四年
倭大集窣梁(江華)入昇天府聲言將寇京城中外大震戒
嚴分諸軍出屯東西江兵衛列於闕門以待賊至判三
司事崔瑩督諸軍軍于海豊郡賊趨海豊直向中軍瑩
與楊伯淵擊之瑩奔北我　太祖率精騎與伯淵合擊
大敗之瑩從傍擊之賊殆盡餘黨夜遁　六年領三司
事崔瑩領諸元帥出屯東西江備倭　七年以羅世爲
東江都元帥黃裳爲西江都元帥沿江要衝皆置元帥
以備倭寇凡十五所　八年八月遷都漢陽十二月命
曹敏修守京城　九年二月還松京　十四年楊廣道

按廉田理馳報倭寇四十餘郡如蹈無人之境乃遣諸將禦之令諸妃在漢陽者皆還開京 禑將攻遼命李光甫還屯開京西江以備倭禑至義州軍號十萬詳義州左右軍渡鴨綠江屯威化島左右都統使上書請班師我 太祖以右軍都統使仍回軍禑聞之與崔瑩八道都統使疾馳還京徵兵諸道入援聚車塞巷口 太祖屯崇仁門外山臺岩遣柳曼殊入自崇仁門左軍入自宣義門瑩力戰皆却之 太祖由崇仁門入城與左軍犄角而進曹敏修左軍都統使建黑大旗至永義署橋為瑩軍所奔俄而 太祖建黃龍大旗由善竹橋登男山塵埃漲天

廿九

瑩使麾下先據男山望旗奔潰瑩勢窮奔還花園在男山時禑住此 太祖揮兵圍花園數百重諸軍毀垣闌入執瑩以出流于高峯縣日暮放禑江華 恭讓王二年七月遷都漢陽命安宗源尹虎留守松京三年二月還開京○本朝成宗五年幸松京 中宗三十年幸松京設科取士宣祖二十五年五月上西幸御開城府南門樓聚民人慰諭 孝宗潛邸時入瀋駕過本府 肅宗十九年幸松京設科取士 英宗十六年幸松京設科取士

江華府

**沿革** 本百濟甲比古次新羅景德王十六年改海口郡領縣二江陰喬桐守鎮隸漢州元聖王六年改置穴口鎮以阿食啓弘為鎮頭高麗太祖二十三年改江華顯宗九年改縣令屬縣三鎮江河陰喬桐隸楊廣道高宗十九年避蒙古兵入都于此陞知郡事古邑址在府北城外唐州洞 元宗十一年復還松京都凡三十八年忠烈王十六年避哈丹兵于此十八年復還松京以本郡併于仁州未幾析之辛禑三年陞為府 本朝太宗十三年陞都護府光海主十年陞府尹 仁祖五年二月避後金兵幸于此四月還都陞留守府

**府號** 江都高麗時稱沁州

**官員** 留守兼鎮撫使 經歷兼鎮撫營從事官長寧殿令 分教官 檢律 醫學各一員

江華 三十

海倖鄉西南三十里

**古邑** 鎮江南二十五里本百濟首知一云新知景德王改首鎮為海口郡領縣高麗太祖改鎮江 河陰西北二十里本百濟冬音奈一云休陰一云芽音景德王改冬音為海口郡領縣高麗太祖改河陰 右二縣顯宗九年來屬

**坊面** 府內 長令東北十里 仙源南十五 吉祥南四十 三海西北十五 河陰西北二十三 良岾西三十 北寺西北二十 西寺西北三十 仁政南二十 佛恩南三十 內可西三十五 外可西三十五 位良西南三十 上道西南十五 下道西南五十 松亭北十五

**山水** 高麗山西五里 南山府南稱花山城緣其上有將臺 萬壽山東五里 松岳山府北城緣其上有將臺 曹皮山南三十里 別立山西二十里 穴口山西十里 鎮江山西南三十里 河陰山西北二十里一云鳳頭山上有石築方臺 吉祥山

亭子山府城東南三十五里山勢四圍周遭○傳燈寺忠烈王元妃貞和宮主王氏囑僧印奇航海入中國印大藏經來藏寺中

摩尼山 南四十里山勢磅礴卓立前臨大海島嶼星羅○高麗高宗四十六年初興王行宮于山之南○淨水寺在山東南外庵有浮層殿永樂間僧涵虛子得通航海東來住此○天齋庵在山北我 太宗為右代言時齋宿于此

盖骨洞 南十里高宗十九年移葬世祖太祖于此忠烈王二年還葬舊陵

○猪川 南五里源出穴口山東流為造山浦入海

馬場川 南十五里出穴口鎮江二山合流為大青浦入海

豆毛川 西十五里出高麗穴口二山西流為末兀浦入海

東洛川 南一里出高麗山入造山浦

高麗川 西十五里出高麗山西流為艮岾浦入海

吾里川 西十里出高麗山北流為鰕浦入海

昇天浦 北十五里與開城昇天浦隔江相對浦之左右石壁泥濘間錯非潮滿則不可用舟

孫梁項 南三十五里高麗時稱李梁禑三年倭亂萬戶孫光裕中流矢死因呼孫梁項○即自江出海之口石梁橫亘水中如門闕中央稍凹潮之進退水勢甚急舟船至此俟潮滿而過水底石角嶙峋

堤堰三十二處

引月島麗史 壞島麗史

波濤洶瀧舡路極險

**島嶼**

煤島 高麗稱仇音島今稱今音島周大十里土地膏沃魚塩頗盛島中有磚石取為基道之用

席毛老島 麗史作今音北島周四十里西距彌法島十里東距三三岩墩十里並水路

少島

西檢島

阿此島

魚里島

鞍島 以上西海中

東檢島 潮退連陸

信島

居島 麗史云買仍島

茅島 以上南海中

**形勝**

東北環江西南環海右接兩西左控三南土地沃饒魚塩富繁島嶼絡繹襟抱固密為京師之咽喉

**城池**

内城 初石築仁祖九年改築十五年為兵亂所毁孝宗三年修築肅宗三年改築三十六年改築周十五里三百四十三步將臺三門四東曰望漢門南曰晏波樓西曰瞻華門北曰鎮松亭暗門四

外城 肅宗四年兵曹判書金錫胄請築外城翌年用咸江黃道僧軍八千及御營軍四千三百凡四十日而築完 英宗十九年築外城

緣江水城 英宗二十二年使金始爀改築自月串玉浦至草芝凡四

墩臺相距周圍一百九十一里二百二十四步

十三里二百九十步於月串玉浦鎮海寺甲串津廣城德津皆設關

鼎足山城 在吉祥山有古城俗傳三郎城高宗四十六年命營假闕於三郎城 英宗十四年因古址改築周五里中有 璿源閣史庫訓禁御三營倉及傳燈寺

文殊山城 在通津文殊山之西山臨甲串津邊俯視江都 肅宗二十年築城周五千五百二十九步有西南北三門○別將一員

沿邊墩臺 江都周圍二百八十里一百七步肅宗朝遣金錫胄等審視島內浦邊六年發諸道僧軍列築墩臺五十二所墩城皆有步堞與相距之數而未及載錄

高麗高宗二十年築內城 今基址未詳

二十四年土築外城 今府南有古址

三十七年始築中城 門凡十七

鎮江古城 俗稱大毋城南三十里

河陰古城 在古縣北

**營衛**

鎮撫營 本朝 肅宗四年設

**官員**

使 留守兼

中軍 兼鎮撫中營將修城將

從事[illegible]兼經歷

五營 前營富平左營通津屬邑金浦中營本營中軍右營仁川後營延安屬邑白川

月串鎮管草芝長串濟物龍津德津寅火

千[illegible]四前部左部右部後部

**鎮堡**

月串鎮 東北十里 仁祖七年自喬桐移于此 孝宗七年陞僉使○兵馬僉節制使一員

草芝鎮 南三十五里北距德津五里孝宗七年自安山移于此 英宗三十九年陞僉使○兵馬同僉節制使兼監牧官一員

長串鎮 西南五十里東距舡頭浦三十里肅宗二年設別將 正宗四年陞僉使○兵馬同僉節制使一員

濟物鎮 東十里北距月串十里 孝宗七年自仁川移于此○兵馬萬戶一員

龍津鎮 南十五里北距濟物十里孝宗七年設兵馬萬戶一員

德津鎮 南三十里北距廣城五里舊有水軍僉使顯宗七年降別將 肅宗三年陞萬戶○兵馬萬戶一員

寅火石鎮 西三十里南距井浦三十里 孝宗七年設別將 英宗十五年陞萬戶○兵馬萬戶一員

昇天浦鎮 北十八里東距月串二十里 孝宗七年設別將 哲宗四年陞萬戶○兵馬萬戶一員

廣城堡 南二十五里北距龍津十五里孝宗七年設置○別將一員

舡頭浦堡 南三十五里東南距

草芝二十里 肅宗三十二年設○別將一員 井浦堡 西南二十五里南距長串二十五里舊有萬戶後降別將 顯宗十年復為萬戶 肅宗四年降別將○別將一員 鐵串堡 北二十里西南距寅火石二十里舊有水軍僉使後降別將復陞僉使 肅宗三十八年降別將○別將一員

烽燧 南山 府南 河陰山 西二十里 望山 西南二十里 鎮江山 西南三十里 大母山 南三十里

倉庫 倉十處 庫七處

牧場 信島場 居島場 東檢島場 煤島茅島吉祥鎮江俱廢

津渡 甲串津 卽甲比古次津後云童津通京通津大路 昇天浦津 北十五里通開城大路 寅火石津 西二十五里通喬桐 廣城津 通金浦津間路 井浦津 通煤島席毛島

三五

川橋場二七

土産 青䃩石 出煤島 石灰 柿 艾 蒲 草 川椒 水鐵 鹽 鰕 蛤 魚 蟹等凡數十餘種

宮室 行宮 在城內有尺天亭 孝宗三年始建 璿源閣 在鼎足山城奉安璿源譜牒御製 史庫 歷朝實錄舊在全州忠州星州壬辰倭亂惟全州獲全移置于此癸卯新印分藏于寧邊江陵安東後移寧邊實錄于茂朱○參奉二員 外奎章閣 正宗朝建

樓亭 燕尾亭 在月串鎮東上有小山水自通津留島分流如燕尾形有峯在於兩岐之門三南舟舡經泊之地 鎮海樓 在甲串津邊傳有鎮海寺 斬鯨樓 龍津鎮 息波樓 草芝鎮

真殿 長寧殿 在城內光海主十四年以有兵憂奉安 太祖 世祖御真于此 仁祖丙子後移奉于京都永禧殿 肅宗二十一年刱是殿 景宗元年奉安 肅宗御真 正宗丙申自萬寧殿移奉 英宗御真于此○令別檢各一員 萬寧殿 肅宗三十九年建 英宗二十一年奉安 英宗御真 正宗丙申移奉于長寧殿

陵墓 洪陵 洪一作弘在府西六里葬高麗高宗 坤陵 南二十三里葬康宗妃元德王后柳氏 碩陵 南二十一里葬高麗熙宗 嘉陵 南三十四里葬元宗妃順敬王后金氏

壇壝 摩尼山塹城壇 自古有之累石築之上方下圓本朝因前朝之舊醮星于此 仁祖十九年始祭摩尼山 肅宗丁酉重修

祠院 忠烈祠 西南四里 仁祖壬午建 孝宗戊戌賜額 金尚容 字景擇號仙源安東人官右議政諡文忠 李尚吉 字士祐號東川碧珍人官工曹判書贈左議政諡忠肅 洪命亨 字子通號無適堂南陽人官右承旨贈吏曹判書諡義烈 李時稷 字聖俞號竹窓延安人官掌令贈吏曹判書諡忠穆○右四賢丁丑殉節本府 尹棨 字信伯南原人丁丑守南陽拒賊死之贈吏曹判書諡忠簡 尹集 字成伯號林溪棨弟丁丑以斥和殉節瀋陽官校理贈領議政諡忠貞 黃善身 字士

三四

金秀南 字汝一号萬癡堂 光州人丁丑殉節 江都官兵曹正郎 贈同副承旨

修平海人丁丑以本府中軍戰死官訓鍊正贈兵曹參議 權順長 字孝元安東人官禁府都事贈左贊成諡忠烈 金益兼 字汝南光州人進士贈領議政光源府院君諡忠正○右二賢丁丑殉節于本府 黃一皓 字翼就號芝所昌原人 仁祖辛巳為清人所殺官義州府尹贈左贊成諡忠烈 沈誢 字士和青松人丁丑殉節本府官敦寧都正贈吏曹判書諡忠烈 洪翼漢 字伯升南陽人丁丑以斥和殉節瀋陽官掌令贈領議政諡忠正 尹烇 字晦叔號後村坡平人官弼善贈吏曹判書諡忠憲 李惇五 字子興延安人官廣興守贈左贊成諡忠顯 宋時榮 字茂光號野隱恩津人官司僕主簿贈左贊成諡忠顯○右三賢丁丑殉節本府 具元一 字汝先綾城人本府千揔官訓鍊僉正贈兵曹參議 姜興業 字渭叟本府千揔官訓鍊僉正贈兵曹參議○右二賢丁丑戰死 ○李揔兵祠 在甲串津揔兵李如梅子孫居于萬壽山南稱其洞保明 英宗乙亥特命建祠 李成樑 字汝契本朝鮮人官太傅寧遠伯 李如梅 字子清成樑子官僉書左府 宣祖壬辰東來征倭有功

典故 新羅眞聖主十一年弓裔擊破穴口〇高麗明宗
二十七年崔忠獻廢王放太子璹于江華 熙宗六年還京卽康宗
神宗七年崔忠獻廢王遷于江華 尋移紫燕島 放太子祉
于仁州 後王薨于法天精舍 熙宗七年崔忠獻廢王遷于江華
尋移喬桐 高宗十九年崔瑀 忠獻之子後改名怡 發三領軍營宮闕
于江華王發開京次于昇天府入御江華客館 崔瑀
迎熙宗於紫燕島 前自喬桐又移于此 二十一年徵諸道民丁營
宮闕及百司崔瑀徵州縣軍加築緣江堤岸 三十三
年幸禪源社 四十年八月習水戰于甲串江 蒙兵十餘騎摽
掠甲串江外 四十二年蒙兵二十餘騎到甲串江外 蒙
三五
兵二十餘騎到昇天府京城戒嚴 四十三年蒙兵到
窄梁外崔沆 瑀之子 使都房分守要害 四十五年蒙兵
三百餘騎來屯甲串江外 蒙兵自窄梁來屯甲串江
外籠絡山野 四十六年蒙古元帥松吉遣使來壞江
都內外城 命營假闕於三郎城及神泥洞 元宗五
年幸三郎城又親醮于摩尼山塹城 十一年還都松
京將軍裵仲孫盧永禧等率三別抄反于江華逼承化
侯溫爲王嬰城固守守卒多亡賊度不能守乃聚舡千
餘艘悉載公私財貨及子女南下自仇浦 在窄梁外 至缸破
江 卽通津缸山島 舳艫相接中書舍人李淑眞聚奴隸尾擊餘

賊於仇浦至浮落山 卽通津浮來島 臨海耀兵賊以爲狄兵已
至遂遁蒙古頭輦哥國王遣朶剌歹領兵二千入江華
收掠財物焚城內民家穀米財貨盡爲被燒 忠烈王
十六年以哈丹入寇移國史文籍及宮人婦人老弱于
江華 王避兵入于江華御禪源社西京留守鄭仁卿
亦自西京逃來 王與公主 王之妃元公主 幸長峯新宮設宴
忠定王三年王遜于江華住龍藏寺 府西四里 翌年遇鴆
而薨 恭愍王九年倭寇江華入禪源龍藏二寺殺三
百餘人掠米四萬餘石有沈夢龍者斬倭十三級竟死
於賊 十年江華府詐降於紅巾賊饗之伏兵盡殺之
三六
賊不敢入境 十一年命政堂文學韓方信往江華修
龍藏寺將欲移御也 十三年倭寇窄梁命邊安烈禦
之 十四年倭再寇江華 禑初倭寇江華羅世李元
桂 我太祖庶兄 朴壽年等擊却之倭五十艘復寇江華殺府
使金仁貴虜千餘人 辛禑 二年倭寇江華焚戰艦 三
年倭寇江華萬戶金之瑞等遁于摩尼山賊遂大掠判
開城府事羅世李元桂等擊倭于江華都統使崔瑩次
昇天府以備之倭又寇江華 倭舡二十艘復寇江華
殺府使戍卒被虜者以千計 倭夜入窄梁焚戰艦五
十餘艘死者千餘人萬戶孫光裕中流矢京城大震

倭又寇江華大肆殺掠　十四年倭寇江華崔瑩出屯
海豊　十四年六月放禑于江華尋徙驪興　恭讓王元年
十一月放昌于江華　十二月遣藝文大提學柳珣誅
昌于江華〇本朝　宣祖二十五年倭亂前司成禹性
傳起義兵畿內士民多從之兵數千人既而入江華與
金千鎰連兵　仁祖元年三月遷廢主光海君及廢妃
柳氏于江華翌年李适之亂遷廢主于泰安賊平復返于江華　五年後金兵
入境　上幸江都命世子南下撫軍全慶等道　後金
劉海與姜弘立朴蘭英等由開城府豊德入見　行在
因成和事　十四年清兵入境命原任大臣尹昉金尚



容奉　廟社及嬪宮元孫　鳳林麟坪兩大君入于江
都以金慶徵為都檢察使張紳為留守　十五年正月
清兵渡江城遂不守開國方略云睿親王多爾袞等至江華渡口乘舡渡江朝鮮兵舡百餘分為兩翼我舟師從中衝入發紅夷礮攻擊朝鮮兵舡東西潰竄我軍登岸進攻江華有島鎗手千餘人拒岸迎戰悉為我軍擊殺遂圍江華島城克之

大東地志卷二

# 大東地志卷三

古山子 編

## 喬桐

**沿革** 本百濟高木根一云戴雲島一云高林一云達乙新新羅景德王改
喬桐為海口郡領縣高麗仍屬江華明宗二年置監務
本朝　太祖四年置萬戶兼知縣事　太宗十三年改
縣監　仁祖七年陞都護府十一年移治于月串鎮移月串鎮于江華

**官員** 都護府使兼京畿水軍節度使兼三道統禦使一員

**坊面** 東面東十里海 南面邑內海邊 西面西二十海 北面北二十海

**山水** 華蓋山北三里有寺 修井山西二十里 立石山北十五里 〇海邑在島中



堤堰二處

馬浦西十里自此西距海州龍媒鎮八十里水路船泊候風處 虎頭浦東北十里 印岾
浦北二十里漁戶多居 **島嶼** 松家島南海中周二十五里土地顏沃 注文島在江華棋島西七里周三十里東距長峯島水路二十五里漁採甚盛 乭音島麗史云八音島巴音島周十五里東距西檢島注文島 末島周十里北距延安界西距延平島三十里東距乭音島五里 彌法島在棋島北距西檢島七里 長峯島周二十五里土地膏沃且有浦曲可以藏船 黍島西海中
鷹岩府之前洋中

**形勝** 三道要衝兩京咽喉西控甕津東連江都為畿海
兩道之藩屏　土地瘠薄民事舟楫

**城池** 邑城周一千六尺甕城三雉城四東南北三門小南門十四尺池一泉一英宗朝改築今廢 古邑城北十里有遺址 華蓋山城周三千五百三

營衛 統禦營即京畿水營在邑城中 國初開營于南陽之花梁後移于此 仁祖十一年以水使兼三道統禦使領京畿黃海忠清三道舟師 正宗三年移統禦營于江華以本府使兼水軍防禦使右海防將十二年復還統禦營于本府兼水使如舊仍減防禦海防之號 官員 京畿水軍節度使兼三道統禦使都護府使兼 中軍守城把摠各一員 鎭屬永宗德浦德積花梁注文長峯 本營及各鎭各樣戰船六十艘津船一百十五艘 ○

鎭堡 注文島鎭水軍同僉節制使一員 長峯島鎭水軍萬户兼監牧官一員

瞭望 長峯島末島乶音島

烽燧 華蓋山 修井山 長峯島 乶音島 末島

倉庫 倉三二在城內一在松家 庫二舟師軍器火藥在城外

牧場 長峯島 末島牧羊 ○廢場乶音島松家島彌法島



津渡 東津東北十里通江華寅火石津 北津北二十里印岾浦通延安角山津 松家津南門外發船入松家

邑內場五十

土産 鰕蛤魚蟹等十餘種鹽織席

樓亭 晏海樓 凌波樓 海山亭

典故 高麗高宗二年崔忠獻遷熙宗于喬桐六年迎熙宗于喬桐 十四年崔瑀忠獻子遷熙宗于喬桐後移仁州之紫燕島 恭愍王元年倭船大至捕倭使金暉南兵少不能敵退次西江 都城大駭倭焚喬桐甲山即延安角山倉前代言崔源與戰 獲賊船二艘 六年倭寇喬桐遣上將軍李云牧等追 捕倭寇未獲一級 七年倭焚喬桐京城戒嚴 九年

恭愍王元年倭屠邑音島

倭焚喬桐 十二年倭船二百十三艘泊喬桐京城戒嚴以安遇慶爲防禦使 十四年倭再寇喬桐 十五年倭屠喬桐 辛禑三年以爲喬桐江華禦寇要害之地徙喬桐人老幼於內地○本朝 中宗元年三月遷廢主燕山君于喬桐十一月卒禮葬于江華後移葬于楊州 仁祖元年三月安置廢世子禔光海君子及廢嬪朴氏于喬桐

坡州

沿革 本百濟述爾忽文周王元年爲高句麗所取後歸新羅景德王十六年改峯城爲交河郡領縣高麗顯宗九年屬楊州明宗二年置監務 十三年改瑞原縣令



本朝 太祖二年陞郡以吏民申訴 七年以坡平來合改原平郡 太宗十五年陞都護府十四年以交河縣之石浅鄉來屬十八年復還 世祖五年以 中宮貞熹王后尹氏貫鄕陞坡州牧燕山主十年革之空其地爲遊幸之所割餘地分屬傍邑 中宗元年復舊 邑號 曲城

官員 牧使兼兵馬防禦摠戎中營將使一員

古邑 坡平東北三十里本百濟坡害平史一云額蓬文周王元年爲高句麗所取後歸新羅景德王十六年改坡平爲來蘇郡領縣高麗顯宗九年屬長湍文宗十六年直隷開城府睿宗元年置監務本朝 太祖七年來併○邑號領平

坊面 州內終十里 廣灘東南初十終三十 紫谷西南初七終十七 泉岾東初五終三十 助里洞南初十三終三十 白石西初五終二十 烏里谷西二十 坡平

國師峯 蒜峯 望月山 大福山 筆山 鉢屛山 龜山 鳴鶴山 綠坡峴 北津峴 烏峴 瓮岩川 堤堰二處

東北三十 七井 北十二 馬井 西北二十 新屬 北十二

【山水】蟠龍山 東七里 月籠山 西十五里交河界 白雲山 北十七里西有永平山 坡平山 東北三十里頗雄高○彌羅寺 漢美山 東南二十里楊州界 紫雲山 東二十里 甑山 北十五里 童山 西八里 獐山 西十五里斷峯突起西臨猪浦 龍發山 一云鉢山北十里

【嶺路】惠陰嶺 南三十里高陽界 雙佛峴 南二十二里路左有雙彌勒甚大 院谷嶺 烽火峴 俱南三十里 車踰嶺 東二十里 蟹踰峴 東南二十五里 右二處楊州界 木峙 泉岾 俱東路 ○臨津江 北十五里北長湍界江 廣灘川 南十里源出楊州高嶺山及蟹踰峴西流為文山浦入臨津江 奉日川 古名寶信川俗稱恭陵川高陽深川下流西流入交河為朽栗里川 梨川 北十里源出木峙西流入文山浦 延豐川 南五里 馬潭 一云嘉淵在坡平山下 猪浦 西十五里長湍界臨津之下 牛溪 東北三十里坡



平山北源出積城地西流入臨津江西岸上有宮室遺址 文山浦 古云長甫浦西十里廣灘梨川之水合流為此浦入洛河渡上流舟楫之會 長浦 北十五里

【形勝】北襟長江南控漢都東聯複嶺西開平郊處兩京之間為三道之會田野沃饒魚鹽利輸

【城池】馬山古城 西二里百濟時築本朝宣祖朝重修周二千九百五尺○當七路之衝孤起卓立無他對峯 坡平古城 月籠山古城 俱有遺址

【營衛】防營 英宗四十年自長湍移防營于本州○兵馬防禦使一員本牧使兼 摠戎中營 仁祖朝置摠戎右營後改中營○屬邑坡州高陽交河積城鎮堡臨津長山○營將本牧使兼

【鎮堡】臨津堡 在臨津南岸英宗四十一年設別將緣江築関城左右長一百三十三步號鎮西門○別將一員 長山堡 臨津渡下二里英宗四十一年設堡築城長百餘步又築墩臺八所○別將

沙峴里牧場廢

邑內一六 恭陵二七 梨川三八 廣灘四九 文山浦四九

一員右二堡保摠戎廳

【烽燧】大山 西六里

【倉庫】邑倉二 堡倉二 庫一

【驛站】馬山驛 西六里 【擺撥】焚修院站 南二十五里 馬山站 邑內

【津渡】臨津渡 北十五里 猪浦津 西十五里 突巨里津 東北三十里

【土産】蟹 葦魚 秀魚 鯉魚 鯽魚 銀口魚 石灰

【樓亭】花石亭 臨津上南岸蒼江架翠壁繞 豐樂亭 邑內

【陵寢】恭陵 南三十里普施洞睿宗妃章順王后韓氏陵忌辰十二月五日○令叅奉各一員 【順陵】恭陵南岡成宗妃恭惠王后韓氏陵忌辰四月十五日○直長叅奉各一員 永陵 順陵左岡真宗孝章大王陵忌辰十一月十六日孝純王后趙氏祔忌辰十一月十四日○令叅奉各一



員 ○長陵舊基 州北雲川里英宗七年遷奉于交河

【祠院】坡山書院 宣朝戊辰建孝宗庚寅賜額 成守琛 字仲玉號聽松堂昌寧人官積城縣監贈左議政謚文貞 成守琮 字叔玉守琛弟世稱節孝先生贈直提學 成渾 守琛子見京都文廟 白仁傑 字士偉號休庵水原人官右叅贊謚忠肅 ○紫雲書院 光海主乙卯建孝宗庚寅賜額 李珥 金長生 朴世采 俱見京都文廟 ○豐溪祠 肅宗甲戌建乙亥賜額 吳斗寅 字元徵號陽谷海州人肅宗己巳抗䟽節死官刑曹判書贈領議政謚忠貞 李世華 字君實號雙柏堂富平人己巳抗䟽官行吏曹判書謚忠肅 朴泰輔 字士元號定齋羅州人肅宗己巳抗䟽節死官應教贈領議政謚文烈

【典故】高麗高宗四十五年蒙古游騎入峯城 元宗卽位初蒙古兵入坡平驅掠人物潛遣銃卒擊之○本朝

宣祖二十六年二月都元帥權慄自幸州之捷移軍臨津與李蘋合守坡州山城 七月 上還都過臨津祭陣亡將士 仁祖癸亥擧義時長湍府使李曙與伊川府使李重老起兵會于坡州 仁祖二年二月平安兵使李适叛從間路趨臨津臨津師潰御營使李貴還京 五年後金兵以降將姜弘立 萬曆戊午中朝徵兵於我國討後金我國以判尹姜弘立爲都元帥金景瑞爲副領二萬兵赴征弘立投降後叛人韓潤亡入後金言於弘立云本國誅殺其家屬弘立大怒有是兵 爲前導蹂躪長驅而東我國以訓鍊大將申景禛及具宏等領兵把守臨津 時諭忠清慶尚全羅三道兵使領軍西下以助臨津之守諸將皆不用命惟忠清兵使只帶數千兵屯銅雀津



楊州

**沿革** 詳漢城府 本朝 太祖三年定都于漢陽改置漢城府別置漢陽府于東村大洞里 今峩嵯山之陽稱古楊州面 降爲知楊州事未幾陞爲府六年又移府治于見州古址 太宗十三年改都護府 世祖十二年陞爲牧置鎭 營七邑坡州今不入 燕山主十年革本州 空其地爲遊幸之所割隷他地分屬傍邑 中宗元年復舊 移州治于佛谷山之陽

**邑號** 廣陵 高麗成宗所定

**官員** 牧使 兼楊州鎭兵馬僉節制使 守禦中營將 討捕使 一員

**古邑** 見州 東十五里本百濟買省郡一云馬忽新羅景德王十六年改來蘇郡領縣二重城坡平隸漢州高麗定宗二年改置見州郡一云昌化縣顯宗九年屬楊州後寘監務 本朝 太祖六年移楊州治于此後移今治所○高麗文宗十三年尚書戶部奏楊州界內見州置邑乙百年五請遣使均定民田○今古州內

豐壤 東南四十五里本百濟骨衣奴一作內景德王十六年改荒壤爲漢陽郡領縣高麗太祖二十三年改豐壤顯宗九年來屬後爲抱州 本朝 世宗元年復來屬

沙川 北三十里本百濟內乙買一云內尒米景德王十六年改沙川爲堅城郡領縣高麗顯宗九年來屬

**坊面** 古州內 東初十終二十五里 州內 卽邑內 於等山 東初二十五終三十 別非谷 東南初三十終五十 榛代 東初五十終七十 真官 東南初四十終六十 尾谷 東南初六十終八十 上道 東南初七十終一百 下道 東南初八十終一百 [illegible] 龜旨 東南初四十終七十 忘憂里 東南初五十終六十 海等 南初三終五十 廣石 初二十五終三十五 長興 西南初二十終五十 泉川 北初十終二十 縣內 北初五十終四十五 山內 東北初五十終上十 嶺斤 北初六十終八十 檜岩 東南初二十終三十 內洞



初二十五終三十 接洞 東初四十終五十 乾川 東南初四十終六十 金村 東南初六十終七十 柴北谷 東南初二十終三十 美音 東南初五十終七十 古楊州 東南初六十終八十 蘆原 南初四十終五十 白石 西初十終四十 石積 西北初三十終四十 神穴 西南初五十終六十 陳峕 北初二十終四十 伊淡 北初三十終五十 青松 北初三十終四十

**山水** 佛谷山 北三十里 三角山 南四十里詳漢城府 道峯山 南二十里南連三角石峯叢立有萬丈峯石壁萬仞卓立揷天○望月寺天竺寺渠之勝

儉岩山 東南五十里石峯卓立卽水落山南支爲健元陵主山○佛岩寺

水落山 東南二十五里石峯秀拔有泉

天寶山 東南二十五里舊有檜岩寺麗僧惠勤剏之有西僧指空及懶翁無學三僧塔碑懶翁惠勤號也無學自超號也有大提學卞季良奉敎撰碑

峩嵯山 東南六十五里 注葉山 東四十里南有光陵及奉先寺

王方山 東北六十里二山抱川界 右 天摩山 東六十里雄高幽深 妙寂山 東南七十

五里西有露積寺 逍遙山 北四十里山背石峯石泉山下有行宮遺址石壁瀑布上有白雲臺義相臺 洪福山 西南十里頗險阻 高嶺山 一云雞鳴山西三十里高陽界有鶯峰胎寧園 日嶺山 西南四十里 天藏山 南五十里有懿陵 祥雲山 西四十里 葛立山 東十里 金臺山 南七十里 德岩山 東五十里 摩蓑山 北六十里 所羅山 北三十里 突押山 北三十五里 黔丹山 東六十里 石積山 西北三十五里 雲吉山 東南八十里廣州界 嶺斤山 北八十里 西山 西南二十里頗幽阻有清潭洞釜洞溫陵

**嶺路** 視石嶺 古云碧石嶺東二十五里抱川路 礴石峴 西南四十五里大路 東踰嶺 西北四十里坡州界 蟹踰峴 西四十五里坡州界 磨峙 東七十里砧平路 忘憂里峴 南六十里楊根路 曉星峴 東三十里 傳道峴 東四十里楊根路 所沙峴 西十五里昭寧園路 柏峴 東四十里豐壤路 蠏峙 西南二十里高陽路 水踰峴 南四十里通京大路

挂羅里峴
乞磨嶺
德坡嶺
九曲遷楊根路



石門嶺 東二十五里 ○ 漢江 南七十里 大灘江 北六十里右二處詳水經 王山川 一云王宿灘東五十里源出抱川屈峙及水源山南流經梁鶴洞為地藏臺川南為王宿灘經豐壤為退溪院川經九陵東至真官里過天磨山之軌川入漢音浦 白湖川 東北六十里一云白達川詳永平 晴村川 北五十里源出佛谷山北流入大灘江 豆驗川 南十五里出佛谷山經州南入獨豆川 獨豆川 東南十里出祝石嶺西流會豆驗川 松溪川 一云涑溪南四十里豆驗獨豆二水合而南流經涑溪橋為中梁浦經拜峯之東出濟磐橋經箭串坪入于漢江 沙川 北三十里晴村川上流 湘水川 西北十五里出洪福山北流合于晴村川 窟雲川 東八十里出黔丹山南流經天磨飛靈兩山之間為雲霞川有晄翠臺又為窟雲川入新淵江

**形勝** 居兩江之間為三道之會多名山勝區半峽半野

**城池** 楊津城 在峩嵯山東崖廣津上俯臨漢水與廣州坪古城隔江相對○百濟始祖十四年自

慰禮城遷都漢山築城漢江西北孑鎭漢城為民輿地勝覽 古時云長漢城在漢江上新羅置重鎭為高句麗所 祺羅之人舉 長復城 大母城 西五里周九百六尺 水鐵城 北五十里周三百五十七尺興積城 水鐵城相對 重興洞古城 在北漢山城內遺址百濟蓋婁王五年築之 峩嵯山古城 在山頂有遺址 豐壤古城 古縣內 儉岩山古壘 山之西峯有二處宣朝壬辰義兵將高彥伯所築

**營衙** 守禦中營 仁祖朝置○中營將本牧使兼楊州楊根加平抱川永平砥平 ○屬邑

**烽燧** 峩嵯山 東南五十五里 汗伊山 東五五里

**倉庫** 邑倉 二 內倉 縣倉 東倉 北倉

**驛站** 平丘道 東南七十里屬驛十一○察訪一員 迎曙道 西南五十五里屬驛四○察訪

講武亭廢城



一員 綠楊驛 南二十里 雙樹驛 東五十里 仇谷驛 東南九十里 **廢革** 臨川驛 北古沙門 係 **撥騎** 黔岩站 西五十里 **撥步** 豆驗川站 南二十里

**牧場** 箭串場 在峩嵯山之西西距京都十五里國初設明宗十年司僕提調尚震建請設石栅周三十里有監牧官以綏陵遷奉掀處

古牧場西四十里
常慈院

**津渡** 美音津 東南七十里通廣州 廣津 東南七十五里見廣州 大灘津 在大灘江 通連川冬則設橋

**橋梁** 涑溪橋 石造陵寢行幸及通江原諸邑

**土産** 絲 松蕈 紫草 綠礬 栗 訥魚 錦鱗魚 銀口魚

**宮室** 豐壤行宮 在豐壤古縣東我 太祖 太宗駐蹕于此今有遺址 英宗三十一年二月卽豐壤舊基建閣竪碑親書 太祖大王在上王時駐蹕遺址十二字

加羅非三八
東道川五十
新二七
古州內五十
大灘四十九
北道川一六
仇谷一六

真殿

奉先殿 在奉先陵局內奉安世祖御真壬辰亂移江華又移奉于寧邊妙香山普賢寺又移奉于開城又移奉于京都永禧殿仍奉本殿

陵寢

健元陵 在儉岩山之南距京城東三十里太祖大王陵忌五月二十四日○令參奉各一員

貞陵 初在都城西南皇華坊神德王后康氏陵忌八月十三日○令參奉各一員 太宗九年遷于楊州沙乙閑里 顯宗十年追復

顯陵 在健元陵左岡文宗大王陵忌五月十四日 顯德王后權氏陵 忌七月二十四日○令參奉各一員

穆陵 在健元陵西岡宣祖大王陵 懿仁王后朴氏陵 仁穆王后金氏陵○令參奉各一員

思陵 在京東五十里陵洞端宗妃定順王后宋氏陵○參奉二員

光陵 在京東七十里 世祖大王陵 貞熹王后尹氏陵○令參奉各一員

溫陵 在京北五十里長興 中宗妃端敬王后慎氏陵 英宗十六年追復○令參奉各一員

大東地志 卷三 楊州

一參奉各一員

康陵 在泰陵東 明宗大王陵 仁順王后沈氏陵

泰陵 在蘆原面 中宗妃文定王后尹氏陵忌四月七日○直長參奉各一員

穆陵 在健元陵東 仁祖大王陵 仁烈王后韓氏陵

徽陵 在健元陵西 仁祖繼妃莊烈王后趙氏陵○別檢參奉各一員

崇陵 在健元陵西南 顯宗大王陵 明聖王后金氏陵○令參奉各一員

懿陵 在天藏山 景宗大王陵 宣懿王后魚氏陵○令參奉各一員

元陵 在健元陵右岡 英宗大王陵 貞純王后金氏陵○令參奉各一員

綏陵 在健元陵左岡 翼宗大王陵 神貞王后趙氏陵○令參奉各一員

惠陵 在健元陵右岡 景宗妃端懿王后沈氏陵○令參奉各一員

此忌辰五月六日○令參奉各一員

金氏祔忌辰八月二十五日○令參奉各一員

○守奉官二員

昭寧園 在高嶺山 淑嬪崔氏忌辰三月九日○守奉官二員

景陵 在健元陵西岡 忌辰六月六日 憲宗大王陵 孝顯王后金氏陵

順康園 在豐壤 仁嬪金氏 忌辰二月二十九日

徽慶園 在達摩洞 綏嬪朴氏 忌辰十二月二十六日○守奉官二員

吉園 在昭寧園內 靖嬪李氏 忌辰○守奉官二員

興大院君墓 在南面 定安府大夫人鄭氏祔

成墓 在海等山 燕山君墓 廢妃愼氏祔

主墓 在豐壤 光海君墓

大東地志 卷三 楊州

十一

壇壝

楊津壇 在廣津下新羅以北瀆載中祀高麗以南瀆載中祀本朝以大川載小祀

祠院

道峯書院 宣朝癸酉建同年賜額英宗朝乙未御筆揭額 趙光祖 宋時烈 俱見京都文廟

○石室書院 孝宗丙申建顯宗癸卯賜額 金尚容 見江華 金尚憲 見京都宗廟 金壽恒 字久之號文谷尚憲孫肅宗己巳被禍官領議政典文衡諡文忠 閔鼎重 字大受號老峯驪興人肅宗壬申謫卒官左議政諡文忠 李端相 字幼能號靜觀齋延安人官副提學贈左贊成諡文貞

金昌協 仲和農岩判書文簡文衡

金元行 伯春漢湖遺逸贊善

金祖淳 見太祖

○清節祠 肅宗丙寅建辛巳賜額 金時習 字悅卿號梅月堂江陵人贈吏曹判書諡淸簡

○旌節祠 肅宗壬辰建正宗甲辰賜額 南乙珍 宜寧人官高麗參知門下府事本朝開國遁入紺岳山石窟不出太祖就其所居封沙川伯 趙狷 初名胤字巨卿平壤人本朝屢徵輒逃改名狷號松山本朝錄勳封平城府院君不屈諡平簡

典故

新羅孝恭王二年弓裔以王建為精騎大監攻取

漢陽來蘇二郡○高麗顯宗元年智蔡文奏西京敗軍狀羣臣議降姜邯贊獨勸王南行蔡文請扈從是夜王與后妃及吏部侍郎蔡忠順等率禁軍五十餘人出都門至積城縣丹棗驛有賊變蔡文馳射却之王至昌化縣(昌見州)又有賊變蔡文隨機應變賊不敢近及曉蔡文請二后先自北門出間行入道峯寺忠順繼至河拱辰又赴行在遂遣拱辰往契丹營請和 高宗三年金山兵(契丹遺種)入寇以李光裕等九將守獅子岩(未詳)及楊州(今京都)翌日九將戰于朝宗(加平朝宗古縣)斬獲不可殫記 四年金山兵至豐壤縣曉星峴我師渡橫灘(疑王宿灘)賊尾擊之左軍先敗中軍後軍自山外出賊背擊却之追至蘆元(元今作原)驛宣義場(未詳)斬馘甚多 五年丹兵(金山兵)寇楊州(辛禑)五年遣權仲和等相宅于檜岩欲遷都故也○本朝 太宗十七年講武海龍山(海龍山見抱川) 宣祖二十五年四月(倭亂)副元帥申恪初從金命元防漢江命元軍潰恪自漢江走從李陽元于楊州收拾散兵會咸鏡南兵使李渾將兵入援遂合軍成陣遇倭兵于蟹踰峴邀擊破之斬七十餘級(自倭犯順始有此捷後恪以違棄主將擅適他軍斬之後伸其寃) 喬桐鄉吏高彥伯嘗擊叛胡有名從都元帥爲領將有斬級功自請還楊州聚兵討賊 上拜楊州牧使使保護



陵寢彥伯據山頂險處時出鈔擊零賊嘗伏兵 諸陵時有射殺 時土賊四起千百爲羣楊州有劇賊李能水以鄉起龍爲督捕大將討之(利川有玄萬龍南原雲峯九甚南原土賊金希嶺南土賊林傑年最橫) 仁祖十四年清兵先鋒三百猝至(時丙子十二月十七日)訓鍊大將申景禛先遣將官李興業領馬隊八十餘騎往覘遇敵于黔岩盡沒焉

## 高陽

沿革 本百濟達乙省 文周王元年爲高句麗所取後歸新羅景德王十六年改高峯(古址在今治西二十里)爲交河郡領縣高麗顯宗九年屬楊州 本朝 太祖三年置監務



以幸州來併 太宗十三年改高陽縣監(移治于元堂里在今治南十二里) 十四年以交河郡之深岳古縣來屬十八年復還 成宗二年以有敬昌二陵陞爲郡燕山主十年革之(空其地爲遊車之所剷餘地分屬傍邑) 中宗元年復舊二十三年還禧陵于元堂里移治于長嶺山之東

官員 郡守(兼楊州鎭管兵馬同僉節制使)一員

古邑 幸州(西南三十里江邊本百濟皆伯文周王元年爲高句麗所取改王逢縣後歸新羅景德王十六年改遇王爲漢陽郡領縣高麗太祖二十三年改幸州顯宗九年屬楊州 本朝初來屬○邑號德陽高麗成宗所定) 富原(南五十里詳漢城府)

坊面 元堂(南初十終二十五里) 九耳洞(西初十五終二十五) 沙里垈(西初二十終二十)

黃嶺山 素州江三國時稱王逢河

堤堰一

下道 西南初十五終三十 求知道 西初十二終三十 中面 西初二十終三十 蛇浦

松山 西北初三十終四十 右五面背沿江原野 西北初四十終五十

【廢革】荒調鄉 西三十五里 今注葉里 本朝太祖三年屬原平來屬 長史鄉 南二十五里 粟岳部曲 西二十二里 高峯地近 中子山所 西南二十里稱別阿山

【山水】長嶺山 西二里 本達山 西二十里 老姑山 東南二十里 孝敬峯 南二十五里五陵主山

【嶺路】惠陰嶺 北五里楊州界 礪峴 南十五里 ○漢江 郡之西界 五面沿江 新院川 南十里 古云大路 一云頓川 深川 西二十里 源出三角山 北漢山城 見新院川下流栗村 右川 德水川 西南二十里 經神穴 西為黔岩川 至鶯峯北為德水 川至幸州南入漢江

【島嶼】鴨島 西三十里江邊 生成陵多生蘆荻泥

【城池】高峯古城 北古縣 幸州古城 南古縣 古土城 蛇浦面野中有遺址

大東地志 卷三 高陽 十四

乙浦三六 白石五十 新院四九

【烽燧】禿山 西二十里 高峯 古城內 藍浦 西南二十五里

【倉庫】倉一 邑內

【驛站】碧蹄驛 北二里 【廢革】幸州驛 【撥站】碧蹄站

【津渡】幸州津 對陽川孔岩津 任意津 西三十五里 通金浦間路

【土産】葭蘆 葦魚 鱸魚 細魚 秀魚 蟹

【陵寢】敬陵 南二十五里蜂峴 距京三十里 德宗大王陵 忌辰九月二日 昭惠王后韓氏祔右岡 王 忌辰四月二十七日 ○令參奉各一員 昌陵 在敬陵北一岡 睿宗大王陵 忌辰十一月二十八日 安順王后韓氏祔左岡 忌辰十二月二十四日 ○令參奉各一員 禧陵 在元堂里 中宗妃章敬王后尹氏陵 忌辰三月二日 初葬獻陵右岡 中宗戊子遷于此 ○直長參奉各一員 孝陵 在禧陵西岡 仁宗大王陵 忌辰七月一日 仁聖王后朴氏祔 忌辰十一月二十九日 ○別檢參奉各一員

睿陵在禧陵右岡 哲宗大王陵 忌辰十二月八日

明陵 在敬陵東岡 肅宗大王陵 忌辰六月八日 仁顯王后閔氏祔 忌辰八月十四日 仁元王后金氏祔右岡 忌辰三月二十六日 ○別檢參奉各一員 翼陵 在敬陵東岡 肅宗妃仁敬王后金氏陵 忌辰十月二十六日 ○令參奉各一員 弘陵 在昌陵左岡 英宗妃貞聖王后徐氏陵 忌辰二月十五日 ○令參奉各一員 順懷墓 在敬陵左岡 明宗世子墓 忌辰九月二十六日 昭顯墓 在孝陵右岡 仁祖世子墓 忌辰四月二十六日 恭懷嬪尹氏 忌辰二月三日 ○守衛官二員 ○守衛官二員 ○高麗恭讓王陵 在赤山 見開城

【祠院】文峯書院 肅宗戊辰建 己巳賜額 閔純 見開城 南孝溫 字伯恭號秋江 宜寧人 贈吏曹判書 諡文貞 金正國 見長湍 奇遵 字子敬號服齋 幸州人 中宗己卯被禍 官典翰 贈吏曹判書 諡文愍 鄭之雲 字靜而號秋巒 慶州人 有淸節名直 洪履祥 字元禮號慕堂 豐山人 官大司憲 贈領議政 李愼儀 字景則號石灘 全義人 官刑曹參判 贈吏曹判書 諡文貞

大東地志 卷三 高陽 十五

李有諒 字受益 號晩悔 牛峯人 官戶曹參議 贈領議政 ○紀功祠 純祖辛丑建 壬寅賜額

權慄 字彦愼 安東人 官戶曹判書 都元帥 永嘉府院君 諡莊烈

【典故】本朝 宣祖二十六年正月 李如松自平壤南下 先鋒到開城青石洞 賊望見遁走 追斬三十餘級 大軍入開城 由德津 臨津下流 渡江下營于坡州 倭數百出陣于彌勒院 今楚修院 前查大受領兵數百先行 遇賊於碧蹄驛礪峴 斬一百三十級 如松與麾下精勇馳赴 踰惠陰嶺 賊列旗幟於礪峴 如松望見揮兵而前 伏倭萬餘猝至 如松麾下李有升等勇士八十餘人皆死 如松僅免 俄而大軍齊至 賊收兵而走 如松暮還坡州 退屯東坡 清

正等在北關聞平壤之敗卽捲三十餘陣晝夜退來所過赤地至是傳言淸正將襲平壤如松使查大受等守臨津王必迪守開城遂還平壤天子發內帑銀三千兩問金二十萬兩以佐軍興 二月全羅監司權慄自水原(三南勤王兵敗後光敎獨全羅兵獲全)領兵萬餘渡陽川江進屯幸州之古城分四千兵付兵使宣居怡軍于衿川使爲聲援倡義使金千鎰自江華出陣海岸忠淸監司許頊陣通津時西北之賊皆聚京城賊將平秀家(曾據京城)以兵數萬圍之分兵爲三休迭進我軍殊死戰賊兵三進三退皆不利賊又焚我城柵慄拔劍督戰將卒無不冒刃搏戰



賊兵大衄遂積屍爲四堆焚之臭聞十里賊旣退我軍收拾其餘斬一百三十餘級 仁祖十四年十二月淸兵氷渡幸州江將欲限過江都之行

交河

【沿革】本百濟泉井口(一云於乙買一云屈火)後爲高句麗所取新羅景德王十六年改交河郡(領縣二峯城高峯)隷漢州高麗顯宗九年屬楊州 本朝 太祖三年始置監務(以楊州屬縣深岳原平屬鄕石淺來屬) 太宗十四年革罷(深岳屬高陽石淺屬原平)十八年置縣監(深岳石淺俱還本縣) 英宗七年遷長陵于邑治(移治于今治東五里金城里後又移治于長命山東)陞郡【邑號】宣城 原井

【官員】郡守(兼楊州鎮管兵馬同僉節制使)一員

堤堰四

【古邑】深岳(西南十二里本寶薪鄕高麗初置深岳縣顯宗九年屬楊州 本朝 太祖三年來屬 太宗十四年屬高陽十八年復來屬)

【坊面】縣內(西北十里) 衙洞(東北十里) 炭浦(北初十終二十) 新五里(同上) 尾洞(南十) 支石(本石淺鄕東南初十終十五) 青岩(西初五終十二) 石串(西南初八終十三)

【山水】長命山(西二里) 月籠山(北十五里坡州界) 深岳山(西南十二里西臨大江) 藥山(西十二里長陵局內一云黔丹山) 漢麓山(西北十二里) 〇漢江(西十二里) 臨津江(北二十里) 朽栗里川(源出楊州弘福山西派經高陽新院爲深川至坡州南界爲奉日川至本郡東爲金城津至郡北爲朽栗里川爲防川浦經藥山之南入漢江) 防川浦(西七里) 石串浦(深岳山北) 盤石浦(青岩西)

【島嶼】一眉島(臨津下流泥出處)



【城池】烏頭城(臨津漢水會合處本百濟關彌城周二千七十二尺四面峭絶唯東連山麓三面環以海水郡西北十四里) 長命山古壘(有遺址)

【烽燧】兄弟峰(北十二里)

【津渡】洛河渡(北二十里高麗時通南大路舊有渡丞) 防川津(西三里) 朽栗里津(北一里) 金城津(東五里)

新場六

【土產】秀魚鱸魚葦魚細魚鯽魚蟹

【陵寢】長陵(西北十里藥山東距京八十里仁祖大王王陵忌辰五月八日仁烈王后韓氏祔忌辰十二月九日陵初在坡州 英宗七年遷于此〇令參奉各一員)

【祠院】新谷書院(肅宗癸亥建乙亥賜額) 尹宣擧(字吉甫號魯西坡平人煌子官執義贈領議政諡文敬)

典故 百濟阿莘王元年高句麗攻陷関彌城其城四面峭絶海水環繞高句麗王(廣開土王)分軍七道攻之二十日乃拔(是歲句麗南伐百濟拔十城臨津以北皆沒焉) 二年王謂真武曰関彌城我北鄙襟要也今為高句麗所有卿之所宜用心雪恥也遂將兵一萬伐高句麗南鄙真武意復石峴等五城先圍関彌城麗人嬰城固守真武親冒矢石身先士卒城垂拔以糧道不繼引還 腆支王十六年高句麗攻拔関彌城(前此還為百濟所取) 久爾辛王元年攻拔句麗関彌城○高麗高宗四十二年以交河縣人所獲蒙古馬匹分賜兩府宰樞 四十五年蒙古游騎入交河 恭



愍王十五年倭寇深岳○本朝光海主四年術士李懿信倡妖說請遷都交河李恒福李廷龜極陳其不可議遂寢 仁祖十四年十二月清兵入交河向幸州渡江埋伏又使一枝兵往楊花渡越邊(蓋欲阻遏江都之行)

## 加平

沿革 本百濟斤平新羅景德王十六年改嘉平郡(領縣浚水)隸朔州高麗顯宗九年屬春州 本朝 太祖三年置加平監務 太宗十三年改縣監(自江原道來隸本道) 中宗二年陞為郡(以縣地安胎) 肅宗二十三年降縣(以逆賊英昌胎地)三十三年復陞

官員 郡守一員(兼楊州鎮管兵馬同僉節制使)

德字下脫王字

古邑 朝宗(西北四十五里本百濟伏斯買一云深川景德十六年改浚水一云浚川為嘉平郡領縣 高麗太祖二十三年改朝宗顯宗九年屬春州 本朝太祖五年來屬)

坊面 郡內(終二十里) 南面(初十終五十) 朝宗(初三十終八十) 北面(初十五終五十) 西面(初十終七十) 皆呑所 紙墐所 俱在朝宗縣

山水 華岳山(北五十里北接望國西連雲岳據春川永平之界多高峯絶頂霧林巖巒有養氏窟臺獅子三峰最高又有青積白積○光岳洞幽深疊阻峽民係聚西支有懸燈寺又有龍泉靈通文殊等寺) 雲岳山(西北六十里北川界與華岳連衙) 釰鋒山(北二十里) 飛靈山(西四十里楊州界) 大也山(西北十里) 四加注之山(西北四十里) 所衣山(俱南五十里) 銀頭頂山(西四十里) 青松山(西二十五里) 於里內山(南五十五里) 寶納山(北三十里) 東鶴山(西北五十里抱川界) 檜山(北三十里)

嶺路 屈峙(西北六十里抱川路) 色峙(西五里通宗路) 蘆峙(南三十里) 獐峴(東北二十里狼川路) 趙然臺遷(東五里新淵江巨林川合流處路甚危險)○新淵江(東五里有汶伊淵七里有按盤灘南流入楊根界) 巨林川(北三十里源出永平白雲山及道成嶺南流入新淵江) 朝宗川(西二十里源出懸燈寺東南流過甘泉經色峙紆四十折為清平川南入新淵江惶恐灘) 立石門(西南四十里源出東鶴山南流入新淵江)



堤堰一

倉庫 邑倉(邑內) 縣倉(朝宗) 南倉(清平川東新淵江邊)

驛站 甘泉驛(古云甘井南十五里) 連洞驛(西北[illegible]十五里)

邑內五十

土産 海松子 人蔘 蜂蜜 松蕈 石蕈 五味子 山芥 辛甘菜

壇壝 花岳山壇(新羅祀典云花岳在斤平郡以名山載小祀 本朝令本邑春秋致祭)

祠院 潛谷書院(肅宗乙酉建 丁亥賜額) 金堉(見開城)

典故 高麗辛禑九年倭侵加平

## 永平

沿革 本百濟梁骨 新羅景德王十六年改洞陰爲堅城郡領縣 高麗顯宗九年屬東州 睿宗元年置監務 元宗十年陞永興縣令 以衛社功臣康允紹之鄕 恭讓王三年隷本道 本朝三年改永平 光海主十年陞大都護府 以抱川來併移治縣 京畿監營於本府謂之新營 仁祖元年罷之 析置抱川還爲縣令 憲宗朝 陞郡

官員 郡守 兼楊州鎭管兵馬同僉節制使 一員

坊面 邑內 終十里 一東 初十五終三十 二東 初二十終七十 南面 初七終十五 西面 初十終三十 北面 初十終〇一古有助良面注之面上 四十里面下里西西南面當孝 乳石鄕 北四十里 龍谷所 東三十里右二䖏廢



金銅山 北二十里 患才山 東北四十里

山水 白雲山 東六十里春川界緣溪入峽有平野稱注 妻坪中有孤峯突立山有三釜淵瀑布之 北〇白雲寺 水日山 又名風穴東十八里 寶藏山 西十五里 金藏山 北二十里連川界 觀音山 北二十五里 青溪山 東三十里 佛谷山 北五里 穿石山 西十三里 鍾賢山 西二十里 望國山 東五十里南連華岳 于隅山 北二十里 金花山 南五里 錦珠山 東二十里有金玉洞 壺口峽 西二十里川經其左 大風流岩 東十七里錦珠山下 青鶴臺 即錦珠山下青鶴洞白石清泉石壁叢翠 有 蒼玉屏 西十里西去楊州大灘二十里東去金水亭數里水邊奇岩壁立千尺石色蒼翠南有青鶴白鶴兩臺上有千株茂松白雲川經其中

嶺路 道成嶺 東四十里望國山之西中有一洞緣溪而入石扉有如瓶項入其內豁然寬敞四圍皆絶險如刮界 西月乃峙 白雲山西文 自燈峴 東北五十里金化界大路 赤木峙 東四十五里加平界小路 摩訶川 西二十里禾積淵下流 白湖川 南三里源出楊州祝石嶺東北流至抱川地爲高橋川合水源天寶兩山之水爲漢川過雲岳山之六松亭川至萬歲橋爲白鷺洲過白雲川西流爲牛頭淵經金水亭蒼玉屏入楊州大灘 白雲川 源出白雲山西流爲七里灘入白鷺洲 琉璃淵 東十里白雲川下流 禾積淵 北二十五里鐵原砌川下流水之左右翠屏環擁又 巨石盤陀入水中撐起數百尺峯僻如禾積狀其下水噴薄爲漲深不可測 直灘 北十五里禾積淵下 翁灘 一出白雲山一出抱川界合流至縣南合于白湖川 白鷺洲 南十里川流中分派爲澄潭中 有石峰 牛頭淵 淵上有金水亭下有蒼玉屏

城池 古城 東十二里周一里餘 古城 西十五里周二里餘

烽燧 彌老谷 北二十里 適骨山 北四十里

驛站 梁文驛 高麗稱洞陰驛〇東九里距白鷺洲十里 步撥 梁文站

橋梁 萬歲橋 東梁文十里北本邑十里西青鶴臺十里東白鷺洲五里 柏橋 白鷺洲上



邑內二七

土産 鐵 松蕈 石蕈 人蔘 五味子 山芥 辛甘菜 蜂蜜

樓亭 金水亭 西十里野中特起一墩墩之南環作石壁高可五六丈亭在壁上遠水灣迴環亭而去水南曠野茫茫

祠院 玉屏書院 孝宗戊戌建肅宗癸巳賜額 朴淳 見開城 李義健 見廣州 金壽恒 見楊州

## 抱川

沿革 本百濟馬忽 一云命旨城一云臂城 新羅景德王十六年改堅城郡 領縣二沙川洞陰 隷漢州 高麗太祖二十三年改抱州 成宗十四年置團練使 穆宗八年罷之 顯宗九年屬楊州 明宗二年置監務 本朝 太宗十三年改縣監 光

海主十年合于永平 仁祖元年復析之 [邑號]淸化 高麗成宗所定

[官員]縣監 兼楊州鎭管兵馬節制都尉一員

[坊面]邑內 終十里 加山 初十終二十 內洞 東南初十五終三十 東村 東初十終 二十 淸凉 南初五終十五 所屹山 西南初十終四十二 西面 初十三終十五 內北 三十 外北 西北初二十終三十 ○垂岩所 北二十里

[山水]半月山 北一里邑城山 雲岳山 東一云縣燈山 東三十里 東鶴山 東南二十十五里 海龍山 西二十里上有鑑池 王方山 西二十里 天寶山 西南二十五里 無范 注葉山 西南三十里並楊州界 水源山 東七里 香積山 南五十里 鑄金山 南三十里界 流山 北二十五里 佛頂山 南五十里 天柱山 北十五里 山 風流山 南二十里 如台狀 深谷山 西北十五里楊州界 滓麗洞

大東地志 卷三 抱川 二十二

燈化嶺 水內嶺 姬峴

西二十里 我太祖潛邸時有田庄于此 [嶺路]祝石嶺 西南四十里西路 石門嶺 西二十五里 檜岩嶺 西二十里並楊州界 禿峴 北十五里永平路 屈峙 東南二十里有大小二峙 加平界 ○高橋川 源出雲岳 北流 一云七里 入永平白湖川 西五里 東六松亭川 北東山二十五里 北流入白湖川 地藏臺川 南二十里 楊州王山川下流 漢川 白湖川上流 椒泉 南二十里

堤堰五處

榆川

[城池]古城 北三十一里 城山七尺 井二 四下 崎嶇有古城 周一千九百 光海主十年設監營於永平 修築此城 置中軍 仁祖元年革罷

[烽燧]禿峴 北十五里 仍邑峴 南二十里

[驛站]安奇驛 北四里 古名安遂 [革廢]雙谷驛 南三十里 [站]安奇站

邑內二八 松陽四九

[土產]松蕈 蜂蜜 山芥 辛甘菜

[祠院]花山書院 仁祖乙亥建 庚子賜額 李恒福 字子常 號白沙 慶州人 光海主戊午抗疏明大義 竄于北靑而卒 官領議政 鰲城府院君 典文衡 謚文忠 ○龍淵書院 肅宗辛未建 壬申賜額 李德馨 字明甫 號漢陰 廣州人 官領議政 典文衡 謚文翼 趙絅 字日章 號龍洲 漢陽人 官判中樞 典文衡 謚文簡 贈領議政

積城

[沿革]本百濟難隱別 高句麗稱七重城 一云娘臂城 新羅景德王十六年改重城爲來蘇郡領縣 高麗太祖二十三年改積城 顯宗九年屬長湍 文宗十六年隸開城府 睿宗元年置監務 尋以麻田縣來幷 恭讓王元年還析之 本朝太宗十三年改縣監 徐居正記云 縣治在山城之南 土地褊僻 民物凋殘 農桑籍罷 臣林徵家為

大東地志 卷三 積城 二十三

邑石徙焉

[官員]縣監 兼楊州鎭管兵馬節制都尉一員

[坊面]縣內 終五里 東面 初二十五終二十 西面 西南初五終二十 南面 東南初二十 北面 初十終四十 ○赤岩鄕 東十里

[山水]紺岳山 東二十里 雄高盤礴 上有石峯如錐 神秀 登頂遠望 下有雲溪瀑 西有龍池 周一里 立石四十餘人 坐四面 西八里 高五十步 有碑 ○神岩寺 雲溪寺 龍頭山 西十一里 一云峨眉山 高五十步 楊州東十里 馬尾山 五里 麻田界東北 [嶺路]雪馬峙 南十五里 楊州路 下有青鶴洞 廣石峴 西長湍路 牛象峴 西南楊州路 自作峴 東北麻田路 麻千坡峴 東自 ○龜尾淵 東北九里 麻田村淵下流 神智江 北七里 龜尾淵下流 戍灘 在楊州麻田通路 西八里 三處通稱 神智江下流 其次爲長湍高浪津 臨津江三國時以此稱七重河 右湘水川 湘水驛 東見楊州

華芳寺

城池 古城 南二里一云吐呑城今稱重城周二千二百五十六尺井一深不可測 峩眉城 東北十八里周一千九百三十七尺 六溪城 西七里周七千六百九十二尺興長湍鄕蘆灘古壘隔江相對 水鐵城 東二十里與楊州水鎭城相對

驛站 湘水驛 古稱橡林南二十七里 丹棗驛 西四里

津渡 龜尾淵津 通麻田 神智江津 通西北 如意津 西八里通長湍

笠岩四九斗日五十

土産 紫草蜂蜜蟹錦鱗魚訥魚

壇壝 紺岳山壇 新羅以名山載小祀高麗及本朝因之石壇高三丈上有古碑傍有薛仁貴祠

典故 百濟溫祚十九年靺鞨來侵王帥兵逆戰於七重河虜獲酋長盡坑其餘賊○新羅眞平王二十五年高句麗靺鞨合攻七重城不克 見漢城府 善德主七年冬十



月高句麗侵北邊七重城十一月大將軍閼川與戰於七重城外克之殺獲甚衆 武烈王七年十月高句麗攻七重城縣令匹夫死之王行渡雞灘攻王興寺岑城斬七百餘人 牛峯古縣 文武王二年王命金庾信等九將軍以車二千餘兩載米四千石租二萬二千餘石赴平壤宿風樹村氷滑道險車不得行並載以牛馬渡七重河至蒜壤遇賊兵於梨峴擊殺之庾信等至獐塞 今遂安 距平壤三萬六千步遣使赴唐營蘇廷方得軍粮便罷還庾信等亦還渡瓢川 今戌灘卽瓠蘆灘 高句麗兵追之廻軍對陣斬一萬餘級得兵械以萬數 十四年唐將劉仁

軌與靺鞨來圍七重城不克小守儒冬死之 十五年唐以新羅納高句麗叛衆又據百濟故地以劉仁軌爲雞林道大總管與李弼李謹行發兵來討大破羅兵於七重城新羅遣使謝罪仁軌引還以李謹行經畧

之ト高麗ノ間一字空間ヲ置クヘシ

〔高麗穆宗十二年康兆弒穆宗于積城火葬號恭陵 顯宗三年改葬松京城東號義陵

長湍

沿革 本百濟夜牙 一云耶耶 後改長淺城新羅景德王十六年改長湍 治在今府東北四十里稱古長湍 爲牛峯郡領縣高麗穆宗四年陞知湍州事 以侍中韓彦恭之鄕○徐居正記按古記云三韓時有隔川郡後陞州又



降爲長湍縣高麗太祖統三爲一都松京以長湍爲東畿開城爲西畿成宗朝改爲湍州 顯宗九年復爲長湍縣令 屬縣七臨津臨江松林坡平麻田積城兎山○爲尚書都省所管 文宗十六年直隸開城府 本朝 太宗十四年以臨江來合號長臨 尋析之 又以臨津來合號臨湍 世宗元年復爲長湍縣令 世祖元年省長湍臨江屬于臨津三年復以臨江臨津屬于長湍四年以 中宮尹氏 貞熹王后 鄕祖高祖玄祖三塋在其地陞知郡事移治所于桃源驛之地 今治北二十里望海山南四里稱古邑 睿宗元年置鎭 管五邑今喬桐豐德不入 陞都護府 光海主十三年移治于臨津縣古址置防營以府使兼防禦使 英宗四十年移防營于坡州 憲宗六年降縣 以弑父獄 十五年復陞 〔官員〕都護府使

兼長湍鎮兵馬僉節制使捴戎後營將討捕使一員

(古邑)臨津 今治所本百濟烏阿忽後改津臨城景德王十六年改臨津為開城郡領縣高麗顯宗九年屬長湍恭讓王置監務本朝太宗十四年合于長湍號臨湍世祖元年復析置臨津縣監三年復來屬

臨江 東北三十五里龍虎山北本百濟古斯忽次一云獐項景德王十六年改臨江為牛峯郡領縣顯宗九年屬長湍恭讓王置監務本朝太宗十四年合于長湍號長臨壽復置縣監十八年以松林來屬世祖三年復來屬

松林 西北二十里本百濟若只頭耻一云朔頭景德王十六年改如羆為松岳郡領縣高麗太祖二十三年改松林光宗附佛日寺於址移其縣於縣之東北顯宗九年屬長湍後置監務縣本朝太宗十八年屬于臨江

(坊面)津縣內 終十五里 津東 東初十終二十 津北 西初十終二十 長縣內 東初三十終四十 長東 東初四十終五十 長北 東北初十終三十 長西 東初十終二十 江東 東北初六十終九十 江南 東北初三十終四十 江西 北初四十終五十 江北 東北初五十終七十 松南 西北初十五終二十五 松西 西北初二十終四十 上道 西南初二十終三十 下道 西南初二十終三十 中西 西初十終二十 東道 東北初十終二十五 西道 西初十終二十五 古南 初二十終三十 大位 東北初三十終五十



(山水)白岳山 北四里○高麗以臨津縣白岳山為左蘇昇天府白馬山為右蘇新恩縣箕達山為北蘇各置離宮備巡幸○恭愍王九年幸此山相地營宮室于山之南周七百二十步謂之新京

望海山 北二十五里

龍虎山 東北十里

寶鳳山 北三十五里興聖居天磨諸山連紆峭峯峻鮮清秀骨立又多名區勝刹山之南細麓平川○華藏寺西僧指空䌷建梵宇壯麗有指空持來西竺貝葉梵經

高王山 東北六十里麻田界

月澄山 北六十里

大德山 西北十五里開城界

軍壯山 北五十里

月峯山 東十五里

壺串坪 西南十里禑起樓于此又作樓船名曰奉天船張水戲

龍通郊 西北三十里大蛇峴洞

(嶺路)榛峴 東坡驛西三里

柳峴 榛峴西二里並大路

甘勿峴 東北八十里洞寧界

獺嶺 源岩山東洛山寺東

大蛇峴 西路開城界

重光峴 龍虎山西

口井峴 西十五里

檜嶺 華藏寺西嶺

○臨津江 東南二十里上流西岸青石辟立數十里

純祖癸未沙川以西劃付開城

沙川 西二十里源出聖居山南流過松京諸水左過板積川及分之川為沙川至府西南二十五里為東江入洛河

板積川 西二十里

分之川 西十五里源出望海山西流經桃源入沙川

沙彌川 東四十里源出羅卜實嶺會首龍山以南寶鳳山以北諸水東南流至大位面過臨江川南入戌灘下流

小沙彌川 即臨江川東北四十五里源出甘勿峴西南流至大位面入于沙彌川

戌灘 東三十里古云乾蘆灘臨津江上流

江連浦 西十五里船泊處西岸有鳳凰岩

堤堰二十處

猪浦 南十五里

亭子川 西南二十里

(形勝)南帶臨津洛河之固北聯大興白峙之險東控坡州西接開城處列鎮之會為西路之衝



(城池)德津古城 南十五里江邊光海主時修築古城

乾蘆古壘 東三十二里乾蘆灘上積城界有二壘隔江相對因石辟為固三國時所築瓢蘆河邊

(營衛)捴戎後營 顯宗六年置右營後改後營○後營將水府使僉○屬邑長湍朔寧麻田漣川

(烽燧)都羅山 西十五里

(倉庫)邑倉 三處 山倉 大興山城 浦倉 亭子浦邊 北倉 大位西

(驛站)桃源道 北二十里○五○察訪一員○屬驛 東坡驛 古云通波南十五里 東白嶺驛 東五十里 仇火驛 古臨江驛東北六十里

牧場廢 壺串場 洛河場

(廢驛)調絃驛 驛傍古有普賢院高麗廢宗遇亂處

(騎撥)東坡站 調絃站

(津渡)臨津渡 東南二十里 洛河津 德津下流通交河間路高麗時大路置渡丞 高

邑內 三六 沙川 一六 高浪里 二七 沙彌川 四九 院隅 仇火

浪津 東三十里 高麗稱長湍渡 一云頭耆津 德津 臨津下流 猪浦津 德津下流 究匿
里津

【土產】松蕈 蟹 葦魚 秀魚 訥魚 錦鱗魚 銀口魚 鯉魚 鯽魚

【陵墓】新羅敬順王陵 在高浪津北 峯奉審守護 ○高麗英陵 在松林佛頂原 肅宗陵 崇陵 肅宗妃明懿王后柳氏陵 智陵 北十五里 明宗陵

【壇壝】德津壇 在德津邊 以西瀆載中祀 本朝 龍虎山壇 本府春秋致祭

【祠院】臨江書院 肅宗庚申建 甲戌賜額 安裕 見京都文廟 李穡 字顯叔 號牧隱 韓山人 官侍中 本朝封韓山伯 謚文獻武文靖 金安國 見京都廟庭 金正國 字國卿 號思齋 安國弟 官禮曹參判 贈左贊成 謚文穆

【典故】新羅文武王十三年 王遣大阿飡徹川等領兵船



一百艘鎮西海 唐兵與靺鞨契丹兵來侵北邊 凡九戰 我兵克之 斬二千餘級 唐兵溺瓠瀘 今戍灘 王逢 今州 幸二 河死者不可勝計 ○高麗毅宗二十四年 王幸普賢院 今調絃驛北 興文士酣飲 扈從將士皆飢困 武臣鄭仲夫李義方等 遂縱兵盡殺扈駕文臣 沉之澤 爲之塡塞 人號曰朝廷沉 水自桃源驛上流而來至院北漫流爲滙 毅宗堤爲澤 爲盤遊之地 明宗四年 置延基宮闕 造成宮 左蘇白岳 右蘇白馬 後蘇箕達 高宗四年 金山兵寇臨江長湍 至白嶺驛 又掠桃源驛 營新闕于白岳 恭愍王二十年 幸長湍 命大將軍李和 即我朝義安大君 乘舟中流 奏伎樂 後數日 王乘舟張女樂 遊觀石壁

○本朝 宣祖二十五年四月 忠州敗報至 上西幸 夜渡臨津 命徵京畿黃海兵 以申硈爲防禦使 與李薲 李薦 劉克良等守臨津 諸道巡察使韓應寅領西界土兵千餘人入援 金命元 李陽元等率兵五千餘 諸將二十餘員皆會臨津 駐兵大灘 倭先伏兵於山後 焚廬舍爲退遁狀以誘我 申硈統左軍渡江 先薄賊壘 倭伏兵一時俱起 申硈 劉克良 洪鳳祥等死之 左右軍大潰 諸守灘兵皆散 金命元 韓應寅等棄臨津退走 倭將平行長等遂渡臨津 衆號二十五萬 至平山府之安城驛 行長向平安 長政向黃海 清正向咸鏡 斬慶尙左兵使



李珏於臨津軍中 珏以兵使領兵退留 不救釜山之陷敗 望賊先遁 由是倭益猖獗 仁祖十四年十二月 清兵到長湍 府使黃㼁 猝然遇敵 興吏卒盡爲被虜 並削髮編伍 前驅而進

## 朔寧

當宁五年 以鄭基德逆誅 降縣

【沿革】本百濟所邑豆 新羅景德王十六年 改朔邑 爲兔山郡領縣 高麗太祖二十三年 改朔寧 顯宗九年 屬東州 睿宗二年 合于僧嶺 本朝 太宗三年 以 神懿王后韓氏外鄕 陞知郡事 以僧嶺來合 十四年 以安峽來合 改號安朔 十六年 析置安峽 復號朔寧 世宗二十三年 移于今治 舊治在東五里 【官員】郡守 兼長湍鎮管兵馬同僉節制使 一員

榆峴 楸峴

古邑 僧嶺 東二十本百濟非勿後改僧梁景德王十六年改嶺梁爲鐵城郡領縣高麗太祖二十三年改僧嶺顯宗九年屬東州睿宗二年置監務以銅寧來合明宗五年以漳州監務來兼本朝太宗朝來屬

坊面 邑內 終二十里 南面 初十五終二十五 東面 初十終二十二 西面 初十終三十 馬塲 東北初二十終四十 寅目 東北初二十終三十 乃文 東北初四十終六十

山水 南山 南十里 雞鳴山 南十五里 倫佚山 東十五里 僧嶺山 東二十里 興盛山 東二十五里 浮鴨山 西北二十里 靈原山 東十五里 寅目山 東北三十里 連景山 東北五十里 水靑山 東北五十五里○龍腹寺 末應山 一云末呑山東北六十里平康界東連原暁星山右三山連紆重疊 鐵防築坪 東北四十五里 江華坪 東四十里 嶺路 塲峴 北十五里安峽路 席峴 西十五里兔山路 甘勿峴 南二十里長湍界通坡州大路 ○ 羽化江 南五里臨津江上流 馬龍淵 東北五十里源出平康霜峴南流過

大東地志 卷三 朔寧 三十

堤堰一處

邑內 四九 水鐘時 六七 時郡 五十 石橋 三八

新城之遜浦川爲孫歷灘至東北七里爲北川入羽化江

城池 古城 東五里本邑古治山上有小城遺址

倉庫 邑倉 外倉 乃文面

驛站 銅寧驛 烽谷驛 僧嶺

津渡 羽化亭津 南五里大路 銅寧渡 古邑南五里

土産 人蔘 鹿茸 紫草 五味子 松蕈 蜂蜜 訥魚 錦鱗魚

樓亭 羽化亭 南八里臨江有勝槩

祠院 表節祠 正宗辛亥賜額 沈岱 字公望號西坡青松人壬辰倭亂戰亡本郡贈領議政謚忠壯 梁誌 字彦信以本郡守戰亡贈吏曹判書謚忠愍 尹敬元 戰亡贈吏曹判書謚忠莊 姜壽男 字仁叟晉州人戰亡贈吏曹判書謚忠烈

典故 本朝 宣祖二十五年八月以沈岱爲京畿監司與楊州牧使高彦伯圖復京城直到朔寧倭諷知之潛渡大灘 見楊州 乘夜襲之岱驚起出走被害諸軍潰

麻田

沿革 本百濟泥沙波忽又稱麻田淺新羅景德王十六年改臨湍爲牛峯郡領縣高麗太祖二十三年改麻田顯宗九年屬長湍睿宗元年置監務尋併于積城恭讓王元年復置監務 本朝 太宗十三年改縣監十四年以漣川來併號麻漣十六年復析之 文宗二年陞爲郡 以崇義殿在縣地 顯宗三年又以漣川來併四年還析

大東地志 卷三 麻田 三十一

堤堰一處

楡淵 六

之

官員 郡守 兼長湍鎭管兵馬同僉節制使

坊面 郡內 終十五里 東面 初五終十五 西面 初十終三十 北面 初十終二十 禾津 初十五終二十

山水 米豆山 北五里 分石山 北十里 鹽倉山 西五里 高王山 西北二十里見長湍 峩眉山 南十五里見積城 嶺路 烽峴 北二十里朔寧路 ○ 澄波江 東北十里朔寧羽化津下流見漣川 鍾潭 南七里澄波江及楊州大灘江合于此爲鍾潭西流爲積城神智江又見漣川漳州川

津渡 楡淵津 東七里通漣川 杇淵津 南七里通楊州積城並澄波江

土産 訥魚 鯉魚 錦鱗魚

廟殿 崇義殿 西十里江邊 本朝太祖壬申建初享八王 世宗七年改享四王 文宗二年改

號崇義殿以諸臣配享高麗太祖 顯宗 文宗 元宗 〔配享〕卜智謙初名砂現沔川人官太師謚武烈 洪儒初名術義城人官太師謚忠烈 申崇謙初名能山平山人官太師謚壯節 庾黔弼平山人官太匡謚忠節 裵玄慶初名白玉慶州人官大匡謚武烈 徐熙利川人號福川官太保內史令謚章威宋檢校兵部尚書 姜邯贊初名殷川黔川人官天水郡開國侯致仕謚仁憲 尹瓘字同玄坡平人官太保侍中謚文肅 金富軾慶州人號雷川官侍中太子集賢殿大學士樂浪郡開國侯致仕謚文烈 金就礪彥陽人官太尉侍中謚威烈 趙冲字湛若橫城人官太尉平章事贈侍中謚文正 金方慶字本然安東人官三重大匡僉議中贊上洛公致仕謚忠烈 安祐耽津人官中書平章事 李芳實咸安人官樞密院副使 金得培號蘭溪尚州人官政堂文學謚文忠 鄭夢周見京都文廟 ○令以王氏世襲

○湄江書院肅宗辛未建癸酉賜額 許穆字文甫號眉叟陽川人右議政謚文正



## 漣川

〔沿革〕本百濟工木達一云熊閑山 新羅景德王十六年改功成為鐵城郡領縣 高麗太祖二十三年改漳州 成宗十四年置團練使 穆宗八年罷之 顯宗九年屬東州 明宗五年置監務兼任僧嶺 忠宣王即位初改漣川以王名璋興漳同音故 本朝 太宗十三年改縣監 十四年併于麻田 改號麻漣 十六年復析之 顯宗三年又合于麻田以殿牌見失 四年復置 〔邑號〕獐浦高麗成宗所定 漣州 〔官員〕縣監兼長湍鎮管兵馬節制都尉一員

〔坊面〕縣內終二十里 東面初五終十 南面初十終二十五 西面初十終二十 北面初十終三十 上水北終十

〔山水〕真明山北五里 舟山南七里 寶盖山東北三十里上有攢翠岩見鐵原 五峰山東十五里 佛見山東北十五里鐵原界 金藏山東二十里永平界 城隍山南二里 袈裟坪南十里 〔嶺路〕牌踰嶺西北二十五里 烽峴西北二十五里長湍界見麻田 圓寂峙東二十里 ○澄波江一云橫江西十五里臨津上流 鵂鶹灘西十四里上有澄波淀 漳州川出鐵原地過熊淵至縣南為漳州川川上皆石壁礁岩水中多石為石瀨下為鍾潭石潭上下倚潭西岸峭絕為三石峰直東花岩石潭五里東北深源谷口攢翠岩十五里南青松大灘十里 東灘南五里南流入楊州楡灘 摩訶川東二十里見永平 鬼灘

〔城池〕寶盖山古城東北十五里周四里中有井三面險峻石門對峙

〔驛站〕玉溪驛北七里



邑內一六 軍摠四九

〔津渡〕時郁津在北江朔寧路古云澄波渡西望長景石縣東南為石渚峽口岩壁上有倒影庵其下有將軍灘其下為熊淵石崖觀石文異書江干出石鱗石壘 熊淵津 楡淵津西通麻田

〔土產〕五味子 紫草 錦鱗魚 訥魚

〔祠院〕臨漳書院肅宗庚寅建癸巳賜額 朱子見京都文廟

〔典故〕高麗高宗四年金山兵指交河過澄波渡吾軍與戰却之 辛禑三年遣陳永世相宅于漣州永世還奏以五逆之地不可建都議遂寢

大東地志卷三

## 驪州

古山子 編

沿革 本百濟骨乃斤新羅取之置停景德王十六年改黃驍爲沂川郡領縣高麗太祖二十三年改黃驪 一作黃利 顯宗九年屬原州後置監務高宗四十四年改永義忠烈王三十一年陞知驪興郡事 以順敬太后金氏之鄕即王之母 辛昌戊辰還禑于郡陞黃驪府恭讓王己巳降知驪興郡事 本朝 太宗元年以 中宮閔氏 即元敬王后 之鄕復陞爲府 劃陰竹之於西伊村來屬自忠清道來隸水道 後改都護府 睿宗元年遷



防斤谷處 南三十
新堤處 西十五
新倉里所 西十五

英陵于府北城山陞驪州牧 以川寧縣來倂 正宗朝移廣州
鎭于府 營六邑 仁祖朝置後營後移竹山 肅宗九年移廣州前營于此後還廣州 邑號 驪城
官員 牧使 兼驪州鎭兵馬僉節制使 一員
古邑 川寧 西北二十五里本百濟省知買後改述川城 景德王十六年改泝川郡領縣二濱陽黃驪 隸漢州高麗太祖二十三年改川寧顯宗九年屬廣州 後置監務本朝太宗十三年改縣監後來屬見上
坊面 州內 終十里 近東 東初十終二十 近南 南初十終二十 与梁 南初二十終四十 台開谷 西南初十五終四十 加西谷 西終三十 介軍山 北終五十 首界 西終二十五 大松 北終四十 吉川 西北終十五 登神 北終二十五
山水 烏岬山 南四十里忠州界 剛金山 南二十五里 歡喜山 西二十五里
牛頭山 一云慧月山 北二十五里 象頭山 西北五十五 界廣州界 趨揖山 北四十里

黃鶴山 南
新文洞 西二十五
主峯 西北三十里
九絶嶺
王嶺
梨峴
華陰川 一云大橋川
堤堰二十處

砥平界 大包山 南二十五里 孤山 北三十里孤峙野中 長淵山 北 流牛山 東南 勝山 南江邊 鳳尾山 東右四山各距五里 ○報恩寺俗稱甓寺有甓浮圖臨江有江月 新岩石絶奇有江山景勝 簟岩 東南 瓮岩 西北各距五里江邊 馬岩 東一里屹立江曲穹窿蟠礴奇怪難狀怒濤蕩潏 商山 西南三十里陰竹界東有德谷 嶺路 甕石峴 西南三十里陰竹界
老馬峴 西北四十里 ○ 驪江 即漢江上流環州治石西北流江中有羊島東岸有報恩寺 馬灘 馬岩之前 梨浦 西北四十里驪江之下流江水瀰四坪野曠遠有舟楫商販之利浦之下流爲西 鼈 福河川 西北三十里見利川 天民川 南四十里見陰竹 大橋川 一云伊川西二十五里源出陰竹地入于福河川下流回豆豆里川 金塘川 東十里出砥平臺方山入驪江 吉梁川 北十里 曲水川 北四十里
形勝 岡阜綿亘坪野曠遠長江襟帶堤壟縱橫土膄宜



邑內 二七
清安里 一六
億億橋 一六
大旺 四九
曲水 四九

稻民習水利開漁箭防蓄於操舟
城池 古城 西北七里稱城山入英陵局內 婆娑城 西北四十里有小山臨江宣朝二十五年僧將一義嚴修築古城周一千一百步
營衛 守禦左部 別將本牧使兼○軍兵屬邑驪州廣州楊州抱川陽智永平楊根利川
驛站 楊花驛 西北十五里 新津驛 一云新恩東五里 安平驛 南三十里
津渡 州內津 邑東 楊花津 西北二十里 龜尾浦津 州南 丹岩津 東南二十里 仰岩津 東南十里 梨浦津
橋梁 大橋 西二十五里 億億橋 西北三十里 天民川橋 南三十五里
土產 訥魚錦鱗魚鯽魚鯉魚
樓亭 清心亭 在邑內俯臨長江南對廣野雉岳縹渺於東龍門聳碧于北甓寺倒影於江心

陵寢 英陵 在城山之陽州西北十二里 世宗大王陵 昭憲王后沈氏祔 忌辰二月十七日 忌辰三月二十四日 陵初在獻陵局內 睿宗元年遷于此 ○令參奉各一員 寧陵 在英陵局內弘濟洞 孝宗大王陵 忌辰五月四日 仁宣王后張氏祔 陵初在健元陵西岡 顯宗十四年遷于此 忌辰二月二十四日 ○令參奉各一員

祠院 沂川書院 宣祖庚辰建 仁祖乙丑賜額 金安國 李彥迪 俱見京都 鄭曄 見廣州 李元翼 見京都廟庭 洪仁祐 字應吉號恥齋唐城人贈領議政 李植 見都廟庭 字汝固號澤堂德水人官判書典文衡贈領議政諡文靖 洪命耉 字元老號懶齋南陽人仁祖丁丑以平安監司戰亡贈領議政諡忠烈 ○孤山書院 肅宗丙寅建 戊子賜額 曹漢英 字守而號晦谷昌寧人吏曹參判諡文忠 李在吾 字順卿號石灘慶州人高麗右正言贈大司成 ○大老祠 正宗乙巳建 同年賜額 宋時烈 見京都廟庭



○玄岩書院 純祖甲午建 同年賜額 金祖淳 見宗廟庭

典故 百濟始祖四十年靺鞨來攻述川城又襲斧峴城 ○新羅武烈王八年高句麗將惱音信與靺鞨將生偕合軍來攻述川城不克 見漢城 ○高麗明宗七年亡伊等 詳公州 寇黃驪 ○辛昌戊辰九月禑自江華遷于驪興 恭讓王己巳遷禑于江陵

竹山

沿革 本百濟皆次山 新羅景德王十六年改介山郡 領縣陰竹 隸漢州 高麗太祖二十三年改竹州 置知州事 成宗十四年置團練使 穆宗八年罷之 顯宗九年屬廣州 明宗二年置監務 本朝 太宗十三年改竹山縣監 世宗十六年自忠清道來隸 中宗三十八年陞都護府 宣祖十七年降縣 二十九年復陞

邑號 陰平 高麗成宗所定 延昌

官員 都護府使 驪州鎮管兵馬同僉節制使 守禦後營將 討捕使

坊面 府內一 終五里 府內二 終十 西一道 初十五終二十 西二道 初十終二十 西三道 初二十終三十 遠一道 初北十 終四十 遠三道 初北十 終四十 近一道 初北二十 終十 近三道 初北十四 終二十 川南一道 初南二十 終二十 川南二道 初南十 終二十五 川北一道 初北二十 終二十 川北二道 初北十 終三十 山東 東二十 山西 西二十五 山內 南十 山外 西十 近二道 遠二道 南西初十終二十

山水 鼎陪山 北十五里一峯突起戴石有穴 七賢山 一云道宗山 南十五里卓立於圻湖交界 ○七長寺 禑九年以倭寇闌入移忠州開天寺所藏史籍于此 九峰山 西北二十五里 圻湖孔道中可作山城 飛鳳山 北四里 ○奉業寺 有高麗太祖真殿 恭愍王十一年二月駕幸州次是寺謁真殿 今亡有石塔 望夷山 南十五里見忠州 文殊山 西北四十里有雙嶺 水晶山 北三十九里上有石窟中有小庵產水精

嶺路 桂峴 東十五里利川路 沙琴峴 西北陽智界 樟項嶺 西安城路 踰舟峴 西二十里安城界 佐贊峴 北五里陽智界 周傑峴 南鎮川路 ○天民川 見陰竹 大寺川 源出七賢山東流 北川 北二十里出佐贊峴南流合于大寺川 經府南入 加次岩嶺 高音屯嶺 梨峴 十三處

城池 竹州古城 東五里周三千八百七十四尺當圻湖大路之要 宣祖朝重修今廢 城東有明副將吳惟忠仁勇清德碑

營衙 守禦後營 仁祖朝置後營於驪州後移于此 ○營將本府使兼 ○軍兵屬邑 竹山 驪州

陰竹安城陽城陽智
〔烽燧〕巾之山 北四十里利川界
〔倉庫〕邑倉 二 外倉 北三十里
〔驛站〕佐贊驛 北五十里 分行驛 北十里
邑內 四九 白岩里 一六 注川 三八
〔典故〕高麗高宗二十三年宋文冑爲竹州防護別監蒙
古至竹州城諭降城中士卒出擊走之蒙古復以砲攻
城四面城門輒摧落城中亦以砲逆擊蒙古〔不敢近蒙
古又備人膏灌蒿從火攻之城中士卒一時開門突擊
之蒙古死者不可勝數蒙古多方攻之凡十五日竟不
能拔乃燒攻戰之具而去 恭讓王二年倭寇竹州



本朝 英宗四年巡撫使吳命恒自安城之捷進兵向
竹山踰獐項嶺 西二十里 行二十里長谷中左右層巒路狹
崎嶇騎步不得成列賊兵屯於嶺底官軍分三路急登
大小峙憑勢馳下時賊大隊陣于野中方犒饋嶺底諸
賊望見官軍奔其大隊合力拒戰别將李遂良躍馬先
驅官軍奔馳爭赴砲焰蔽天塵埃晦暝賊軍大潰生擒
賊魁李麟佐鄭世胤等十五人檻送于京師

利川

〔沿革〕本百濟南買新羅眞興王二十九年置南川停軍
主眞平王二十六年廢之文武王二年復置南川州摠
管景德王十六年改黃武爲漢州領縣高麗太祖改利
川 太祖南征甄萱郡人徐穆導之利涉故改 仍屬廣州 仁宗二十一年置監
務高宗四十四年稱永昌恭讓王四年陞南川郡 本
朝 太祖二年復爲利川縣 太宗十三年改縣監
世宗十三年改知縣事二十六年陞都護府 光海主五年以李景俊逆誅降縣 仁祖元年復陞二十二年以洪陽傑逆誅降縣 孝宗四年復陞 英宗五年以朴弼祥逆誅降縣十四年復陞 正宗即位丙申降縣九年復陞
〔官員〕都護府使 兼驪州鎭管兵馬同僉節制使
一員
〔坊面〕屯之山 西十五里 新洞 沙北 陌土里 俱北二十 夫老谷
東二十 鉢山 東南二十 草枝谷 月陽村 俱南二十 葛麻洞 南四十 母



山 西南三十 大陽 南十二 后法 西南二十 長水旺 西十二 麻田洞 西北二十
〔山水〕圓寂山 北二十五里 五音山 西三十里 雪峰山 西五里 大德山
南二十五里 孝養山 東八里 羊角山 西三十里陽智界 巾之山 西二十里見竹
山 彌勒山 西南十二里 普賢山 西南二十二里 鼎蓋山 北二十里驪州界 大
角山 好泉山 俱南二十里 〔嶺路〕廣峴 西北廣州路 絶音峴 西陽智路 馬
甲衣峴
峙 西路 牛峙 西北廣州界 廣〇南川 出大德山經府南入福河川 福河川 南八里源
堤堰 二十九處
出陽智定水山北經秋溪古縣過陰竹之雪城山水東流經府南北流爲沂川入于驪州梨浦江 利樹川
出廣州牛峙東流經府北八里入福河川 獻海川 南二十五里見陰竹
〔城池〕雪峯山古城 周五千二百十二尺備考云一千五百步 圓寂山古城 府距
二十里恭愍王時築周二千四百三步

(邑內二七 郡良平)

〔營衛〕守禦右部(別將本府使○軍兵屬邑利川驪州陰竹陽城楊根加平砥平安城竹山)

〔倉庫〕邑倉(邑內) 江倉(在驪州楊花江邊)

〔驛站〕吾川驛(古云五行西北二十五里) 阿川驛(古云安利在府東) 〔撥站〕高尺站 大浦站 素沙站

〔典故〕新羅武烈王七年唐高宗命蘇定方等伐高句麗率水陸軍十三萬勅王爲之聲援王與將軍金庾信等領兵次南川停

楊根

〔沿革〕本百濟去斯斬(一云恒陽一云楊斤)新羅景德王十六年改濱陽爲沂川郡領縣高麗太祖二十三年改楊根顯宗



九年屬廣州明宗五年置監務高宗四十四年稱永化元宗十年陞益和縣令(以衛社功臣金自廷之鄉)恭愍王五年陞知郡事(以王師僧普愚所居)復改楊根 本朝 世祖十二年改郡守 孝宗九年革屬砥平 顯宗九年復析置 英宗四年降縣十七年復陞二十三年移治于葛山(舊治在乾止山下) 正宗丙申降縣九年復陞

〔官員〕郡守(兼驪州鎭管兵馬同僉節制使)一員

〔古邑〕迷原(北四十五里恭愍王五年以王師普愚寓居迷原莊小雪庵陞莊爲縣置監務尋以地窄人稀還屬于郡)

〔坊面〕古邑(北十里) 東始(東北初五終十) 東終(東初十終二十) 南始(西初十終二十) 南中(西四十) 南終(西南初十終十五) 西始(西初十終三十) 西中(西北初三十終五十) 西終(西北初三十終七十) 北面(初二十終八十)

〔山水〕龍門山(本彌智山東北三十里砥平界雄盤高大幽深重阻有加葉白雲等峯○舍那寺名庵五六區妙寂庵有高麗菩提塔碑) 馬遊山(北二十里) 高達山(北四十里一云[illegible]達) 黃岳(高達之西) 馬揖山(一云蔚葉在迷原北山婺卓立崖叢之) 中隱山(一云青帝山西北三十里) 乾止山(北十里古邑北) 迷原山(北四十五里山中少峽拓地既深阻雖) 陽白山(古邑南十五里) 白屏山(西南二十里) 所也山(北八十里新淵江維其北路淵嶺) 咸公峴(東北三十五里) 飛踰峴(東里) 馬峴(西二十五里) 清凉峴 勞多嶺(俱在郡北小路) 柏峴(東北二十里砥平路) 耄味峴(北五十里洪川界) 月溪遷(西三十里縈紆山腹下臨江水通京大路)○漢江(南一里驪州梨浦下流至郡西二十里爲大灘石梁橫截水中波濤衝激水勢極險其下爲西心灘其下爲波乃灘其下爲并灘新淵江會合于此中有簇子島) 新淵江(自加平南流至郡界西流爲白銀灘西南流爲龍津高浪津會于漢江) 新恩川(東十三里出砥平不動山南流經鳳凰臺爲黑川入于漢江) 大也川(西北三十里出馬遊山北流入新淵江) 新橋川(北十里出龍門山西流入西心灘) 放逸川(北五十里出迷原西北北流入新淵江) 迷原川(一云瀨川出高達山北北流入新淵江) 浦村川(西三十里出馬遊山西流入漢江)



堤堰三處

〔城池〕咸公城(在咸公峴上周二萬九千五十八尺高麗時邑人避蒙古兵于此)

〔鎭堡〕龍津鎭(西五十里係訓局○別將一員)

〔倉庫〕邑倉(邑內) 迷原倉(在古縣)

〔驛站〕娛賓驛(西二里)

〔津渡〕龍津渡(南距廣州四十里渡上有灘旱則徒涉通京大路爲要害其下有高浪津小捷路)

邑內 一六 佐谷 二七 迷原 二七 沙灘 三八 牛川 四九 上心里 五十

葛山津(南) 洗耳津 上心里津 水靑灘津(西二十里) 水餘里津 沙站津 梨浦津(見驪州)

〔土産〕錦鱗魚 訥魚 山芥 辛甘菜 五味子 松蕈 白土 紙

〔樓亭〕太虛樓(邑內) 鑑湖亭(西八里)

〔典故〕高麗高宗四年前軍右軍與金山兵戰于根根砥平破之 四十年蒙兵圍楊根城防護別監尹椿出降 忠烈王十七年哈丹兵踰鐵嶺闌入交州道攻陷楊根城

砥平

〔沿革〕本百濟砥峴 新羅景德王十六年改砥平爲朔州



領縣 高麗顯宗九年屬廣州 辛禑四年置監務(以乳媼張氏之鄕) 後罷之 恭讓王三年置監務(以置鐵場于縣境) 本朝太宗十三年改縣監 肅宗十一年革屬楊根(以逆獄) 十四年復置 〔邑號〕砥堤 〔官員〕縣監(兼驪州鎭管兵馬節制都尉) 一員

〔坊面〕縣內(終十里) 南面(初十終二十) 北面(東北初十終四十) 上北(北終四十) 上東(初十終四十) 下東(終二十五) 上西(終十五) 下西(西北終三十)

〔山水〕龍門山(西北三十里見楊根○龍門寺上元寺 世祖俱幸于此有名庵五六西絶景奇勝) 不動山(北三十里) 雲岳山(南十八里 東置鐵場) 麗臺 方山(東三十五里) 十趍揖 山(西南二十里見驪州) 所山(南七里) 高達山(東南十里) 二建止山(東三十五里) 望彌山(東十里) 掛日山(北十五里) 造戎洞(龍門山南) 長生洞(西二十里龍門山白雲峯下洞口甚窄西中劚平廣可居)

〔嶺路〕九存峙(東十五里) 地境峙(南二十里驪州界) 栢峴(西十里) 所乙峴 飛踰峴(俱西二十里右楊根界) 神堂峙(東北五十里) 白羊峙 鳩峙(俱北三十里右洪川界) 松峙 二峙(大小) 葛峴 車踰嶺(東四十里右原州界) 上所峙(北四十里) ○新恩川(源出不動山及神堂峙西南流至縣北十里爲田谷川廣灘有鳳凰臺泉石下爲黑川至縣西南二十五里爲新恩川入于漢江見楊根) 金壚川(東南二十里源出墨方山南流經原州驪州地入驪江川邊有鶴岩見驪州)

舟峴 九層峴

堤堰三處

〔倉庫〕邑倉(邑內) 外倉(北三十里) 新倉(東三十里)

〔驛站〕田谷驛(北十里) 伯冬驛(北三十里)

〔土産〕五味子 松蕈 山芥 辛甘菜 白土 紙

〔祠院〕雲谿書院(宣祖甲午建 肅宗甲午賜額) 趙晟(字伯陽 號養心堂 平壤人 官義盈庫

邑內 二七 釜淵 三八 老音坪 一六



令) 趙昱(字景陽 號龍門 晟弟 官長水縣監 贈吏曹參議)

〔典故〕高麗高宗二十二年夜別抄與砥平縣人夜擊蒙兵殺獲甚多

陰竹

〔沿革〕本百濟奴音竹 新羅景德王十六年改陰竹爲介山郡領縣 高麗顯宗九年屬忠州 後置監務 本朝太宗十三年改縣監(自忠淸道來隸本道) 〔邑號〕雪城 〔官員〕縣監(兼驪州鎭管兵馬節制都尉) 一員

〔坊面〕縣內(終十里) 東面(初十終二十五) 南面(初十終二十五) 西面(初十終二十) 北面(初十五終二十三) 無極 下栗(俱南初二十終四十) 上栗(南三十)

遠村處西十

山水 白足山南十五里 靈岳山北七里 門縣山北十里 鳳尾山南十里 八聖山南三十里 老星山南十三里 ○天民川南十五里源出忠州小俗離山西北流至石院合竹山大寺川南北至長海院過梂澤之水東北流入驪州梨浦江 獻海川北二十里源出鳳尾山經利川地入于驪州華隱川 梂澤東南十五里○天民川之上下凡梂澤之傍土地膏沃

城池 雪城西五里稱城山周二里

長海院四九 無極五十

倉庫 邑倉 栗倉俱邑內

驛站 留春驛東五里 無極驛南三十里 撥站 官門站

典故 高麗恭讓王二年倭寇陰竹

陽智

沿革 本水州之陽良部曲 本朝 定宗元年陞為陽智縣置監務 太宗十三年改縣監移治于廣州之秋溪鄉古治在今治南三十里稱古陽智 又割竹州之高安大谷木岳蹄村四部曲以屬之自忠清道來隸本道 邑號 陽山 秋溪 官員 縣監兼驪州鎮管兵馬節制都尉一員



坊面 縣內終十里 朱東東初五終十五 朱西西初五終二十五 朱北西北初五終十五 古東南初四十終五十即古陽智東 古西西南初五十終六十古陽智西 古北南初四十終五十陽智北 古朴谷南初三十終三十 木岳南初二十終三十五 高安南初四十終四十五 蹄村南初六十終七十 ○秋溪鄉東十里

山水 定水山一云大海山北十里廣州界 神華山東三十里 御隱山南七里 聖輪山南四十里龍仁界 安養山東五里 九峯山南三十里竹山界 嶺路 佐

贊峴南十里竹山界大路 曲碩峴大小二峴南三十里 ○秋溪即縣之南溪源出定水山過御陽山興曲碩峴之水合西北流為龍仁金嶺川入于廣州之昭川

堤堰五處

倉庫 邑倉邑內 新倉在朴谷里

南陽

沿革 本百濟党項城 新羅景德王十六年改唐恩郡領縣三雙阜貞松安陽 憲德王降為縣 十四年合于水城郡 興德王四年析置唐城鎮以沙飡極正往守之 高麗太祖二十三年改為郡 顯宗九年屬水州 後移屬仁州 明宗二年置監務 忠烈王十六年陞為知益州事以邑人洪恭丘使元為征東行省右丞 後陞江寧都護府 又陞益州牧 忠宣王二年降南陽府汰諸牧



本朝 太宗十三年改都護府 仁祖二十二年降縣以奴弑主 十五年復陞 孝宗四年復陞以逆衝胎地 顯宗六年降縣以奴弑主 十五年復陞 正宗十六年移水原鎮于本府管十二邑 邑號 寧堤 戈浦 官員 都護府使兼南陽鎮兵馬僉節制使摠戎前營將討捕使一員

古邑 載陽東十里本安陽新羅為本郡領縣高麗改載陽顯宗九年屬水州又移屬仁州後來屬

坊面 府內終五里 禾尺北初五終二十 楮八里東初十終二十 屯之山南初五終十五 新里北初二十終四十 松山西終三十 彌之串東初七終二十 分鄉東南越入水原界初三十終三十 麻道西初十終二十 如堤西終三十五 細串西終二十五 水山西終二十 雙守里北十終

山水 飛鳳山東七里 清明山 絕命山 天燈山俱西二十里

大金山 國師峰 松山 羔峙

海龍山 屋業山俱西北二十五里 舍那山東南五里 十石祝山南十里 望海山西三十里 台山西北二十五里 建達山東南二十里水原界 黃景山天燈西女 王母臺西南三十里海邊 (嶺路)板門峴 屈峙俱西二十里 ○海西三十里 舍那川東南十五里出台山西入海 鳳尾川東十里出山北流入海 飛鳳(島嶼)

大部島今稱大阜水路十里潮退徒涉海道要衝土沃民衆多產魚鹽 靈興島大阜島之西 召忽島靈興西北 昇黃島靈興之西有訓局屯 愁說島 亐音島 濟扶島 炭毛老島 小牛島 於島 結吾里島 立彼島 佛島 乳島 測島已上俱在府西海中或遠或近

堤堰二十處

(形勝)一邑皆平岡細麓浦漵微茫島嶼星羅堤堰繡錯 土膄宜稻魚鹽爲沿海列邑之聚

大東地志 卷四 南陽 十三

(城池)唐城古縣城府東周三千七百七十七尺 唐城古鎮城西二十里周二千四百十五尺 石山城西三十三里周二千九百五十五尺

(營衙)摠戎前營前營將本府使兼仁祖朝置左營後改前營○屬邑南陽陽川

(鎮堡)花梁鎮西三十里海邊有城○舊置水軍節度使營成宗十六年移于喬桐改設僉使鎮○水軍同僉節制使一員(革廢) 永宗浦鎮西南三十里有水軍萬戶孝宗四年移于仁川紫燕島

(烽燧)念佛山西南十里 海雲山西北二十里

(倉庫)邑倉 二海倉西北十里 新倉西二十里 外倉分鄉面

(驛站)海門驛西二里

(牧場)大部場在島中監牧官一員 屬場仙甘彌 伊作 靈興 小牛 佛 召忽 立彼

廢場昇黃 於島

甌浦六六 楸池四九 邑內二七

(土產)魚物三十種 鹽 柹

(祠院)龍柏祠顯宗丙午建己酉賜額 諸葛亮漢丞相忠武侯 胡安國見京都文廟 尹棨見江華 ○安谷祠顯宗戊申建景宗辛丑賜額 朴世勳字勳之號松村尚州人官僉正贈吏曹參議 朴世熹字而晦號道源齋世勳弟官左承旨贈吏曹判書諡文剛 洪暹字退之號忍齋南陽人官領議政典文衡諡景憲

(典故)新羅善德主十一年百濟義慈王大擧兵攻取國西四十餘城又與高句麗謀欲取新羅党項城以絶歸唐之路○高麗元宗十一年進討使金方慶領軍六十餘人同蒙古宋萬戶等軍一千餘人追討三別抄至海中望見賊船泊靈興島方慶欲擊之宋萬戶懼止之賊

大東地志 卷四 南陽 十四

乃遁 十二年窄梁防守蒙古兵入大部島侵掠居民民甚惡之遂殺蒙古兵以叛見水原 忠定王三年倭焚南陽遣密直李權于西江以備之權不行 恭愍王七年倭焚花之梁即花梁 十三年先是漕船以倭不得運遣邊光秀李善領戰船八十餘艘往護之光秀船至代島賊伏兵伊作島以五十餘艘圍之盡爲敗衄喬桐江華東西江哭聲相聞 辛禑三年倭賊百餘騎寇南陽宗德水原 四年倭寇南陽 本朝 仁祖十四年向化叛民引淸兵入南陽執府使尹棨罵賊死之

仁川

明宗二年析置唐城載陽

(沿革)本百濟買召忽一云彌鄒忽國新羅景德王十六年改邵城爲栗津郡領縣高麗顯宗九年屬樹州肅宗陞慶源郡以文宗妃仁睿太后李氏之鄕即肅宗母仁宗改知仁州郡事以睿宗妃文敬王后李氏之鄕即仁宗母㞐郡唐城屬縣載陽。恭讓王二年陞慶源府以七代御鄕本朝 太祖元年復爲仁州 太宗十三年改仁川郡 世祖五年以 昭憲王后沈氏外鄕后外祖門必大陞都護府 中宗二十一年移水原鎭于府三十年復還水原 肅宗十四年降縣以逆胎鄕僧二十三年復陞(官員)都護府使兼南陽鎭管兵馬同僉節制使鎭撫右營將一員

(坊面)府內終十里 多所西初八終二十 南村南初十終十五 新峴東初二終二十



三峻峴 道里峴 堤堰十三處

十五 遠又爾西初七終十 朱雁北初十終十五 島洞東初十終二十 四逐東終二十 黃等川東終十五 二 梨浦南終一百二十古梨浦新羅景德王爲樺口郡領縣高麗降部曲

(山水)蘇來山東二十里卑立平原 文鶴山南三里 清凉山西南七里○山之東支有大塚石墻宛然石人偃仆甚大今未詳爲何墓而是高麗台妃宗親之墓耳 凌虛臺西南九里 鳳仙臺梨浦海邊(嶺路)星峴東十里距京大路峻高○海西十里 東川東二里出朱雁山南流入海 蛇川東二十里出蘇來山南流入海(島嶼)猿島 慈伊島 品官島一云樓看 八山島 捉魚岩俱在西南海中

(城池)古城在文鶴山周四百三十尺

(鎭堡)(革廢)濟物鎭西十八里有水軍萬戶孝宗朝移于江華○城周二百五十步

(烽燧)城山文鶴山古城內

箭岩 四九 蛇川

(驛站)重林道東三十里屬驛五○察訪一員(革廢)慶信驛東十里

(牧場)龍流島 無衣島右係永宗(革廢)紫燕島 三木島 難知島 士也串島 文甲島

(津渡)濟物津西十八里入永宗鎭者由此水路十餘里

(土産)魚物三十餘種 柿 艾 塩

(壇壝)猿島神壇在島中春秋岳海瀆行祭時本府使祭諸島神于此

(祠院)鶴山書院肅宗壬午建戊子賜額 李端相見楊州 李喜朝字同甫號良齋端相子官吏曹叅判贈左贊成謚文簡

(典故)新羅武烈王七年唐伐百濟蘇定方發自萊州舳艫千里隨流東下王遣太子法敏領兵船一百艘迎定方於德勿島王率精兵五萬應之次今突城新昌 文武



王三年唐將孫仁師率兵四十萬至德勿島就熊津城○高麗肅宗即位流元信宮主李氏宣宗妃及子漢山侯昀兄弟二人于慶源郡 神宗七年崔忠獻廢王遷于江華尋移紫燕島 熙宗七年崔忠獻廢王遷于江華尋移紫燕島放太子祉于仁州 高宗四十三年大部島南陽別抄夜出仁州境蘇來山下擊走蒙兵百餘人 忠定王四十六年徙西京黃州民于德積島以蒙兵之故 忠定王三年倭船一百三十艘來寇紫燕三木二島焚其民舍殆盡 恭愍王七年倭寇仁州 二十三年倭寇紫燕島以李仁任爲東西江都統使出次昇天府 辛禑元年

倭船大集德積紫燕二島以我 太祖及崔瑩耀兵東西江以備之 四年倭寇仁州 十年海道萬戶尹之哲遇倭于德積島擊走之獲倭船二艘殲之得所虜男女八十人○本朝 宣祖二十五年倭寇仁川

永宗浦鎭

丙寅洋賊後築城

戊辰春洋賊入永宗僉使申孝哲迎擊之殺七人

孝宗四年移南陽永宗浦萬戶于紫燕島 肅宗六年兼御營別後部千摠(專屬御營)十七年置水軍防營(兼防禦使)英宗十七年陞水軍僉節制使 正宗三年兼左海防將十二年減(官員)水軍僉節制使(兼宗戴水軍防禦使仁川監牧官)一員

○前所(西初七終十里)後所(西初十終二十)三木(西初二十終三十)無衣(西初四十



終四十五)龍流(西初三十五終四十)○紫燕島(東距仁川二十五里距京八十五里周五十五里中有白雲山石花山浦潊盤廻土甚良沃環以魚塩爲江都之外戶南濬之咽喉)龍流島(東距紫燕二十五里有天山女妓岩浦邊有石擻名朝天臺即新羅朝唐之路○島西北有沙呑島潮退逮陸)三木島(東距紫燕十五里西距龍流十里潮退徒涉)無衣島(北距龍流十五里山極高峻島南有紫月島麗史云祖月島)月尾島(島之東南有行館大明一統志云舊有客館曰慶源亭是也)薪佛島(無衣東北)勿淄島(鎭之東北)應島(勿淄之北)○古城(鎭西一里有土築遺址)

倉二(鎭內)龍倉(龍流)○魚物(同仁川)塩艾○各樣戰船九艘○瞭望(在白雲山)○牧場(龍流島無衣島)

德積島鎭

孝宗三年設屯于德勿島尋置萬戶 肅宗三十四年陞僉使(官員)水軍僉節制使一員○德勿島(一云仁物島東距仁川一百二十里周三十里南控安興北際海州爲海路要沖故置鎭於此中有雲島山三石峯峻嶒揷天支慶環衛內有汊港可藏舟舡飛泉自高瀉下逶迤平川層岩盤石曲曲清奇社鵑躑躅滿山遍明洞壑之間爛若錦繡海邊皆白沙汀而海棠往往透沙爛開居民並以漁採舟楫致富厚又田甚肥沃有耕稼之利)士也串島(三國史云史冶島一云蘇爺東距仁川一百一十三里右二島本朝成宗十七年自南陽來屬)仙接島(文甲之西)文甲島(周二十五里)屈鴨島(士也串之西右三島自南陽來屬)拜謁島 鬱島(古五島德積之南)○各樣戰船七艘○牧場

通津

方言稱岩石爲波衣

(沿革)本百濟平淮押(一云別史波衣)後改比兒城新羅景德王十六年改分津爲長堤郡領縣高麗太祖二十三年改



通津顯宗九年仍屬樹州恭讓王三年置監務 本朝 太宗十三年改縣監 肅宗二十年陞都護府(官員)都護府使(兼南陽鎭管兵馬同僉節制使鎭撫右營將)一員

(古邑)童城(東二十里本百濟童子忽一云仇斯波衣一云幢山景德王十六年改童城爲長堤郡領縣高麗顯宗九年仍屬樹州恭讓王三年來屬)守安(南二十五里本百濟首爾忽景德王十六年改戍城爲長堤郡領縣高麗太祖二十三年改守安顯宗大年仍屬樹州明宗二年置監務恭讓王三年來屬)

(坊面)府內(終十里)月餘串 遷田(倶東初十終十五)大坡 桑串(倶南初二十終三十)良陵(東南初二十終三十)甫口串(北初十終十五)所伊浦(東初十終二十)奉城(東南初十終二十五)古里串(西南初十終二十)半伊(南十五)

(山水)文殊山(北十里本比兒山後云通津山爲海隅巨岳江環西北俯瞰江都○文殊寺興龍寺)

堤堰一處

○山之西有文殊山城屬于江華 奉城山 東南二十五里江邊東對交河深岳山臨江舊有顧流亭
藥山 南三十里海邊煮鹽最盛 圓通山 童城古縣 悅金山 馬赤山 俱東十里 位
谷山 月覔山 俱東北十餘里右七山皆平原高阜 (嶺路)水踰峴 府西江華路 ○海
南三十里 祖江 北十五里漢水臨津會流于此至江華燕尾亭之東復分南爲甲串津西爲昇天浦爲三
南西舟楫之會 新院川 出文殊山經府南西入甲串江 大浦 南三十里出金浦歌絃山西流
入海 良陵浦 東南二十五里出守安古縣北東流入江 江寧浦 北十五里祖江之下 (島嶼)缸
山島 麗史稱缸破江南舟船經泊處 三 松島 缸山島傍 留島 在江寧浦前西對燕尾亭舟船
經泊處 浮來島 麗史稱浮落山在缸山之南潮退連陸
(城池)文殊山城 文殊山之西城甲串津詳江華 臨 童城古縣城 周八百七尺其
東數里又有土築遺址 守安古縣城 周二里 古壘 良陵浦野中



吾羅里二七 圓通四九

(鎭堡)德浦鎭 西南二十五里○水軍僉節制使一員
(烽燧)南山 南五里 守安山 在守安古城內
(驛站)終生驛 古云從繩南二十五里
(津渡)祖江津 北十三里通開城 甲串鎭 西北十里見江華 島浦津
(土產)魚物二十種 艾 鹽
(典故)高麗高宗四十三年蒙古東羅大永寧公綧 高麗宗親
爲質于蒙古者 洪福源等到甲串江外大張旗幟牧馬于田登
通津山望江都退屯守安縣 四十五年蒙古游騎入
守安童城 恭愍王十二年十三年倭寇守安 倭寇
祖江殺關吏命崔瑩將兵擊破之 辛禑三年倭寇守安

童城通津等縣所過蕭然

富平

(沿革)本百濟主夫吐新羅景德王十六年改長堤郡 領縣四分津金浦童城戍城
隷漢州高麗太祖二十三年改樹州成宗
十四年置團練使穆宗八年罷之顯宗九年改知州事
毅宗四年改安南都護府 屬縣六衿川童城通津孔岩金浦守安 高宗二
年改桂陽都護府忠烈王三十四年陞吉州牧忠宣王
二年降富平府 汰諸牧 本朝 太宗十三年改都護府
十四年以金浦縣來合十六年還析之 世宗二十年
降縣令二十八年復爲府燕山主十一年革之 以殺邑人宦者



狄踰山 童成山 重九峯 琢玉峯 閑希峴 直峴 鵂峴 清川 林川 堤堰五處

金舜孫 中宗元年復置 肅宗二十四年降縣 以章陵放火
羅人胎邑 三十三年復陞 (官員)都護府使 兼南陽鎭管兵馬同僉節制使鎭撫營
將 一員
(坊面)東面 終七里 西面 終七 注火串 東初七終十五 上梧井 東初七終十五
下梧井 東初十終十五 堂山 東初七終十五 玉毛 東初十五終三十 水呑 同上 同
所井 南初十終二十 馬場 南初五終十 石川 南初五終十五 石串 西初七終十五 毛
月串 西初五終十五 黃魚 北初十終十五古黃魚鄕 蘇來 南二十
(山水)安南山 一云桂陽山北二里特立平陸 圓寂山 西十五里 (嶺路)景明院 西十
里石串路 ○海 西十五里 大橋川 東七里出圓寂山東流經府南西而北流至東北十里爲直浦
川至金浦地爲掘浦入幸州江 (島嶼)巴羅島 西邊島 難知島 虎島 亭子島

發阿峴六六 黃魚三八

栗島一島獐島箕島 右府西海中皆小島

城池 古城 安南山東南周一千九百三十七尺

烽燧 杻串 西十五里

驛站 金輪驛 府西一里

土產 魚蟹等十五種 塩

典故 高麗 辛禑四年倭寇富平

## 安山

沿革 本百濟獐項口 一云左斯也忽次 新羅景德王十六年改

獐口郡 領縣一梨浦見仁川 隷漢州 高麗太祖二十三年改安山

顯宗九年屬樹州 後置監務 忠烈 忠宣下似脫王字 三十四年以文宗誕



安陽山 高岩山

堤堰二處

生之地 陞知郡事 本朝 世祖十二年改郡守 邑號 蓮

城 官員 郡守 兼南陽鎮管兵馬同僉節制使捴理別右司把捴 一員

坊面 龍巾 東十里 仍火谷 西初十終十五 草山 北初十終十五 郡内 南二十

大月 西初十五終二十五 馬游 西初十終三十 尾里 西初二十終三十本郡古治在焉

山水 修理山 東五里一云太乙山一云見佛山峻高有鷲岩峯方言謂鷲為修理 頹 麻河

山 西五里 廣德山 西里 五子山 西十里 君子峯 西二十里 尾里山

西二十五里 世宗辛酉葬顯德王后權氏于此號昭陵 中宗癸酉移祔于顯陵 〇 海 西三十里

介橋川 源出鷲岩峯經郡南西流入海 浦吾川 西十里出修理山西流入海 石塲浦

西二十里 別士串 西二十五里 島嶼 衣百島 石茁島 雙島 俱在郡西海中

城池 獐項古邑城 西二十五里周九千五百六十五尺

防築頭二七 山岱三八

鎮堡 廢革 草芝鎮 西南三十里尾里西有水軍萬戶孝宗七年移于江華有城古址

烽燧 正往山 即衣耳島中

驛站 石谷驛 西五里

土產 魚蟹鰕蛤等三十種 蘇魚所在海邊 塩 柿 艾

典故 高麗 辛禑四年五年倭寇安山郡

## 安城

沿革 本百濟奈兮忽 新羅景德王十六年改白城郡 領縣

二 赤城 蛇山 隷漢州 高麗太祖二十三年改安城 顯宗九年

屬水州 改屬天安 明宗二年置監務 恭愍王十年陞知

郡事 紅巾賊松降楊廣道州郡唯安城設機斬賊魁賊不敢南下以其功割水州之陽良甘彌呑馬田薪



北里 北五 栗村 北二十 外西 西五 金洞 西北十五 見川 西北十五 蘇萬 西十五

甘彌洞部曲 馬田部曲 俱東十 薪谷部曲

梨峙

堤堰二十一處

谷以興之陞為郡後水州人重賄金鏞還屬馬田薪谷于水州後復還屬 本朝 定宗元

年 析陽良部曲 置陽智縣 太宗十三年 自忠清道来

隷 世祖十二年改郡守 官員 郡守 兼南陽鎮管兵馬同僉節制使 一員

坊面 郡内 終十里 加士 東初五終十 加之谷 東初十終二十 北佐村 北初

十終二十 德谷 南初二十終三十 水村 西初十終二十 松竹村 西初十五終二十五 辰

頭 初十終二十 亐只谷 西南初二十終三十 大門里 初十終三十 竹村 西初十終

十五 末土里 南初十終十五 居乎谷 東北初十終十五 葯山谷 南初五終十

山水 瑞雲山 南二十里盤據重疊西峯有壇壇下有三井〇青龍寺瑞雲寺石南寺 白雲

山 一云金剛山東二十里 寶山 北二十里 九雹山 北五里 飛鳳山 北二里 玉

山 西十里 嶺路 吾信峙 一作兗舜峙南三十里 〇 南川 南二里一出白雲山一出瑞雲

山合流入于陽城弘慶川

(城池)瑞雲古城 周三里 金剛古城 東南十五里周五里 飛鳳古城 周二里 土城 南十五里義兵將洪季男築城鍊兵之地今稱陣基

(倉庫)邑倉二北倉西倉

(驛站)康福驛 古云康富東五里

邑內二七

(土産)鯽魚蟹紙磁器

(樓閣)鏡雪亭 邑內 ○碑閣 南三里 英宗戊 中吳命恒勝捷碑

(祠院)道基書院 顯宗癸卯建己酉賜額 金長生 見京都文廟

(典故)高麗 辛禑 三年倭寇安城郡水原府使朴承直追官軍直趨官廨賊伏發圍之軍士多被殺虜自水原至陽

大東地志 卷四 安城 二十三

城安城蕭然無復人烟 恭讓王二年倭寇安城郡 本朝 宣祖二十五年水原忠義衛洪彥秀起兵討倭累戰皆捷以功拜水原判官後因兵敗死之有賤子曰季男有膽勇善騎射嘗從黃進往還日本至是隨父起兵馳入倭陣收其父屍以歸賊不敢逼仍收父兵築壘於高山頂俯臨陽安數邑之地屯兵伺賊東西鈔擊多所斬殺賊不敢入其境畿湖諸邑賴之超授京畿助防將 英宗四年逆賊李麟佐等起兵清州 詳清州 分兵向京城巡撫使吳命恒率馬步官軍三千自水原掘峴進屯于陽城之素沙橋邊聞賊徒向安竹之間遂移兵向安城風雨大作賊是夜將犯安城而已知官軍駐扎退據青龍山下巡撫使令中軍朴纘新督諸軍進圍賊兵大潰斬麟佐棄紅傘旗鼓而遁斬叛將朴宗元報捷

金浦

(沿革)本百濟黔浦新羅景德王十六年改金浦為長堤郡領縣高麗顯宗九年仍屬樹州明宗二年置監務神宗元年陞縣令 以藏御胎 本朝 太宗十四年以陽川來併號金陽尋以陽川併于衿州以本縣併于富平十六年析之置令 仁祖十年追崇 章陵陞郡守(邑號)金陵

大東地志 卷四 金浦 二十四

(官員)郡守 南陽鎮管兵馬同僉節制使 一員

(坊面)郡內 終十里 馬山 西初七終二十 蘆長 南初七終十五 高亂台 東南初十終十五 石關 西初五終十五 黔丹 西初二十終三十 古縣內 東初五終十 林村 東南初十終二十

(山水)歌絃山 西北十五里有古胎封 雲陽山 北十五里 雲腰山 西十五里 象頭山 右三山皆平原高阜 (嶺路)天燈峴 東南十五里通京大路 ○海 西二十五里 漢江 東二里 掘浦 東十七里富平大橋川下流詳富平○高麗崔將欲鑿渠通海乃上 本朝金安老復始之亦無成 (島嶼)孤島 北八里江中 今勿島 郡西海中

(城池)古城 西一里稱城山周二千六百五十尺今入章陵局內

(烽燧)冷井山 北一里 白石山 西二十里

新場 清川 卒六

（津渡）甘岩津 北八里即高陽 任意津小路

（橋梁）羅津橋 北三里 通津路 折橋 東七里 掘浦橋 俱石造並 通京大路

（土產）秀魚 葦魚 細魚 蟹 青蟹 細蛤 鹽

（陵寢）章陵 在城山之陽 元宗大王陵 忌辰十二月二十九日 仁獻王后具氏祔 忌辰正月十四日 ○令 參奉各一員 ○初葬楊州郡場里 仁祖即位 進號興慶園 五年遷于此 十年追崇 章陵

（祠院）牛渚書院 仁祖戊子建 顯宗辛亥賜額 趙憲 字汝式 號重峯 白川人 宣祖壬辰 倭亂殉節錦山 官正 贈領議政 諡文烈

（典故）新羅眞聖王十一年 弓裔擊破黔浦

振威

（沿革）本百濟松村活達 一云古淵 達部曲 後改釜山 新羅景德王十六年改振威 爲水城郡領縣 高麗顯宗九年仍屬水州 明宗二年置監務 後陞縣令 本朝太祖七年自忠清道來隸

（官員）縣令 兼南陽鎭管兵馬節制都尉 摠理別前司把摠 一員

（古邑）永新 西南十五里 水原五朶面界 古屬陽城 新羅景德王十六年改永豐 爲水城郡領縣 高麗太祖二十三年改永新 顯宗九年仍屬 本朝世宗十五年來屬

（坊面）馬山 東初五 終十五 西面 初十 終二十 松莊 南初五 終十五 本水州松莊部曲 世宗六年來屬 丙坡 西南十五 右頭 西二十三 城北 北初五 終十 炭峴 西南初五 終二十 餘方 南初十 終二十 東面 十 終二十 城南 五 終十

川場部曲西十二里

（山水）彛鳳山 東北十里 水原界 一云萬義山 天德山 東十五里 陽城界 一云多樂山 佛樂山 東南十里 延峯 北一里 右平原高阜

（嶺路）車踰峴 西二里 通水原大路 小白峙



南五里 大白峙 南十里 右通南大路 ○長好川 出龍仁聖輪山 西流至陽城金洞 過處仁川 經縣南 西流入水原穴串浦 兎峴川 西十五里 龍仁駒興川下流 至西二十里爲奈川 即穴串浦 通洑浦 南三十里 陽城加川下流 通平澤路

堤堰七處

（城池）釜山古城 東一里 山形如釜 長好川經其前 鄕校在其中 永新古城 有土築遺址 古壘 延峯之西 有二處

（倉庫）邑倉 邑內 海倉 西南三十里

九臣里 四九 邑內 二七

（土產）鯽魚 蟹

（典故）百濟古爾王五年 王田於釜山 五旬乃返

龍仁

（沿革）本百濟滅烏 後改駒城 新羅景德王十六年改巨黍 爲漢州領縣 高麗太祖二十三年改龍駒 顯宗九年仍屬廣州 明宗二年置監務 後陞縣令 本朝太宗十三年以處仁來合 改龍仁

（官員）縣令 兼南陽鎭管兵馬節制都尉 摠理別左司把摠 一員

（古邑）處仁 南二十五里 本水州之處仁部曲 本朝太祖六年始置縣令 太宗十三年來屬

（坊面）縣內 終五里 駒興 南初五 終十 水眞 西初十 終二十 基谷 南初十 終二十五 南村 南初五十 終五十八 上東村 東南初三十 終五十 下東村 南 終五十五 西村 西南 終五十五 東邊 初五 終十五 西邊 初五 終十 南谷 東初十 終二十 基賢 東北初七 終三十 道村 南初三十 終五十 枝內 西 終二十 水餘 東南三十 浦谷 東三十 古縣內 南五十

彌造峴
堤堰五處

(山水)寶蓋山 一云石城山東十三里 光敎山 西北二十里水原界○瑞鳳寺 禪長山 東北十五里 負兒山 東南二十里 香水山 北五里 寵岩山 東南五十里 仁聖山 南八里 花谷山 南五十里山之西南有道村西村二面 (嶺路)秋峴 北路廣州界 眞洞峴 南路 下雨峴 東南路 水踰峴 南二十五里 容望峴 西南路 ○駒興川 南十里源出寶蓋山西南流為葛川經石隅店至振威界為兔峴川至水原界為烏山川入元串浦 金嶺川 東三十里源出陽智大海山之所路洞北流入廣州牛川 莊莊川 西十里源出光敎山北流入廣州之米川 魚肥川 南四十里源出曲頮峴西南流入振威長好川 琵琶潭 東二十里

(城池)寶蓋山古城 俗稱姑城地形險要且在直路之衝右控禿城左連南漢城周二千五百二十九尺 處仁古城 土築周三里 禪長山古城 有遺址



邑內 二七
金嶺 五十
道村 一六

(烽燧)石城山 古城內

(倉庫)邑倉 邑內 處仁倉 古縣 水眞倉 水眞西

(驛站)駒興驛 南五里 金嶺驛 東南三十里

(祠院)忠烈祠 宣祖丙子建光海主乙酉賜額 鄭夢周 見京都文廟 鄭保 號雪谷夢周孫世祖朝因六臣事竄迎日縣卒贈參議 趙光祖 見京都文廟 ○深谷書院 孝宗庚寅建同年賜額 ○寒泉書院 正宗朝建賜額 李縡 字熙卿號陶菴牛峯人官左參贊典文衡謚文正

(典故)高麗高宗十九年金允候嘗為僧避亂于處仁城蒙古元帥撒禮塔來攻城允候射殺之後為忠州山城防護別監蒙古兵來圍州城凡七十餘日允候諭厲士卒人皆效死赴敵蒙古兵稍挫遂不復南 辛禑四年倭寇龍駒○本朝 宣祖二十五年六月全羅巡察使李洸使節度使守本道自領四萬兵由林川路進防禦使郭嶸領二萬兵由礪山路渡錦江慶尚巡察使金睟率數百人忠清巡察使尹國馨防禦使李沃兵使申益相等悉兵數萬來會刻日進前軍號十萬大會於振威坪屯于水原之禿城進擊龍仁所據賊白光彦李之詩李允仁鄭淵等皆死翌日退屯光敎山賊騎突至前鋒先潰三道勤王之師一時皆散李洸等奔還獨光州牧使權慄全軍而還



## 陽川

(沿革)本百濟齊次巴衣 方言稱岩為巴衣 新羅景德王十六年改孔岩為栗津郡領縣 高麗顯宗屬樹州 忠宣王二年改陽川縣置令 本朝 太宗十四年併于金浦稱金陽尋移合于衿州稱衿陽一歲而各復舊 (邑號)齊陽 巴陵 陽平 陽原

(官員)縣令 兼南陽鎭管兵馬節制都尉 一員

(坊面)縣內 終五里 三井 西初五終十 加背谷 西南初七終十五 南山 南初五終十 將軍所 南初七終十五 薑鄉 古名黃德

(山水)開花山 本名駐龍山西九里有寺 甑山 西南十里 元堂山 南五里 鉢伊山 南八里皆高阜 仙遊峯 南十六里楊花渡邊 孔岩 東三里江邊 ○漢江 東百餘步

堤堰三處

〔城池〕古城 北百餘步周七百二十六尺稱城山特立野中俯臨大江

東南十里許有監倉項漕船至此候潮滿乃過 鐵串浦 東十三里姑興岐灘下流

〔烽燧〕開花山 見上

〔驛站〕南山驛 南七里

〔津渡〕楊花渡 東十六里 鐵串浦津 一云間浦津東十三里右通京大路 孔岩津 北五里卽高陽幸州津

於溫洞五十

〔土産〕葦魚秀魚白魚鯽魚綿魚蟹

〔典故〕新羅眞聖主十一年弓裔擊破孔岩○高麗恭愍王十五年倭入陽川縣掠漕船 二十一年倭船二十七艘入陽川留三日諸將領兵出戰大敗賊奪元帥旗皷至江華遺邑人而去 二十二年倭寇陽川 辛禑四年倭寇陽川



果川

〔沿革〕本百濟冬斯肹後稱栗木新羅景德王十六年改栗津郡 領縣三穀壤孔岩郡城 隷漢州高麗太祖二十三年改果州顯宗九年屬廣州後置監務 本朝 太宗十三年改果川縣監十四年倂于衿川稱衿果數月而罷 世祖朝以衿川來合未幾各復置

〔邑號〕富安 高麗成宗所定 富林

〔官員〕縣監 兼南陽鎭管兵馬節制都尉摠理別後司把摠 一員

〔坊面〕縣內 終五里 東面 初五終十五 南面 初二十終三十 上西 初十終二十 下西 西南終二十五 上北 終二十 下北 初五終二十

三峴 菊峴

〔山水〕冠岳山 西北五里特立磅礴上有靈珠臺爲漢陽外案 清溪山 東南十里見廣州

修理山 西二十五里見安山 牛眠山 一云雩潚山東十里廣州界

〔嶺路〕南泰嶺 高麗稱葉戶峴轉稱狐峴通京大路峴北七里有妝塲古址 社堂峴 北十三里通露梁津間路 水踰峴 西十里始興界 ○漢江 北二十里 公須川 出冠岳山東流經縣南入良才川 良才川 東十里見廣州 菊逸川 東十二里出牛眠山北流入漢江 僧房坪川 北十里出冠岳山東流入漢江 仁德院川 南八里出清溪山入軍鋪川下流爲安養川 軍鋪川 西南十二里其下爲虎溪其下爲始興安養川

〔驛站〕果川驛 邑內

〔津渡〕洞雀津 北十八里渡上有尾老里灘碁島 露梁渡 北二十里古稱黑石津



邑內一六

〔土産〕白魚蟹栗白土鯉魚

〔宮室〕行宮 在露梁渡南岸號龍驤鳳翥亭渡江行幸時列聖駐蹕修有舟橋司及別將所

〔墓所〕昌嬪墓 在上北面中宗朝昌嬪安氏墓誕德興大院君

〔祠院〕愍節書院 肅宗辛酉建壬申賜額 朴彭年 字仁叟順天人官禮曹參判贈吏曹判書諡忠正 成三問 字謹甫號梅竹軒昌寧人官承旨贈吏曹判書諡忠文 李塏 字淸甫號白玉韓山人官直提學贈吏曹判書諡忠簡 柳誠源 字太初文化人官司藝贈吏曹判書諡忠景 河緯地 字仲章號丹溪晉州人官禮曹參判贈吏曹判書諡忠烈 俞應孚 字信之杞溪人官摠管贈兵曹判書諡忠穆○右六賢世祖丙子被禍肅宗朝贈爵諡 ○鷺江書院 肅宗乙亥建丁丑賜額 朴泰輔 見坡州 ○四忠書院 英宗乙巳建丙午賜額 金昌集 見京都廟庭 李頤命 字養叔號疎齋完山人官左議政諡忠文 趙泰采 字幼亮號二憂堂楊州人

官右議政謚忠翼 李健命 字剛仲號寒圃齋完山人官左議政謚忠愍

陽城

(沿革)本百濟沙伏忽 一云沙已乙 新羅景德王十六年改赤城為白城郡領縣 高麗太祖二十三年改陽城顯宗九年屬水州明宗五年置監務 本朝 太宗十三年改縣監自忠清道來隸

(官員)縣監 兼南陽鎮管兵馬節制都尉 一員

(坊面)紙吃洞 北初十終十八 松五里 東北初十終六十 九千 南初十五終三十 孔憘 南初二十終三十 盤谷 西初二十終三十二 元堂 西初二十終三十 升良 北初十終二十 令通 西南初三十終四十 金吃洞 東北初三十終四十 德山 南初十終十 九龍洞 南初三十終四十 所古尼 西初三十終四十 道一 南終三十五 栗北 西初四十終四十五 西新里 西初五十終五十五 甘味洞 西初六十終六十五右三面越在水原南界覓浦之傍 外良洞 西初九十終百十五西濱大海

(山水)天德山 西五里振威界 白雲山 南十里 高城山 南五里 (嶺路)金老峙 西五里 梨峙 東北安城路 ○弘慶川 一云素沙川南三十里禪院川下流 禪院川 東一里出陽智曲頓峴南流入素沙川 加川 出白雲山西流為通狀浦入平澤魯山浦 [illegible]浦 在甘味洞西 槐台串 在外良洞西濱海有牧場

堤堰十三處

(城池)白雲山古城 稱無限城周一千三百五尺池一 古壘 素沙川南北有四處

(烽燧)槐台串 西一百里

(倉庫)邑倉 邑內 南倉 南四十里 海倉 在甘味洞西

邑內四九 素沙五十

(驛站)加川驛 西十五里



(祠院)德峯書院 肅宗乙亥建 庚辰賜額 吳斗寅 見坡州

(典故)本朝 宣祖三十一年經理楊鎬自平壤聞倭賊迫畿甸馳到都城遣提督麻貴等設浮梁于銅雀津先送解生牛伯英楊登山擺賽頗貴等領鐵騎三千迎戰麻貴等至水原下寨遣兵葛院 振威南二十里 伏兵于加川 葛院南三里 上下為後援解生等到金烏坪 即素沙坪 分兵三協為掩擊之計倭自公州天安直驅至金烏坪兵右出柳浦 在加川西南右路 左出令通 在加川東南左路 大軍從大路萬旗齊颭驟馬進突倭兵大亂遂乘勢蹙之一日六合賊屍遍野翌日賊張兩翼以進白刃揮揆奇形怪狀驚眩人眼解



生等突起奮擊合戰未久賊大潰從木川清州而走大軍力竭不能窮追此謂素沙之捷

始興

(沿革)本百濟仍伐奴新羅景德王十六年改穀壤為栗津郡領縣 高麗太祖二十三年改衿州 別稱衿陽 成宗十四年置團練使穆宗八年罷之顯宗九年屬樹州明宗二年置監務 邑號始興成宗所建 本朝 太宗十四年以果川來合為衿果數月而罷又以陽川來合為衿陽一歲而罷十六年改衿川為縣監 世祖朝併于果川析之 正宗朝改始興

(官員)縣監 兼南陽鎮管兵馬節制都尉摠理協守把摠 一員

孤山 花山

堤堰六處

【坊面】縣內終十五里 西面初十五終二十 南面初十五終二十 東面初十一終十五 上北初十五終二十 下北初二十 二十五終

【山水】衿州山 東北三里 有漢井 三聖山 東十里 與果川冠岳連 紆石勢巉巖 有香爐峯 南北紫霞洞三藐寺 山之北有獅子峯 峯下有桃花洞 獅子庵 山之南古有安養寺 寺之南有高麗太祖所建七層塔 舡塔 虎岩山 在衿州山東南 ○虎岬寺 禿山 北五里 歸龍山 西十里 阿王峯 西十五里 鐵串坪 北二十里 【嶺路】都古乃峴 西十里通安山西界 高險 ○大川 一云黔岩川 源出水原光教山果川清溪山 合而西流 為軍鋪川 虎溪 安養川 環縣西南 析而北流 經縣西四里 至北十五里為岐灘 為鐵串浦 入楊花渡下 放鶴湖 一云雉串 北二十里 漢江一派 自露梁渡下分流十餘里 至楊花渡復合 大澤 西五里 下澤 北七里

【城池】三聖山古城 稱永郎城 周三千七百五十尺 中有大井 虎岩山古城 一周

大東地志 卷四 始興 三十三

邑內二七 安養三八

千六百八十一尺 中有大池

【驛站】盤乳驛 北十里

【津渡】楊花渡 北二十五里 直通本邑大路 高麗 放鶴湖津 通京麻浦津小路

【橋梁】萬安橋 在南十里安養川 通水原大路 岐灘橋 北十五里 自京通仁川富平 俱石造

【宮室】行宮 在邑內 行宮 在萬安橋之南安養原

【墓所】懿懷墓 在阿王峯下 昭顯世子之懿懷嬪姜氏 墓忌辰三月十五日 肅宗四十四年復 墓○守衛 官二負

【祠院】忠賢書院 孝宗戊戌建 肅宗丙辰賜額 姜邯贊 見麻田 徐甄 高麗掌令 本朝開國後不仕 退居本縣 贈大司諫 李元翼 見京都廟庭

【典故】高麗 辛禑四年 倭寇衿州

大東地志 卷四 疆域 三十四

## 疆域

| | 東 | 東南 | 南 | 西南 | 西 | 西北 | 北 | 東北 |
|---|---|---|---|---|---|---|---|---|
| 水原 | 龍仁十七 | 三十 | 振威四十 平澤七十 牙山一百 | 大津一百 洪州 沔川 | 海七十 | 廣州十五 | 十五 | 二十 |
| 廣州 | 楊根二十五 | 驪州六十 利川七十 | 陽智七十 龍仁四十 | 水原三十 | 海九十 果川二十五 始興五十 安山六十 | 漢城二十五 | 楊州二十 | 楊州 楊根 四十 |
| 開城 | 長湍二十 | 三十五 | 通津四十五 隔江 | 海五十 喬桐 江華 | 白川二十五 | 金川三十 | 金川八十 長湍六十 | 金川四十 |
| 江華 | 通津十 隔江 | 三十五 隔江 | 海四十 | 五十 | 二十五 喬桐 | 三十 | 十五 開城 | |
| 喬桐 | 江華十 隔海 | | 海一百步 | | 海十五 | | 海二十 延安 白川 | |
| 坡州 | 楊州二十 | | 高陽三十 | | 交河十七 | | 長湍十五 | 積城三十 |
| 楊州 | 抱川二十五 加平五十 | 楊根 廣州 一百 | 廣州七十 漢城四十五 | 高陽四十 | 三十 | 坡州三十 | 積城三十 漣川七十 | 永平六十 |
| 高陽 | 楊州五 | | 楊州二十 陽川四十 隔江 | 金浦三十五 隔江 | 通津五十 隔江 | 交河二十 | 坡州十 | |
| 交河 | 坡州十三 | 坡州 高陽 十五 | 十二 | | 通津十五 隔江 | | 長湍二十 隔江 | |
| 加平 | 春川十 | | 洪川五十五 越江 | 楊根三十 隔江 | 楊州五十 | 抱川六十 | 永平五十 | |
| 永平 | 春川五十 | 春川 加平 四十 | 抱川十五 | 楊州三十 | 漣川三十 | | 鐵原四十 | 金化五十 |
| 抱川 | 加平二十 | | 楊州三十 | 四十 | 二十五 | 十五 | 永平二十 | |
| 積城 | 楊州二十 | 三十五 | 三十 | 坡州二十 | 十二 | 長湍十 | 二十 | 麻田二十 |
| 長湍 | 麻田 積城 五十 | | 坡州二十 隔江 | 交河三十 隔江 | 開城二十 | 三十 | 四十 | 朔寧八十 漣川九十 |
| 朔寧 | 鐵原三十 | 漣川三十 | 長湍二十 | 兔山二十 | 十五 | 安峽二十 | 十五 | 平康 鐵原 六十 |
| 麻田 | 漣川十 隔江 | 楊州二十 越江 | 積城十五 隔江 | | 長湍三十 | 二十 | 漣川二十 | |
| 漣川 | 永平二十 | | 楊州二十 | | 麻田二十 | | 朔寧三十 | 鐵原二十 |
| 驪州 | 原州十 | 忠州四十 | 三十五 | 陰竹三十五 | 利川二十五 | 廣州五十 | 楊根 砥平 四十 | 原州五十 |

木岳朴谷高安蹄村越在他境
分鄉越在他境
利浦越在他境

| | | | | | | | | |
|---|---|---|---|---|---|---|---|---|
| 竹山 | 陽智十 | | 忠州二十 | | 安城二十 | | 陽智 利川 五十 | |
| 利川 | 驪州二十 | | 陰竹 陽智 四十 | | 陽智三十 | | 廣州二十 | |
| 楊根 | 砥平二十 | | 驪州二十 | | 廣州 五十 三十 | 楊州六十 | 加平六十 | 洪川五十 |
| 砥平 | 廣州四十 | | 驪州二十 | 楊根十五 | 十六 | 三十 | 洪川四十 | 四十 |
| 陰竹 | 驪州 忠州 十五 | 忠州二十五 | 三十五 | | 陽智二十 | | 利川二十三 | |
| 陽智 | 利川十五 | | 竹山十 | 安城五十 陽城六十 | 龍仁十 | | 廣州十 | |
| 南陽 | 水原二十五 | | 十五 | | 海三十 | | 廣州三十 | |
| 仁川 | 安山四十 始興三十五 | | 海十 | | 海十八 | | 富平十二 | |
| 通津 | 交河二十五 隔江 | 金浦二十五 | 海三十 | | 海 江華十 隔江 | | 開城十五 隔江 | |
| 富平 | 陽川十二 始興三十 | | 仁川二十 | | 海十五 | | 金浦十五 | |



栗北西新里甘味洞外良洞越在他境
丙寅復舊邑

| | | | | | | | | |
|---|---|---|---|---|---|---|---|---|
| 安山 | 果川 始興 十 | | 廣州十 | 廣州聲串十五 仁川梨浦 南陽海 | 海三十 | | 仁川 始興 十 | |
| 安城 | 竹山二十 | 忠州蛇音二十五 | 木川三十 | 稷山二十 | 陽城十 | | 陽智二十五 | |
| 金浦 | 陽川二十 | | 富平十 | | 海二十 | | 通津十五 | 高陽十 隔江 |
| 振威 | 陽城十 | | 十二 二十五 | 平澤三十 | 水原二十 | | 十 | 龍仁十五 |
| 龍仁 | 廣州三十 | 陽智三十 | 陽城五十五 | 振威 水原五十 | 水原二十 | | 廣州二十 | |
| 陽川 | 始興十五 | | 富平十五 | | 十五 | 金浦十二 | | 高陽一 隔江 |
| 果川 | 廣州十五 | | 十 | 二十五 | 始興十五 | | 漢城大 隔江 | |
| 陽城 | 安城 陽智 十 | | 稷山三十 | 平澤四十 | 振威十二 | | 龍仁十八 | 陽智二十 |
| 始興 | 果川十五 | | 安山二十 | | 仁川十五 | 富平十五 | 陽川二十 | 漢城二十 隔江 |
| 豊德 | | | | | | | | |

田民

| | 田畓 | 民戶 | 人口 | 軍保 |
|---|---|---|---|---|
| 水原 | 一萬一千八百二十一結 | 一萬五千八百八十八 | 五萬九千二十一 | 七千二百八十六名 |
| 廣州 | 五千八百五十八 | 一萬五百九十三 | 五萬六百七十四 | 一萬三千七百七十二 |
| 開城 | 一萬二百八十一 | 一萬六千四百十二 | 六萬二千三百二十八 | 一萬三百二十一 |
| 江華 | 四千四百三十一 | 一萬八百五十二 | 三萬四千二百二十九 | 四千八百四十四 |
| 喬桐 | 一千二百七十一 | 一千八百二十二 | 七千六百六十五 | 一千二百二十一 |
| 坡州 | 二千五百二十二 | 三千三百 | 一萬三百二十 | 五千六十七 |
| 楊州 | 一萬一百六十三 | 一萬二千七百七十七 | 六萬一千三百十九 | 八千二百 |
| 高陽 | 三千九百三十七 | 三千九十 | 一萬三千六百三十五 | 二千二百七十八 |
| 交河 | 二千九百四十八 | 二千五百六十八 | 八千四百十七 | 一千三百十一 |
| 加平 | 五百八十一 | 一千九百八十二 | 六千九百十三 | 一千六百三十六 |
| 永平 | 一千三十四 | 一千六百五十五 | 七千一百九十四 | 一千二百六十七 |
| 抱川 | 二千八百六十九 | 二千六百七十一 | 一萬四千二百八十 | 一千六百二十五 |
| 積城 | 一千二十二 | 一千五百九十一 | 五千七百八十二 | 九百七十一 |
| 長湍 | 五千七百八 | 五千二百八十六 | 一萬六千二百三十六 | 五千三 |
| 朔寧 | 一千八百九十二 | 一千四十一 | 六千三十七 | 二千五百二十二 |
| 麻田 | 八百八十 | 一千十 | 三千十七 | 九百三 |
| 漣川 | 一千三百十五 | 一千三百五十 | 五千八百八十 | 一千三百十九 |
| 驪州 | 四千七百九十三 | 六千八百三十 | 三萬一千七百五十五 | 三千三百四十三 |

| | | | | |
|---|---|---|---|---|
| 竹山 | 二千二百六十五 | 四千二百九十六 | 二萬二千七十七 | 二千八百三十九 |
| 利川 | 三千五十一 | 四千六百六十五 | 二萬一千九百六十 | 三千六百六十五 |
| 楊根 | 一千九百九十八 | 三千七百四十 | 一萬二千五百六十四 | 一千七百四十八 |
| 砥平 | 一千一百七十四 | 二千一百八十五 | 一萬二百六十四 | 一千六百九 |
| 陰竹 | 二千五百四 | 二千九十 | 七千九百三十二 | 一千二百十五 |
| 陽智 | 一千十 | 一千七百八十四 | 九千七百三十八 | 一千四百四十四 |
| 南陽 | 二千七百三 | 六千三百 | 二萬三千二百五十五 | 四千四百九十七 |
| 仁川 | 二千二百八十二 | 二千七百七十七 | 一萬一千四百三十八 | 一千七百十一 |
| 通津 | 三千一百九 | 三千四百八十四 | 一萬二千四百十一 | 三千五百八十七 |
| 富平 | 三千二百二十二 | 三千九 | 一萬一千四百七十一 | 三千一百十一 |



| | | | | |
|---|---|---|---|---|
| 安山 | 一千一百五十三 | 二千七百三十六 | 一萬三千一百一 | 一千一百一 |
| 安城 | 二千六百二十三 | 四千九百四十三 | 一萬八千一百八十九 | 三千二百六 |
| 金浦 | 一千五百六十五 | 一千八百一 | 八千八 | 一千七百四十六 |
| 振威 | 二千四百九十三 | 二千三百二十 | 七千六百二十三 | 一千八百三 |
| 龍仁 | 四千七百十九 | 五千一百八十九 | 二萬三千四百五十八 | 二千三百七 |
| 陽川 | 九百七十 | 九百九十三 | 三千五百三十二 | 四百八十三 |
| 果川 | 一千五百六十五 | 三千二百二十七 | 一萬五千三百四十三 | 一千一百九十 |
| 陽城 | 三千五十六 | 三千一百三十二 | 七千六百三十 | 二千五百九十九 |
| 始興 | 一千一百七十五 | 二千四 | 八千一百四 | 一千七十七 |
| 永宗 | 三百六十四 | 一千九十九 | 三千三百二十 | 一千五百七 |

| | | | | |
|---|---|---|---|---|
| 德積 | 五十二結 | 四百十六 | 一千六百五十三 | 五百五十五 |
| 德浦 | 二結五十負 | 七十八 | 二百八十九 | 四百四十一 |
| 花梁 | 二結 | 八十三 | 二百四十三 | 八百八十六 |
| 注文 | 十七結六十負 | 一百七十二 | 五百五十七 | 一千六十 |
| 長峰 | 五結七負 | 一百五十二 | 七百五十二 | 五百六十三 |

## 驛站

京都驛二 青坡 蘆原

迎曙道 楊州 碧蹄 高陽 馬山 坡州 東坡 長湍 青郊 開城 ○迎華道 水原

良才 樂生 廣州 駒興 金嶺 龍仁 佐贊 分行 竹山 無極 陰竹

果川 果川 海門 南陽 加川 陽城 康福 安城 ○平邱道 雙樹 綠



楊 仇谷 楊州 奉安 廣州 娛賓 楊根 田谷 白冬 砥平 甘泉 連

洞 加平 安奇 抱川 梁文 永平 ○慶安道 德豐 廣州 吾川 阿川

利川 楊花 新津 安平 驪州 留春 陰竹 ○重林道 仁川 盤乳 始興

石谷 安山 南山 陽川 金輪 富平 終生 通津 ○桃源道 仇和 白

嶺 長湍 玉溪 漣川 丹棗 湘水 積城 共五十二驛 吏卒四千

一百七十五名 三等馬四百四十四匹

## 烽燧

峩嵯山 楊州西準京都木覓山第一炬 汗伊山 楊州 猪邑峴 禿峴 抱川 彌

老谷 適骨山 永平北準鐵原割尾峴 ○天臨山 廣州北準木覓山第二炬 石

城山 龍仁 巾之山 竹山南準忠州望夷山 ○母岳東所 京都東南準木覓山第三

垣 藍浦 禿山(高陽) 大山(坡州) 都羅山(長湍) 松岳國師堂(開城北準金川古城山) ○母岳西所(東南準木覓山第四垣) 高峯(高陽) 兄弟峯(交河) 德積山 松岳城隍堂(西準白川彌羅山○右十八處京鐵藍營所管○母岳二所不入) ○開花山(陽川東準木覓山第五垣) 冷井山(金浦) 南山(通津○右三處統禦營所管) 南山 河陰山(江華) 華蓋山(喬桐) 鎭江山 大母山(江華○右五處鎭撫營所管) 守安山(通津) 白石山(金浦) 栢串(富平) 城山(仁川) 正往山(安山) 海雲山 念佛山(南陽) 興天山(水原) 槐台串(陽城東準稷山豐海山西準沔川倉宅串○右九處統禦營所管) (權設) 建達山(西準興天山) 窠山(水原) 望山(江華北準華蓋山) 末島 覓音島 長峯島(喬桐初起) ○修井山(喬桐北準延安角山) 共四十二處(元烽三十五處權設七處)



總數

坊面四百四十二 民户十五萬六千二百 人口六十一萬六千一百 田畓八萬六千十一結 軍保九萬三千四百七十 場市一百 騎撥九 步撥十二(南北二路) 津渡六十二 牧場二十六 堤堰三百五十八 陵所三十七 園所五 墓所十(廢主墓廢妃墓並八) 壇壝五(京都不入) 賜額祠院三十四 倉庫六十六(四都不入)

(步撥軍五名五日一遞)

大東地志卷四

# 원문